环 境 哲 学 译 丛

张岂之○主编

Environmental Justice

环境正义论

Peter S.Wenz

〔美〕彼得·S.温茨 著

朱丹琼 宋玉波 译

格致出版社　上海人民出版社

献给我的父亲

欧文·温兹

他在五金杂货店的工作中

对正义诸原理的奉行

激发了我对此主题的兴致

关于环境哲学的几点思考（代总序）

有一位哲人说过，如果苏格拉底生活在今天，他可能会是另一个苏格拉底，因为他将不得不思考与环境有关的哲学问题，从而有可能成为一名环境哲学家。我想，面对人类持续恶化的环境危机，今天的学者们都有必要关注有关环境哲学的问题，这是我们推卸不掉的一份社会责任。

大约在 20 世纪 90 年代中期，环境问题也进入了我的视野。恰好我校中国思想文化研究所谢阳举教授想在环境哲学方面做一点探索，他征询我的意见，我当即表示支持。我告诉他，这是一件很有意义的工作，对个人和研究所将来的学术发展都是有益的。到 2003 年，为便于开展合作研究工作，我和时任西北大学副校长朱恪孝同志鼓励他以西北大学中国思想文化研究所的力量为依托，成立了西北大学环境哲学与比较哲学研究中心，联合我校其他相关专业人士，加强有组织的研究工作，于是有了《环境哲学前沿》专刊的设想和行动。

2004 年，我们打算再进一步，拟完成一套"现代西方环境哲学译丛"（当时暂名），由我担任主编。阳举同志初步选择了 40 多种著作，到 2005 年，经过反复商量，最终确定如下几种，它们是：《环境正义论》《环境经济学思想史》《现代环境伦理》《现代环境主义导论》《绿色政治论》等。所选著作均为近年来在环境哲学领域具有广泛影响的英语世界的专著，兼顾了环境哲学多个分支方向。由于出版社的支持，较快顺利通过了立项。随后不久，我们就开始组织人员启动翻译。经过较长时间的准备，首批译稿 4 种付梓，我想到了许多，聊记于此，以代总序吧。

长期以来，我主要在中国思想史的科研和教学领域耕耘。中国思想史是古老的智慧长河,而环境哲学是一门于 20 世纪 70 年代在西方发达国家宣告诞生的新兴理论学科。两者存在密切的关系。例如,西方许多环境哲学家在分析环境危机的思想和文化原因、探寻环境哲学智慧与文化传统的关系时,都不约而同地转向中国古代思想文化。有的学者认为,和西方近代工业化社会主导性的价值与信念系统相比,中国历史承载着一种亲自然的文化精神,例如,深生态学哲学的创立者,挪威著名哲学家奈斯(Arne Naess)称自己从斯宾诺莎那里学到了整体性和自我完善的思维,学到了"最重要的事是成为一个完整的人",即"在自然之中生存"(being in nature)①,他认为这种"生存"是动态意义的"不断扩展自我"的自我实现的意思,是认同生态整体性大我或曰整体的"道"的过程。不过,他又解释说:"我称作'大我',中国人把它称为道。"②《天网》一书的作者、美国学者马歇尔(Peter Marshall)说,道家是生态形而上学首选的概念资源,"生态思维首次清晰的表达在大约公元前 6 世纪出现于古代中国","道家提供了最深奥的、雄辩的、空前详尽的自然哲学和生态感知的第一灵感"。③英国金斯顿大学的思想史学者克拉克,甚至把道家对环境哲学的影响与西方历史上几次重大的思想革命相比:"近年来中国人关于自然世界的思辨,在西方各种各样的思想领域已引起了某些严肃和富有成果的回应……最近,在有关自然、宇宙和人在其中地位的思维方式的变化方面,道家已发挥了相应的作用。"④

上述评论是卓有见地的,增强了我们努力拓展中国思想史研究和发掘其现代价值的信心,这也需要我们加深环境哲学的探索。这套丛书和

---

① Arne Naess, 1989, *Ecology, Community and Lifestyle*, translated and edited by David Rothenberg, Cambridge University Press, p.14.

② Bill Devall and George Sessions, 2001, *Deep Ecology*, Salt Lake City: Gibbs Smith, Inc., Peregrine Smith Books, p.76.

③ Peter Marshall, 1996, *Nature's Web*, Routledge, pp.9, 11—13, 125.

④ J.J.Clarke, 2000, *The Tao of the West*, London and New York: Routledge, p.63.

《环境哲学前沿》是我们所做的初步工作，也是我们应该做的。需要指出的是，20世纪后期，我国有不少学者已经开始关注环境哲学、环境伦理学、环境美学、中西自然观和环境思想比较等研究，并且若干大学已经开展了与环境哲学或环境伦理学有关的教学活动。但是，应该承认，由于各种原因，我国环境哲学的研究、教学和普及，跟世界发达国家相比较，仍然存在一定差距。中国是一个负责任的发展中大国，需要肩荷起更多、更大的国际环境义务，为此，加强环境哲学研究、教学和实践行动是有必要的。这样的工作任重而道远，需要众人呼吁、共同努力。

环境哲学研究已开展多年了，学界目前对环境哲学的对象、任务和范畴还不能说已经形成了共识。我想辨析一下"环境哲学"的特点问题。我的粗浅看法是，如果从实质上看，那么环境哲学属于哲学范畴，也是一门概念科学。不过，它新在哪里呢？有的学者认为，环境哲学属于自然哲学，或曰自然哲学的延伸。这样的看法有一定的道理，但是，也有模糊之处。我以为，环境哲学与自然哲学之间是不能画等号的，原因在于"自然"有多种含义，例如，狭义的自然指的是自然界或者自然事物；广义的自然指的是包括人类在内的一切存在物；在中国魏晋以前，它基本上指"自然而然"的意思。在古代和近代西方，自然哲学和自然科学两个术语大体上是通用的。这样的自然哲学范畴，因为对自然的好奇而产生，在认识上强调对象化、客观性以及认识主体的中立性，它的目的主要是为了获得客观知识，即自然或所谓必然规律。后来，自然哲学概念虽然有所扩展，但是，从根本上说，还是以自然对象为出发点的。由于这个特点，它逐渐和数学与形式化方法、实证与实验方法结合起来，被转化为理论自然科学，以经验知识和理论知识为内容。

环境哲学产生的背景迥然有别。环境哲学的产生，显然与自然环境危机的激化有关，它是出于关怀和忧患而产生的，它的目的不是为了描述种种环境危机现象，也不是为了对环境危机的现状进行科学的解释。我想,环境哲学有下列几个特点。

首先,它所讲的环境不是单纯的对象化环境或外部物质环境,即,不是过去意义上的自然环境或自然客体。准确地说,环境哲学的研究对象是伴随环境变化而产生的一些哲学问题,这些哲学问题涉及的是环境和人的关系,而不是单纯的物质环境。诸如此类的问题仅靠自然哲学是解决不了的。

其次,环境哲学需要对环境变化进行价值判断。在很大程度上,人与自然的关系直接影响到我们涉及的自然环境行为的选择、道德判断、环境保护或保存政策的决策等,这些问题的焦点,核心在于环境伦理的原则问题。这样说,丝毫不意味着否定自然哲学,其实环境哲学虽然不等于自然哲学,可是,它们也有联系,例如,当我们要判定何物应当受到道德对待时,就离不开有关生命、实体构成以及自然界更深广的复杂关系等方面的科学认识。

再次,根据前面两点,环境哲学不但不是自然哲学的延伸,而且也不是哲学史上古已有之的哲学传统,虽然哲学史上有很多环境哲学的概念资源。必须重视的是,对近代主流哲学而言,环境哲学诞生之初就面临各种争论,它包含很强烈的反思性和批判性特点,有人说它是对传统哲学的颠覆,有人说它应纳入后现代哲学,这些当然属于学术看法,可以继续争鸣。个人认为,环境哲学与哲学史既有连续性又有断裂性,应该辩证地看待此二者的关系。

最后,怎样理解环境哲学所言的"环境"? 我想,它实际上指的是自然(生态)环境、社会环境、人文环境的交叉重叠和互动关系,这样的"环境"概念比我们通常遇到的自然客体更复杂、更难分析和把握,不仅如此,过去我们的哲学把存在当成单纯的存在问题去解决,今天看来,存在及其环境是不可分离的,环境应当摆到与存在和变化同等重要的地位上加以探讨。生命和万物的存在有多种可能性,但是,必定有其相对最佳的状态,环境哲学的基本目的应该定在生命、人类可栖居的最佳环境状态上面，环境哲学尤其需要给人类文化创造与自然之间良性的动态平衡探索出路。我国古代老子说过"无为而无不为"，我想这也是环境哲学努力的方向，相信环境哲学最终可以找到通过最少的人为而达到最大的成功，从而引导人类摆脱人和自然两败俱伤的危机。

诚然，要达到环境哲学的目标是非常艰难的。这里有必要谈谈这样一个问题，即，环境危机和自我的责任问题。

目前，对环境和后代的未来问题，社会上有两种极端的态度，一是乐观主义的态度，相信人类能够解决环境危机；二是悲观主义的态度，认为生存意味着消耗、破坏甚至毁灭，人类终究难逃自造的环境灾难的厄运。这两种态度都只看到了环境问题的某些侧面，不足以成为我们的信念。尤其是悲观主义态度，它认为个体是利己的、自我中心的动物，人类是自大的、人类中心主义的动物，而地球的资源和生存空间是有限的。悲观主义者预言，人类最终会因为资源匮乏而自相残杀，或者不得不回到独裁、智力下降和道德恶化的状况。有的悲观主义者认为，环境哲学家的行动是无法实现的理想主义冲动。

这种悲观主义态度，其根本的理由可以归结为自我中心主义，其预言是不足取的。因为它忽视了自我的动态和多元内涵。其实，自我既有利己的一面，也包含有群体意识的一面。任何一个自我都有社会性，自我的表现与其在社会中担当的角色有关，正如马克·萨戈夫（Mark Sagoff）所说的："当个体表达他或她的个人偏好时，他或她可能说，'我要（想、偏爱）x'。如果个体要表达对于共同体、什么是正当或者最好的观点——政府应该做什么的时候，他或她可能说，'我们要（想、偏爱）x'。有关共同体利益或偏好形式的陈述，道出了主体间的协议——它们或对或错——但这里把共同体（'我们'而不是'我'）当作自己的逻辑主体。这是消费者偏好与公民偏好之间的逻辑区别所在。"①据此,他得出一个基本的区分,即,消费者和公民的区别,当自我扮演者消费者角色时,他或她关心个人的欲望和需求的满足,追求个体目标;当扮演公民角色时,他或她会暂时忽视自我利益而仅考虑公共利益和共同体的需要。每一个体都是多种角色的可能组合体。由此看来,面对全人类共同的环境危机问题,人类完全有能力且应该会做出正当的选择。

然而,这些不意味着现实中的每一个人都会如此选择和行动。实际上,现实中的个体面临着多重选择,面临着各种诱惑,所以,常常会陷入选择冲突的状态,这和其认知的不平衡有关。鉴于此,我们也需要加强环境哲学的普及和教育,使公民认识到并践履自己的公共道义,包括环境责任。

当然,理论上个人可以承担起公共责任,实际上却未必如此,二者的差距如何缩小? 仅靠个人努力还是有限的,还需要政府行为和社会力量切实发挥作用。

中国和世界一样正经历着生态和环境难题,尽管我国和世界各国都已将这一问题的解决列入国家基本国策和立法框架,我国绿色政治思想和环境立法都有很大的进展,政府也投入了相当的经济实力并制定了大量相关政策。不过,我国处在发展之中,环境保护和可持续社会目标的实现,与北欧、西欧、北美等地区发达国家,以及澳大利亚、新西兰等国家所达到的成绩比较(虽然这些国家的人民还远不满意),我们还应更加努力。究竟制约的关键因素是什么? 突破口在哪里?

我们初步研究了西方发达国家环境保护发展的历程和现状,通过各国环境保护战略实施的比较,注意到一个显著的不同:环保状况较好的国家和地区有个普遍现象,即环境社会学研究跟进绿色思潮和运动较紧,非

---

① Mark Sagoff, 1998, *The Economy of the Earth*: *Philosophy*, *Law*, *and the Environment*, Cambridge University Press, p.8.

政府环境保护组织(ENGO)异常发达。

其一是绿党的成立或政党党纲的绿色化,将环保意识与政治意识相融合。

其二,也是最主要的,就是非政府环境保护组织的推动。自20世纪60年代以来,非政府环保组织如雨后春笋,在全球开花。1976年统计结果显示,全世界有532个非政府环保组织。1992年光出席在巴西举行的地球峰会的ENGO就有6 000多个。联合国环境规划署支持的ENGO就有7 000多个。著名的国际非政府环保组织有:国际自然和自然资源保护联盟(IUCN)、世界自然保护基金会(WWF)、国际科学学会联合理事会(ICSU)、国际环境和发展研究所(IIED)、世界观察研究所(WWI)、世界资源研究所(WRI)、地球之友(FOE)、绿色和平组织(GREENPEACE)、热带森林行动网络,等等。分国家成立的ENGO更是数不胜数,如峰峦俱乐部、罗马俱乐部、奥杜邦协会、地球优先组织、美国荒野基金会、美国野生动物联盟、美国环保基金会,等等。

这些非政府组织(又名民间公益团体、非营利社会团体或草根组织)的作用不仅是响应政府,更重要的是推动公民普遍环境意识的成长和成熟,增进社会机构团体和领域之间的交流与合作,扩展环境危机的解决途径,促进政府、教育和社会新机制的建立。它们起到了政府无法替代的作用,可以说,如果没有非政府组织环境社会运动,就没有当前西方的环保成就。

目前,我国应该启动国际NGO特别是ENGO的系统研究,探索NGO的组织原理,试验合乎中国国情的ENGO模式,中心目的是最大限度地利用社会力量,健全中国ENGO体系,培训ENGO领导和管理人才,发展ENGO的运动,通过ENGO渠道补充和促进中国环境战略的实施。通过ENGO解决途径,还可望催生出新生的交往方式、社会机制和结构关系,通过环境信息的流动规律,又可以调适社会制度的漏洞,激活环境知识与理性向道德、制度和文化的转化能力,增强社会活力。从根本上说,这对于发展社会主义政治文明是个有力的媒介。

还要提到的是,西方的社会学理论研究和社会实践之间常常即时配合,对环境保护社会力量的动员起到了因势利导的作用,其经验也许有值得我们借鉴之处。我在这里简略地回顾一下。

20世纪60年代,西方爆发了生态革命,自此开始,在西方发达国家,社会科学和哲学界掀起了一个深入探讨环境恶化原因和重建社会科学范式的浪潮,其中社会学发挥了突出的作用,社会学关注环境运动前沿,快速地实现了向新的社会学的转型,新的社会学即环境社会学框架在探讨人类活动和生态恶化之间关系模式的方面,特别是对ENGO的研究,做出了显著的成绩。

1961年,邓肯(Otis Dudley Duncan)建立了第一个新社会科学范式,即POET模式。P代表人口,O代表社会组织,E代表自然环境,T代表技术。这个模式认为人类社会由上述四种要素组成,人类社会对自然环境的影响来自四者同时性的相互作用。①这个模式有缺点,它没有提供四要素关系的经验研究,也难以进行这方面的可行性实践,这是因为上述四种变量太泛了;它也缺乏对ENGO的原理和功能的分析。

第二个模式是IPAT模式,由埃里希(Paul Ehrlich)和霍尔德伦(Holdren)1971年在《科学》上发文提出,I指人类活动的影响,P指人口,A指流动,T指技术。这个模式认为,人类活动的影响I是由P-A-T三个变量导致的结果。②这个模式比POET进步,但有自然主义和技术还原主义的嫌疑,人口和技术被视为是外在于人类社会组织的,而技术是社会选择,因而必定是社会的产物。IPAT从根本上看是通过生态学镜头去看

---

① Otis Dunley Duncan, 1961, "Social System to Ecosystem", *Sociological Inquiry*, 31:pp.140—149.

② Paul Ehrlich and John Holdren, 1971, "Impact of Population Growth", *Science*, 171:pp.1212—1217.

社会,忽视了生态问题的社会起源,也忽视了人类组织多样性和创造性解决环境危机的潜力。

著名的美国环境社会学家邓拉普(Riley Dunlap)在 POET 和 IPAT 的基础上提出了一种目前流行的环境社会学范式,他充分考虑了社会实践和生态条件的相互依赖性,他认为工业社会中占统治地位的社会范式(dominant social paradigm,缩写为 DSP)正在向新的生态范式(new ecological paradigm,缩写为 NEP)转换。DSP 意味着:"(1)坚信科学和技术的效验,(2)支持经济增长,(3)信仰物质丰富,(4)坚信未来的繁荣。"NEP 则意味着:"(1)维持自然平衡的重要性,(2)对于增长的限制的真实性,(3)控制人口的需要,(4)人类环境恶化的严重性,(5)控制工业增长的需要。"①

斯特恩(Paul C.Stern)把社会运动带进新社会理论模式的核心,其理论将人类—环境相互影响定义为三个范畴,下面是斯特恩的图表:

表 0.1　人类—环境相互影响

环境恶化的起源		环境恶化的影响		对生态恶化的应对
社会起因	驱动力	对自然环境的影响	对人类社会的影响	通过人类行动的反馈
社会制度 文化信念 个体人格特性	人口水准 技术实践 流动水准(消费和自然资源)	生物多样性损失 全球气候变化 大气污染 水污染 土壤/土地污染和恶化	生存空间受制约 废弃物储藏泛滥 供给损耗 生态体系功能损失 自然资源耗竭	政府行为 市场 变革 社会运动 移民 冲突

资料来源:Robert J.Brulle, 2000, *Agency, Democracy and Nature:The U.S. Environmental Movement from a Critical Theory Perspective*, MIT Press.

---

① [美]查尔斯·哈珀著,肖晨阳等译:《环境与社会——环境问题中的人文视野》,天津人民出版社 1998 年版,第 396—397 页。

这是三种人类—环境作用的模型。第一种包括社会和人—生态两种变量;第二种的焦点是环境恶化对人类社会的直接影响;第三种是显示环境恶化和人类行动之间的反馈关系,主要是人类对环境恶化的应答。这个模式比较详细地包含了多种变量的相关关系,可是它没有充分考虑当前的社会制度和运作对环境保护的积极作用。因此,还需要更进一步地把握生态恶化过程的社会因素的理解,更加注意人类社会行动对环境恶化的干预力量。

现代社会承接科层制度而来,常常显示出封闭、僵化和停滞的弊端。生态和谐社会的建设,需要摒弃官僚化和绝对市场体制,这就需要实现生态理性的社会化参与,这样才能保证生态理性知识和环境哲学认识顺利地转化为社会改革和建构的行动力量。种际、代际和国际环境正义目标的不断达成,需要各种层次的充分社会化的组织的合作。西方的社会学理论为环境社会运动开辟了空间和确立了方向。

随着中国环境保护社会化的发展,中国环境社会学不仅对环境保护事业,而且对新型和谐社会的建设,可望有更大的贡献。

2007年5月27日,适逢世界知名的美国环境保护运动先驱者之一蕾切尔·卡逊(Rachel Carson, 1907—1964)诞辰100周年,她的《无声之春》(亦译《寂静的春天》,1962年首版)成了环境保护运动的经典著作。环顾周围的环境问题,我感慨颇多。希望这套丛书的出版,能够带来一些思想的碰撞,有益于我们认真落实以人为本的科学发展观,推动中国环境保护的万年基业起到促进作用。借此,我想呼吁,各界学者和社会人士都来关注环境哲学,专业人士更是义不容辞,希望他们在环境哲学思想的历史、环境哲学基础和环境哲学学科建设方面加强研究,最终产生出合乎中国国情的中国环境哲学成果。

参加该丛书翻译的主要是年轻的学者,他们付出了艰巨的劳动,译文有比较严格的审定，以便保证质量。稿中不足之处恳请读者朋友加以批评和指正。

最后，我们要感谢格致出版社的有关领导以及责任编辑们的大力支持，也要感谢译者们和西北大学有关领导的积极推动。

希望这套丛书后续部分的合作出版工作更加顺利。

张岂之

2007 年 5 月 27 日

于西北大学中国思想文化研究所

新版补记

中国目前正在努力建设生态文明社会,这是中华民族可持续发展的战略部署,也是中华民族伟大复兴的应有使命。

当然,建设生态文明社会是文明转型的挑战,任务之艰巨可想而知。但是生态文明与中国文化传统具有潜在的联系,所以建设生态文明社会也是中国历史的发展机缘。悠久的农业文明使得中华民族对天地人生的关系有深刻的体会和认识,中国哲学也因此富有生态智慧。特别是老子和道家文化,其中蕴含着促进中国生态文明建设的宝贵思想资源。对此,习近平同志在多种场合发表过许多论述。2013年5月24日,《在十八届中央政治局第六次集体学习时的讲话》中,习近平指出:"历史地看,生态兴则文明兴,生态衰则文明衰";"我们中华文明传承五千多年,积淀了丰富的生态智慧,'天人合一''道法自然'的哲理思想。'劝君莫打三春鸟,儿在巢中望母归'的经典诗句,'一粥一饭,当思来处不易;半丝半缕,恒念物力维艰'的治家格言,这些质朴睿智的自然观,至今仍给人以深刻警示和启迪"。这些精辟重要的论断对人类实现生态文明转型具有重要的指导意义,值得我们认真学习、深入研究和切实践行。

建设生态文明是中国担当起大国责任的抉择,具有重要的世界性意义。我注意到,世界上流行的与"生态文明"相当的语词是"可持续发展",中国倡导生态文明因而具有独特的创新蕴含,是顺应人类文明发展大趋势的正义之举。

编译"环境哲学译丛"是我们对环境保护这个与每个人息息相关的重大时代课题所应该做出的微薄努力。让我感到欣慰的是,这套译丛即将推出新版,这表明我们的工作具有有限的时代意义。阳举教授要我给新版译丛作序,我看了旧序,觉得自己基本思想仍然没有改变,因此,对旧序稍作校订,并增加"补记"于此。

张岂之

2019 年 8 月 30 日

于西安桃园家中

译　者　序

　　《环境正义论》(*Environmental Justice*)一书系彼得·S.温茨(Peter S.Wenz)先生的著述之一种,作者系哲学博士,伊利诺伊大学(斯普林菲尔德校区)哲学与法学研究教授。温茨博士也是南伊利诺伊大学医学院医学人文学科方面的兼职教授。他是女权主义者、素食主义者,当然也是环境保护论者。他所教授的课程非常多样化,涉及应用伦理与法律,包括法律、法哲学、生物医学伦理与法律、环境评估等领域中的道德问题,著述丰富,有:《作为宗教信仰自由的堕胎权》(*Abortion Rights as Religious Freedom*)、《自然守卫者》(*Nature's Keeper*)、《现代环境伦理》(*Environmental Ethics Today*)、《道德冲突中的政治哲学》(*Political Philosophies in Moral Conflict*)等。还与劳拉(Laura Westra)合编有《环境种族主义的面孔》(*Faces of Environmental Racism*)。现在,他还是斯普林菲尔德纪念医院伦理委员会成员之一。温茨博士还是《国际环境伦理学》等杂志的学术顾问。

　　西方国家的环境哲学研究与全球环境变化相关联。近代以来机器大工业的发展使得环境危机日益严重,加上全球范围内贫富分化的加剧,更使得各种关系复杂起来,而其中主要的一面即是人类与其周围环境以及环境中其他物种在生存上所存在的紧张关系。这一关系又与人们社会生活所赖以为基础的正义观念息息相关。问题必须要得到解决,否则人类的生存可谓前途叵测。

　　《环境正义论》一书所采纳的主要视角,正如作者本人在前言中所称的,"主要是关于正义论的",也如同密西根大学法学院的詹姆斯·E.克利尔教授所评论的那样,"着重于分配正义的诸理论,所关心的主要是那些在利益与负担存在稀缺与过重时应如何进行分配的方式问题"。因此,该书虽涉及环境法学与环境经济学方面的大量议题,却不是一部环境问题大全,仅是正义理论在环境关切上系统而全面的表达。

温茨认为,要满足社会正义与环境保护的双重问题,在学术研究上就必得关注正义论与生态学。大概如意大利社会学家帕累托所讲的那样,人们总会也总是在为自己的所作所为寻找所谓的理由,以证明自己是一个理性的人,做的是合理的事。温茨认为此点要做出改变,他认为我们的"自知之明"需要进一步深化,未经检验的自发观念必得要接受批判并从而做出应有的回应,以"对人生有更大的把握"。因此,对人们表面上所持有的各种正义观念加以深度的剖析就是很必要的事情了。

从两个孩子分一个比萨饼的故事,温茨开始其娓娓道来的讲述。比萨饼如何分配就是一种有关分配正义的简单却不肤浅的例子。换句话说,就有限的资源如何加以分配而言,哲学的探讨不再是某种时间的荒废了。作者提及霍布斯笔下"孤独、贫困、卑污、残忍而短寿"的生活,也提到了加特勒·哈丁有名的公地悲剧,将正义的必要性引导出来。而且,这一议题在现代社会尤其是在环境问题上更具现实意义。

在此基础上,温茨论述了正义的诸种理论。按着朴素的理解,正义的特征就是"同样情况同样对待",人们在生活中对于正义所持有的这样一种隐含的协议或契约,是人们顺利生活、减少不必要内耗的前提。但正如作者所指出的那样,"马克思争论说,很多正义原理与其他的行动指引原理,都与社会的技术发展状态相关"。适宜于某一时期技术发展状态的原理,未必就适合于将来。以婚姻生活为例,在拖拉机发明的前后,妇女的角色也相应发生了很大的变化,从原来照料家庭的工作到职业女性的转变,使得证明妇女干家务活的正当性条件已然丧失。在旧有价值与希望得到公正的对待之间所产生的冲突不能得到解决的话,离婚就是必然的了。因而,这实际上是对人们正义感的拷问。

接下来,温茨顺次考察了财产与德性的理论、人权与动物权利的理论、功利主义与成本效益分析的理论,以及约翰·罗尔斯的正义理论。对于德性理论,温茨主要以富兰克林的《穷理查年鉴》为例,说明了这一理论在美国的发展变迁。在温茨看来,德性理论是清教伦理的一种更为世俗化的正义论表达,该理论声称,工作努力、勤勉、守时、诚实的人在道德上是善的,将会获得成功,而那些懒惰、不诚实的人是恶的,将会遭受失败。因此,"穷人应该贫穷,富人应该富裕","每个人只是在获得他应得的东西"。这正如同我们中国人所讲的"穷生奸计,富长良心"一样,皆是德性理论的世俗生活体现。温茨认为,这一理论缺乏理性的依据,只是一种心理力量而已。因为这种看法会导致认识上的偏差,会使我们毫无根据地偏爱富人或富有的公司,并将之凌驾于他者的利益之上,这"严重危及我们对环境正义的获得"。

对自由派理论所崇尚的财产权,温茨也做了分析。依据洛克的说法,财产权与劳动理论密切相关,但是自由派理论无法解决稀缺以及权利方面的问题,它最终是一种自悖的理论。而与财产权相关的效率理论,温茨也提到了外部性因素与公共物品的问题,并以囚徒困境来表明,"效率理论可能是阻止了而不是促进了效率最大化"。因此,温茨认为,尊重财产权对于保障正义是非常必要的,但完全诉诸私有财产权以处理与环境正义相关的问题,大概无法实现这一目标。

这样的话,温茨不得不考察其他的理论。他进一步探讨了人权与动物权利的学说。关于人权,重要的区分是"道德权利与合法权利",道德权利属于人的自然权利,它不会像合法权利那样,随着立法与司法见解的变化而变化。而且合法权利可能是道德上不可接受的,而自然权利或人权却总是道德上所要求的,甚至为了保障人权,合法权利也应被修改。西方近代以来的人权观念只是局限于人类物种,其中还不同程度渗透着种族主义、性别主义,且影响深远。温茨通过对这一历史的简单叙述,使我们认识到人权观念的进步与演变。同时,他还提及积极人权与消极人权的区分,提醒我们对此加以关注。以此为契机,温茨谈论了动物权利的问题。他接受了汤姆·雷根的动物权利观点,并说明了人类的消极权利与动物的消极权利之间的差异。但温茨认为,权利理论仍不能解决所有的问题。

在接下来对功利主义以及成本效益分析的探讨中,温茨考察了功利主义理论的优点与局限性。他认为功利主义有着对自由、平等、正义加以维护的一面,但对于立法者与决策者而言,却不可将其作为唯一的环境正义标准,因为这一理论可能会要求人们采取一些令人无法接受的政策,尤其是对于环境中无感觉存在物而言更是弃而不顾。成本效益分析是一种决策方法,与功利主义所着眼的幸福或偏好满足相比,它所强调的是货币价值。在社会政策的决定上,这种方法最终会使"一人一票"规则为"一元一票"制所取代。而且在成本效益分析中,影子价格、贴现率的运用,也使人类生命贬值。温茨因而指出,成本效益分析也不能被用作为唯一的环境政策决策方法。因为这一方法所带来的不确定性及其对于货币成本与效益因素的顶礼膜拜,可能使得依靠它做出的决策只是有利于生物圈中更小的一部分人——有钱人,使得成本效益分析与功利主义一样,最终倾向于对分配不公正的默许,以及对"法律面前,人人平等"原则造成侵犯。

在对权利理论与功利主义做了上述的批判性梳理后,温茨探讨了约翰·罗尔斯的正义理论。温茨从罗尔斯那里所发掘到的是纯粹程序正义与反思性平衡这一方法。纯粹程序正义与罗尔斯所构想的原初状态相关,在这一点上,温茨认为罗尔斯根本就是委身于康德的正义观念,因而纯粹程序正义是在假定康德道德原则的有效性时才有意义的。而借着反思性平衡这一方法,温茨对科学以及伦理学中探索的结构做了考察。在科学探索中,"背景信念暗示着值得询问和适宜回答的问题",且"仅仅依靠逻辑和数学规则不能得出额外的判断"。在此基础上,温茨提出,"伦理学中探索的基本结构与科学中一样。人们对于自己有权做什么、职责是什么的信念,以及对于哪种正义原理最重要的信念的获得过程通过与什么样的事物存在、事物之间又如何互动的信念过程相同",并进而指出,"罗尔斯反思性平衡方法将正义信念的获得、改善和改变的方式提高为自我意识"。温茨本人也正是以"反思性平衡"这一方法不断推进该书在理论上层层深入的。

作者接下来要做的,就是对环境正义论的理论建构。这涉及"对无知觉的环境构成成分(有机物、动植物物种、生物群落和岩石圈等)的责任",也涉及"人权、财产权、动物权利及其余的责任"。运用反思性平衡这一方法,温茨探讨了生物中心个体主义与生态中心整体论。前者最为有名的倡导者是阿尔伯特·施韦泽(Albert Schweider)、罗宾·阿特菲尔德(Robin Attifield)以及保罗·泰勒(Paul W.Taylor),还有重要的彼得·辛格(Peter Singer)——引领温茨走上素食主义者道路的人。辛格提出的证据是,"痛苦与欢乐的能力是根本上拥有利益的前提条件",但个体主义的缺陷在于,它不能为物种与生物群落提供充足的理论保护。当与人类价值并置时,这种观点也保护不了物种与生物群落免于人类的摧毁。但温茨提出,"每个生物都具有固有价值的观点,应当被包括在任何综合的环境正义理论中"。温茨借取了奥尔多·利奥波德的"土地伦理"这样一种生态中心整体论的观念,即"人们应当出于对物种的持续存在与环境体系的持续健康的关怀而限制他们自身的活动"。但温茨也指出,这并不意味着生态健康是唯一的善,生态中心整体论的唯一启示,就是我们人类应尽可能避免生态系统的毁坏或物种的灭绝。至此,温茨提出了自己的同心圆观点,这一观点所包含的主体有十项之多,其核心所在,即是借助存在于我们周围的同心圆,来界定自己的责任与义务。因此,"义务的强度会随着互动的背景主题发生变化"。在这一理论的指导下,温茨相信人们会对积极权利与消极权利、消极人权与动物权利以及无知觉的环境做出很好的反应。当然,同心圆提供的是一种理论的框架,目的是要人们理性地、富有成效地解决问题。人们可以在此指引下,采取预知合作的原理去行动。

温茨先生这一著作涵盖了政治哲学、伦理学、法学、经济学、生态学等多种学科,作者对于多学科研究上的融贯把握驾轻就熟,学术视野的开阔与学术胸怀的宽广令人叹为观止。他对于第三世界人们的苦乐有很深切的关注,对于人类家园的地球以及依附其上所生存的所有物种都关怀有加。从本书中我们体会到,温茨先生本人也努力实践着他在学术研究上的种种倡议。最后,要特别说明的是,我们对本书总体框架的介绍取代不了本书优美、详尽的叙述。

前　言

对环境议题的探讨让我想起那个北美殖民者的故事。他很担心自己是否有足够的柴火过冬,于是砍了许多木柴,直到他认为已经足够了,但为了稳妥起见,他特意跑去问一位年老的印第安智者,这个冬天是否会特别寒冷。这位印第安老人回答说,他预计会有一个前所未有的寒冬。于是,这位移民便砍呀砍呀,直到贮藏了他当初为冬季取暖而准备的柴火的两倍。他现在很自信地认为柴火已经足够过冬了,但为了确保无误,他还是跑去问那位印第安老人。印第安老人说,一个反常的寒冬即将来临。移民者于是又砍了更多的木柴,直到他周围已经都是劈好的木柴了。他再一次跑去问印第安老人,老人说,这个冬天将会是有史以来最最寒冷的冬天。"你是怎么知道的?"移民者问道,老人回答说:"白人贮存了大量的柴火。"

这个故事意在指出,人们在环境体系中扮演着多重的角色。我们既是环境中的一员,同时又是它的观察者。因此,当我们讨论环境问题的时候,在一定程度上我们其实是在讨论我们自身,这种探讨有时甚至比我们当初所能意识到的程度更深。与那位北美殖民者一样,更清醒地意识到我们在环境中的角色会对我们有所帮助。这是我写环境问题的一个缘由。

但是,相对于环境问题而言,《环境正义论》更加系统地致力于正义这一主题的探讨。环境方面的议题被用作说明与例证,它们并没有得到系统的论述,很多都没有讨论得那么彻底。例如,在第 1、2、8 和第 9 章中讨论的酸雨问题,仅仅被用来说明某些涉及正义的特定观点。本质上讲,对于酸雨我没有进行总体而全面的讨论,我也没有尝试去讨论所有环境领域中有代表性的实例,如空气污染、水污染、有毒废弃物、濒危物种,等等。

那么,这本书究竟要讲什么呢?

《环境正义论》主要关涉于分配正义的理论,这些理论涉及利益稀缺(相对于人们的需求)与负担过度时,利益与负担应当被分配的方式。当至少有一部分人必须放弃他们更想拥有的利益,至少有一部分人必须承担他们更希望逃避的责任时,人们需要一种方式以决定哪些人该承担哪些责任,哪些人该享有哪些利益。分配正义的理论是对如果要实现正义那么将要如何做出这些决定的相对抽象的解释。这本书集中分析了分配正义的各种替代性理论间相比较而言的优点,并以我所支持的一种多元论的理论告终。

因为这本书主要是关于正义论的,所以任何对分配正义感兴趣的人都会从中获益。但是,之所以集中注意力于环境事务情境中的正义问题,其理由有三。理由之一已经给出。我们对环境的参与远甚于我们先前所能意识到的,而且更清醒的自我意识能够促成审慎的行为。其二,分配正义的理论还没有像与其他一些领域那样经常地与环境事务联系在一起。其三,也是最为重要的,环境事务不仅牵涉到生活在同一时期同一社会中的人们,也与生活在同一时期的不同社会中的人们相关,不仅关乎当代也关乎未来,不仅关乎人类也关乎人类以外的动物,而且不仅关乎人类还关乎整个生物圈。由于环境事务具有独一无二的全球性特色(本书中的双关用语是蓄意做出的),因此,分配正义论因其应用于环境事务时所表现出的广泛性而得到了最为彻底的检验。因此这本书的很多例证和应用都取自于环境事务的背景。

在书中，我使用了一些将分配正义与环境法和环境经济学联系起来的例子。但是这种对法学和经济学的浅尝辄止并不构成对环境法或环境经济学的系统或全面的论述，如同源于环境事务的说明并不构成一个对环境问题的系统或全面的论述。在这样大小篇幅的一本书中，仅有正义理论得到了系统而且全面的论述。经济学与分配正义间的重要关系在第3—5章和第8—10章中有探讨。

我发现很多哲学著作需要哲学家的注释才能让读者理解它。（我写）《环境正义论》却希望它能属于罕见的那一类哲学著作，让一个没有哲学基础的人在身边没有哲学家辅导的情况下也能理解。我给读者提供了所需的背景资料，并以累积的方式立足于资料之上。这样，有两种情况会接踵而来：其一，对于专业的哲学家而言，本书的开头读起来会过于简单。对于这一部分人而言，我保证随着本书的进展，材料会日益复杂，日益有争议性，并将以一个相对新颖并可能有价值的理论告终。其二，我提供资料的这种累积或循序渐进的方式要求本书的阅读是从头至尾的，后面的章节依赖于早先阐述的资料，因此，任何断章取义的做法或直奔书尾的读者，都将不能够好好欣赏书中具有说服力的论证。

我还要感谢那些在此书的写作过程中帮助我的人们。我参考了许多作者的书，包括以前的和现在的。几位同事阅读了我的全部或部分的手稿，以姓氏首字母顺序为序，他们分别是：乔治·阿吉彻（George Agich）、唐·塞尔（Don Cell）、艾德·塞尔（Ed Cell）、奈杰尔·道尔（Nigel Dower）、伊安·福莱（Ian Fowilie）、罗伊斯·琼斯（Royce Jones）、莱斯特·米尔布雷斯(Lester Milbrath)、理查德·帕尔默(Richard Palmer)、欧内斯特·帕特里奇(Ernest Partridge)、丹·肖(Dan Shaw)、朱迪思·谢里克斯(Judith Shereikis)、拉芮·希勒(Larry Shiner)、埃里克·斯平斯特(Eric Springsted)、帕特里西亚·温兹(Patricia Wenz)和贝基·威尔金(Becky Wilkin)。我还要感谢圣加蒙州立大学法律研究中心让我从教学中解脱出来使得这个计划得到顺利实施。在这里,我要特别致谢的是:前任主任弗兰克·科佩基(Frank Kopecky)和现任主任南希·福特(Nancy Ford);管理员和研究助理贝基·威尔金;而且,最后但绝非最不重要的是,我要向中心秘书贝·狄克逊(Bev Dixon)致谢,是他精心而熟练地打印全部手稿并一再打印我的修改稿。最后,还要感谢我的妻子和孩子容忍我因为写作此书而导致的对家庭的疏忽。感谢我的妻子帕特里西亚鼓励我将此计划放在首要位置,我不知道将来是否还要让她费心为我如此付出。

导　言

　　1973 年到 1974 年阿拉伯石油禁运期间，美国石油价格急剧飙升。我的一位专门研究环境伦理学的同事评论说，这是件好事。较高的石油价格会使汽油消费受阻。较低的汽油消费会给予环境积极的影响。汽油消费是空气污染的一个主要来源。

　　我对环境的关切不可能像他那样充满热情。我的思考转向那些收入微薄、囊中羞涩，需要驾驶他们自己的汽车去工作的人们，以及那些收入相对固定的老人们，对他们而言，驾车是去探望儿孙们的最佳方式。我认为石油公司并未投入更多的成本就已开始为其产品索要一个更高的价格。他们的利润将会猛增。石油公司的某些执行官和股东将会得到一辆新的梅赛德斯或劳斯莱斯、一个新的家庭游泳池，或者是科罗拉多州阿斯彭的一所新公寓。环境将免遭一些破坏，但人们却不会。更加贫穷的人们将会被伤害，而且，在我看来，当财富从相对贫穷的人们手中转移到相对富裕的人手里时，正义将遭到损害。社会正义之必需与此种保护环境方法是冲突的。

　　社会正义之要求与环境保护之需要间存在的张力被诺曼·法拉梅利（Norman Faramelli）清晰地表达出来。他写道："大多数针对环境质量而建议的解决方法都将直接或间接地给穷人或低收入人口带来不利影响。"[1]法拉梅利举例说：

　　如果控制污染的成本通过所有商品货物直接转移到消费者身上，低收入家庭会受到（比富有群体）更为严重的影响。如果新技术不能解决环境危机，而且又需要减缓物资生产，随着大批大批的人们加入失业的洪流，只会令这些收入微薄的家庭的情况雪上加霜。[2]

一位芝加哥社区的组织者说:"我最不希望的是住在一个污染严重、不公正和压制性的社会之中。"[3]

社会正义和环境保护的议题必须同时受到关注。缺少环境保护,我们的自然环境可能变得不适宜居住。缺少正义,我们的社会环境可能同样变得充满敌意。因此,生态学关注并不能主宰或总是凌驾于对正义的关切之上,而且追求正义也必定不能忽视其对环境的影响。我们无法确保每个人获得他们所寻求的物质财富,设若如此数量的物质商品的供应导致无法忍受的污染水平的话。但是,我们也不能总是遵从富人们对环境关注的态度,假如这导致或增强非正义的话。

当然,没有人会拥护不公正;相反,对不公正的抱怨相当多,而且有关正义的争论也是司空见惯。许多争议都是由不同的正义观念促成的。因为人们对正义持不同观念,所以这个人认为公正的某种社会安排或环境政策其他人却会认为是不公正的。如果基于我在第 2 章中指出的理由,正义显得非常重要,那么就有必要对正义之本质进行一次探究。

此书的探究将采纳几种不同的视角。这种探究将使我们更好地理解社会失调的某些原因,这些原因源于对正义概念的分歧。理解失调的原因则是迈向改善的第一步。

在此过程中,我们可能会更好地了解自己和他者。大多数时间里,我们想当然地认可我们自己对正义的看法。它们在我们的心思中并不处于最显眼的位置,它们只是作为未经检验而且通常是无意识的预设而持续存在。对正义观念的不同视角进行检验有助于人们意识到自己对正义的自发设定。这就深化了我们的自知之明。这种知晓显然是很重要的,因为从某种程度言,它对自由来说是不可或缺的。当我们的行为被未经检验的自发观念所引导时,我们就缺少了批判性地评估并从而修正、保留或拒绝这些观念的机会。比较而言,当我们清醒地意识到先前那些我们自发的观念时,我们就能自由地改变、接受或拒绝它们。我们就会对人生有更大的把握。

　　除了增加自我理解与自由之外，探究不同的正义观念还有助于人们更好地理解他者。尽管在被探究的某些观念之中，有些对他者而言比对我们自身更重要，但研究这些观念会使我们更好地理解他者的立场。这有助于与他们的沟通，并且可能会成为解决分歧的基础。同样，理解他人会促成宽容。因此，探究不同的正义观念会使我们的生活变得更加愉悦，而且让我们与他者的交往更富有成效。

　　因此，这本书集中于那些相互之间存在歧异甚至是对立的观念之上。一种思路被陈述出来，接着会陈述一个相反的视角，这个相反的视角对第一种观点构成某种质疑。追随第一种看法的人可能会对这种质疑做出回应，指出质疑者在推理上的某些缺陷。质疑者可能会不接受这种回应，并且会吸收回应中的一些优点以修正的形式重新质疑。质疑，回应，质疑，回应，质疑……就这样循环往复。阅读这本书有点像观看一场乒乓球比赛，但更像倾听一场辩论或阅读一组对话。

　　一个人必须认识到从质疑到回应，或从回应到质疑时所发生的变化，因为每次变化都包含视角上值得注意的转变。任何对视角的转变认识不清晰的人都可能会变得困惑不解。他将会感到疑惑，为何在一个段落中提出的观点会与前面段落中提出的观点相悖。为了帮助那些不熟悉这种写作风格的读者，在最早几次使用质疑和回应的时候，我会提供一个明显的线索，我会在正文中一个质疑或回应开始处注明"质疑"（CHALLENGE）和"回应"（RESPONSE）的字样。在第 1 章中，我会用适当的提醒来展示这种策略，到那时读者就能够独立地识别出质疑与回应了。

　　我这样运用质疑与回应并不是想（给读者）留下这样一种印象，即这本书纯粹是一个毫无结果的反反复复的对话。它是有指向的。在讨论了正义的实际重要性（第 1 章）、正义原理的实质（第 2 章）、正义论的本性（第 3 章）之后，我探讨了几种正义的理论和相关原理。每种理论都具有重要性,但是那些后来出现的比之较早的更有说服力,或是更具广泛性。理论之间有推进,会变得愈来愈精密,愈来愈复杂。一些后面的理论会直接检验那些蕴含在前面理论中的重要假设。例如,人权理论(第 6 章)检验了作为自由派理论(第 4 章)之支撑的预设。随后的理论较之以前的理论会更深入,当然也更复杂。最后的结论是"同心圆理论"(Concentric Circle Theory),相对于任何其他理论而言,我认为这个理论更能化解环境保护与利用之间的冲突。

关于环境问题的现实存在的争议,被用来说明不同正义观念间的冲突。举例而言,这些争议涉及核能、有毒废弃物和空气污染等问题的一些方面。这些争议会通过它们对正义的预设以及所包含的涉及正义方面的主张而得到分析。

与环境正义相关的首要议题涉及分配正义。当然还存在正义的其他方面。例如,惩罚正义将越轨行为与惩罚或其替代性选择联系起来。相反,环境正义不是聚焦于惩罚和其替代性选择上,它的焦点在于,在所有那些因与环境相关的政策与行为而被影响者之间,利益与负担是如何分配的。它的首要议题就包括了我们社会中的穷人和富人之间进行环境保护的负担分配,同样,也要在贫国和发达国家之间,在现代人与后代人之间,在人类与非人类物种尤其是濒危物种之间,对自然资源如何配置。引入这些话题是为了解释或质疑更为抽象的分配正义论的需要。

我并没有提出这样一些环境正义问题的最终解决方案,而是提供了一种经得起考验的框架,在这个框架之内能够作出公正的决定。这样的一个框架不是在所有的形势下都能简单运用的死套或自动产生公正政策的处方。个人与集体的判断依然是十分需要的。

【质疑】 那么,你可能会问,这种"框架"何以被认为是有所裨益的呢?

【回应】　这恐怕得在你读完全书后才能找到答案，但下述内容会对你有所启发。当我的三个分别是 12 岁、10 岁、9 岁的女儿为旅行打包时，她们可能会忘记将短袜或者一件换洗罩衫或者其他什么的塞进背包。在心理上，她们缺乏一个所需物品的可靠一览表。因此，当她们真的将袜子和罩衫塞进背包时，她们可能会带上一些不合适的物品。她们可能会把她们喜欢的厚袜子带上，即使这次旅行的所在地是一个相当暖和的地方。三人可能会带上三件一模一样的罩衫，即便她们中只有两人有与之搭配合适的裙子或宽松长裤。简而言之，她们在思想与行为上缺乏全盘考虑。与此相反，很多成年人却已经形成了他们为旅程打包的框架。这种框架帮助他们避免了我的女儿们所犯的错误。这种方案是值得拥有的，即使它不能自动地回答所有关于该如何打包这样的问题。同样，在判断正义问题时这样的一个框架也是大有裨益的。

注释：

[1] Norman T.Faramelli，"Ecological Responsibility and Economic Justice"，in *Western Man and Environmental Ethics*，ed.，Ian G. Barbour（Reading，Mass：Addison-Wesley Publishing Co.，1973），p.188.（首印于 *Andover Newton Quarterly* 11[November 1970]：81—93。）

[2] Faramelli，p.198.

[3] Faramelli，p.191.关于穷人不成比例地承担了污染与环境清理的责任，见第 10 章（10.5）以及在该处引用的著作。

§1.1　引言

　　我以这样的探讨开始这一章,即当人们的所欲超出他们所能够拥有时,包括环境正义这样一些议题在内的正义问题就产生出来。在这种至少有一部分人必须放弃他们想要的某些东西的情况下(1.2 节),立足于正义原理的一种协议性措施就具有了实际的必要性。没有协议,对稀缺物品的分配就可能遵循先到先得规则,人们可能会不择手段地获取他们想要的东西。每个人都将生活在暴力与危险之中(1.3 节)。若想环境依然适宜居住的话,对人类行为的协调约束也是十分必要的(1.4 节)。为了自愿地合作于规定的限制之下,人们必须视这些约束的施加对于自身以及他者而言是同样公正的(1.5 节)。自愿合作是必要的,政府能够使用强制手段来影响人们(1.6 节),但现代社会的人们日益易于受到相对而言为数极少唱反调者的破坏活动的影响,而这些人的行为不能完全借助于暴力来加以控制(1.7 节)。因此,社会中的绝大多数人必须视社会秩序为尚属合理(1.8 节)。教育和宣传被用以获致这种效果(1.9 节)。摆在面前的这本书也是必需的教育努力中的一部分。在这种意义上,环境正义的探讨益显重要,尤其是在像我们这样的社会中,人们希望避免独裁政权生活下伴生的种种不便(1.10 节)。

　　这一章集中于正义观念。什么是正义的与什么看起来似乎是正义的,这二者之间的关系将在第 12 章和第 13 章中得到详细的论述。在此之前,我们的注意力将集中于正义观念。最后,本章和接下来的一章,对于正义的探讨或者是试图发现大家都赞同的正义原理与理论来说,并未提供道德上的主张。此处论点不过是,我们还是要好自为之。这就是哲学家所谓"审慎"的态度。在第 13 章至第 15 章中,我提供了一种我认为更有决定意义的道德主张。

§1.2 正义问题何以产生

当我 11 岁时,我的朋友比利·罗曼经常在星期六来我家。中午,我们通常做比萨饼吃。我几乎记不起来是谁去买的比萨饼配料或者我们如何制作比萨饼。但我确实记得我们是如何分享它的。我们抛硬币来决定由谁将比萨饼一分为二,在切开之后,没有动手切的那个人会首先选择他想要的那一半。显然,我们两个对于比萨饼都有无餍的食欲,甚至都愿意单独享受完整的一个。但是,我们从来没有因为我们自己决定的这种分配方式所各自得到的份额而打架。

这个故事说明了有关正义的几个特性。正义通常在这样的情况下成为一个议题,即人们的需求超出了使他们满足的手段。举个例子,假如我们的父母给我和比利足够的钱去饭馆吃比萨饼,在那里人们吃多少比萨都是统一收费的,那么情况就会截然不同。对于提供给我们的第一块比萨饼,我们不会形成什么规则去分配它,因为我俩都不会去关心得到公平的份额。吃完这块比萨饼,我们会得到另外一块,如果需要,接着还有另外一块。我们可能会对我们究竟吃了多少比萨饼感兴趣,而且我俩可能还会比赛看谁吃得多。但是,由于那样的话比萨饼的供给超出了我们的需求,我们各自相比较吃了多少比萨饼在我们之间根本不会引起正义的问题。我们也不会采取什么措施来确保每个人都得到了他公正的份额。

供应充足,情况就大为不同,这一点在水源问题中也得到了很好的说明。无论住在哪儿,人们都离不开水,但是,有些地区水源充足,有些地区水源稀缺。在水源供应不足的社会中,就会产生很多精细复杂的方法以在那些需要水的人们之间进行分配。侵犯他人的用水权被认为是极不正义的事情。在法制非常健全的社会中,比如美国,缺水地区的水资源分配是由一套错综复杂的法规来调节的。但在水资源丰富的地区,情况就完全不一样了。在英格兰的某些地方,居民只是每个季度交一次水厂与污水处理设备的维修费用。费用不因水的使用量而发生变化。事实上,也没有水表去计量人们究竟用了多少水。由于水资源足以满足每个人的需求,所以人们根本不关心自己或者他们的邻居究竟消耗了多少水。

总的说来,正义问题会在某些东西需求相对旺盛而供应不足或者被意识到供应不足的情况下出现。在这种状态下,人们所关心的是要得到他们的公正份额,协议就此而达成,或者制度由此而产生,以在需求它们的人们中间对稀缺物资进行分配。

这些一般性的准则依赖于两个条件而定。第一,分享稀缺物资的人们必须非常关注自己所获得的,以至于会去要求自己的公平份额。当我与我的一个女儿分享比萨饼的时候,我(有时)会更加在意她在享用比萨饼时所获得的乐趣,而不是我的公正份额(如果我还有些饿,我总是吃一些她剩下的)。甚至如果比萨饼很少,不够我俩吃(供应不足),在这种情况下我们也不会达成什么协议,以便每人得到其公正的份额,而如果她吃得更多,我也不会觉得自己上当受骗了。然而,当那些我要与之分享什么的人对我个人来说不太重要,相比之下被分配的物品更为重要时,我会更加关心我是否得到了公正的份额。在干旱时期,我可能会希望通过当地的公用事业得到公正的住房用水分配。水对我个人来说非常重要。就我个人来讲,我对镇上很多人不太熟悉。我也不会如此乐善好施以至于希望那些情况并不比我糟糕的人分到的水比我多。因此,有限的仁慈之心与稀缺性一样,也是引起正义问题的情境因素之一。

第二个条件是这样的:用于分配稀缺物资的措施和制度只对那些人们能够分配的物资有意义。比利和我能够分享比萨饼,城市水力、电力和能源单位的工作人员能够分配人工蓄水库里的水。但是人们分配降雨、好运和绝佳形势的能力是非常有限的。这些事物可能是稀缺的,人们也希望得到他们的公正份额,但是没有任何措施和制度用于分配这些事物,因为人们不具备分配它们的能力。

§1.3　面对稀缺的先到先得式回应

我已经论述了几种正义问题之所以引发关注的情况,它们的特征是稀缺、分配稀缺物资的能力和有限的仁慈。在这些情况下,为实现对稀缺物资的公正分配,协议常常会达成,或者制度因之而产生。

【质疑】　但是为何要这样做? 可以听任人们去自谋生计。分配的某些方式就源于人们对其欲求对象的无所不用其极的获取。有些人得到多一些,有些人得到少一些。有些人或许更坚决,或许没有那么仁慈,有些人或许更强大有力,或许更机灵,或许更聪明,他们可能会多得一些,另外一些人可能会少得一些。这种体制具备一个显著的优势。探索正义的本质或合意的正义原理将不再是必需的。一些哲学家就可能会失业了,那就会释放他们的精力去从事更多的实践活动。也许,从实践的观点看,哲学只是浪费时间。

从西方世界的源头开始,哲学就一直因为缺乏实践的意义而遭受批判。在公元前 6 世纪,一个名叫泰勒斯(Thales)的希腊人开始对物理世界的普遍本质产生兴趣,因此他被公认为(西方)世界的第一位哲学家。[1]据说,他有时在沉思时是如此投入,以至于走错方向,掉进了水沟,这给他的哲学职业角色带来了一个不切实际的名声。为回应这种他认为自己不应当获得的名声,据说,泰勒斯曾经运用他对物理世界的知识预测了一次不寻常的橄榄大丰收。他自己保有这个秘密,然后收购了当地所有的橄榄压榨机,当年他以此获得了一大批财富。故事传开了。因此,哲学是能够实践的。

这个故事并不让人十分信服,但它的确可用于表明在涉及哲学的现实重要性时哲学家与非哲学家之间的争论是由来已久的。这种现实性在当前背景下尤其引人关注的是从事正义的哲学思考在实践上的重要性问题。设若以一种大多数人都感觉到公正的方式来分配稀缺物资尚属必要,这样的思考就是十分必要的。但是,一个让人们都意识到公正的配给体制是否十分必要呢?为什么不让每个人都攫取到他能得到的东西呢?

【回应】 有理由表明,一个明显公正的制度具有现实的必要性。允许人们肆意攫取他们能得到的东西而无所不用其极,这样一来就会允许人们为了获取自己想要得到的东西而相互攻击。在这种无政府状态下,每个人都易于受到攻击。那些强壮的人最终会遇到比他们更强壮的人,或者一支比他们的力量更强大的另一群人的集体力量,聪明人以智取胜那些以力取胜者,或者聪明人被那些行动敏捷的人打击得一败涂地。从早到晚每个人只要瞅空打个盹,就会容易受到攻击。17 世纪的英国哲学家托马斯·霍布斯*(Thomas Hobbes)断定这种情况下的生活将是孤独、贫困、卑污、残忍而短寿的。[2]避免这些情况的发生显然具有现实的重要性。

【质疑】 但是,这样就使得一种对稀缺物资的明显公正的分配具有现实的必要性吗?通过遵守相互之间禁止直接攻击的规则,似乎人们就能够避免霍布斯所谓的"自然状态"的野蛮。他们可以通过集体行动的力量对抗违反者,强制他们执行这些规则。在这些规则的限度内,先到先得还是能够被许可的。公民可以拥有他们首先获取的东西,或者他们足够聪慧可以说服别人给予他们,或者凭借他们的劳动自己获取,诸如此类。

---

* 关于霍布斯部分的内容的翻译参考《利维坦》,黎思复、黎廷弼译,商务印书馆 1985 年版,第 95 页。——译者注

有些人会得到比他人更多的稀缺物品，因此，为确保一个被认为是公正的结果而控制分配似乎没有必要。

§1.4　协调的环境限制之需要

【回应】　允许公民获取、选择或接受他们能得到的任何东西——只要他们不直接地攻击他人，不对他人使用残忍手段或从他人那里盗窃——有时也将会使稀缺的状态更加糟糕，而且从长远来看会伤害到每个人。加勒特·哈丁（Garrett Hardin）将此称为"公地悲剧"。[3] 设想一个能被许多牧民共同使用的牧场。它虽是一处有限的资源，但能够给那些牧民们赖以维持生计的牲畜提供足够的食物。假设某一位牧民想增收，他可以将牧群的数量增加一倍来达到目的。他也将不得不更加努力地工作来看管更大的牧群，但他认为增加收入值得他这样努力。他不是直接地攻击任何其他人，对他们施以暴行或者偷盗他人的东西，他的额外收入是在不违背这些事情的规则下努力挣得的。牧养这些增加的动物没有显著地损害牧场，因为虽然个人的牧群增加了一倍，但公共牧场的总牧群数量并没有显著增加。

既然这是一个公共牧场，那么其他想增收的人也可以将他们的羊群、牛群增加到两倍或三倍。然而，随着在公共牧场上放牧的动物愈来愈多，牧场内的植被会因为过度放牧而彻底毁坏。结果就是，所有人都赖以为生的牧场这一公共资源以毁坏告终。没有人对任何其他人犯下野蛮的暴行；然而，当只关心自己的利益时，他们就摧毁了那一利益的基础。他们为增加收入而付出的努力只是弄巧成拙。在这样的一种情况下，允许人们获取他们想要的任何稀缺资源就导致了该资源的毁坏。每个人的占用必须与其他人的占用协调起来，以保证集体的占用不是过量的或毁灭性的。因此，在这种情况下，为了避免公地悲剧，决定每个人在集体利益中的应得份额是符合实际的。这样一个决定只有在参考一致认可的正义标准下才能做出。对正义的本性和原理进行哲学研究因而就是必需的。

很多环境资源就像哈丁故事中的牧场一样。海洋、空气和臭氧层对我们而言就像牧场对牧民一样重要。没有人可以拥有它们。如果在追逐自己的快乐、收获或者更偏爱的生活方式中，只要不直接虐待其他人，每个人都可以自由自在地利用或掠夺这些自然资源，但从长远来看，每个人最终将受到伤害。举例而言，臭氧层帮助我们抵挡能致癌的太阳射线。假定使用杀虫剂会减损臭氧层，而单个人使用杀虫剂对臭氧层而言并不具有实质意义的影响，因此任何人在不伤害他人的情况下都可以使用这种杀虫剂。但是如果数百万人长期使用这种杀虫剂的话，由臭氧层提供的抗有害太阳射线的保护功能就会很明显地被削弱。这会伤及所有人，包括那些制造和使用杀虫剂的人。因此，如果数百万人都想使用这些杀虫剂，就必须实施一些限制政策。影响这种限制的一种途径，就是设计并强制实施一种制度，该制度准许人们只可以限量使用杀虫剂。但限量究竟应该是多少呢？正如在公共牧场的案例中一样，无论如何，每个人都得到公正的份额才是合情合理的。现实再一次暗示人们，为确定每个人公正的份额，彼此之间需要对正义的诸原理达成共识并付诸使用。

这种推理广泛适用于污染问题。无论是从高速公路上行驶的汽车车窗中扔出的香蕉皮，还是从汽车尾气中排出的一氧化碳，每次微量的污染确实不构成损害。但是这些微量的污染物集中起来就不一样了，通常这种集中物不仅伤害那些造成污染的人，同样也伤害其他人。我们的废弃物与我们的生命进程是不可分割的整体。在有限度的浓度之下，它们有益于作为整体的生命进程。但是，我们所偏好的生活方式与活动却产生了种类繁多与程度不等的污染环境的废弃物，并最终会使地球变得无法居住。因此，在很多事情上，从我们利用国家公园到使用石化燃料，约束都是必要的。而且，当约束对保存环境来说必不可少时，似乎每个人都应当根据适当的正义原理获得其公正的部分并受到某种公正程度的制约。

【质疑】　然而,对环境正义的共同愿望也许不能被认为是绝对必要的。环境保存需要的是限制,如果限制措施充足,不管是谁作出了必要的牺牲,环境都将被保存下来。从环保角度而言,这种牺牲可能被非常不公平或不公正地分摊了。对正义的特征和原理进行哲学研究可能会有用,因为它们使得对于利益与负担的合理分配更为便利,而这种分配是和人类与其环境间的互动密切相关的。但是,公正的分配和为之提供便利的哲学探讨,具有现实的必要性吗?环境需要的仅仅是限制措施,而不是正义。

§1.5　自愿性团体中正义的必要性

【回应】　人们需要正义。他们决不愿感受到,他们在遭受显然的不公正。

【质疑】　在一个许多非正义现象丛生的世界中,宣扬人们需要正义似乎显得有些幼稚。世界各地有数百万人口营养不良,许多人因为饥饿而死去,然而还有另外一些人在浪费粮食或者因削减农产品产量而获得补贴。[4]中东地区与中美洲地区的武装冲突造成无辜平民丧生,他们除了和平别无所求。许多居住在美国的富人不纳税,而中等和中下收入的家庭却要听候课税,可他们连维持收支平衡都压力重重。对许多美国的孩童而言,可以获得的公费教育是如此拙劣,以至于很多被授予高中文凭的学生却是事实上的文盲,相反,其他小孩却能在公费的资助下接受良好的教育。这些例子说明以公正的方式分配利益与负担并不现实,没有正义的事物,世界似乎照样前进。人们似乎并不真正地需要正义。

【回应】　但是,在很多方面和很多情况下,人们确实需要正义或者是合理的正义近似物。回想一下我和比利分比萨的故事。如果我抢得三分之二的比萨饼,而不是与比利公平地分享,那么我们的友情肯定也不会持久。他感到他没有得到应得的一份,可能会偷走我的棒球帽,或者为找东西吃在午餐之后立即回家。若任一方不断地做出对方认为不公正的行为,最终他们的友谊可能会破裂。

不公正感在很多离婚事件中扮演了主要的角色,配偶一方可能会感到另一方在家庭的开销政策中享有不公正的垄断地位。女人可能觉得自己承担了过多的养育小孩的责任。对于家庭而言,花费更多的时间和财力去拜访某一方的亲戚,可能会使另一方觉得不公平。当然,离婚可能是由其他的原因促成的,或许并不是因为不公正。但这种感觉是有影响的,有时甚至起决定作用。

许多自愿关系都基于爱或牺牲。但是,当一个或者更多的参与者开始考虑这种关系带有其固有的不公正时,即使是自愿关系可能也会令人不适。友谊是自愿的,而婚姻,虽然受到法律的认可并具有效力,大多也是自愿的。离婚的可能通常是存在的。不公正的感觉迟早会打破作为自愿关系核心的心灵纽带,而且,几乎所有的关系在很大程度上都是自愿的。

§1.6 国家似乎不需要自愿性合作

【要不要我把真相告诉你?】 初看起来,几乎所有关系在很大程度上都是自愿的似乎并不正确。一个国家的公民与其政府的关系,以及通过他们的政府而决定的彼此之间的关系,看上去并非完全是自愿的。除了那些自愿置身于一国的管辖权之内的移民外,人们大多生活在其出生的国度,他们没有选择的份。合法移民的可行性也是有限度的,而且,既然地球上的每一寸土地都处于某一个或另一个政府的管辖之下,移民无论如何也不可能逃脱法律规范的限制。因此,生活在法律的规范之下,并受到某个政府的管辖,对任何人来说都是不可避免的。这根本就不是自愿的。

法律规范是强制性的。国家的最有影响的定义是由社会学家马克斯·韦伯(Max Weber)做出的。[5]他将国家界定为这样的一种组织,该组织声称拥有对在社会中使用暴力做出最终决定的权力。这并不意味着国家只允许司法人员使用暴力。父母可以打自家小孩的屁股,橄榄球的防守边卫可以抱住并绊倒四分卫,雇主可以在一次职工抗议运动中对雇员停工直至其答应雇主的条件。但国家对于这种权力的使用可以达致何种程度保有决定权。父母打小孩过度会被政府指控为虐待小孩,橄榄球的防守边卫如果扯掉四分卫的头盔并猛击他的鼻子,就会因人身伤害的企图而受到起诉。国家对于不同的人可以使用的暴力进行立法以设定界限,甚至还利用暴力或者暴力威胁以使法律生效。社会上没有任何组织像国家限制他人使用暴力一样,去限制国家对暴力的使用。因此,凭借对暴力使用的控制,国家就成为社会中一个至高无上的组织。

暴力与强制看上去似乎与自愿是截然相反的。如果我被某人用刀抵着背部,要求送 10 美元到联合劝募协会,我本身是极不愿意的。如果我在被开除的威胁下而被强迫在星期六值班,这通常意味着,我并非自愿在星期六还照常上班。相似地,如果国家以坐牢威胁我缴税,或阻止我偷邻居家的车,或者避免非法侵占政府的军事设施,那么,我的顺从似乎也不是自愿的。

总而言之,既然我必须得居住在这一个或那一个国家中,而且国家通过暴力威胁强迫其居民遵守法令,因此,社会上一个非常重要的组织看上去似乎并非建立在自愿合作的基础上。以友谊和婚姻为例,我早已说过,自愿关系只有在参与者自身认识到是被一种合情合理的方式公正对待时才能稳定并维持下去。我坚持认为几乎所有的关系在极大程度上都是自愿达成的,这就意味着几乎在所有关系中,参与者必须认识到他们自身得到了一种合情合理的公正对待。这将使对于正义特性以及对基于其原理之上的协议的研究具有了现实的必要性。然而,人们与政府的关系现在看来似乎是基于暴力而不是自愿协作。既然这种关系不是自愿的协作,似乎可能的是,政府可以无视正义问题的存在。对共同生活在同一社会中的公民而言,任何必要的协作都能够通过暴力或通过暴力的威胁而获致。它可以使用暴力以确保人们减少杀虫剂的使用从而保护臭氧层。它可以通过罚款或坐牢的威胁,强迫人们为他们的主烟囱安置洗涤塔,以减少有害的空气污染。同样它也会使用暴力限制人们进入国家公园以保留野生区域。无论什么环境问题,国家似乎都能够通过使用暴力或暴力威胁防止类似于公地悲剧的事件的发生。若想让环境依然适于居住,公民必须约束他们自己或受到限制,环境限制在实践中就是必要的。然而,如果这种约束通过暴力而不是自愿协作就能够达到,环境正义就不是必需的。它可能会被环境暴力所替代,这个暴力我意指不考虑任何正义原理而运用的强制手段。

【最后忠告】 我将不会解释,为什么人类以暴力完全取代正义是不可能的。暴力有时是必要的,但仅有暴力是永远不够的。人类合作在很大程度上必须是自愿的,而且自愿合作需要人们在正义的普遍原理上达成共识。因此,实际需要要求对这些原理进行研究。基于其使用暴力并控制暴力使用的能力而言,我将以民族国家这一组织为例来说明暴力是不足恃的。正义感同样是必需的。如果这对民族国家来说是正确的,那么它对几乎任何组织而言都应如此。

§1.7 现代社会的脆弱性

对于一个民族国家,尤其是那些希求为其公民提供一些自由权的国家,一个至关重要的前提就是,大多数人感觉到利益与负担的分配具有合理的正当性。此条件的重要性,就像许多必需品的重要性一样,在其得不到满足时就显得更为清楚了。举例而言,我们可以看一下北爱尔兰的情况。在 20 世纪 60 年代中期,北爱尔兰天主教徒的境遇与美国南部的黑人的状况相近似。他们与英国非天主教徒在不同的学校上学,获得极为糟糕的教育机会,收入低微,在就业中遭受歧视,而在政府部门任职的更是微乎其微。针对这些不利情况的和平抗议运动在 20 世纪 60 年代后期爆发。它效仿美国南部的马丁·路德·金的抗议运动。与美国政府对民权运动相妥协不同的是,英国政府几乎没做什么让步。很多北爱尔兰的天主教徒对通过这种方式艰难地获得某种合理程度的正义失去了信心,于是他们开始用暴力来反抗这个体制。[6]相对皇家乌尔斯特警察与英国军队而言,他们的力量是微不足道的。但对于致命性的分裂活动来说却已足够,因为现代社会太脆弱了。因此之故,即使是最专横的措施也不足以完全铲除作为分裂力量的爱尔兰共和军(IRA)。即便独裁措施足以完成此事,但我们中会有多少人愿意生活在一个极端独裁的国家中呢? 在对正义达成共识之前,脆弱性会很容易地屈服于高压。

让我们来探讨一下这种脆弱性的根源。相对于农业或技术上更为简单的社会,工业社会实现了更多的劳动分工。生产力的提高部分归因于人们在不同领域的专业分工。对于指定的任务,专业化分工使得他们相对于需要学习更多不同技能而言能够更加熟练。这样的专门技术(知识)也由于技术革命而必不可少。这些革新中许多是为了提高生产力而设计的,这就要求工人们具有更高水平的知识和技能。不仅生产方法更加复杂——也因此更难以掌握,而且——它的费用也极其昂贵。工人必须足够熟练才不至于使工作产生混乱,而且当出现故障的时候,其他工人必须能够很熟练地进行修理。生产也趋向于地理位置上的集中。当在一个地区进行大批量生产制造时,很多产品的成本就会降低。一个地区的产品通常会是另一地区所生产的产品的组成部分。在底特律装配的一辆汽车的轮胎说不定是在威斯康星州生产出来的。

　　所有这些分工,费用昂贵的技术革新,还有生产的地区集中,创造了一个重要的、并非蓄意的副产品——脆弱性,尤其在遭受恐怖主义、封锁和其他形式的不合作时显得更加脆弱。具有专业技能的人们必须依靠他人为自己提供大部分的必需品。很多优秀的牙医不知道如何培植花园,如何修理汽车或建造房屋。他们必须依靠他人为自己做这些事情,因此,举例来说,他们比其作为开拓者的先祖更容易受到影响。同样地,几乎我们所有人都依赖性十足而且相当脆弱。生产的地区集中让每个人都依赖于运输系统。如果我们所有人都需要的一种产品是在某个国家的某一地区或两个不同的地区生产,若是联系生产地与居住地的运输系统被中断,我们的生活就会瘫痪。回想 1984 年 2 月法国高速公路上卡车司机们造成的堵塞。[7]他们(主要)抗议在意大利边境上的耽搁,以及燃料价格的上涨。他们感到不公正,这使得阿尔卑斯山脉无法让汽车通行,导致很多法国市民错失了他们的冬季滑雪假。阿尔卑斯胜地的旅游业更是遭受重创。全法国的水果和蔬菜都在堵塞的高速公路上烂掉,因为没有人能将之带向市场。食品店的供应开始稀缺。51 000 名汽车工人因为零部件缺乏而被暂时解雇。如果封锁持续下去,更多的工厂将因为缺乏零配件而倒闭。整个经济就可能已经瘫痪。

　　技术革新不止从一个方面加深了我们的脆弱,还促成了脆弱的实体设施与生活方式的建立。例如,冶金术、建筑学等进步使我们能够建造摩天大楼。如果没有电,一个人就无法像进入技术相对简单的地面建筑一样进入处于第 70 层的寓所。美国人的生活方式极为显著的特色是对汽车的使用,这是过去 100 年来的另一项技术革新。我们的生活、工作和娱乐场所被隔离得如此之远,以至于对大部分美国人来说,汽车成了必需品而不是奢侈品。因此,缺少汽油与机器零件会带来瘫痪性的后果。技术革新使得任何人都能运输和使用的威力极大的破坏方式变得唾手可得,因而加剧了我们的脆弱性。几乎任何人都可以购买并使用枪支,或者制造一颗威力无比的炸弹,足以杀害许多人并毁坏掉更多人们所依赖的实体设施。

当然,技术革新也提高了政府发现并捕获或消灭那些制造混乱者的能力。窃听技术、直升机和枪支能够也正被那些致力于维护秩序的人所使用。但是,较之技术落后时期而言,针对蓄意破坏而使用的这些技术并不能让我们的社会生活更加安全。把现代社会的脆弱性与很久以前的狩猎采集群体或中世纪庄园加以比较——这些群体在干旱、瘟疫和外敌侵入时显得很脆弱——我们在这些方面的防范能力可能更强,但是在面对我们中间的叛乱者方面,我们变得极为脆弱。一个或一群叛乱的中世纪农民,对社会结构究竟能产生什么样的危害呢? 用刀、铲或剑武装起来的叛乱者,在他们被别人制伏之前可能会杀死一些人,但他们杀不了太多,他们也不会带来经济衰退。那时的经济以土地为根本,他们无法将土地用推车推走。无论如何,附近的村庄根本不会受到任何影响。相反,如今几个开着装满炸药的卡车的恐怖主义分子,只要炸掉几个互联的电力设施,就能严重扰乱数百万人的经济生活。对核电厂的袭击可以造成辐射的扩散,那将危及很大范围的人们的生命。一些不太极端的活动也会导致小小的动荡。高速公路上的堵塞已经提过了。同样,罢工也是不容忽视的。当一个大型的汽车制造厂因为一个相对很小的分公司罢工而被迫停产时,成千上万人会失去工作。这些人的失业会使整个经济产生波动。

§1.8　社会秩序中正义的必要性

当一小群人可以施加给社会结构的危害增大时,即使不能使人人都感到幸福,也有必要对群体中几乎每个人加以安抚。一定要使几乎所有人认识到,他们自身在社会秩序中的利害就足以证明与当权者合作的必要性。这就需要人们的正义感不应受到太多的伤害,因为当人们觉得自己在受到不公正对待时,他们就希望改变这种状况。如果他们确信变化不会发生,那么有些人迟早会终止对维持社会秩序的合作态度,而且他们会采取行动颠覆它。何况,正如我们所了解的,相对较少的人采取行动能产生范围极广的影响。暴力和暴力威慑对保持秩序是必要的,但并不是充足的,尤其是如果要维护任何公民自由的话。当社会秩序被意识到存在极端不公正时,对政府来说,恐吓或监禁那些革命者或那些革命的合作者,也是十分困难的。这就是北爱尔兰的教训。

大多数北爱尔兰的天主教徒并非恐怖主义者。但是相对而言,极为少数的恐怖分子受到那些藏匿他们的人的有力支持,也受到那些不向当局报告爱尔兰共和军活动的人的消极支持。爱尔兰共和军的恐吓可能是未能报告的重要因素之一,但参与爱尔兰共和军活动并与之合作的群众数量惊人,也是恐吓生效的根本所在。

总而言之,如果一个现代的、脆弱的社会秩序被它的成员中相当比例的人认为是明显的、不可救药的不公正时,它会被那些得到积极支持和消极支持的极少量的人弄得残破不堪或者被彻底摧毁。这已经在北爱尔兰发生了。暴力的使用不足以防止其发生。现代社会秩序,尤其是在一个相对自由的社会中,需要绝大多数成员的自愿合作。为获得这些合作,社会秩序必须被人们认为是尚属公正的。研究正义的特征和原理因而具有了现实的必要性。

当然,社会秩序必须是尚属公正的,这样一个规则也有例外的时候。有些情况已经在上文中提过了。在数百万人忍饥挨饿而其他数百万人却在浪费粮食,或者无辜的平民在内战中遭到杀害这样的事实中,是没有正义可言的。因为在这些情况下,受害者无力去影响局势。这就是不公正大行其道却安然无恙的原因。那些犯下不公正行为的人——现在,无论如何——对于那些遭受不公正行为的人的回敬而言,是刀枪不入的。比如说,饥饿的非洲灾民,并非易于遭受蓄意破坏的工业社会的组成部分,而且他们没有进行破坏的具体手段。同样,在中美洲的内战中,社会秩序被战争破坏得如此严重,以至于像北爱尔兰存在的恐怖主义那样的活动几乎没有任何效用。没有什么值得摧毁的工业社会秩序。那么,这些例外可用来证明一个规则,那就是,一个工业社会秩序,由于它对于来自内部的攻击是脆弱不堪的,所以它必须被它的绝大多数成员感受到是尚属公正的。

这一规则似乎可能被那些已经提到过的例外情况所反驳。在美国,一些富人极少缴税甚至根本就不缴税,与此同时纳税却成为中产阶级的沉重负担。一些儿童无法享受像样的公费教育,而另外一些儿童却享有绝对优越的教育机会。另外,女工的平均收入要比男工低 60％。[8] 黑人家庭与白人家庭收入之间的差距就更大了。[9]

这些例子值得注意,因为对它们的认识还存在争议。很多美国人,包括很多贫穷的和中产阶层的公民以及很多妇女和黑人,不相信这就是真正不公正的例证。妇女和黑人获得的报酬远低于男人和白人。根据很多人的说法,这是因为男人或白人完成了更关键的工作,需要更高的技巧和更多的训练,或者比女人和黑人所从事的工作需要担负更多的责任。富人应该得到附加税的减免,因为他们是整个国家创造最多价值的公民。他们的事业帮助数百万人得以就业。让他们缴太多税无疑是杀鸡取卵。

这就是对美国现状的辩护。它是有争议的,是因为很多人会部分地拒绝或者接受这种观点。这里所缺乏的是对正义原理的一致同意。正如我在第 1 章中指出的,这本书包含了对相互替代、彼此竞争的正义理论以及正义原理的考察。对不公正的例子以及对现状的理解的不一致,正是植根于对这些理论和原理的争执。我在这些章节中坚持认为,人们相互之间不仅存在分歧,而且他们当中大多数人是模棱两可的。他们可能会注意到并对不止一个观点表示赞成,这是因为他们同时尊重隐含在两个或者更多纷争观点之下的不同原理。另外,即使深信现状的某些方面是不公正的,大多数人也不愿意去支持激进的破坏活动。他们相信现状在大多数方面尚属公正,而且他们害怕消除局部不公正的破坏性尝试,将会产生出相比之下更多的不公正。他们也相信,现状也可以在不使用激进的破坏活动的情况下得以改变。在现有建制的指导方针下,改革是可能的。最后一点在于,生活境况远非令人绝望,绝大多数美国人认为他们拥有充足的食品和过得去的住房。有了这些信念,他们不愿意从事或支持恐怖主义。

总之,我们生活在一个很多人都认为是以显然的不公正为特征的社会之中。这个社会极容易从内部的激进破坏活动中遭受伤害。但是对于正义的信念足以使他们中的绝大多数人受到安抚,阻止他们从事或支持恐怖主义。

§1.9　教育与宣传

为了现代社会中秩序的维持,让民众认识到整个社会制度的合理正当是必要的。暴力对维持秩序也很重要,但不是充分的。现代的政权对此认识得很清醒,因而它努力培养其民众的自愿合作精神。公立学校的义务教育在每个现代工业社会中都存在。正义原理与历史学和社会科学课程一道,在这些学校得到讲授。它们被设计得有条有理以显示社会秩序在本质上是公正的。一些明显不公正的事例,当加以适当的理解时,就成为展示正义的事例。其他一些明显不公正的事例也被说成是暂时的现象。情况比以前好多了,而且社会制度如果能不受阻碍运行良好的话,也足以消除这些残余的不公正现象。人们应当有耐心。这种推理的框架在美国所提供的教育中是适用的,正如它在苏联一样。

政府从许多方面促成人们对于国家创建与维护的重视。例如,美国独立纪念日的庆典用来使民众铭记世界在那一天获得的进步。其言外之意在于,既然政府代表了一种相对于过去而言的明显的进步,它就值得人们为之效忠。美国、法国与俄国革命的庆祝具有同样的意义。很多国家的货币上都包含有对革命事件的描绘或者干脆由革命领袖的肖像组成。这些领袖的生平与成就在学校的历史课上被更多地大书特书。每个政权都意识到,其延续依赖于民众对它的忠诚,于是它会不断地采取行动来赢取民众全心全意的支持。

在小说《一九八四》[10]中,乔治·奥威尔(George Orwell)强调,即使是最为极权主义的并完全实行高压统治的政体也重视人们的感受。《一九八四》中的政权,通过宣传被描述成一个总是关注人民福利的政府。虽然处于对外战争的困境中,政府仍在提供更多更好的消费品的运动中取得进展。个人也因为对国家福利的贡献而在媒体中受到公开赞扬。与正义的观念最直接相关联的是,政府给它的民众提供了一种政治哲学,它被用来解释什么是正义,以及政府如何是世界上实现正义的最有效力量。因此,虚构中的政府与现实的政府一样,都认识到提供正义以及与之相关的教导的重要性,这些教导被用来说服人们,让他们相信所处的社会中的政策和制度是合理公正的。

总之,很少有比正义主题更加重要的话题。当正义的条件出现时(相对于人们的需求存在稀缺之时,存在可分配稀缺物资的力量之时和仁慈有限之时),人们就需要放弃至少是一些他们所向往或需要的东西(比仁慈提议的要多)以更好地满足他人的需求。对很多人来说,从心理上就很难忍受在这样一些状况下由其他人施加的约束。当这些约束让人觉得无法忍受时,即使是由少数分子制造的反社会行为,都能极大地恶化一个现代社会的总体福利水平。通过暴力施加的限制不足以阻止这些反社会行为(或许,除非是这些限制被用来施加某些手段,这些手段如此严酷,以至于对于社会结构和人类幸福同样是破坏性的和有害的)。因此,必须说服人们(在某种程度上)愿意去容忍、去服从那种超出仁慈提议的约束。社会制度和政策是合理正当的,这样的感受对那些(相对来说)愿意服从约束的人来说是必要的。因此,当正义的条件存在时,极少会有比正义主题具有更多实践重要性的话题。

§1.10 环境正义的必要

正义的情况时常涉及环境领域。因此,必须经常做出安排,以便对进行某种活动和生产某种商品的权利进行分配,从而确保人们对环境资源的诸种利用保持协调一致,并与环境的可持久居住性和睦共存。比如,燃烧大量富硫煤会导致酸雨,这已经是家喻户晓的事情。[11]这些酸雨要为美国东北部、加拿大南部和德国南部的森林脱叶负责。森林被很多人用作消遣游乐的去处,它们还被木材工业所利用,而且有利于延缓土地侵蚀。所以,就存在大幅降低富硫煤的需求,或者要求使用这种煤的熔炉烟囱上安装洗涤塔,以防止大量的硫化物逸入大气。燃煤的使用距离受影响的森林有数百英里之远,它们被用来为工厂提供动力,为人们提供电力。大量减少煤的使用,可能会给这些煤矿的矿主和矿山中的工人带来不利影响。正在使用这些煤的工厂将不得不使用替代品,通常是换成更昂贵的燃料,或者安装昂贵的洗涤塔。每种选择都会使它们的产品变得更加昂贵。产品过于昂贵就不会畅销,这样一来,生产它们的工厂就不得不倒闭,很多人会因此而失业。基于同样的原因,为家庭消费而生产的电力也将不得不索价更高了。

因为煤矿地点与煤的使用地距离受损森林如此之远,对于那些使用高富硫煤的受益人和那些因建议改变这种使用而受到负面影响的人而言,他们与森林保护的直接受益者之间多半意见不一。他们的利益是对立的。一个群体的利益实现得越多,另一群体获得的利益就会越少。就此而言,这两个群体与我和比利·罗曼在比萨饼分享中处于同样的境地。

他多分一点,我就会少吃一点,我多吃一点,他就会少享受一点。每个人都想得到其公正的份额。在涉及富硫煤的使用方面,公共政策的判定是必要的。如果这种使人们失业或者导致土地滑坡而覆盖他们房屋的政策不具有明显可辩护性,那么,公众会认为他们的政府是不称职的。人们就会想知道,为何他们应该作出要求于他们的牺牲,这些牺牲与要求于他人的相比差异如何。如果要让那些受政策影响的人们相信那些要求他们作出的牺牲是值得的,政府将不得不采用正当合理的正义原理以设计其环境政策。

对大多数其他环境政策来说这也同样正确。它们要求人们作出大量的牺牲。许多政策就被用来处理类似于公地悲剧那样的情况。正如上文已经提到的,我们呼吸的空气就像那些公地一样。机动车辆不受控制地排放出一氧化碳,危害了很多人的健康,尤其是儿童、老人和肺气肿患者。假定公共交通可以替代一些汽车的使用,通过公共支出来改善公共交通体系,就会减少排放。既然如此,纳税人就将为空气质量的改善负担费用。既然洁净的空气是公用消费品,由公众负担似乎是公平合理的。但是公众成员将不会同等地从这个政策中受益,生活在城区的人会因为以下两个原因而受益更多:城区的空气质量将会得到最大限度的提高,而且城区居民将会拥有足够廉价的公共交通。而这种对城市居民倾斜的不成比例的利益累积,必须要所有缴税人一起承担吗?

要不然,通过对汽油课以重税从而阻止其使用,也会减少汽车排放。由于汽车的使用普遍减少,空气质量的改善将会更加广泛,不只限于城区。但是,农村地区也需要这种改善吗?而且,让他们也承担重税,公平吗?在整个方案中,谁用谁付钱。这将最为沉重地打击低收入人群和那些住在郊区必须驾车去工作的人们。富人事实上不会受到影响。

减少由尾气排放引起的空气污染,也可以通过其他方案来实现,而且不同的方案可以结合使用。虽然目的都是为了减轻空气污染,但每个方案,或者不同方案的结合,都有益于不同的人群并且/或者使不同的群体承受不同的负担。因为这些利益与负担可能不是微不足道的,所以有必要使人们确信,他们获得了他们公正的利益份额,并且没有被不公正地要求承担过多的责任。社会结构将不会被任何一个被认为是不公正的环境政策所破坏。但是,环境政策的数量和限度已经增多增强并将在相当大程度上继续下去。如果人们感受到,这些政策一贯偏袒一些集团而不利于其他一些人的话,这种感受就会削弱为维护社会秩序所必须的自愿合作。如果要在一个相对开放的社会中维持社会秩序,自愿合作会显得格外重要,因为社会中的独裁手段不是准则而是个例外。那么,在一个相对自由的社会中,由于社会团结和秩序的维持要求人们认识到,与他人作出的牺牲相比较,他们所作出的牺牲是正当合理的,因此,公共环境政策将不得不蕴含绝大多数人认为是合情合理的环境正义原理。

注释:

[1] G.S. Kirk and J.E. Raven, *The Presocratic Philosophers* (New York: Cambridge University Press, 1958), p.78.

[2] Thomas Hobbes, *Leviathan* (New York: Bobbs-Merrill, 1958), chapter 13.

[3] Garrett Hardin, "The Tragedy of the Commons", in *Ethics and Population*, ed. Michael D. Bayles (Cambridge Mass: Schenkman Publishing, 1976), pp. 3—18〔首印于 *Science* 162(12 December, 1968):1243—1248〕.

[4] 至于简短易读的说明,见 Arthur Simon, *Bread for the World* (New York: Paulist Press, 1975),对此问题更加哲学化的论述,见 William Aiken and Hugh LaFollette, eds., *World Hunger and Moral Obligation* (Englewood Cliff, N.J.: Prentice Hall, Inc., 1977)。

[5] Edward Shils and Max Rheinstein, eds., *Max Weber on Law in Economy and Society* (New York: Simon and Schuster, 1967), pp.338—342.

[6] Belinda Probert, *Beyond Orange and Green: The Political Economy of the Northern Ireland* (London: Zed Press, 1978).

[7] F. Painton, "We'll Make Them Eat Rats!" *Time*, 123(5 March, 1984): pp.35—36.

[8] Lester C. Thurow, *The Zero-Sum Society* (New York: Penguin Books, 1981), p.19.

[9] Thurow, p.52.

[10] George Orwell, *1984* (New York: Signet Classic, 1961).

[11] 整体全面的说明,见 Robert H. Boyle and R. Alexander Boyle, *Acid Rain* (New York: Nick Lyones Books, 1983)。

第 2 章　正义诸原理

§2.1　正义的形式特征

正义的形式特征之令人愉快的一面在于,它是朴素的、显而易见的和易于理解的,不幸的是,它的指示不足以具体解决大部分环境正义相涉的实际问题。最通常不过的是,在人们得到他们应得的或者应该承受的东西时,正义才得以完成。这个观点我已经多次提及,即人们应当获得他们所需要的某些稀缺物品的公正份额。窍门就在于搞清楚人们应得到什么,对他们而言什么是应该承受的,以及他们的公正份额因此会是多少。

有件事是确定的。任何一个人和其他所有与这项分配有关的条件上都相同的另一个人的合理份额是一样的。这可以称为"衡平规则"。比如说,设想一下两个为同一公司工作的人。他们应当得到同样的薪水吗?未必如此。他们在某一方面是完全相同的,他们为同一家公司工作,但他们可能在其他一些与他们工资级别的公正判定有关的方面存在差异。两人中的一个可能从事的是比另一个人更危险的工作,或者其中一个要承担更多的责任,或者其中一人的工作需要更多的教育和培训,或者其中一人的工作更为出色。这些都可能决定他们不同的工资级别,这已经是常识了。这些差异与薪水的确定是相关的。

但是,如果两者在以上这些方面都不存在差异,又该如何是好呢?假设他们的差异仅仅是当中一个是红头发,另一个是金黄色头发,当中一个高 5.5 英尺,另一个高 5.9 英尺,一个名唤朱迪思·史密斯,而另一个叫卡罗琳·琼斯,等等。设想这些差异与工作断无干系。红头发的人也可以做好金黄色头发的人所做的工作,5.5 英尺的人也可以做好 5.9 英尺的人所做的工作,名叫史密斯的人也可以做得和名叫琼斯的人一样好,诸如此类。这两个女人在很多方面都存在着差异,但是如果这些差异没有一个是与其工作相关的,那么,她们的薪水应该是相同的。如果她们在同一家公司工作,做同样的事情,负同等的责任,她们的工作做得同样出色,而且在其他与工作相关的方面也完全一样,给其中一人较高的薪水就是不公正的。这是因为某人的公正份额是由她与此项分配相关的特征决定的。相反,这并不取决于你只是你这样一个独一无二的差异个体。所有人,即使是完全相同的双胞胎,也是与其他人有差异的独特个体。因此,唯一性不能作为区分一个人与另一个人之差异的特征。不能据此而决定对某一人比对另一人更好或更坏。不同的对待必须参考正在考虑中的两个个体与分配相关的差异来决定。根据正义的形式特征,正义就是人们得到他们应得的东西。在所有相关方面一样的人们应得到相同的东西。简洁一点就是,同样情况同样对待。

既然每个人及其境遇都在某些方面与其他人存在差异,为了弄清楚什么时候两人该受到同等对待,什么时候该差别对待,决定这些差异中哪一种是相关的就是重要的事情。换句话说,我们需要弄清楚哪一种差异是起实质性作用的。争议由此而生。举例而言,大多数人会一致赞成,种族和性别差异对个人薪金来说是无关紧要的。但是这种意见上的一致,假定其存在的话,也是相对晚近才达成的。回顾一下关于为妇女获取平等工资的争辩就会表明,一个关于何种差异具有实质性的探讨如何能够被合情合理地进行下来。它同样也表明,这样一类议题怎样才能以一种合理的方式得到解决。

直到最近人们还在辩论,在做同样的工作并做得同样好的情况下,女人应当比男人拿更少的薪水,因为男人通常是首要的养家糊口者,而女人上班却只是为了贴补家用。然而这种对男女之间不同对待的辩护是苍白无力的,因为它没有聚焦于某种区别男人和女人的固有差异上。相反,它集中于这样一个要素上,而在那一点上,男人之间的差异之大也许正如他们与女人之间的差异一样。有些男人要养家,而有些却不必,正如有些女人要养家而另一些却不必那样。如果在为男人应比女人更多薪水的观点进行辩护的过程中,所列的相关特征仅是男人养家而女人不养家,那么,男人应得到更多薪水的正当性就没有被证明。这种辩护毋宁是在说明,那些家庭财务负担更重的人应当比那些家庭负担轻的人获得更高的薪水。

换句话讲,正义是给予人们所应得的东西。同等情况应当同等对待。衡平原则应当得到遵守:如果不同对待是参考某种确定类型的差异决定的,譬如一个人承担家庭财政责任的程度,那么,若在所有其他方面相等,在这一方面有差异的人都应当差别对待,而这一方面没有差异的人都应当同等对待。因此,把家庭财政负担当作决定人们薪水的一个参考因素的想法,将要求两个从事相同工作的人——工作完成得同样好,为同一公司工作,等等——仍应接受不同的薪水,仅仅因为其中一个单身,另一个已婚;或者两个人都已结婚,只不过其中一个人有一个孩子,而另一个人有四个孩子;或者都有四个小孩,但是其中有一位还要赡养老人,而另一位则不需要。大多数人都不愿意根据这些因素的影响来决定薪水的高低,因此他们拒绝接受隐含在这种论证之下的观点,即同样的工作男人应当比女人拿更多的薪水。其他一些支持男人比女人薪水更高的论断也同样立不住脚。在经过细致考察之后,人们会发现,他们的一些基本前提会导向一些人们不想去接受的政策认定。因此,做同样工作的男人和女人应当得到同样的薪水,这样的公意已经逐渐显现出来。性别,如果很明显地与工作不相关,就不是一种与此分配相关的差异,而只是一个无关紧要的差异。

其他差异的相关性仍然存在争议。只是因为在某个领域或某个公司干得时间长,那些人就应当比其他人得到更多的薪金吗?这个话题的正反两方都有合理的论据。做完全相同的工作,仅仅因为他们替不同的公司工作,一个工人就应当比另外一个拿得少吗? 对此问题,劳资双方的代表可能会做出不同的回答。双方对其立场都有合理的辩护。这里要强调的一点是,不管这些议题如何解决,正义的形式特征是不受影响的。给予每个人其公正的份额将仍然是公正的,给予每个人的正当所得也还是公正。衡平原则仍将要求同等情况同等对待,而且不同对待的正当性应参考相关差异而做出证明。正义的这些形式特征,是给予那些关于在特定境遇下各种各样特征的相关性探讨以重要性的原因。

§2.2   正义诸原理

关于哪种类型的差异会起实质性作用的一般陈述,被称为"正义诸原理"。这本书很大程度上致力于考察关于分配正义的诸种相互竞争着的原理,因为它们正在或可能会被用于影响环境的决策。如果环境关注在政策产生过程中变成重要的(虽然不必是唯一的)因素,我们称这个政策是影响环境的。我希望自己能够表明,人们在环境政策问题上的观点存在分歧,很大程度上是因为他们对正义原理持不同看法,或者赋予同一原理不同的重要性。

比如说,考虑一下我们对国家公园的利用。[1]一些人认为公园应当地尽其用,即允许人们尽可能多地利用或享用它们。它们属于公共土地。应该许可公众尽可能地从他们的所有物中得到他们渴求的东西。拥有所有权的理由之一首先在于,允许人们对他们所拥有的做他们想做的。只要不会不当地妨碍他人的活动,他们应当从所有物中获取利益,因此,如果公众拥有公园,并且愿意开发它们,以至于很多公园都能提供极为优美的环境,从而使公众娱乐最大化,那么这种开发应当得到许可。

相反,另一些人认为,公园的土地应当在一种相对未开发的状态下得到保护。他们主张,这些土地不仅属于当代人,也属于后代,如果它们被商业开发,就会无可挽回地失去其独特性,未来的人们将丧失掉分享这片土地自然状态下任何东西的机会。生存于当代的人们,利用着他们认为是恰当的资源,这可能剥夺了其他一些拥有同样强烈要求的人们可能的使用偏好,而这是不公正的。

与这种保护主义推理相反的是,那些更赞成即刻开发的人可能会指出,我们根本就不可能阻止当代人无法挽回地改变未来人们可能的生活条件。比如说,内燃机的发明已经导致了机动车的存在。生活永远也不会与广泛使用机动车之前完全一致。芯片的发明与计算机的广泛使用也是同样道理。阻止现代人这种无法挽回地改变未来人们的社会与物质环境的唯一方法是,阻挡所有的技术革新和社会改良。即便只是因为很多革新对人类都有所裨益,这也并不是一个能打动许多人的好念头。我们的社会不会致力于维持现状。因此,对适于辟建公园的土地进行商业开发将不可挽回地改变其独特性,这一事实看上去并不能作为反对开发的一个强有力的理由。

另一方面,反对开发的人们会指出,还有许多其他场所可供提议中的这些商业活动去使用。但即使还有一些的话,具有国家公园令人惊叹的自然美的可替代性场所也是凤毛麟角,对于那些不能够或不愿意接受相对较原始的荒野保护区的度假者来说,它们提供了舒适的环境。当代人避免不了不可挽回地改变社会环境与物质环境的许多方面。但这偏离了主题,因为我们正在讨论的是避免改变某些公园的土地用途,我们能够让它们相对地处于未开发状态。我们应当如此,因为它们不仅属于我们,也属于我们的后代。

关于公园开发的争议包含更多方面的问题。但我刚刚提到的这些问题,足以说明在环境政策讨论中的正义原理之利用。讨论中对立的双方都假设,公园用地是公共财产,而且无论公有、私有,只要没有不当地损及他人,财产都应当在遵循所有者偏好的情况下得到利用。这相当于就某种正义原理达成了协议,根据这一原理,财产权是实质性的差异。只要没有不当地损害他人,应当尊重公民对其私有财产的处置。

争议双方也认可了另一差异并不重要。这就是公共财产和私有财产的差异。他们一致认为,无论讨论中的财产是公有还是私有,业主的偏好都应受到尊重。其他人可能有异议。他们可能会争辩说,公共财产只能用于谋求公益,而人们所偏爱的并非永远都是好的。比如说,很多人喜欢抽烟,但是这种嗜好对他们并无益处。选民可能宁愿交更低的税,即使这可能招致更巨额的国债,而巨额国债对整个国家来说并无益处。同样,公众可能更倾向于使公共公园用地商业化,但这也并非一个好主意。某些人可能想把公有权与私有权区分开来,把什么是善的与人们的偏好区别开来,并主张公共财产只能用于那些善的事情,私有财产却可以用于满足所有者的偏好,且无论其偏好的好坏(除非不正当地损害他人)。

(上一段落中的)思路偏离了这一节开始处提到的争论。争论首先从那些并不重视公有权与私有权、善与偏好之差异的人们之间开始,争论双方都将这些差异当成非实质性的标记。根据他们所使用的正义原理,这些差异并不影响任何人应得的东西。因此,存在使双方都赞成的正义原理。

§2.3　隐含的协议

协议通常被给予积极的评价。如果人们在任何事情上都不能达成一致,生活将会十分恐怖。为避免机动车事故,我们美国人决定行车靠右。为避免混乱,我们不得不协议在执行夏令时间时将时钟调前。为保证交流的可能,我们不得不在语言用词上保持一致。电器制造商们一致将电器的工作电压设定为 110 伏特。简而言之,协议渗透于一切。这是必需的,因为我们在很多方面相互联结、相互依存,缺少协议将会使生活变得难以想象。

很多协议是无意识的,我们习以为常并继续下去,从来都不仔细地考虑它。而这,也是必需的。如果人们必须时时刻刻都保持警醒,使行为在协议之内,他们就会没有时间和精力对付其他事物。如果人们不得不有意识地思考相互之间对于所使用的每个词语意义的协议,那他们如何才能将谈话继续下去呢?协议是而且必须被保持为隐含的,我的意思是,参与者对协议并非有意识地或明确地认识到。

在关于国家公园利用的争议中,我提到了争议双方的一致观点:(1)公园土地是美国公民的财产;(2)财产无论公有还是私有,只要所有者愿意,就应能利用其财产。这构成了对正义原理的协议。因为双方保持一致,所以都不需要对协议保持清醒的意识。正如我们每次使用字母"f"的时候,不用明确地意识到我们对字母"f"的形状和发音的协议。与其他协议一样,对正义原理的协议也可以是隐含的。

对正义原理的广泛隐含的协议有时是很难察觉的。正义问题一般在某些东西相对于人们的需求来说供给匮乏时才出现。这在公民的欲求之间造成了冲突。为减轻冲突程度,人们试图对稀缺物资的分配达成一致。因为参与讨论者希望解决分歧并减少冲突,他们对隐含的协议毫无兴趣。他们全神贯注于那些意见不一之处。他们就像那些顺风慢跑或骑车的人。如果风速与风向与他们一致,他们根本不会注意到有风。他们认为天气是安宁平静的,如同风认可他们行进的步伐和方向。这种协议如此易于接受,尤其是在有益之时,它几乎不被注意到。然而,当人们开始倒转方向逆风慢跑或骑车时,风便立刻被注意到。看上去似乎突然起风了。我们回家的路会比料想的要艰难。假若我们早已意识到,帮助我们的顺风现在正迎面而来时,我们或许已经比可能前进的路途更迈进了一步。

关于正义原理的协议同样也让人陷入虚假的幸福。它会使人们盲目地忽视他们迟早都要面对的问题。比如说,让我思考以下的普遍协议,在其他动物的需要被满足前,人类希望首先满足自己的需要。这是将物种成员资格当作实质性差异的原理。这导致人们采纳这样的原理,即只要是为了满足人类短期或中期的基本需要,植物和动物能被人类随心所欲地操控。于是,在数千年的时间里,人们已经培育了植物与动物以"改进"这些物种。人们以对自身有益的方式改变物种。这种努力最近的主要成就被称作"绿色革命"。[2]植物在朝着产量显著增加的方向发展,目的是消除第三世界的饥饿。同时,在此番努力中,无用的植物品系会被犁掉并被替代。结果就是人类赖以提供食物的植物物种基因多样性的降低。从长远来看,这可能有损于人类。

基因多样性使某个物种能够对环境的变化做出回应。如果物种成员间在很多方面彼此各不相同,那么新环境出现时,可能某些成员的适应性会很强。适应性强的成员继续茁壮成长,确保了物种的延续。然而,如果基因多样性降低,而且同一物种成员间差异很小,那么,对某些成员致命的新环境也会给全体成员带来毁灭。没有成员能够很成功地适应新环境,这个物种很快就会灭绝。[3]因此,绿色革命带来的基因多样性的降低,将导致某些为人类提供食物的植物物种的灭绝。整个物种可能会被某种病原体消灭。这将成为一个灾难。

在西方社会中很少会有人反对这样的原理,即物种成员资格是一种实质性的差异,而且为了人类的短期或中期需要,非人类物种可以以任何方式被操控。对这些原理的协议在很大程度上被认为是理所当然的。它已经成为一个隐含的协议,因为这些原理的可接受性几乎从未引起争论,人们雄心勃勃地依据这些原理控制植物和动物物种,以满足自身的短期或中期需要。简而言之,这些原理就像我们背后的微风一样,因为我们一致认为,它们对我们是有益的,是理所当然的,所以我们并不注意它们。但是,我们现在就像个慢跑者一样,拐个弯后必须开始逆风前行。从长远讲,隐含协议将我们置于险境。它导致为我们提供食物的植物物种多样性的降低。这也第一次促使我们注意到之前的隐含协议,并质疑它,这个隐含协议就是人类对非人类物种的无限控制是有理的。

这个故事的寓意在于,某些隐含协议需要人们的质疑,因为它可能会给我们带来不幸。因此,从我们自身的长远利益来讲,需要对这些隐含协议提出质疑。但除非我们能够清醒地认识到这些协议,否则我们无从质疑它们。因此,为了发现那些基于普遍协议的正义原理,值得以审慎的视角剖析我们的思考方式。这种发现是本书的一大目的(另一目的在第 14 章完成,是发展一种道德的视角,它将补充或部分地替代审慎的观点)。

§2.4 为什么协议变得过时

在上面的例子中,一个已经服务于人类数千年以为其谋利益的原理,被证明不再令人信赖。继续信赖它会很危险。是什么导致这种改变呢?最主要的因素是人类力量的增强。技术使人们比以往更具威力。我们改进了农业方法。现代机械使我们能够耕种更多的土地。同时,现代医学降低了婴幼儿死亡率。结果是人口数量疯狂增长。我们对环境的影响,现在被急剧增长的人口数量和改良的技术能力所加剧。我们的基因学知识也增强了我们掌控其他物种基因组成的能力。

作为一个物种,我们像是一些青春期的人。在青春期,有些人成长得如此之快以至于他们没有认识到自己的力量。之前,他们能够推、拉楼梯栏杆或骑在上面,而这对栏杆没有任何损害。但在青春期,他们变重变壮,同样的事情和行为会使楼梯栏杆坍塌。因此,年轻的成年人必须学会克制。作为一个物种,我们对其他物种的基因控制与此类似。以往,我们付出最大努力,却可以不带任何恶劣影响地达到掌控目的。那时,仍有大量未耕种地区,野生植物物种品系能够在那里继续生长。基因多样性也没有遭受大量的减损。然而现在,耕地已经取代了很多野生物种赖以存活的区域。人们现在有能力清除那些不适合人类需要的野生物种。基因多样性的灾难性降低因而是真实可能的。如果我们继续遵从这样的原理,即所有其他物种都应在人类的掌控之中以更好地满足人类的短期或中期需要,灾难就会降临。而如果我们采取一种新的克制原理,就可以避免灾难。

崇尚对其他物种的无限制掌控,这一原理之过时,遵循了 100 年前卡尔·马克思(Karl Marx)所提出的模式。[4]马克思争论说,很多正义原理与其他的行动指引原理,都与社会的技术发展状态相关。一个适合于某一时期技术发展状态的原理,不一定适合于将来。

马克思也断言,技术的发展比行动指引原理的调整更稳定、更连续。人们通常在年轻、非常易于接受影响时就学习行动指引原理。原理在此方面很像语言,语言也是在年幼的时候学习的。原理和语言一旦学会,终其一生几乎很少改变。它们近乎完整无缺地被传给下一代。另一方面,很多技术革新能够很轻易地被纳入一个成年人的生活方式。比如说,机动车、无线电广播、电视与电脑,在短期内就显著地改变了人们的生活方式,因为那些年轻时不熟悉它们的人们很乐意使用它们。成人默许生活方式的改变以吸收新技术,这使得技术发展的步伐普遍地快于人类采用新的正义原理的步伐。如果不同正义原理适用于不同的技术发展状态,而且我们调整原理的速度不如我们采用新技术速度那样快的话,我们将经常在一种不适当的正义原理下工作。技术会使较早的原理变得过时,但我们还来不及着手采用新的、适当的原理。简言之,因为文化滞后于技术,两者之间经常会发生冲突。正义原理促使我们做某事,但技术的使用却建议另一种不同的行动。

当前的婚姻生活正可作为例子以说明这种冲突。正义原理告诉人们,各得其所。它明确地说明了丈夫和妻子在婚姻生活中的某种角色。

这些角色很好地顺应了 19 世纪的农庄生活。男人在远离妇女的农场上忙于农庄杂务。他们远离房屋在田地里劳作,在蒸汽机或汽油拖拉机被广泛使用之前,在土地上劳作需要花大量的气力。妇女们照料房子附近的花园,因此她们最好在房子里做些烹饪、清洁和照顾小孩的工作。丈夫和妻子的生活都是十分费神的。任一方的生活都不会比另一方更容易。通常双方都认为他们的关系是公正的,他们各得其所。正义原理得到应用,表现在丈夫与妻子双方对他们的角色分工的普遍接受。

拖拉机发明并得到广泛使用,最终消除了花费大量气力在田地里劳作的必要性。男人仍在田地里工作,女人也继续照料花园、烹饪、清洁房屋、照看小孩。为什么?传统。工厂和肉类加工厂在农村地区建立起来。很多农民在那里工作以补贴农场收入。大部分的妇女继续尽她们的家政责任。渐渐地,人们离开农场,并且完全通过在工厂或其他远离家庭的机构中工作以谋取生路。通常都是男人们从事这些工作,而妇女还是在持家。但是技术发展制造了如此多的悦人心意的消费品,所以家庭需要更多的收入。技术增加了不需要大气力劳作然而收入颇丰的职业。因而离开家庭去外面工作的妇女更多了。正如前面已经提到的,她们的收入被认为是为了贴补家用,而且报酬普遍地低于丈夫们。她们普遍地仍然承担着大部分的家务,即使她们和丈夫一样在外面干了同样时间的活。这公平吗?实现了正义吗?男人和女人都各得其所了吗?

很多妇女长时间安于现状。许多依然接受这种现状。但是有些妇女却不明白,为什么在外工作一整天之后,回到家里还得干烹饪、清洁、照看小孩之类的家务活,而她们的丈夫却不必这样。最初证明妇女应当干家务活的正当性条件已经消失。但是正义原理却没有那么容易被抛弃。很多人,不论男女,不知何故,仍然觉得让男人定时给婴儿换尿布或做晚餐是不合理的。它就是看起来怪怪的。关于角色分工的正义原理,在适合的技术条件消失后,仍被传递并保持其影响。

这种不协调不能永远地被人忽视。人们有足够的智慧理性地意识到这种情况是不公正的,即使他们在情感上被它所吸引。很多人是自相矛盾的。他们同时被两个方向吸引,并且经受内在灵魂的挣扎。一方面,他们希望保留旧有的价值观,像他们儿时所接受的丈夫与妻子的形象那样生活。另一方面,他们不希望受到不公正的对待,或者对大多数男人来说,他们不希望自己不公正地对待妻子。这一冲突不仅存在于某一个体中,也存于两个或更多个体之间。丈夫可能比妻子更坚定地依恋于妻子应当承担所有家务的设想,在那种分配之下,妻子不得不不成比例地承担生活的负担。因此,张力不仅存于丈夫与/或妻子自身之内,而且也存在于他们之间。结果就是相关(婚姻)咨询的不断增加,自我意识感的不断增强,以及更高的离婚率。

这个故事的寓意在于:如果您想保留旧有的价值观念、陈旧的正义原理和老式的角色分工,你必须保留过去的技术。

我们大多数人并不将自己防护于技术革新之外。因而,我们总是容易保留那些不合时宜或全然不当的价值观念,它们与主导我们生活方式的技术不能协力合作。这一点说明了我们社会中许多公民内心或公民之间存在的张力。这本书可有助于增强自我意识感。它发展了在我们社会中曾经有过影响并且依然保有影响的正义原理,并对之作出解释和评论。批判地检查这些原理,借以探察出它们继续保持合理公正的限度所在,将使我们能够缓和文化与技术间的隔阂。它会帮助我们重新形成我们的正义原理,以使其更好地与人们的生活方式保持一致。这会提高我们的分析力、理解力,并且可以解决那些聚焦于环境的公共政策中的争议。

§2.5 争议之起源

当人们追求的目标无法调和时,就会发生冲突。冲突既可以在单独的个体内部发生,也可以在少数人甚至很多人之间发生。并不是每种冲突都是有争议的。在游戏与运动中,如果规则清晰,获得一致同意,并为每个人所遵守,个人和团队可以在根本没有任何争议的情况下参加竞赛。争议并不是出现于或源于人们谋求的利益无法共存,而是因为他们有不同的想法。争议伴随着无法调和的,或看上去无法调和的观念的冲突。因此,关于各种替代性环境政策之正义性的争议伴随着信念和观念的冲突。

其中某些信念与某些特殊的或普遍的现实问题相关。美国东北部、加拿大东南部和德国南部的森林环境恶化是由酸雨引起的吗? 只有通过减少富硫煤炭燃烧时硫化物的排放,才能终止和扭转这种恶化吗,或者如果要保存森林就必须放弃使用这些煤吗? 现下使用富硫煤炭的工厂能够找到划算的替代品,以保证自己的产品价格在世界市场上仍然具有竞争力吗? 这是或部分或全部与现实相关的问题。它们之所以存有争议,是因为从不同专家那里得到的是不同的回答。在与这一领域相关的环境政策的正义之争得到解决之前,围绕这些问题的大部分争议必须先得到改善。但愿工作于生态学、化学、工程和经济领域的专家们能够解决大部分的争议。假设这些实际问题的解决并不依赖于优先解决哲学家们才擅长处理的争论的话,此处并不特别需要一个哲学家。比如说,这些争论是关于正义原理、伦理学、认识论和形而上学上的争议。

然而,有关替代性的、聚焦于环境的政策中正义的争议,包括的往往不仅仅是对事实的争议。它们经常包括这样一些争议,这些争议集中关注替代性的正义原理,或是对某一正义原理的替代性阐释或应用。这本书集中于这一方面的争论。

正如在上面一节解释的,适合某种技术发展状态的正义原理,可能不再适合随后的状态。然而,人们正义观念的演化却比其对技术的采用要慢得多,因此,我们经常发现自己在应用那些对某种情况而言不适当的或无益的原理。

我先前并未说过,那些不再适用于新情况的正义原理一无是处。过去与现在适合于这些原理的情况在继续出现。这些原理仍可以富有意义地应用到这些情况中。因此,作为诸多个体以及某一文化整体的我们,保留并继续应用着那些在文化演化不同阶段中出现并占据优势,以及与不同类型的技术运用状态相适合的正义原理。结果就是,当同一文化形态中的公民对正义原理存在分歧时,他们很少认为其他人所援引的原理是非法的。各方皆应用的原理通常来自历经多年、已经赢得社会实效的储备原理。争议的各方并非对原理的合法性持有异议,而是对原理的应用意见不同。一方认为某一原理无疑会解决问题,另一方却认为这一原理不适用于探讨中的情境。

让我们重新考虑国家公园利用的问题。前面已经解释过,双方都同意公园土地是公共财产,而且无论公共财产与私有财产,都应根据财产所有者的偏好而被利用。他们的争议集中于后代的可能偏好之重要性上。赞成立即对公园土地进行商业化开发的一方,对后代的可能偏好不加任何考虑。对这种立场可以做出几种辩护。但是,最可能的理由在于,赞成即刻将公园土地商业化开发的人根本就不考虑未来人口。过去人口很少,技术给人们较低的土地征服能力,后代可以自己照料自己。他们可能仍然保有一个资源丰富的可居住环境,因为这种环境被认为是无法破坏的。这是理所当然之事,所以就不需要特别考虑或关心后代的利益以确保一个具有丰富资源的可居住环境的连贯性。促进发展的一方持有的观点,在大多数的人类历史上都是合理的。它支持了这一正义原理,根据这种原理,当代人在保存环境方面并不需要尊重和考虑未来人口。

美国的环境保护运动开始于 19 世纪晚期,当时,影响如此深远的工业革命和新大陆拓荒足以表明,资源会耗尽,而且技术力量会对环境带来不利影响。国家公园体系的建立是这种自然资源保护者视角的一种显现。反对即刻开发公园土地的一方表明了这样一种正义原理，即人们对后人负有环境维护的责任。人们应该将环境以一种至少像他们从先祖那里得来时那样好的、可居住的、可使用的状态遗留给下一代，这就是（至少部分地是）未来人群所应得的，少给任何一些东西对他们来说都是不公正的。

从赞成或反对开发公园土地的两种意见中，能够追溯出他们所运用的不同的正义原理。双方原理的区别在于，这两种敌对的原理在不同的历史时期出现，并继续保有影响。

因为采用了出现于不同历史时代的正义原理而引发的另一争议，涉及世界上穷人的生存问题。当比利·罗曼与我分比萨饼时，我们对正义原理有一些基本假定。它们都是隐含的假定，因为我们从未仔细地思考过这些假定。我们假定比利和我都被赋予了获得同等份额比萨饼的权利。正义要求每个人都得到一半的比萨饼。我们在体重上的差异（比利没我重）被认为与分配无关。在我家而不是在他家，这个事实也被认为是不相干的。这些差异在我们看来是非实质性的。相反，我们更看重的是我们相同的方面，因此，我们觉得我们应分得等量的比萨饼。类似的推理使许多人相信，粮食过剩的国家应当给第三世界的饥民送去食物。正如比利和我一样，人与人之间的相似性印入他们的脑海。对他们来说，不同的居住地域和财富差距都是不相干的问题。饥饿者就是所有需要食物的人。[5]

另一方面，加勒特·哈丁已经指出，以前从未出现过的人口过剩，现在已经成为一个威胁人类生存的问题。[6]他认为，在技术发展使得人口多得危机四伏之前，所有饥饿者都应得到粮食的原理是正当的。如果世界的贫困人口现在就衣食无忧，现代公共卫生设施与现代医学又可保证降低婴儿死亡率，那么，人口数量就会急剧增加。急剧的人口增长会危害到生物圈的长期稳定性和环境的可居住性。那么，如果世界粮食生产无法跟上人口增长的步伐,最终就会出现大范围的饥荒。因此,适合我们这个时代的正义原理就是,人们只应得到他们能够自己生产或购买的粮食。第三世界的穷人和饥民不值得我们帮助。听任他们挨饿并非不公正。事实上,给他们粮食,可能会构成对后人的不公正。他们将不得不生活在一个过度拥挤的、恶化的环境之中,并经受一段时期的大规模饥荒。

这里,显著影响环境政策的不同观点,得到了两个相互矛盾的正义原理的支援。一方的原理是,当食物足够时,为保证营养充足,所有人都应当得到所需的食物;与之冲突的另一方是,当生物圈受到人口过剩的威胁时,不能种植或无法自己购买粮食的人应当听任其死于饥饿。立足于免除人类饥饿的愿景之上,这些处于纷争之中的原理都能够得到支持:前一原理着眼于短期的饥饿,后者考虑了长远来看可能更严重的饥荒。但是,这两个相对特殊的原理不需要其倡导者将之解释成仅仅是同一普遍原理对不同现状的个别应用,即应当尽可能地防止人类饥饿的发生。那些认为饥饿者应该得到食物,而无须考虑其生产能力或购买能力的人,在这种做法的长期后果上,通常会反对哈丁的看法。但他们与哈丁在观念上的分歧通常更为深入。在处理直接的生死问题时,他们经常拒绝考虑长期性的相关性。他们认为,应当抛开这些算计,让饥饿者得到食物。

因此,我们已经得到两种出现于不同的技术时代的原理。对我们社会中的一些思考者来说,它们都有吸引力。我们无法同时应用两个原理或依照两个原理行事,因为根据其倡导者的理解,它们指示着无法兼容的行动方向。比如说,一方认为,应当给非洲的绝望贫民提供免费的食物,以使他们存活下去。另一方认为,即便当前的粮食够用,也应当限制此种行为。我们应当运用哪一个原则呢?我们必须做出选择,但是我们该如何抉择呢?

§ 2.6　正义感

我们都有正义感。对我们而言,有些事情看上去明显不公正,而另外一些则显得公正。这种感觉在很多情况下是可靠的。但是我们现在有理由相信,在其他许多情况下,它并不是可靠的。在"隐含的协议"这一节中我已经指出,我们的正义感可能暗暗采纳了某些曾经适用如今却已不再有效的正义原理。对它们的延续使用可能会产生危害或导向不公正。随后的两节:"为什么协议变得过时"与"争议之起源"论述了有关正义原理之分歧的特征和起源。在这些案例中,正义感把人们带向环境政策中截然相反的结论。应该相信谁的感觉呢? 哪一种政策会被采纳呢?

总而言之,在考虑各种与环境相关的话题所应用的正义原理时,无论赞成还是反对,我们不能不加批判地依赖于正义感,因为它可能会让我们陷入迷途。所以,当我们感受到一项政策、一个决定或行为的公正或不公正时,我们必须批判地检查我们那些常常是默许运用的正义原理。这本书的其余部分就是这样的一系列批判性检查。

注释:

〔1〕对国家公园的卓越论述,见 Joseph L. Sax, *Mountains Without Handrails* (Ann Arbor: The University of Michigan Press, 1979)。

〔2〕Kenneth A. Dahlberg, *Beyond the Green Revolution* (New York: Plenum Press, 1979)。

〔3〕Dahlberg, pp.86—88。

〔4〕Karl Marx, *Capital* vol.3(Moscow, 1959)。

〔5〕Peter Singer, "Famine, Affluence, and Morality", 选自 *World Hunger and Moral Obligation*, eds. William Aiken & Hugh Lafollette(Englewood Cliff, N.J. : Prentice-Hall, Inc., 1977), pp.22—36. (首印于 *Philosophy and Public Affairs* 3[1972]: 229—243。)

〔6〕Garrett Hardin, "Lifeboat Ethics: The Case Against Helping the Poor", in *World Hunger and Moral Obligation*, eds. Aiken & Lafollette, pp.12—21. 首印于 *Psychology Today* 8(1974)。

第3章 财产与德性

这一章分为两个部分。前半部分,我将论述正义论和正义原理之间的普遍联系。因为需要具体的解释,所以我介绍了两起明显与财产所有权的正义原理相关的法律案件。在解释了正义论的一般特征和重要性之后,我在后半部分中非常仔细地对这样的一种理论进行了分析,它就是德性理论。我论述了它的本性,它在我们文化中的沿革,它在当前公共政策中的影响,并且最后讨论了它在理智上的缺陷。

原 理 与 理 论

§3.1 所有权原理

1611年,威廉·奥尔德雷德(William Aldred)对他的邻居托马斯·本顿(Thomas Benton)提起诉讼。本顿拥有一个毗邻奥尔德雷德房屋的果园,他在果园里修建了一个猪圈。

猪圈挡住了奥尔德雷德家房子上的窗户,而且猪身上散发出的恶臭与不卫生气味在奥尔德雷德的土地和房屋一带飘逸,致使奥尔德雷德和他的家人及朋友进进出出都受到持续不断的烦扰,并使得奥尔德雷德的房屋在使用与收益上皆受到了破坏。[1]

这是早期的空气污染案例。空气有时作为一种公共物品被使用。个人有时会为了寻求私人的舒适、享乐或利益而污染它。污染通常是有害的,对别人与对污染者一样有害,但是每个污染者因其污染而获得的收益,要大于因其污染而造成的损失。于是,为了个人利益就继续污染。这是托马斯·本顿的立场。假定他是一个正常人,猪的气味很可能也会令他反感。但是通过在市场上销售猪,他获得一些收益,他认为为了谋生值得与恶臭为伍。因此他争论说,"建造猪圈对维持人的生计是必要的,而且人不应当有这样一个无法忍受猪气味的灵敏鼻子。"[2]

在三个半世纪的时间中,情况并没有多少变化。1959 年,德尔·韦布开发公司(the Del E. Webb Development Company),一个居民房产开发商,开始在亚利桑那州菲尼克斯附近规划一片市区土地。[3]那个地方后来叫做菲尼克斯城。那时,当地的主导产业是农业。那里有水草肥美的饲养场。1960 年,拥有最大饲养场的公司,斯珀产业有限公司(Spur Industries, INC)开始朝着菲尼克斯城的方向扩张经营。1967 年,德尔·韦布已经建成很多住宅,但由于附近饲养场散发的恶臭,住宅几乎没办法出售。与托马斯·本顿一样,斯珀产业发现污染空气有利可图,因此愿意忍受由恶劣的空气质量带来的不适。与托马斯·本顿一样,斯珀产业把空气当成公共物品,一种能被个体和公司私自使用以谋取利益的无主资源。在这样一些情况下存在的危险是,其他人将仿效这种做法,因而环境将变得完全无法居住。

在这样一些情况下,公地悲剧可以通过诉诸财产权而得以避免。即便空气属公共物品,但是,威廉·奥尔德雷德的房屋却不是。所以,奥尔德雷德可以鉴于本顿的猪圈对自己利用和享用房屋构成损害,从而对自己造成妨害为由,控告托马斯·本顿侵犯了他的房屋财产权。法院认可奥尔德雷德的诉讼,并要求本顿赔偿其对奥尔德雷德的财产所造成的损失。

这一决定并没有使空气得到完全净化。虽然本顿被要求赔偿,但他还是被允许继续保有散发恶臭的猪圈。从环境的角度看,没有立竿见影的效果。然而,将来的猪农在修建猪圈时对位置会更加谨慎,他们意识到如果猪圈离某人的居住地太近,屋主会以财产损害为由控告他。其他条件相同的情况下,猪农们更愿逃避赔偿损失的费用。所以,威廉·奥尔德雷德诉案的裁决影响了未来空气污染源的位置。斯珀产业诉德尔韦布开发公司案的裁决直接影响了引起污染行为的选地。斯珀产业被禁止继续在如此邻近太阳城的地方保留饲养场。于是,他们搬走了。

空气质量既受污染行为本身的影响,也受造成污染的场所的影响。污染者的行为在某一地区所产生的污染,与同样行为在一个广泛分散的地区所产生的污染比较起来,更为严重。而且空气流畅地区对空气污染的消散比其他地区更有效。因此,通过改变污染活动的选址以确保污染者对威廉·奥尔德雷德和德尔韦布的财产权必须加以尊重,这样的裁决有助于提升环境质量。

这些案件中诉诸的财产权依赖于这一正义原理,即所有权至关重要。在两个诉案不止牵涉到一种原理。其一是只要从事合法活动,应当允许公民将财产用于生产性用途。在个人土地上保留猪圈或饲养场通常被认为是合法行为。另一原理是公民应当在享用自己的财产时不受他人干扰。猪圈与饲养场的恶臭妨碍了房主们通常希望从其财产中得到的享受。

因为双方都可坚持享有财产权,所以法院的裁决在每个诉案中都做了折衷处理也就不足为奇。威廉·奥尔德雷德并没有被判得所有他索求的损害赔偿金;他得到的只是与那些对房屋主要功能造成损害相关的赔偿。"人居住于其中……是房屋的首要目的",对他来说,有益身心的空气和充足的光线是必需的。因此,奥尔德雷德得到了损害这些事物的赔偿。但是猪圈的围墙离奥尔德雷德的房子只有数英尺远,阻挡了他以前从房子那面墙上的窗户中欣赏到的田园风景。法院认为欣赏田园风景只是一项消遣,并不是必需品,仅仅妨碍乐趣,是不需要赔偿的。

面对互有争议的要求,双方都诉诸财产权相关的正义原理,但法院求助于限制诉讼双方的第三原理。法院主张,个人拥有享用其财产的权利,而且在那些对财产正常使用来说绝对必要的某些方面不应受干扰。个人可以因其财产基本功能的享用受到削弱而造成的损害获得赔偿,但是其他人也获准将其财产用于合法的生产目的,而且他们也不会因为削弱了当事人对财产所拥有的更多乐趣而被要求作出赔偿。对判决奥尔德雷德案件的法院来说,一项财产的基本功用与物主从财产中获得更多乐趣之间存在的差异,是实质性差异。

在斯珀产业的案件中也有一个折衷方案。法院特别提到,德尔·韦布选择作为住宅开发区的地区以前是农业用地。此地区的农业区属性是德尔·韦布只需为这块地支付一个相对较为低廉价格的原因。1959 年春,当德尔·韦布首次为它的规划买地时,附近污染空气的饲养场已占地 35 英亩,喂养了 6 000 到 7 000 头牛。德尔·韦布于是碰到了麻烦事。如果它不选择此地作为开发区,那么,饲养场不会对任何人构成妨害。既然饲养场构成了妨害,所以法院判决就是停止其经营活动。但是,导致斯珀中断经营活动的局面是由德尔·韦布而不是由斯珀自身造成的,所以法院判定,德尔·韦布应当补偿斯珀的搬迁费用。此处原理似乎变成,对产生的妨害需负责任的一方应对这种妨害的排除作出赔偿。

就此为止,该案件类似于奥尔德雷德案件中的裁决。但是在奥尔德雷德的案件中,对污染负有责任者被认为是应对污染带来的妨害负责的人。而在斯珀案件中,造成空气污染的诉讼当事人并不被认为早已产生了妨害。那么,在斯珀的因为妨害他人而成为污染与德尔·韦布的因为免于污染而妨害他人之间就会产生一种差异。这种差异被法院当成一种具有实质性的差异。它被法院合并成一个正义原理,并用于此案的裁决。

§3.2　正义论

正如这些案件所表明的那样,诉诸财产权可以避免公地悲剧(见 1.4)。

但是这些诉求并非全部基于相同的正义原理。相反,出现了多种与财产权相关的正义原理,而且这些原理相互之间有时会形成冲突。我们也已经了解到,财产权被用于两起诉讼案件的双方。在这些相互冲突的要求中,法院调用了第三种正义原理进行裁决。比如说,在奥尔德雷德的案件中,第三原理是公民只应因财产的基本功用遭受损失而获取赔偿。法院为什么会选择依据这个第三原理呢? 法院在什么样的案件范围中可以再次依据这一原理,而不是其他原理呢? 什么因素将导致法院依据另一不同的原理呢? 在我们借助财产权理解环境正义之前,这些问题及相关问题必须先得到解答。只有如此,我们才能评价那些依赖于财产权解决环境相关争执所造成的环境影响。那么,必须在这些相关联的正义原理中建立某种秩序或层次。

同样,还有一个正当化的问题。正义诸原理需要一个基本原理。正如我们已经注意到的,这些原理帮助人们分配稀缺物资,并解决关于稀缺物资分配的争议。没有两个人或两种情况会绝对相同,但是任何个人和每种情况都与其他人或其他情况保持某种相似。为决定我是否应比别人多得,或在某种情况下比另一种情况下得的多,我有必要了解,与人以及不同的情况之间,究竟哪种差异是实质性的。我需要知道采用哪种正义原理。

但是某些人可能会对我使用某一给定的正义原理提出疑问。质疑者可能不满于某种给定的分配,然后他会对达成这种分配时运用的正义原理提出疑问。比如说,威廉·奥尔德雷德可以指出(如果三百年前他还没有过世的话),从房屋的窗户观看田园风景提高了其房产的商业价值。没有这一视角,房子亦可作为居所使用,但缺乏这一视角就会影响它的转售价值;而且在判决损失赔偿的时刻,奥尔德雷德可能宣称,转售价值的降低是一项实质性差异。这是一种被法院的正义原理所疏漏的法律理应认可的损害形式。要记住的是,法院采纳的原理集中关注于财产基本功能的损害上。

　　现在需要一些根本依据或证明,以使我们知道相互冲突的正义原理中哪一种应被采用。法院需要这样一个基本原理,以帮助奥尔德雷德克服他对裁决的失望(该裁决否决了他田园风景的损失赔偿)。理想情况下,更为根本的依据会令人信服地解释,在这种局面下为什么法院采用的正义原理比奥尔德雷德所持有的更为可取,以至于奥尔德雷德最终也将同意法院的裁决。这样一来,奥尔德雷德对诉讼结果就不再感到有些不公正。这会有助于加强社会团结,并阻止潜在的可能造成伤害的不和谐。

　　因此两种相关的需要必须得到满足。当两个或更多相互冲突的正义原理出现在同一情况中时,正义原理必须按照某种层次进行排列。而且,当正义原理遭到质疑时,必须有根本的依据证明,首先采纳和运用某一原理是合理的。正义论可以同时满足以上需要。它为一系列原理提供一致的基本原理之解释。它将解释为什么应该采纳某一原理,而且还指明不同原理所适用的情况。换句话说,作为许多原理之基础的根本原理表明,在某种情况下运用某种原理,要比运用其他原理更有说服力。这样,原理就被排成一个等级序列。

　　理论的这些功能可以通过一个例子详细阐明。我将以一个完全不同的主题为例。考虑一下万有引力理论。在牛顿之前,开普勒已经得出一个数学公式描述行星围绕太阳的运动。他发现行星是在一个椭圆而不是圆形的轨道上运行。伽利略得出了描述地球表面物体运动的数学公式。他发现了物体朝向地心坠落时的加速度。其他原理也都已为世人所知。比如说,如果大气球充满热空气,它可能会在把人带至高处的力量的推动下升起来。人人都知道,水往低处流。这样以及其他一些的概括有助于人们的理解力,并通过提高人们预测各种活动结果的能力来指导他们的行为。它们就像我们刚刚考虑过的互不相让的正义诸原理一样。看上去,行星围绕太阳做椭圆运动是一种自然趋势。但是,地球表面附近的大多数物体并不做椭圆运动;当听任它们下落时,它们朝着地心作直线加速运动。但是当水往低处流时,并不加速。另外一些物体,比如热气球,会升空而不是坠落。

牛顿的万有引力理论为所有这些现象提供了一个统一的基本解释。它解释了为什么靠近地球表面的很多物体被放开后都要向地心做加速运动。同时,它也解释了水为什么会往低处流,热气球为什么会上升,行星为什么会围绕太阳做椭圆运动。由于所有现象都可以给出同一个基本解释,它们之间相互抵触的迹象消失了。每个现象都可以被看作在不同情况下遵循同一理论的结果。比如,万有引力理论解释,所有地表物体都受到地心的吸引,这就是为什么物体会下坠。空气也被地心吸引,但它没有其他物体重。这样,其他物体受到的引力比空气受到的引力更大。因此,其他的物体会从空中坠向地面。而热空气所受到的引力在数量上没有冷空气那么大,那么冷空气受到的地球引力比热空气大。当冷空气向地心运动时,它会推动热空气朝相反的方向运动。这就是热气球会升起而不是坠落的理由。[4]

一种正义论与正义诸原理的关系,在很大程度上类似于科学理论与较低层次的科学归纳之间的关系。理论提供了一个统一的基本原理,用以证明所有原理的合理性以及它们之间的相互关系。在第 1 章中,我们已经了解到,对一个社会的公民来说,意识到社会中的利益与责任的分担尚属公正是十分重要的。人们必须感到,他们对稀缺物资的公正分享没有被系统地剥夺。在第 2 章中,我们了解到,在必须分配稀缺物资时,正义原理会得到应用。只有当人们遵守用于决定他们份额的正义原理时,他们才会感受到公正的对待。由此看来,解释正义诸原理的基本原理就有了用武之地。在这一章的前部分,我们了解到,争议各方可能会求助于不同的正义原理,从而导致对争议的不同解决方案。如果能找到一种对相互冲突的原理作出一致解释的基本原理,而且如果这一基本原理证明,在眼下的情况中某一原理比其他任何原理都更为可取,那么,冲突就可以被最小化。这再一次证明,正义论是有所助益的。

当正义理论令人信服并易于理解时,它的促进作用最大。最好或者最理想的理论会提供折服每一个人的基本原理。它会为所有合理的正义原理找到一个合适位置,并且会令人信服地解释,为什么人们中意的其他原理不是那么合理。它会权衡这些相互冲突的、各自合理的正义原理并以先后顺序将之排列起来。因此,它会为所有有争议的决议提供道德基础,以使争议各方都能满意。

在这一章和接下来的八章中,我们会探求理想的正义论。我们的程序有些类似于一个雇主为其机构中的一个重要位置寻找最适合人选的做法。我们会检查每个预期的正义论的论据。一种正义论的基本原理就是其主要论据。我们会试图弄清楚,这一基本原理是如何合乎逻辑和富于说服力的。如果该原理停留在对某些事实的信念之上,那么我们将会对支持该信念的证据和可能会破坏该信念的证据进行深入思考。也就是说,我们会与每个理论进行对话,以查明它被运用时表现如何。我们会提出一些案例,看看应用该理论会引导我们做出一些什么样的决策。我们尤其想知道,它是否会引导我们做出防止生态圈恶化的环境政策。我们也想了解,人们是否可以忍受生活在这种理论带来的政策之下。

也可能根本就不存在理想的正义论,正如可能没有完美的雇员一样。但这并不意味着,检查凭证和面试候选人是在浪费时间。如果你需要一个雇员,这些程序是得到一个好雇员的最佳方式,或许是得到一个最好的雇员的方式。如果你需要一种正义论,事情也是一样的——而我们确实需要一种正义论。

对替代性正义论进行检验的第二个理由与以下事实相关,即在不同历史时期,起主导作用的理论各不相同。在前面的章节中,我们已经指出,人们倾向于保留或使用适合于早先时候的正义诸原理,而技术和社会的变革可能已经使其变得落伍了。正如人们倾向于保留正义原理一样,他们也倾向于保留特定的正义论,因而我们可能会发现我们正在运用过时的理论,如同我们在运用过时的原理一样。检验这些理论会帮助我们决定哪些是不合时宜的。

运用多种不合时宜的理论却又意识不到这一点,这比起运用一种这样的理论也好不到哪里去。正义论对正义诸原理进行统筹并排定其序列。混乱和误解是因为同时或断断续续地应用不同的统筹和排序方法造成的。设想一个零售店有时给大宗购物以优先权以便于薄利多销,但其余的时间则把优先权给那些需要大量个性化服务的小额购物以获得高额利润。有时它会试着成为打折店,但有时同一商店会试图成为一个只为富人开放的高级奢华商店。这显然是让人无法接受的。如果管理者意识不到自己正在大小不同的目标之间变来变去,而这些目标需要完全不同的组织和运营方法时,只会使情况更加糟糕。

相似地,如果人们同时或断断续续地运用不同的正义论,也会处于不利地位。然而,这也正是我们容易做出的事情,因为我们容易对若干不同时代出现并产生影响的每一种理论都产生某种眷恋。因此,在某种场合下,我们将以某种方式对正义原理进行统筹和排序,而在另一场合下则用不同方法,当心情不佳时又会选择第三种方法。毫无疑问,正义将一团混乱。逐个地检验这些正义论会帮助我们快刀斩乱麻,并帮助我们避免在不同情况下由于无心地应用了不同理论所带来的混乱。

我们将从考查三种关注于财产权的正义原理开始,将之当成打开理解正义之门的钥匙。它们不尽相同,由不同的基本原理所支持。我认为这三个理论仍在继续影响我们对正义的看法。在威廉·奥尔德雷德与德尔韦布的案件中,我们了解到,诉诸财产权能够带来一些环境保护。但依靠财产权理论是否会促进环境正义,这还尚待了解。

德 性 理 论

§3.3　引子

德性理论为那些要求遵从于富人需求的正义诸原理提供了理论基础。在其他各点都相同的情况下，谁拥有的私有财产越多，谁就拥有更大的权利以有利于自身的方式解决争端。这对读者来讲可能有些古怪。然而，我希望指出，它在社会中仍有影响。它的持续影响也说明了考查它的各种论据的必要性。

§3.4　世俗的清教主义

为理解一种正义论，有时需要追溯它与其他相关观念的历史发展轨迹。德性理论源于一种世俗主义的理解，而这种理解在很大程度上是对新教神学的误解。

与很多犹太—基督教传统中的宗教徒一样，清教徒对自己与上帝之间的关系很关切。他们相信人生来具有一种作恶的自然趋势。这是原罪，并会在死后遭受永恒的诅咒。只有上帝能把人从这种命运中拯救出来。上帝通过恩典实现对人的拯救，那是一种超自然的净化。塞缪尔·埃利奥特·莫里森（Samuel Eliot Morison）写道：

清教教义……宣扬人生来彻底邪恶、堕落，而且有罪恶倾向，没有上帝的救赎，他不会做任何善事；他将彻底地在地狱忍受永无休止的煎熬，而且，如果不抓住仁慈上帝通过耶稣基督显现的恩宠之手，他就将堕入地狱。[5]

当然,清教徒更愿意受到恩典,而不是永无休止的惩罚。然而,根据公认的加尔文神学,恩典虽是来自上帝的免费礼物,但不是任何人都能获得的。上帝只给他挑选出来的那些人恩典。上帝不受个人言行的影响。事实上,既然上帝是全知的,他就已经知道而且一直知道哪些人会从地狱中被拯救出来。这就是宿命论的教义。

根据莫里森的观点,"宿命论……不是新英格兰清教徒所强调的"。"在研究了大约上百篇清教的布道以后,"莫里森写道,"我觉得自己有资格认为,新英格兰清教徒不是宿命论的加尔文教徒。"

清教布道假定(当他们不直接进行教导时),借上帝恩典之约的德性,通过教堂的努力,任何付出努力的人都可获得拯救;基督拯救自救之人。新英格兰的宗教观念和生活观念中,完全没有宿命论。[6]

那么,为了将命运导向积极的方向,人们该做些什么呢?除了明确的宗教义务外,清教徒着重强调我们现在称为"勤勉、节俭、冷静、俭朴、可靠、禁欲、守时……的清教美德"[7],"将自己的能力发挥到极致,永不止息地服务他者的渴望,是清教徒工作态度的标杆"[8]。

为更好地利用时间,清教布道者恳请人们研究如何度过时光。"时间是宝贵的,"清教布道者理查德·巴克斯特说,"上帝赐予我技能与智慧以赎回它。"马修·黑尔爵士,英格兰复辟王朝的清教审判员,坐下来谨慎地计算着他的时日。巴克斯特认为,一天6小时的睡眠对任何人来说都足够了。[9]

因此,

美国清教徒的价值观念——努力工作、节省、固定的生活习惯、勤勉、自我控制和保持冷静——可能最好地描述了美国人的工作伦理。这些价值以后就被认为是新教伦理。[10]

这些价值观念孕育了商业活动和其他世俗活动的成功。寻找上帝恩宠的表征，对清教徒来说，就很难避免将世俗的成功与上帝的挑选联系在一起。

在约翰·阿代尔(John Adair)看来，

清教徒已经如此之深地浸润于在大大小小事件中辨查上帝的神恩与惩罚，因此……(战争)局势的一次逆转就会使一名清教徒元帅陷入精神危机。上帝已经离弃了他吗？他真的是被选者之一吗？他是何时陷入该受惩罚的罪恶中去的呢？[11]

同样，商业上的成功经常被视为是上帝恩宠的表征。

利润与神意的问题，总是在与共同体领导权这样的关键性问题相关时变得异常敏感。问题在于：通过把世俗利益赠予给某些人而不是其他人，上帝事实上表明了他对行政长官的提名了吗？……虽然牧师们总是坚持认为，统治权赖于道德品性而不是财产，但政治权力仰赖于领导者的经济地位和在领地中保护私有财产权的能力，这不是在很早以前就非常明显了吗？[12]

总之，虽然所有的清教徒都认可勤奋工作、节俭等价值，而这些价值能促进商业和其他世俗活动的成功，但某些清教徒比其他人更倾向于把成功当作品性美好以及上帝施恩的标志。

清教思想中另一个二分法对很多清教徒来说更加棘手。德性所必需的实践经常导致物质上的成功。但清教徒却并不被认为应该陶醉于物质成功之中。因此,他们被认为应该努力朝着一个目标奋斗,达到目标后却不应该享受成功。

虽然加尔文主义已经成了一种激发生产力和经济成就的宗教,它还是更看重在对这个世界的事务的全神贯注之上建立起严格的社会和心理控制。在加尔文教义沐浴下成长起来的人,一方面会倾向于追逐世俗的成功,同时却又为作出如此选择而经受剧烈的内疚。[13]

约翰·科顿(John Cotton)在他的一则布道中反映了这种矛盾:

在每项神圣而鼓舞人心的基督教义中,各种德性的结合奇异地混合在一起,那就是世俗事务中的勤勉,还有对现实世界的无动于衷;这种神秘没有人能理解,但是他们都知道这一点。[14]

再者,据保罗·康克林(Paul Conklin)对乔纳森·爱德华(Jonathan Edward)思想的描述,“清教商人不可能是一个基督教徒的同时,又赋予财富某种意义或是对其财富给予任何真正的热爱”[15]。

爱德华能够鱼与熊掌兼得,但其他人却并不这么成功。他们开始把追逐物质成功本身当成目的。约翰·韦斯利(John Wesley)意识到这一点并写道:“随着财富的增加,傲慢、愤恨和对世界的热爱也会增加。”[16]同样,约翰·加尔文(John Calvin)也观察到:“只有当人们如大量的劳工和工匠贫穷不堪时,他们才顺从上帝。”[17]

在通常的新教徒尤其是清教徒中发生的这种关注上的转变,并没有影响教会的教义。布道者很快就谴责那些掉进陷阱的人,这些人一度以为,成功和物质财富确实是上帝挑选的标志。布道者约翰·普雷斯顿(John Preston)说:"这是一个努力付出、竞争、行动的时代,而不是一个获取收益的时代。"[18]

清教牧师从未认可爱好竞争的品质——提升经济和社会地位的欲望,获胜的妄想……这种要么赢、要么输的态度的表现……尽可能地从邻居那里获得利益,在他们看来,这些品质既不符合基督教义也不道德。[19]

然而,毫不令人惊奇的是,一个与之不同的观点在广泛影响着清教共同体中的人们。正如我们已经提到的那样,军事和财政事务中的成功被视为个人德性的标志,这已然是一种趋势。失败相应地被视为道德过错的表征。而且,财富自身开始受到珍视。那么,无须惊异的是,那些不是清教徒但被当时清教思想的观念潮流所影响的人,将会视成功自身为善,并将之视作个人德性的表征之一。

比其他人更胜一筹,本杰明·富兰克林令这些观念更加通俗。他接受了清教徒的工作价值观念,并认为德性就是实践这些价值。同样,他也认为这种生活几乎就是物质成功的保证。他在《穷理查年鉴》一书以及接下来一篇名为"财富之路"的富有影响的论文中,将这些观念通俗化。

上帝帮助那些自救之人……勤勉是好运之母,正如穷人理查所说,上帝将一切都交给了勤劳……如果无所事事,要感到羞愧……还有很多事情要完成,而且或许你无人援手,但是你坚持不懈,那么你会有很大收益,因为滴水穿石……斧子小砍,大树伐断。[20]

富兰克林的观点包含了一种世俗的正义论,即德性理论。它是世俗的,因为他没有提到清教的原罪、对世界的无动于衷和死后的生活等主题。它是一种正义论,因为它在大多数情况之下,能够为谁应该获得个人收益、谁不应该获得提供指导。这个理论就是,那些工作努力,具备勤勉、守时、诚实等德性的人在道德上是善的,将会获得成功。那些懒惰、不诚实的人在道德上是恶的,将会遭到失败。因此,成功的人在道德上也是配享美誉的。他们通过百折不挠与努力工作赢得了成功,值得赞美。为此,富人应当得到财富,那是他们的应得物,因此,富人富裕是正当的。穷人的贫穷也是该当如此。他们的贫穷是自身懒惰、无节制、怯懦、不诚实的一个迹象,而这些品性显示他们不配取得成功。因此,穷人该当穷,富人该当富。这就是德性理论,根据这一理论,每个人只是在获得他应得的东西而已。这是一个鼓舞人心的理论,尤其是对富人而言。

德性理论崇尚努力工作。因为一个人工作上的成功,是作为一个善人的标志,人们工作不仅为了生活,也为了一种自尊的感觉。因此,他们情愿更加努力地工作,更长时间地工作,这已超出了仅仅是维持生计甚至是美好生活的所需。因为存在的意义与辩护都和工作维系在一起,他们变成为了工作而生活,而不是为了生活而工作。换言之,他们倾向于成为工作狂。

§3.5 德性理论的持续影响

德性理论十分重要,因为它在社会中持续产生影响。霍雷肖·阿尔杰(Horatio Alger)以此为主线撰写了许多短篇通俗小说。在他的小说里往往会出现这样的情节,一个出身低微的年轻人非常努力地做着一件谦卑的差事,比如擦鞋,他技艺娴熟,又如此负责,如此诚实,因而小有成就。权势人物注意到他,并给予他另外的机会。他也成功地完成了这些差事。最终,完全因为优良的道德品质,他富有了,成名了。这些品性一定是他走向显赫的主要原因,因为在最初的时候,他没有任何优势,没有资金,没有社会地位,缺乏教育。他的成功与其内在德性相符,也是他内在德性的一个外在表征。这种德性是成功的保证。

同一主题在电影和电视中不断重复。在西方，"好人"开起枪来比"坏人"快速而准确。20 个坏人射击好人，好人会毫发无伤。接着好人站起来，一枪干倒一个坏人。好人的同伙有时会被杀死，但他们几乎全是不知何故道德堕落的人。他们通常都与坏人有联系。被杀死的女人通常都有段婚外性史，且常常是与坏人头头发生的。

尽管我们享有言论自由与出版自由，多年来美国的电视节目还是被一种好人获胜坏人失败的礼法规约控制着，不论在西部片中还是在其他节目中都是如此。《荒野大镖客》《有枪，走天涯》《来福枪手》《独行侠》《亚利桑那奇侠》《霍普隆·卡西迪》《执法捍将》《法网》《我是间谍》《麦克米伦与妻子》《科伦坡》《霹雳娇娃》《杜克兄弟》……信手拈来，都是好人战胜坏人的故事，周复一周地从这个频道到那个频道播出。它的潜在寓意是确凿无误的，而且如此频繁地重复，也是令人不可抗拒的。任何成功者的成功都是依靠努力工作、智慧、诚实和其他令人钦佩的品性而获得的。因此他（在大众文学中仍然使用"他"）配享那份成功的充分回馈。他值得拥有大量的私有财产。相反地，在贫穷或失败与缺乏令人钦佩的品性之间，存在着强烈而直接的相互联系。因此，穷人与贫穷是相配的。这就是德性理论。

你可能会认为，由于这些作品是虚构的，并且人们也都清楚这一点，所以人们对现实的感受可能不会因此而受到太大影响。实际上，人们可能会意识到，在人的内在德性与外在成功之间没有什么明显的联系。好人不能总是一如既往地战胜邪恶。很多受压迫者和穷人事实上比许多富人和名人都更有德行，因为就我们所了解的而言，德性在社会阶层中的分布是均衡的。

事实真相可能就是如此，但我们社会中大多数人在内心或感情上并不认可此点，即使大多数人在理智或思维上认同这一点。一些公共政策表明，我们认为穷人缺乏据称是他者所拥有的内在德性。我们以为穷人不太聪明,不太诚实,也不像富人那样努力工作。比如说,考虑一下对穷人的食物援助。设想一个成年人,通常是一位妇女,她独自承担着照顾和喂养两个小孩的重任。因为忙于照顾小孩,所以她没有工作或者无法工作。因此,她穷困不堪,买不起自己和小孩所需的食物。如果我们没有假定这位妇女特别愚蠢,或者不太诚实,就是说,如果我们没有假定她特别地缺乏内在德性,我们会怎样帮助她养活自己及家人呢?她的问题在于没钱。无疑,最明显的解决办法就是给她钱。我们可以从公共税收中给她一些钱,让她去买所需的食品。但是我们没有那样做,而是给她一些食物券。为什么?因为我们不信任她。我们认为,虽然她和孩子需要食物,但她很愚蠢且/或过于缺德而没有用给她的钱去买食物。我们担心她可能用钱去买毒品、去喝酒,或去做其他一些无关紧要与不体面的事情。而你我却不会去这样做,在为无聊和奢侈的事情浪费钱财之前,我们都愿意将工资花在一些自己和家人需要的东西上,在这一点上我们值得信任,但是却不能这样相信穷人们。他们被假定为缺乏内在德性,因此给他们食物券而不是钱,以确保他们恰当地利用资源。[21]

房屋资助也是如此。穷人住房紧张,是因为他们缺少购买或租赁房屋的钱。但是,我们从不给他们所缺的钱,而是帮他们选择好住处以确保房屋适合于他们的需要。他们缺乏足够的智力去挑选合适的住房。我们直接将租金交给房东,而不是把钱交给穷人。穷人有足够的钱付租时,我们不认为他们会那样做,有了付租的钱,他们可能会去赌场输个精光。当然,你我都不会这样做,但是穷人缺少我们那样的智力和诚实。

看上去我似乎有些夸张,人们并不真正认为穷人在道德和理性上都如此低劣。但是离开某些认为穷人缺乏内在德性的假定,我们对穷人的公共政策又能如何被理解呢?而且,这种对穷人的看法,并不局限于那些创制并执行影响穷人的政策的立法者与政府官员之中。这一观点在我们的社会中广为接受。政治候选人借诽谤穷人的内在德性在大选中获得声望,他们承诺要对骗取福利者采取严厉手段,因为选民认定接受福利救济者常有欺诈行为。政府花费数十亿美元监控穷人以降低欺骗程度,然而没有选民认真地考虑过这种可能性,即这样一些欺骗即使存在,其数目也远比设计用以降低欺骗的措施之花费低得多。建议直接给需要食物和住房的穷人支付现金以减少行政管理费用,并坚持认为因不法行为而造成的国库收入的主要消耗,源于中等和中上阶层纳税人在税收申报单中的弄虚作假,这样的一个政治候选人,他能受到大众多大程度的欢迎呢? 绝不会受欢迎,即便是中产阶级的欺骗给政府造成的损失毫无疑问比福利欺骗导致的损失要多。我们坚持这种假定,即不诚实是穷人的独特品性。

相比之下,富人与大型公司受到极大的尊重。军方的军费超支数目惊人。他们每年要花费数十亿美元。在一些穷人因为骗取福利系统几千美元而被抓获后,多数美国人会暗自高兴,期待着将来拒绝支付这些穷人的福利金。但是,似乎很少有人对那些身负数十亿美元超额费用的大公司进行惩罚感兴趣。没有一个人认真地提出建议,认为这些公司将来不应再接受军事合同。再考虑一下午餐会免税的特权。富有的大公司的富有的管理人员经常去豪华餐厅会餐,每人花上 15 到 20 美元。因为属于工作餐,他们可以从税收申报单中扣除这部分花费。此举会使他们少缴纳午餐费用 1/3 左右的税额。因此,其他纳税人相当于遭受了这些午餐费用 1/3 左右税金的损失。为什么要我们补助这些富人们如此昂贵的午餐? 为什么大众不能保持足够清醒,去选举那些致力于终止这种习俗的代表民众的官员? 为什么大批公众宁愿相信那些许诺让福利欺骗者去工作的候选人呢?

有几个原因。与穷人不同,富人支付娴熟的游说团以及安排捐赠活动以博得立法者钟爱的能力,毫无疑问是部分促成他们所受优待的根源。

但这还不是全部的情况。专心迎合富人的立法者们如果不能获得多数人的默许，那么，他们极有可能被政治对手所取代。富人竞选捐赠的财政支持所带来的公共关系改善，可能促成了这种默许。然而，大多数捐赠物和捐赠钱款，却源自那些无法从费用超额的军事合同以及税收减免的午餐会中径直受益的纳税人。人们对那些承诺惩治福利骗子的候选人的支持，比那些承诺要对富人采取严厉手段以节省更多税款的候选人的支持要高得多，对此，我们如何解释呢？考虑一下相关的统计数据。根据美国联邦储备委员会（Federal Reserve Board）1962 年和 1983 年的研究，全美最富有的 0.5％ 的家庭享有全美财富的份额，由 1962 年的 25.4％ 增加到 1983 年的 35.1％。[22] 大多数的竞选捐献并非来自这 0.5％ 的家庭的自有财产。就这样，不太富裕的人们继续给那些允许富人们变得更富的立法者以选举和财政的支持。似乎可以合理地假定这种现象建立在这样的基础之上，即拥有大量私有财产的人被认定是善的。他们被认为是值得享有其财产的。既然他们比我们这些人更富裕，那么，我们默许他们变得更富裕，并且愿意为他们的昂贵午餐费用支付 10 美元，就是适当的了。这就是世俗的清教主义。好人应当得到更多，正因为他们是好人；而富人被假定是好人。

还可以引证其他很多公共政策。但以上这些足以说明世俗的清教主义套在人们身上的枷锁。认识到人们喜欢富人、厌恶穷人的巨大偏见是很重要的，因为它影响着人们对正义的看法，尤其是当财产权处于争论中时。

环境正义的看法也受到同样影响。比如说，考虑一下在富人住宅区限制性分区法令的实施——比如说，要求家庭居住的土地面积要大于或至少等于一英亩。法令的目的在于，在富人住宅的附近地区保持环境的开阔与舒适。为达此目的，何故需要一项法令呢？土地在这些地区是如此昂贵，将房子建在 1/4 英亩的小块土地上都是有利可图的。法令禁止这种作法是为了保证富人们面对市场压力时对舒适而开阔环境的享用。结果之一就是减少了那些不那么有钱的人在此居住的机会。如此看来，这一法令在很大程度上与免税午餐的特权不相上下。它等同于让别人资助自己的舒适生活，在这一案例中，舒适怡人的环境直接使富人受益。为何没有一个州通过立法，禁止所在地住房用地面积超过 1/4 英亩呢？富人的游说团和竞选捐献可能是事情的一部分，但考虑到上面提到的原因，这还不是事情的全部。另一个似乎有理的解释是，人们倾向于顺从富人的需求。

与环境相关的公共政策也更关照中产阶级而非穷人的需求。留心看一下国家公园。公款被用以维护并提升这些公园的价值，目的是为所有公民来享用的。但享用权主要提供给了中产阶级。修路是为了（中层和中上阶层）有车族开车去公园，而公共交通却极少被注意到。如果公款可以用于建造和维护公园，可以用于建设和维护机动车通道，为什么它不可以用来补贴通往公园的公共交通，以使穷人也能享受到舒适怡人的环境？德性理论可能至少部分地解释了这一点。[23]

在此背景下还可以引证其他环境问题。比如说，在某些地区，政府给予那些主要有益于中层和上层的消遣性用水（划船、钓鱼等）的关切，甚于那些有益于所有人的饮水质量的关注。如此之类的政策，倾向于使人们的受益与其财富（大致）成一定的比例。这些政策设若曾经以此为基础而得到改进或得到证明的话，也属罕见。立法者和政策制定者很少会说："让我们根据人们（大致）的财富比例去使之受益，因为富人具备内在德性，穷人都倾向于不诚实、愚笨和懒惰。"但是，考虑到我们的文化历史，考虑到那些按人们的财富成（大致）比例地迎合其需要的法律及政策（包括环境法和环境政策），似乎可以合理地猜想到，我们正在受某些事物如德性理论的心理控制。

§3.6　德性理论的不可接受性[24]

　　那又有什么关系呢,你可能会问,或许德性理论是一种好的正义论。然而,我坚持认为它不是。几乎不需要什么检查,这个理论在理性上是立不住脚的。没有任何合理的根据让人相信,富人在道德上比穷人优越,但却有充足理由怀疑其道德优越感。首先,穷人也以德行而闻名,有口皆碑,比如,苏格拉底(Socrates)、耶稣(Jesus)、默罕德斯·甘地(Mohandas Ghandi)与特丽莎修女(Mother Theresa)。其次,许多非常富裕的美国人,比如说,是因为继承了家产,所以不能把他们的财务状况归因于拥有努力工作和节俭之类的德性。其三,那些由微至巨地积累财富的人,有时靠的是冷酷和狡诈而不是诚实和善良。像约翰·D.洛克菲勒(John D. Rockefeller)、J. P. 摩根(J. P. Morgan)、约翰·范德比尔特(John Vanderbilt)和安德鲁·梅隆(Andrew Mellon),19 世纪晚期在美国发了大财。他们以强盗大亨闻名,几乎没有称赞他们德行的颂辞。他们之中的铁路大亨致富时,靠的是美国政府所给的大片土地和某些地区铁路贸易的垄断权。垄断之后,他们向贫民索要高价。他们变得更富而农民变得更穷了。因此,财富并不能说明富人们比他们剥削的那些农民更有德行或更努力工作。

　　当前,财富之路也是在政府的帮助之下铺设而成。军事合同数十亿美元的超额费用只是导致私人财富的暴增,而并没有显示出任何人的德性。更为普遍的是,富人有钱游说并进行竞选捐献来影响政府行动,用以促进自己的利益并阻碍反对派的利益。正如前面已经提到过的那样,他们对政府政策的影响,经由公众广泛持有的一种默许富人满足需求的普遍设定而增强。因此,财团巨头掌控的石化燃料和核能工业,获得了政府数十亿美元的补贴,而在太阳能产业中,财团巨头的兴趣小得多,所获到的补贴也少得多。[25]据说太阳能不太有效,在商业上不可行,而事实却在于,其他能源的商业利益完全归因于政府的支持。总而言之,尽管已经很富足了,石化燃料和核能利益集团可以为其利益而左右政府施加的"游戏规则"——诸如纳税利益、保险规定等。他们与太阳能之间的"竞争"可以比喻为一场自行车赛,车赛中领头的一帮人不仅占据了首发位置,还被允许扔下道钉以刺破后来者的轮胎。赢得这样的比赛并非就表明了其优异。

坚持德性理论这一主张的理性依据的缺乏,就解释了为什么人们很少明确或自觉地诉求于它。它的重要性不在于理性说服力,而在于加在我们身上的心理力量。认识到世俗的清教主义是很重要的,因为我们理解自身和我们的偏见意向是很重要的。只有当我们认识到自己的偏见时,才有可能拨乱反正。如果要形成可靠的判断,扭曲的观点必须得到纠正。我们无法根据扭曲的观点做出关于正义的可靠判断,就跟近视者不能准确辨认出远处的飞机一样。正如近视者需要眼镜矫正视力,我们也需要了解自己的偏见以纠正对正义的理解。

如果不通过了解自身的偏见纠正对正义的认识,我们会变得毫无根据地偏爱富有的人们或公司的利益,将之凌驾于他人的利益之上。这会严重危及我们对环境正义的获取。比如说,考虑一下沃沙克诉莫法特案(Waschak v. Moffat)。[26]它说明这一事实,即我们并不情愿有意识地、明确地应用德性理论去裁决特定的争议。[27]阿格尼丝·沃沙克与她的兄弟约瑟夫在宾夕法尼亚州的泰勒镇拥有"一个质朴的家,泰勒是一个有7 000多居民、位于宾州东北部无烟煤地区的小镇"[28]。被告罗伯特·莫法特拥有一个煤矿。在开采煤矿的过程中,可直接使用的煤……必须从矿物、岩石等副产品中分离出来。副产品以废渣堆形式成堆储存,部分矿渣会被回收利用,但其他部分现今仍被当成垃圾。[29]废渣堆中经常会出现火焰。这是正常的,并且被认为不是由过失导致。在沃沙克房子附近有一个莫法特的废渣堆。矿渣着了火，排放出硫化氢、一氧化碳和二氧化硫。硫化氢和沃沙克房子涂料中的铅基物发生化学反应，使他家房子的白色涂料脱色。房屋最终变成了焦黑色。沃沙克一家起诉了莫法特，要求赔偿 1 250 美元——用一种不会脱色的含钛、含锌涂料重新涂刷房子的费用。

这个案件的裁决可能会与几个因素中的某一个或更多一些有关。当沃沙克一家在 1948 年买房时，附近已经有废渣堆了。另一方面，莫法特原本可以将废渣堆设在离镇中心较远的地方。但是，莫法特无从知晓硫化氢会从燃烧的废渣堆中散发出来，通常散发的只是一氧化碳和二氧化硫。这些因素及其他因素在法官的判决中起重要作用。法官甚至没有提及，更不用说会在以下的事实基础上考虑案件，即莫法特比沃沙克一家要富得多，因为这里有个基本的假定，就是这个事实是不相干的。这是一个非实质性差异。然而，世俗的清教主义会认为，财富状况不仅是相关的，而且是决定性的。因为莫法特富裕，那么他所做的一切都可能被认为是适当的，所以他不应该赔偿沃沙克一家的房屋损失。

显而易见，我们都应拒斥这种推理。一种基于世俗清教主义的财产权理论缺乏可令人接受的证明。它基于一个可疑的前提，即富人品德优异。这同样也导致一个让人无法接受的结论，那就是，在对拥有私有财产的物主之间的争议进行裁决时，我们将会支持那些最富的人。

然而，这并不意味着我们应当忽略德性理论。理性地来看，我们发现它并不令人满意。"达拉斯"一类的电视系列节目正通过提醒我们富人有时缺乏内在德性来加强这种理性认识。然而，正如我们所了解的，世俗的清教主义在很多时候仍然吸引着我们。不仅在通俗小说中，也在现实生活的许多公共政策中，包括环境政策中，它都举足轻重。我们确实偏袒富人。忽视这一偏见是不明智的，正如我们未能讨论德性理论，或者当它在理智上的缺陷一旦暴露时我们就把它打发走那样。如果垒球的击球手总是在三垒线外将球击出界外,他就会改进击球方式,不是靠忽略这个事实,而是靠回想并反思自己为什么会有这种倾向。然后他会采取步骤纠正它,比如说,改变本垒板的始发姿态。类似地,如果我们对财富有一种偏爱,我们关于环境正义的判断要得到改进,就不是靠忽略这一事实,而是靠记住并认清自己为什么会有这种偏见,然后我们才能采取矫正措施,并避免屈服于这一偏见对环境正义判决所带来的扭曲性影响。正是因为这一原因,我论述了德性理论在世俗化清教主义中的历史源流(3.4 节)以及它在我们思想上的持续影响(3.5 节)。

如果财产权的考虑将在关于环境正义的确定中扮演适当的角色,那么,还需要一种与之不同的正义论。需要一个不是建立在令人怀疑的事实假定基础之上的理论,一个并不总是将富人的利益凌驾于穷人利益之上的理论。我们在这一章开头所考虑的案件,威廉·奥尔德雷德的诉案和斯珀产业诉德尔韦布案,说明正义要求对财产权加以考虑。因此,我们必须调查那些为财产权提供可替代的、可接受的基本原理的正义论。在接下来两章,我们会考虑这样两种理论。它们的目的不仅是证明财产权的存在,也在于证明完全依赖于财产权以保护正义的正当性。根据这两个理论,"自由派理论"与"效率理论",所有正义问题,包括环境正义问题,都能通过诉诸公民的私有财产权得到解决。任何其他考虑等于是画蛇添足。

注释:

[1] 9 Co. Rep. 57, 77 Eng. Rep.816(1611) in *Environmental Law and Public Policy*, eds. Richard B. Steward & James Krier(New York: Bobbs-Merrill Co., 1978), pp.117—118.

[2] 同上。

[3] *Spur Industries, Inc. v. Dell E. Webb Development Co.*, 494 P.2d 700 in Stewart 与 Krier eds. *Environmental Law*, pp.247—252.

[4] 有关科学理论的构造与发展,参见 Norwood Russell Hanson, *Patterns of Discovery*(Cambridge: Cambridge University Press, 1965),以及 Thomas S. Kuhn, *The Structure of Scientific Revolutions*, 2nd. Ed. (Chicago: The University of Chicago Press,

1970)。至于科学理论与正义论之关系的更为完整的说明,见后面第 12 章。

[5] Samuel Eliot Morison, *The Intellectual Life of Colonial New England* (New York: New York University Press, 1965), p 11.

[6] Morison, p.11.

[7] John Adair, *Founding Fathers* (London: J.M. Dent and Sons, Ltd., 1982), p.265.

[8] Adair, p.265.

[9] Adair, p.266.

[10] Gerald F. Cavanagh, *American Business Value*, 2nd. Ed. (Englewood Cliff, N.J.: Prentice-Hall, Inc., 1984), p.26.

[11] Adair, 193.

[12] Emory Elliott, "The Puritan Roots of American Whig Rhetoric", in Emory Elliott eds. *The Puritan Influence in American Literature* (Urbana, IL: University of Illinois Press, 1979), p.114.

[13] Elliott, p.114.

[14] Adair, 267.

[15] Paul K. Conklin, *Puritan and Pragmatists* (Bloomington, Indiana: Indiana University Press, 1976), p.71.

[16] 引自 Cavanagh, p.39。

[17] 引自 Max Weber, *The Protestant Ethic and the Sprit of Capitalism* (New York: Scribner's, 1958), p.176。

[18] 引自 Adair, p.266。

[19] Adair, p.266.

[20] Benjamin Franklin, *The Autobiography and Other Writings* (New York: New America Library, 1961), p.190.

[21] Francis Fox Piven & Richard A. Clower, *Regulating the Poor*, (New York: Pantheon Books, 1971).

[22] Michael Wines, *The International Herald Tribune*, July 28, 1986, p.3.

[23] 恩内斯特·帕特里奇(Ernest Partridge)已经向我指出,仅仅用势利可能就可以做出部分解释。立法者可能认为,既然穷人没有嗜好欣赏它们,那就没有必要制造自然场所,比如广泛被接受的自然公园。当然,在有德行的人具有愉快体验的意义上,这种势利可能是德性理论影响的一个方面。

[24] 这个论据及接下来两段的论据由恩内斯特·帕特里奇(Ernest Partridge)建议给我。

[25] 参见 Amory Lovins, *Least-Cost Energy* (Andover, Mass.: Brick House Publishing Co., 1982)。

[26] 379 Pa. 441, 109 A.2d 301(1954), in Stewart and Krier, *Environmental Law*, pp.155—162.

[27] 我们不愿意接受一个理论的后果成为拒绝该理论的原因,在第 7 章与第 12 章中展示。

[28] Stewart and Krier, p.158.

[29] Stewart and Krier, p.155.

第4章　财产与自由：自由派理论

§4.1　引言

自由派理论通过自由市场（以及法院）为解决所有正义问题提供了一个根本依据。人们应该能够自由买卖他们所需的一切。只要没有人使用暴力或欺诈行为，正义就从这样的私有财产交易中产生。国家所应做的，只是预防暴力的使用和欺诈行为。额外的国家行为或政府职能会妨碍公民的自由权，因而将是不公正的。这一理论将得到解释并被加以批判。

§4.2　最弱意义的国家

自由派，顾名思义，主要着眼于解放或自由。个人应当被允许做其想做的事情，只要他们尊重任何其他人做同样事情的平等权利。个人行为应当尽可能大地为自由选择所支配。自由选择就是人们在没有暴力压迫或没有受到欺诈的情况下作出的选择。比如说，某人被强迫从某经销商那里为其出租车队购买汽车，因为经销商威胁说，不这样去做就打断他的腿，那么这个购买就不是自由选择的，它是被迫。

欺诈同样妨碍公民自由。设想一个汽车经销商使我相信，她要卖给我的车具有自动变速箱。我们一起试驾的车也确实有自动变速箱。在她给我签的合约上，指明了车的品牌、型号、颜色和序列号。假设该经销商还有一辆车与我试驾的车有同样的品牌、型号、颜色和序列号，只是没有自动变速箱。如果她将那辆车放置在陈列窗前面，称之为我要买的车，并且参照那辆车子的品牌、型号、颜色和序列号与我签约，那么我可能签下了一个购买非自动变速箱汽车的合约。我将认为自己购买了一辆带自动变速箱的车,因为经销商让我以为我签约所买的是我们一起试驾的那种车。但是合约上的序列号指示的是另一辆车,因此,我实际签约所买的是另一辆车。

这就是欺诈。它妨碍了我的自由,因为自由就是一个人能够做他想做的事情,在这一种情况下,就是买看中的车。经销商的诡计使得我没有买到自己想买的车。因此,诡计、欺诈妨碍了我的自由。一般而言,自由要求人们有权利知道他们所需的信息以明白自己在做什么。得不到这些信息,人们就无法就自己的购买作出自由的选择。在对自己在挑选什么并不明确的情况下,他们有可能会选择一些本不想要的东西而非自己的真正所需。因此,正如自由要求暴力的不在场一样,自由要求欺诈的不在场。

自由派对国家持怎样的态度呢?正如在第 1 章中指出的,国家被定义为这样一种组织,在社会中拥有决定暴力的合法使用的独享权利。归根到底,它的特质就在于依赖于使用暴力或暴力威慑来达到目的。没有强势力量的使用或威胁,就很难制止那些以一种国家认为违法的方式拥有暴力者。比如说,我认识到,如果我在严禁停车地带停车,我便冒着违规停车的风险。如果我得到许多罚单,而不付罚金,国家会将我的驾驶执照拿走。如果我无证驾驶,我又会被处以另外的罚金。如果仍不支付罚金,国家会强行从我这里将钱拿走。他们会要求我的老板扣除我的工资以支付罚金。或者,他们将我拘禁起来,直到我支付罚金为止。归根到底,国家使用了暴力。

自由派认为,应当允许人们享有最大程度的自由。他们应当尽可能少地遭受暴力与欺诈。因为国家行为本质上是由暴力或者暴力威慑所支持的,所以自由的增加通常意味着政府对公民生活的干扰减少。因此,根据自由派的观点,最好的政府就是最弱意义的政府。他们鼓吹最弱意义的国家。国家应当尽可能地小。

　　但为什么还要有国家呢? 如果国家的特质在于使用暴力, 而暴力又限制公民自由, 看上去似乎是, 最大程度自由的获取只有通过国家的消亡才能达到。国家消亡的观点被称为无政府主义。然而, 与无政府主义者不同的是, 很多自由派认为, 国家在保护人们免于暴力与欺诈的方面是必要的。正如我在第一章中指出的, 托马斯·霍布斯认为, 没有国家, 公民相互之间会变得残忍。任何人的行为都不会受官方的限制, 因此, 任何人都会拥有完全的形式自由。形式自由就是法律许可的自由。没有国家, 就没有法律, 因而也没有对自由的合法约束。如此一来, 形式自由会十分完整。但实质自由会受到严重的限制。实质自由就是我们个人实际上能行使的自由。那就是, 我在没有暴力与欺诈的情况下能够做出自由选择, 不论这种暴力与欺诈源出何处。非政府暴力与欺诈可以和政府暴力与欺诈一样限制我的自由。如果根本没有国家, 那么非政府的暴力与欺诈会如此强大, 以致我根本就得不到什么实质自由。我会整天为我的性命担忧。因此, 假如在此过程中它使我遭受的限制并不多于所取消的限制的话, 一个使我免受非政府暴力与欺诈的政府提高了我的自由。一个最弱意义上的国家并不要求我服从比它移除的限制更多的限制, 因为它仅仅要求我在与他人交往时禁止使用暴力与欺诈。因此, 忠诚于最大化自由的自由派导向对最弱意义的国家的拥护, 这种国家所要求于人们的就是, 在与他人交往中禁止使用暴力与欺诈。[1]

　　一些自认为是自由派的作者不能接受这种推论。他们包括莫里·N. 卢斯巴德(Murray N. Rothbard)与大卫·弗里德曼(David Friedman)[2], 他们坚持认为, 公民可以自愿购买保护性服务。一个国家虽然提供这些服务, 却通过强制纳税要求人们支付, 这是不必要或不可取的。它不可取, 因为强制的因素剥夺了公民的自由权。它也是不必要的, 因为保护性服务可以交易。公民可以像购买其他事物一样购买保护, 有人会多买, 有人会少买。

罗伯特·诺齐克（Robert Nozik）在他的著作《无政府、国家与乌托邦》的第一部分中,专门说明了最弱意义的国家是必要的。[3]宣称对合法使用暴力具有独占的决定权的国家如果不存在,就可能出现众多的保护性团体,他们都会宣称有权决定如何使用暴力以保护当事人。这些团体可能会陷入冲突,或者在没有冲突时维持一个脆弱而不稳定的和平。他们之间的关系可能会像马里奥·普佐（Mario Puzo）在《教父》[4]中所描述的纽约五个黑手党家族一样,或者就像黎巴嫩地区繁兴的各种民兵组织。即使只有两种保护性团体,局面也会像北爱尔兰一样。这些例子中,公民权利根本就得不到充分的保障。只有在单一的保护团体具备使用暴力的垄断权,以及利用该垄断权在指定地理区域内同等保护每一个人时,才存在充分的保障。这就产生了最弱意义的国家。

蒂博·马钱（Tibor Machan）明确地证实了这一点。设想两个不同的保护团体,在同一地理区域中都有受保护的当事人。这些团体如何保护其当事人不受侵犯呢? 某一团体的当事人,"不得不从他们所在的位置去到任何侵犯行为正在发生或似乎即将发生的地方"[5]。这样一来,他们有时不得不跨越过另一团体的当事人的财产（记住,如果没有国家,也就没有公共道路）,而作为竞争对手的团体的当事人有时会拒绝他们的通行。他们会拒绝给予前一个团体的当事人跨越过自己财产的权利。自由派认为财产权是极端重要的（见 4.3 节）。在这些情况下,前一个团体或者未能保护自己的当事人,或者违背另一团体当事人的财产权。无论如何,这都会侵犯权利而导致团体间的激烈冲突。

另一项考虑也说明了国家的必要性。如果没有国家,公民如何有钱去支付私人的保护性服务呢? 他们将无法支付,直到获得并保留一些有价值的可用作支付的东西。但为了获得和保留有价值的东西,首先需要得到保护,因为没有保护,他们的贵重物品可能会被盗。偷盗盛行将抑制制造业、贸易和财富积累（资本投资）。缺乏可靠的财务基础,人们很容易沦落到类似于中世纪农奴的境遇，从最强的军阀那里维护自己的权利。因此，"政府提供服务，(保护)可以以任何其他服务交易的方式交易，这样的观点是不可能的"[6]。那么，大多数的自由派都赞成罗伯特·诺齐克、约翰·霍斯珀斯（John Hospers）、蒂博·马钱以及大卫·凯利（David Kelley）的观点，认为最弱意义的国家是必要的。[7]

　　然而，现在来讲，这一点还不是主要的。以下提供了对自由派理论的批判。如果这一理论缺乏一个对最弱意义的国家的承诺，那么批判会更加严厉，更加有效。我要着重讨论自由派理论的最具自我捍卫能力的形式。

§4.3　私有财产

　　自由派认为，私有财产的存在对维护个人自由来说是至关重要的。查尔斯·赖希（Charles Reich）写道：

　　财产在每个私人或组织的活动周围画了一个圈。物主在圈内比在圈外的自由程度要大得多……圈内，他是主人，国家必须对任何形式的干涉作出解释和证明……因此，通过划定一个范围，在此范围之内，大多数人不得不屈从于物主，财产在执行着维护独立自主、尊严以及社会中的多元主义的重要功能……物主可能会做一些令其所有的或大部分邻居们公开谴责的事情。[8]

　　家就是一个人的城堡，这一点众所周知（通常在性别歧视主义者的用语中表达着）。因为我拥有房子和涂料，所以只要我愿意，我可以将房子涂成粉红色。这或许庸俗不堪，但是，拥有低级趣味并且以我自己的财产表达这种喜好，这是我的权利。我的财产同样通过为反复无常的命运提供保障而增加了我的个人自由。如果我拥有房子而且已经还清抵押债务，那么，世界金融危机、通货膨胀、利率的变化对我的影响，相比我租房住而言，就不会太大。更高的安全性可以让我实现更多的思想自由和行动自由。既然我的自主安全程度更高，那么我迎合他人欲望的需要就减少了，我会更多地成为自己。我能更完整地体现我的个性。

约翰·霍斯珀斯是这样陈述的：

财产权是绝对根本的。那是你为未来筑起来的篱笆。它保证你努力工作赚取的东西仍在那里，仍然属于你，当你希望或需要利用它时，就是当你老得不能再工作时，它仍然如此。[9]

这里，财产权便和生存权联系起来了。纳撒尼尔·布兰登（Nathaniel Branden）对这一点进行了更深入的阐述：

没有财产权，其他任何权利都无从实现。如果一个人无法自由地利用他所生产出的东西，他就没有自由权。如果他无法自由地让自己的劳动成果满足他所选择的目标，他就未能拥有追求幸福的权利。而且——既然人不是以某种非物质形式存在的幽灵——如果他无法自由地保有或消耗其劳动成果，他就没有生存权。[10]

因此，尊重财产权是至关重要的。

总的说来，如果最弱意义的国家的目的是保卫公民的生命和自由，而财产私有制对达成这一目的来说是不可或缺的，那么，最弱意义的国家应当确保私有产权。公民应该能够对法律认可的事物拥有自己的所有权。法律上对财产权的承认就包含了对财产权进行法律保护。如果我拥有一些东西，并且我的所有权合法地受到保护，那么，国家通常会凭借其力量使我有特权接近该物，并将其他人排除在外，而且当我不想再拥有它时，可以转让给他人。比如说，假如我有一辆车，任何人未经许可取走它，国家通常会抓获他并施以惩罚，国家还将会保护我的权利以免受他人的侵犯，还将会允许我根据自己的利益使用它，而且通过合同法，在我想卖的时候还可以卖掉它。

§4.4　自由派的正义：权利理论

这产生了自由派关于经济正义的观点。经济正义涉及人们之间利益与责任的分担。个体应当享有什么样的利益？为享有这些利益他将不得不承担什么样的责任？自由派人士强调个体决定这些事务时的自由选择。公民对任何通过自愿交换得来的东西享有权利。如果你有一辆车，而我有 2 000 美元，而且我们双方都愿意彼此交换一下，那么车子会合法地属于我，2 000 美元也会合法地属于你。如果我有空闲时间，并愿意替你粉刷卧室赚取 80 美元，而且你同意为此付我 80 美元，那么你就有权享有我的劳动时间，我有权利得到你的 80 美元（在完成这项工作之后）。

罗伯特·诺齐克从类似的例子中概括出并且坚持认为，在指定时间，如果公民合法地拥有一些物品，于是在一段时间后，他们有权享有此间他们所获得的，不管是作为赠品还是用他们开始时的所有物交换而来的物品。[11] 比如说，假设在星期一时，我有 1 500 美元，你有一辆车，而我姑妈特斯非常富有。星期二时，特斯姑妈给我 500 美元。那是她的钱，因此她有权把钱给我花。既然她的礼物是自愿的，那么 500 美元就属于我了。这样，在星期二我就有了 2 000 美元。星期三时，我用 2 000 美元买了你的车。这是一场完全自愿的交易，因此，这辆车就成了我的，2 000 美元就成了你的。星期四时，我以商定的 80 美元的价格粉刷你的卧室。结果便是，到星期五时，我合法地拥有一辆汽车和 80 美元，你合法地拥有 2 000

美元和一间刷好的卧室,特斯姑妈比她星期一时合法地少了 500 美元。因为任何人都没有使用暴力与欺诈,所以所有交换都是自愿的。因为交换是自愿的,而且我们在星期一时合法地拥有在这个星期中被交换的东西,所以,我们在星期五的财产权和星期一的财产权一样公正。我们有权享有我们所拥有的一切,这就是交易中的自由派正义论。

§4.5 妨害

然而,财产权并不总是受到尊重。财产有时会被盗窃。由此,财产所有者就被部分或全部地剥夺了正常情况下应从自己财产中所获得的利益。同样,财产所有者也会因为那些制造妨害的人而被剥夺一些利益。比如说,威廉·奥尔德雷德房屋的某些好处被在他家周围建猪圈的托马斯·本顿剥夺了。猪的恶臭使奥尔德雷德很难获得房屋的全部利益。既然财产权的一部分就是从财产中获得利益,减少利益的妨害行为就构成了财产权侵犯。为使这一侵犯成为诉讼的依据,它必须是实质性的。[12]比如说,我的邻居可以通过他家房子前面的窗户领略附近的风光。当他们正在观赏风景时,如果我穿着品味糟糕的衣服在附近散步,我可能减少了他们从住宅获得的这方面的利益。但这并不实质性地减少我的邻居对其住宅的享用,不足以构成妨害案例的法律依据。

除了是实质性的之外,这种侵犯必须是有意的,而且不合理的,或者是无意的,而且源自疏忽或未预料到后果的行为,或者包含异常危险的情况或活动。[13]正如"实质性的""不合理的""疏忽的""鲁莽的"和"异常危险的"等术语所指示的,构成妨害的司法认定牵涉到在某些标准的引导下做出判定。肯定存在区分合理与不合理的财产权侵害的标准。必须区分一般危险与异常危险的行为,区分不计后果的行为与审慎行为,等等。这些标准将成为正义原理,因为它们构成有关实质性差异的指导方针。比如说,依据威廉·奥尔德雷德案件的法院裁决,从奥尔德雷德家的窗户看不到风景的损失,不构成对其财产权的实质性侵犯,然而奥尔德雷德一家要承受的恶臭,却构成了实质性侵犯。[14]

自由派理论是一个良好开端。它强调自由的重要性,清楚地界定了财产的基本特征,并说明了私有财产对维护个体自由的重要性。由此,它为诸如威廉·奥尔德雷德与斯珀产业的案件中私人的安居烦扰行为的法律补救方法提供了一个根本依据。但在类似的案件中,争执双方都享有私有财产权。自由派为私有财产所做的辩护,虽然是一个良好的开端,却不是事件的结局。在争执双方发生冲突时,决定谁的私有财产权是优先的,还需要运用额外的原理。人们需要原理帮助他们决定对私有财产的使用何时实质性地侵犯了他人的财产权。人们也需要利用原理帮助他们确定,哪些行为是不计后果的、不合理的、异常危险的或者疏忽的。如果这些原理不能在自由派理论中找到根本依据,那么这一理论就是不完善的、有缺陷的。它至少需要补充,甚至可能不得不被替换。但是,即使它被替代,它的长处也会被包含在替代理论中而得以保存。这些长处是,对个体自由的承诺,以及为维护这种自由而对私有财产重要性的说明。

§4.6　非法侵害

然而,补充或替代自由派的理论还过早,因为它解决有关环境正义冲突的潜能还未被充分发掘出来。这一理论不仅为妨害类型的诉讼,也为非法侵害类型的诉讼提供了根本依据。我的私有财产权利的一部分就是排除他人对我财产的侵犯。侵犯这一权利就是非法侵害。

当人们想到非法侵害时,经常会设想有人未经允许踏上他们的草坪,或抄近路时穿过他们的田地。但是化学物质的侵害也可以被认定为非法侵害。回想一下沃沙克诉莫法特案,这是一个非法侵害的案件,因为其中的化学物品硫化氢从莫法特的废渣堆中释放出来进入到沃沙克的家中,与他家墙上涂料中的铅基成分发生反应,使白色涂料变成了焦黑色。

之前我还未告诉你法院是如何裁决这个案子的。我希望你享受这个悬念,在我探讨完自由派的理论之前,这个结果暂时不告诉你,因为该理论为某些想法所提供的根本依据影响了法院的多数派。多数派提到,硫化氢通常并不会从燃烧的废渣堆中放出,因此判决莫法特"不知道,也无法预料到气体释放和随之而来的后果"[15]。因此,这一非法侵害是无意造成的。对待过失非法侵害的法律原则与对待过失妨害的法律原则是相似的。被告的行为必须是"疏忽的、无法预料后果的或特大危险的",而法院并没有在莫法特的行为中发现这些特征。莫法特以通常的标准小心谨慎地处理矿场,并没有产生特别大的危险。因为他仅仅将其财产进行常规且习惯性的使用,所以,干涉他的活动会构成对其财产权的否定。因此,一份由下级法院做出的要求莫法特支付沃沙克重新涂刷房屋费用的判决被撤销。

但是沃沙克一家的财产权呢?他们的财产受到损害,要求赔偿还遭到否决。多数派指出,从 1944 年到 1948 年 10 月间,在华盛顿街上最终会释放硫化氢的废渣堆一直在使用。"很显然,原告在 1948 年 6 月 23 日买下房屋。它……位于华盛顿街上的废渣堆附近。"因此,"当原告购买该处房产时,他们充分意识到周遭的环境状况"。[16]基于自由派理论,我们在此握有根本依据以否决沃沙克索求的赔偿。自由派理论强调了许可人们进行自愿交换的重要性。自愿交换是自由的一种表达。除非是出于暴力或欺诈,有权能的成年人之间的所有交换,都被认为是自愿的。沃沙克在买房时知道它靠近一个常规大小的废渣堆。因此可以推测,他们自愿承担靠近如此一个废渣堆生活的任何风险。已然做出选择,他们就必须忍受;否则的话,自愿交换的体系会在人们朝三暮四的压力下轰然倒塌。

因此，自由的价值，自由派理论的试金石，说明了为何沃沙克的赔偿要求遭到否决。

　　虽然沃沙克的案件是非法侵害的一个例子，同样的推理在妨害案件中也可见到。这就是"自寻妨害"的法律原则，在斯珀产业诉德尔·韦布开发有限公司案中有其运用。在德尔·韦布购买附近资产并将之发展成居民区之前，斯珀产业的饲养场就已经运营了。因此，德尔·韦布在自寻妨害。德尔·韦布起诉斯珀产业，因为饲养场散发出来的气味使得已修建房子的销售简直就不可能。但法院却提到以下的事情：

　　在所谓的"自寻妨害"案例中，法院认为，如果住宅区的土地所有者明知有此情况，还进入预留为工业或农业用途的地区并因此受到损害，那么他不应该得到赔偿……如果德尔·韦布是唯一受损的一方，我们将会有理由认为，"自寻妨害"的法律原则将对德尔·韦布所要求的赔偿造成一个障碍。[17]

　　然而，德尔·韦布不是唯一的受害者。太阳城的许多居民从韦布那里购买了房子，他们也同样面临妨害。就法院看来，他们是无辜的，是韦布公司给他们带来了妨害。他们被"鼓励在太阳城买房"。他们是某种接近于欺诈的行为的受害者，因而不应当要求他们承受妨害，或者为消除妨害作出赔付。避免他们遭受妨害的唯一方式是禁止饲养场的营运。斯珀产业不得不取消在该地区的营运。但是，既然他们只是以一种负责的方式运作一项法律许可的商业活动，斯珀同样也是无辜的。如果要找出对此问题负责的人，排除法会将我们领向德尔·韦布。法院的推理如下：

　　一个已经从郊区相对低廉的土地价格中获利而且获取到大片土地，并在这片土地上开发一个新的小镇或城市的开发商，被要求对那些因此不得不离开的人进行赔偿似乎并不过分……将人们带到可预见的斯珀所造成的妨害面前,韦布就必须对斯珀的迁移或关闭做出合理数目的费用赔偿。[18]

这个裁决与自由派理论是一致的。斯珀根本就没有作为。它们是被动的。在作为方中,德尔·韦布一方最适于来评估其行为后果。如此看来,它的行为达到最大程度的自愿。因而,它必须承担由自己行为带来的最大份额的责任。

总的说来,自由派理论至此已得到了解释,包括它对私有财产的捍卫。这导致以下的观点,即只要不使用暴力与欺诈,当人们被允许自由地交易他们合法拥有的财产时,经济正义就得到了保存。这是自由派第一个主要的正义原理:权利理论。第二个主要原理是有关财产权侵犯的。一般来讲,应该制定条款以保证对侵犯造成的损害进行赔偿。这就解释了国家为何会对妨害和非法侵害之类行为引发的民事诉讼案件有所规定。当一个案件引起国家注意时,它会把责任强加于冒犯的一方。被认定应负责任的一方可能会被要求赔偿受害方,并/或者被禁止继续其冒犯活动。

§4.7 自由派与污染:一个批判

在当今世界,一个力促自由贸易与补偿原则的最弱意义的国家,对维护环境正义而言是不够的。这些原理可以在沃沙克案中得到运用,因为沃沙克的购买行为暗示着他自愿接受使自家房屋涂料褪色的空气污染。然而,有些形式的污染,包括很多空气污染案件,影响到大量公民。对那些想要污染空气的人来说,保证得到每个人的同意,或者愿意给生命和财产都受到污染不利影响的每个人都提供可接受的赔偿,这是不现实的。在某一地区落实清楚每一个人的情况或许根本就不可能（美国人口普查局发现，在人口密集地区寻找每个人是不可能的）。而且，即使每个人都被落实，并且给予他们奖励以使他们准予某人污染空气的权利，让每个人都接受这桩交易也是极不可能的。那些患有哮喘或肺气肿的人，那些特别关心他们成长中的孩子健康的人，以及那些希望地球被保持在最纯净状态的人，不可能为接受一些数额的钱或潜在污染者能支付的任何金额，而宽恕对大气的污染。那该做些什么呢？根据卢斯巴德的说法："补救的方法不过是禁止任何人往大气中注入污染物，因而就侵犯到人权和财产权。就是这么回事。"[19]

　　正如作者承认的，这种自由派的解决办法是一个"激进的"补救方法。工业文明将会因此戛然而止。大多数原材料的提取与产品的制造，都会向大气中排放污染物。许多人必须呼吸这种空气，并可能受到污染的不利影响。消除所有这些令人不快的污染可能在经济上既不划算，在技术上也不可行。因此，一部分人的反对将会足以剥夺每个人享用工业化的主要成果的权利。这看上去并不公正。我在下面会论述到（14.5 节与14.6 节），我们的工业文明存在严重缺陷，从环境视角来看尤其如此。但是，建议在一个新的伦理共识基础上逐渐转变是一码事，坚持少数派有权要求我们的生活方式即刻进行一场大规模剧变是另一码事。我坚持前者，而自由派人士卢斯巴德坚持后者。霍斯珀斯与马钱加入了他一方。霍斯珀斯以赞赏的口吻援引卢斯巴德，而马钱在他的文集中挑选了霍斯珀斯的整篇论文。[20]

　　朱利安·西蒙（Julian Simon）可能试着避开这个结论，他特别提到工业化对污染的整体影响是正面的，至少在通过平均寿命对污染程度进行评测时是这样。[21]但是这种想法并未影响卢斯巴德的推论。第一，平均寿命不是环境污染的一个合理度量标准，因为寿命受到饮食、药物、医学技术、卫生保健服务分布状况以及其他许多与环境污染水平无关的因素的影响。因此，一个人不能根据增加的寿命来妥当地推测污染的降低。其次，即使一个被最弱意义的国家所掌管的工业社会的总体污染减少了，也不会影响自由派人士归于个人的权利。自由派人士（与西蒙不一样）坚持认为，社会总体的善不应压倒某一个体所拥有的生存权、自由权和财产权。因此，工业社会的整体利益没有给自由派人士提供足够的理由，以无视那些对特定污染活动给自己生活带来不利影响表示反对的人们的希望。

还有第二种情形，其中自由派理论也未能对污染问题提出一个公正的解决方案。自由派理论要求污染者应当赔偿那些受到不利影响的人。即使能确定每个受影响者，并且他们也愿意接受适当的赔偿，那些对污染负有责任者也可能在财政上无法支付赔偿。举个例子，曾经有个公司使用二噁英除掉密苏里州时代海滩路上的灰尘，但后来发现这种化学物质有剧毒，以致整个小镇无法安全居住下去。镇上所有资产的价值都遭到摧毁。公司也无法对自己给居民造成的损失着手进行赔偿。在类似于这样情况的案件中，自由派理论家会提出什么忠告呢？公司应当已经自觉购买了足够的责任保险。但是它们没有，而且自由派者不提倡任何形式的强制保险。

对于那些为已经造成的无法赔偿的巨大损失承担责任的人来说，自由派最为赞成的方式就是将他们关进监狱。但是在公司背景下，要确认对企业行为负责任的个人是很困难的。因此之故，应当废除公司吗？而且，当责任能够被归结到特定的个人时，关押他们又能有多大帮助呢？还是不能确保时代海滩的居民得到赔偿。这样做毫无益处（谁会愿意那样呢）。关押一些人充其量只会打消其他人重蹈覆辙的念头。这只会导致他们购买足够的责任保险。然而，这种结局是不可能发生的。技术进步需要引进新技术。技术更新时，要准确地评价风险程度和潜在的责任求偿级别是很困难的。谁会预料到二噁英会毒害整个市镇，石棉（已使用数

世纪)会被发现可以致癌,或者,核燃料五年时间的循环利用后会遗留下
需要 20 年时间 10 亿美元来清除的放射性垃圾呢?[22] 正如一些事后诸
葛所说的,人们必然会犯下严重错误。将污染者投进监狱,对受害者来说
是于事无补的。自由派理论要求受害者忍受无法获得赔偿的损失。只有
国家有财力提供赔偿。自由派者赞成最弱意义的国家(至多),而且最弱
意义的国家不会利用税金来提供这一类的保险。因此,在类似情况下,自
由派理论产生了不公正的结果。公民遭受了完全不是由于他们自身过错
造成的、得不到赔偿的损失。

　　自由派一般同意,每逢可行之时,应当给那些并非因自身过错而遭受
损害的人们提供赔偿。问题在于,当污染是由一个已经破产的公司引起
时,自由派对合理的政府活动的限制,致使对污染的无辜受害者的赔偿不
可行。某些人可能会宣称,在这样的案例中没有无辜受害者。人们对允
许自己及其财产暴露于后来才发现有毒的化学物品之下负有责任。但如
果这是自由派的答复,我们就会以一个更加极端的形式面对第一个困难。
如果认为被当前认定无害的活动或物质所伤害就不值得赔偿,而关于当
前什么东西无害的信息很可能是不完整的,人们将会反对工业化必需的
大多数活动。谁会允许在河流上游建立一座水力发电厂呢? 有一天它可
能会爆裂,而电站所有者可能缺少足以支付赔偿的保险金。为何要冒这
个险呢? 谁会允许在县境内建立化工厂呢? 它可能会污染地下水。当前
认为是安全的采矿作业,最终可能会被发现已经污染了空气、水和土壤。
为什么要承担起那些将得不到赔偿的持续伤害的风险? 最弱意义的国家
将无法告诉人们,他们的损失或冒险不是事关重大的,因为没人知道那是
否正确。承受着无偿的损失,处于风险中的人们将不得不自己决定愿意
冒哪个风险,而且即使将自己暴露于看似最微不足道的风险之下,人们也
会要求赔偿,这会使很多工业活动不合算。因此,正如我们再次意识到的
是,文明不得不被即刻放弃。

§4.8　财产的原始获取

　　自由派理论之所以未能给环境正义提供充分的说明,还有一个更为基本的原因。它采用自由贸易和补偿的原则。这两个原则都预先假定,我们知道各种各样项目的财产合法地属于谁。只有那时,我们才能判定一个人可以自由地交易什么,或者比如说,一个人在什么时候成了非法侵害的受害者。但是,我们首先该如何来确定什么东西归属于他呢?自由派理论需要一个基本的财产权理由,以解释我们最初将特定的财产权判给特定的某人何以是正当的。

　　以下的辩护已经提到过。私有财产权为自由派理论所支持,它之所以被坚持,乃是因为政府对这些权利的认可,会使公民生存权与自由最大限度地得以实现。前面所引用的纳撒尼尔·布兰登的陈述(见 4.3 节),说的似乎也就是这一点。他坚持认为,没有财产权就没有生存权或自由。

　　依这一观点,私有财产权利是衍生的自然权利;就其在促进生命与自由的基本自然权利之获得方面所扮演的角色而言,它们是衍生的。但是这种私有财产权的论证并不产生自由派想要的结果。它使一个人的财产权是衍生的和次要的,而不是根本的和同等重要的。当权利被以这种方式看待时,更基本的权利(生存权和自由权)将包括对财产权的限制,这一点是自由派从本性上来说拒绝接受的。尤其是财产权的附属地位,打开了政府从各方面干涉公民财产权的大门。政府被获准(要求)安排并改变允许人们拥有并交换私有财产的法律规则,人们自身劳动所得的财产也包含在内。如果公有被认为会增进工人们在获得像样工资、寻求更富有收益的工作的话,结果可能就是对许多事物的公有制,比如说,(某些)生产资料。另一个结果就会是用以保护人们免受自身伤害的家长式立法,像要求乘摩托车者戴头盔的法令,或者禁止私人生产并使用让人感到刺激的药物的法令。政府认为，大麻之类的药物可能会危及人们的生命和自由。骑摩托车者戴头盔，在政府看来，可能是保存人类生命的一种必要手段。

自由派特别反对所有这样一些法规。这就是为什么他们坚持认为，私有财产权是一项基本的自然权利，与生存权和自由权具有同等地位。在 4.3 节中引证的纳撒尼尔·布兰登的观点，并不是说私有财产权源自它与更为基本的生存权和自由权的关系。他的观点是，私有财产权在所有自然权利中是最基本的。霍斯珀斯更为明确地表达了这一点："财产权是绝对根本的。"[23]

就下面的理由而言，它也必定是基本的。当国家保护某些人的私有财产时，就减少了任一他者的自由。他者将不再自由地使用和享受他们现在所拥有的一切。如果私有财产权不如自由权根本，这会使财产权黯然让位于自由权。在冲突发生时，受到尊重的可能是自由权而非财产权。既然二者之间的冲突无处不在，由于私有财产的所有权总是限制着他人的自由，那么，私有财产权会被大大地削弱。在确定事物公正的配置和分配方面，自由派反对削弱私有财产的作用。那么，他们肯定会坚持认为，私有财产权至少与其他任何人权一样基本。

但是，自由派如何证明私有财产权是一项基本的人权呢？比如说，我对我的汽车的私有权如何是正当的，以至于可以减少那些想要使用这辆车的人的自由呢？我从某个被确认有私有权的人那里买了这辆车。但是，那个人对该车的私有权如何得到证明呢？制造商的私有权利又是如何被证明为正当的呢？在制造汽车的过程中，制造商所使用原材料的私有权的正当理由是什么呢？我们不能永远这样追溯下去。

这使我想起一个关于哲学家威廉·詹姆士的故事，在世纪之交，他在作一个关于太阳系特征的演讲。演讲之后，一个瘦小的老妇人走到他面前对他说，他错了。"地球并不围绕太阳旋转。它栖息在一只巨大的乌龟上面。""那么乌龟栖息在什么上面呢?"詹姆士满怀宽容地问道。"它栖息在另一只乌龟上面。"她回答道。当她看出詹姆士会问她第二只乌龟栖息在什么上面之时,她打断了他。她自信地笑着,宣告说:"乌龟总是在乌龟下面。"

这个故事有些滑稽(读者可能会笑),部分因为这位老妇人认为,挑起了所要回答的同一个问题的那个解释依然是完满的解释。她暗示着,无穷解释就足够了,但情况不是这样。最初的问题还是没有得到回答。因此我们不能以为,借助于此前交易中财产的合法物主将所有权转移给他们,人们就足以解释拥有这些财产的理由了。自由派需要第三个重要的正义原理,这个原理是与财产的原始获取相关的。否则,财产权的转让所强加于他人自由之上的限制,就不是正当的,而且自由派理论认可的私有财产权将会是真正的不义之财。

财产权最初转让的最为通行的论证之一在自由派理论之前产生。它是由约翰·洛克在 1690 年提出的,被称作劳动理论。[24] 根据洛克的说法,公民天然地拥有他们的身体。不需要任何国家或法律即可确立这样的事实,即公民有权拥有、使用和享受自己的身体。这个权利是自然权利,它所依靠的法是一个自然法,因为许可人们拥有、使用和享受他们自己的身体是显而易见的。国家颁布的法律即实在法,是用来保障这种权利的。这个权利不依赖于实在法。相反地,实在法部分是因为保护这个权利的意向而获得了它的权威,该权利优先于实在法且更为根本。

根据洛克的说法,拥有、使用和享受自己身体的自然权利,产生了对财产的自然权利。设想一种没有国家、没有法律、没有财产的状态,其中没有任何事物属于任何人。设想在这个地区有一些苹果树,假设某个人,盖尔,从其中一棵树上摘下了一些苹果。因为利用她的身体是她的自然权利,在摘取苹果的同时,她已经将自然属于她的东西与先前无主的苹果掺杂在一起。对人类来说,这种混合物比那些未摘的苹果更加有用,因为苹果一旦被摘下来就更有可能被吃掉。因此，通过将她的劳动掺进无主的苹果，盖尔生产出比先前所存在的更为有用的某些事物。

任何人都拥有这些其用处业已被盖尔的劳动所提升的苹果吗？既然摘下来的苹果是先前无主的苹果和先前有主的劳动力的混合物，那么，摘下来的苹果的成分之一是有主的。因此，摘下来的苹果不可能完全地无主。既然盖尔是摘下来的苹果中先前所拥有成分的自然物主，那么，她就是摘下来的苹果的自然物主，这跟一个人在无主的清澈溪流附近扎营这样的情况相类似。溪流中的水是无主的，但它可以通过与奶粉混合而用来制造脱脂牛奶。无主泉水和有主奶粉的混合而成的牛奶为那个拥有奶粉的人所有。这不过是常识而已。那么，就苹果而言，盖尔之所以拥有摘下来的苹果，乃是因为她拥有摘下来的苹果中的劳动成分那一部分。至此，拥有、使用和享受自己身体的自然权利便引出了一种通向其他事物中财产所有权的自然权利。

洛克在此问题上的立场很容易被接受。当孩子们在一个降雪后的公园里玩耍时，他们有时会用雪造一些炮台，这样在雪球大战时他们可以躲藏在后面。雪是无主物。孩子们在造雪台的过程中掺和了雪和他们的劳动。在此过程中，他们制造了一些比地上原初的无主雪对他们更有用的事物——雪台。他们开发了一种自然资源。孩子们设想，乔堆积的雪台自然应当属于乔，这个假定似乎也极为合理。乔应当享有进入这个炮台的特权，他可以从中受益。他应当有权排除他人进入、有权交易或者将它卖给任何其他人。简言之，看上去乔将之称为自己的炮台是自然的、合理的。

这种现象并不只局限于我们的文化。留心看一下卡拉哈里沙漠中的桑人（!Kung bushment，亦称布希曼人），直到最近，他们还是狩猎—采集者。[25]一个狩猎—采集社会怎么说都与我们的社会存在差异。然而，这些人似乎也具备所有权与劳动之间的自然联系的概念。他们利用弓、箭和梭镖来打猎。这些箭是由无主且丰饶的树枝制成的。将树枝制成一支箭，需要人类劳动。在某种程度上，一支箭对人类有用，而树枝却没用。通过制造一支箭，他们开发了一种自然资源。尽管布希曼人对他们的箭比小孩对他们的炮台要更慷慨，布希曼人却也认为，弓箭应该为制造者所有，正如孩子们认为雪炮台应当属于堆雪炮台的人。

通过混合一个人的劳动和先前无主的自然资源，洛克给私有财产的获得加了两个限制。第一，因为被开发的自然资源对人类有用，所以它不应当被浪费。因此，如果一个人所摘下的苹果超过了她在苹果腐烂之前的所用量，这些苹果并不全部属于她。她拥有的数额，只是在不致糟蹋的情况下她所能使用的那么多。

然而，这并不意味着，一个人不能拥有超过其消费能力的更多苹果。除了被吃掉，苹果还可用于交易。它们可以用来交换其他有用的东西，比如坚果和箭。坚果和箭不会像苹果那样很快腐烂，因此，它们可以被大量贮积；在直接使用或用于交换其他物品之前，它们可以贮存很长一段时间。金属制品也不易腐败。如果一种金属，比如黄金，因它的美观而有价值，那么，人们会用苹果、坚果或者箭来交换它，而不必担心它会因腐坏而浪费。因为需要避免腐坏所导致的浪费从而对获取造成了限制，而这对于黄金的持续积聚来说构不成任何妨碍。因此，人们会想得到黄金和其他相对不易腐烂的东西，如贝壳和银子，不仅因为它们的美观，更因为它们可聚积并贮存很长一段时间而不会在用于交换其他物品前腐坏。这样，它们就具备了交易媒介的价值。因为它们不腐坏，防止浪费的禁令不会禁止私有财富的大量聚积，这些财富通常是金钱或其他相对不易腐坏的东西，比如不动产。

洛克对私有财产的获得所加的第二个限制更加重要。在洛克给出的例子和我提供的例子中，人们将劳动掺杂于其中的那些自然资源是非常富足的。洛克正在描绘这样一种情况，其中有大量的苹果和坚果为其他人准备着。同样地,公园里有足够的雪让任何愿意造雪炮台、雪人或者其他任何什么的人使用。有足够的树枝供人们制箭,因此,任何一个布希曼人都不缺乏制造他自己的箭的原材料。在这样一些情况下,某个人对资源的占用并不限制任何其他人的自由,因为正如洛克所说的那样,留给他人的足够多、同样好。

这一点是重要的,因为单单它就保证了,一个人对财产的原始获得并不限制其他人的自由。设想无主苹果的供给是有限的,而且人们想要吃比树上更多的苹果。假定有十个人、十个苹果,而每个人都想吃两个或更多的苹果。如果盖尔摘了五个苹果并且将它们吃掉,她就已经限制了某些或是所有其他人的自由。他们将不再不受约束地去摘取或者消耗盖尔没有占用之前那么多的苹果。自由派理论的基础是自由或独立自主。自由派赞成私有财产是因为它对个体自由来说是必不可少的。如果私有财产的原始获取削弱而不是增强了大多数人的自由,那么,这就意味着私有财产制度与自由派理论终究是不一致的。结果将会是,财产公有制对个人自由更加有益。

当足够多、同样好的东西留给别人时,这种问题不会出现。某些个人的财产权的获得不会干涉到他人的自由。如果一个桑人使用某种枝条制箭,其他人无法用一模一样的枝条制箭。但如果还有许多一样好的枝条,任何想制造箭的人都可以制造他想要的数量,那么,第一个布希曼人对枝条的占用决不会消减其他人的自由。在这样一些充足的条件下,也只在这些条件下,财产的原始获取才与推进个人自由完全一致。

§4.9 稀缺问题

我们在第一章中了解到,正义的问题源自于人们的需求超出了用以满足他们的事物的供给。在相对匮乏的情况下才会出现正义诸议题。现在我们了解到,根据自由派理论,只有在充足的情况下,私有财产的原始获取才是公正的。因此,仅仅当被占用的物品被占用时是如此充足,以至于考虑其公正分配成为不相干之事的时候,私有财产的原始占用才会正当地发生。

这给自由派理论的私有财产证明带来了一些问题。有些物品非常充足,我们对它们的占用并不影响它们的丰裕。呼吸时我占用了氧气。在地球大气中仍然有足够的氧气供每个人使用,即使在很多地区大气中混合了许多污染物。当我呼吸时,我给其他人留下了足够多、同样好的氧气。同样,在20世纪初,当汽油第一次用于内燃机时,燃油是充足的。某个人开采油井并从地球中榨取石油,在那时并不减少任何其他人的自由。为他人所留下的足够多、同样好。如果那时无人拥有采油权,洛克的劳动理论可能会适用于那些愿意不怕麻烦地开采石油和抽取已经找到的石油的任何人。以这种方式获得的石油应当被认定为属于那些开采并抽取石油的任何人,正如箭应当属于制造它们的布希曼人一样。这些财产权将不会削弱任何其他人的自由,因此,它将会与自由派理论相一致。

那么,设想一下,我的外祖母在80年前开采了一些油井。根据上面的推论,她可能已经对油井以及从中抽取出来的石油享有了所有权。假设她在那些年里并没有抽取出很多油,矿井现在因而仍然在营运,而且我从她那里继承了这一切。然而,石油在今天相对稀缺。当我抽取石油时,我并没有给其他人留下足够多、同样好的石油。我抽取得越多,我拥有越多,烧得越多,其他人便抽得更少、拥有更少、烧得更少。在这种情况之下,我对石油的占用确实限制了他人的自由。

对于这样一种情况,自由派理论会说些什么呢?一方面,它会辩护说,我抽取的石油就是我的。我外祖母对油井以及油井所探到的石油的原始获取与自由派理论是完全一致的。采油权不被任何人所拥有。我的外祖母自己开发了油井,而且在此过程中她并没有限制他人的自由。因此，油井和石油储量都是她的合法财产。她将油井遗留给了我的母亲。在那些年里，我外祖母和我母亲都是负责的事业女性。她们不从事暴力与欺诈活动（拥有油井，她们没有必要那样做）。既然油井为她们所有，她们可以按照她们觉得合适的方式处理它们。我外祖母觉得将油井给我母亲很适合，我母亲觉得给我很适合。现在石油匮乏的事实，使得我的油井所有权确实限制了他人的自由，这是令人遗憾的。但这不是我的过错，也不是我母亲和外祖母的过错。稀缺是技术和社会变化的结果，比如发展和推销小汽车和飞机作为主要的交通工具。这些交通工具使用内燃机。这种引擎使用从石油中提炼出的汽油。我对这些都不负有责任，因此，这不应当影响到我的财产权。我应当不顾当前石油匮乏的事实，继续拥有油井和石油。

然而，另一方面，自由派理论可被用来以同等的力量论证说，稀缺的存在废除了我的油井与石油的财产所有权。对自由派理论来说，其核心观念是维持并促进自由。就其促进个体自由而言，这样的安排就是善的，就其具有相反效果而言，这样的安排就是恶的。私有财产并不是神圣不可侵犯的。它之所以是善的，是因为前面已经解释过的理由，即它通常会增进自由。无论何时，只要它们明显破坏了自由，私有财产权就必须被废除。广泛使用石油已经成为我们文化中的必需。几乎每个人都对石油存在依赖。同样，它也是稀缺的。因此，当它为私人所有时，所有者通过限制其他人的使用，在相当大的程度上限制了他人的自由。既然限制自由是恶的，那么，我对油井与石油储量的私有权在此刻未被证明是正当的。

这里，我们基于自由派理论的前提得出的两个论证，导致了相反的结论。两个论证都看似有理，虽然第二个看法更优越，因为它求助于自由派观点中真正基本的东西，即促进和维持个体自由。但是，无论你发现哪一个论证更令人信服，你都无法否认，相反的论证看上去也非常有道理。双方都有非常好的例证。结果便是,约翰·洛克的劳动理论无法为自由派理论提供某种对稀缺事物拥有私有财产权的坚实基础。

很多环境资源,像石油一样,当前都是稀缺的,或至少在全球很多地区都稀缺。随便举几个例子,它们包括淡水、清洁的空气、可耕地、铀、低硫煤。它们的缺乏导致了很多人生活必需品的稀缺,其中包括最至关重要的一些东西:有营养的食品和饮用水。每天有成千上万的人死于营养不良的次生效应。因为缺乏有益于健康的食物和水,更多的人身体发育不全、头脑迟钝。稀缺导致饥荒并不是一个关于遥远未来的虚构的可怕报道。它是当前的现实。这就是为何环境正义的议题如此紧迫的原因。

这一章的主题是利用财产权解决环境相关领域中的争论。我们在上一章和这一章了解到,财产权可用于解决一些有关空气污染的争论。但是财产权自身需要一个基本的辩护。上一章探讨了德性理论,但是它提供了一个不太充足的根据。它依靠于对富人和穷人相对德性的假定。我们发现这些假定在当今社会仍十分诱人,但它们不能得到合乎理性的辩护。自由派理论更有前途,因为它在尊重个体自由价值的基础上捍卫私有财产;而且个体自由通常被认为是重要的。在没有对人们首先如何获得私有财产做出说明的情况下,自由派理论对私有财产提供的辩护是不完善的。劳动理论用以填补这个缺口。你拥有通过你自己的劳动开发出的资源,只要这些资源是原始无主的,你不使用暴力与欺诈,而且还有相当质量的足够资源留给他人。现在我们了解到,对许多最为重要的环境资源来说,劳动理论如今并不适用。这些资源非常稀缺。某个人对它们的占用就限制了其他人的自由。这危及自由派理论背后的核心理念。这一理论可能无法为财产权提供令人信服的理由,以便解决当前存在的环境正义问题,因为这个理由也许只在物品充裕的条件下适用,而当前我们的现状是稀缺。

§4.10　我们过去的不公正获取

存在第二个理由，来说明自由派理论对财产权的辩护何以不充分。自由派理论仅仅认可那些对私有财产的自愿转让。让渡必须在没有暴力没有欺诈的情况下发生。当前我对某物的所有权，仅仅在它的原始获取与劳动理论的要求相一致时才是正当的，而且在原始获得行为与我获得所有权之间的所有转让，必须在没有暴力与欺诈的情况下发生。

不幸的是，若说地球上的环境资源不是通过暴力与欺诈到达它们当前的所有者手中，如果有这么些地方的话，也是屈指可数。比如说，留心看一下北美洲。从亚洲(也许是)穿越白令海峡的人成了最早的美洲土著人，他们找到了一块从未被人类居住过的土地。自然资源相当丰富，因此，他们可以以洛克规定的方式获取财产。如果在印第安人之间没有战争、没有强迫的财富转让，根据自由派理论，如果那里还有充足的资源给每个人的话，那么，印第安人个体对这片大陆的资源的私有权将继续得到完美的正当化。但是，在印第安人之间发生了战争。而且，欧洲人侵入了这片大陆。欧洲人及其后裔通过暴力与欺诈从印第安人手中夺走了几乎所有的自然资源。[26]因此，现在我们北美白人对这片大陆上的自然资源的所有权，在自由派理论看来是有缺陷的。我们是赃物的接受者。而且从印第安人那里偷窃还不是全部。欧洲人的后裔输入并奴役非洲人。奴隶制是强制劳动，所生产出的财物并不正当地属于奴隶主和他们的后裔。然而，奴隶彼时所生产出的财产价值在很大程度上仍在白人社区中留存。[27]美洲原住民所受到的不公正对待，尤其是在美国西部各州，这也导致了非自愿的财产转让。很多其他的移民群体也受到了同样的不公正对待。因此，总的来说，自由派理论不能被用于当前北美白人对他们财产权正当性的辩护中，因为财产转让令他们的历史进程中包括了暴力与欺诈的使用。

在这一点上北美白人并不孤单。南美的历史也与之近似。澳大利亚也是如此,而且如果你回溯得足够早,任何其他地区的历史也是一样。比如说,看一下英格兰。这个大约四千年前就有巨石阵的文明究竟发生了什么呢? 他们也许遭到了其他人的侵略并被消灭了大部分。史前巨石阵文明在1 000多年后被不同文化的人们所终结。这些人被凯尔特人征服,凯尔特人又被撒克逊人征服,撒克逊人被诺曼人征服。从历史的角度讲,北美的暴力使用相比英格兰而言可能要少得多。英格兰在此方面几乎与欧洲、亚洲和非洲的任何其他地方相似。几乎每个地方都曾经属于一个又一个的入侵者(我认为入侵者是"一大群")。

这使我回想起我的逻辑老师曾经说过的话,当时,我们从一个逻辑话题转移开来,开始谈论那时正吃紧的越南战争。他说:"如果你回顾世界历史,那不过是一件又一件可耻的事情。"[28]不幸的是,这似乎是准确的。因此,没有人可以宣称,她的财产是在没有暴力与欺诈的情况下,从那些与洛克正当获取理论一致的人们的原始获取那里转让给她的。因此,没有人可以宣称,自由派理论为她的财产权提供了一个充足的根本依据。

自由派理论的财产权论证其缺陷是如此明显,人们可能想知道,自由派为什么没有意识到这一点呢? 即使洛克忽视了此点,像罗伯特·诺齐克这样一个当代作者,怎么会忽略它呢? 诺齐克只是无视这一事实,即这种决定性的反对理由从一开始就宣布了他的理论对任何已知社会的不适用性。严肃的生物行为学家不会去研究人首马身的怪物。为什么诺齐克、布兰登、马钱、卢斯巴德、霍斯珀斯和其他人会研究一种没有实际应用性的理论呢? 我认为,最可能的解释指向了德性理论。德性理论赞同对富人利益的顺从。人们越是富有,就越是应当为了他们的利益而忘记或忽略作为他们的财富来源的过往罪行。因而,我们通常忽略了这样一些

明显的事实,而它们对自由派理论为当前财产权所进行的辩护造成了
破坏。

更进一步的论述同样足以对自由派理论造成破坏。它比任何以上的
论述都更为根本,这将在第6章"人权"(在6.7节与6.8节)中讨论到。

所有这些考虑都并未暗示所有的私有财产都是不正当的。非自由派
的理由是可能的。自由派理论独具特色,因为它不仅尝试证明私有财产
制度,也尝试证明国家在公民生活中最低程度的干预。通过将国家限制
在保护私有财产权以及保护公民免受暴力与欺诈的最弱意义的角色扮演
上,正义的所有其他议题,包括环境正义的议题,都将由私人来决定。比
如说,个体可以解决争议,像沃沙克诉莫法特案中的莫法特同意支付沃沙
克房子的再次粉刷费用那样即可。只有在私有财产受到影响的双方相互
之间无法达成一个满意的货币清算时,国家才予以斡旋。国家干预的目
的旨在保护私有财产权利,并确保争议不是通过暴力与欺诈的使用而得
到解决。归根结底,所有环境正义议题都会参考财产权做出决定。

自由派理论未能给当代财产权提供充足的根本依据,也未能给所有
正义议题都应完全地参照这种权利加以解决的观点提供根本依据。但对
这些观点的正当化还存在另一种证明。它最先由亚当·斯密(Adam
Smith)提出并仍具影响。这个证明是接下来一章的主题。

注释:

[1] 对自由派的最好最简短的介绍,见 John Hospers, "What Libertarianism Is", in Ti-
bor R.Machan ed., *The Libertarian Alternative*(Chicago: Nelson Hall, 1975)。

[2] 见 Murray N.Rothbard, "Will Free Market Justice Suffice——Yes", *Reason*(March,
1972), and David Friedman, *The Machinery of Freedom*(New York: Harper and Row,
1972)。

[3] 见 Robert Nozick, *Anarchy*, *State*, *and Utopia*(New York: Basic Books, 1974)。

[4] Mario Puzo, *The Godfather*(New York: New America Library, 1979).

[5] Machan(1975), p.149.

[6] Machan(1975), p.158.

[7] David Kelley, "The Necessity of Government", *The Freeman* (April 1974),

pp.244—245.

[8] Charles Reich, "The New Property", in *Property*, *Profits and Economic Justice*, ed., Virginia Held(Belmont, CA.: Wadsworth, 1980).

[9] Hospers in Machan(1974), p.7.

[10] Nathaniel Branden, *Who Is Ayn Rand?* (New York: Random House, 1962), p.47.

[11] Nozick, pp.149—182.

[12] Richard B.Steward & James Krier ed., *Environmental Law and Public Policy* (New York: Bobbs-Merrill, 1978), pp.205—208.

[13] Stewart and Krier, p.205.

[14] 这个方法大体上与马钱所说明的自由派人士会如何处理污染的问题相符合。参见 Tibor R.Machan, "Pollution and Political Theory," in Tom Regan eds., *Earthbound* (New York: Random House, 1984),尤其是 pp.97—104。

[15] Stewart and Krier, p.156.

[16] Stewart and Krier, p.157.

[17] Stewart and Krier, pp.250—251.

[18] 同前,p.251。

[19] Murray Rothbard, "The Great Ecology Issue", in *The Individualist*, 2 no.2(Feb. 1970), p.5.

[20] Hospers in Machan(1974), p.15.

[21] Julian L.Simon, *The Ultimate Resource* (Princeton, N, J.: Princeton University Press, 1981), Chapter 9.

[22] 见 Robert W.Kates & Bonnie Braine, "Locus, Equity and the West Valley Nuclear Wastes", in Roger E.Kasperson eds., *Equity Issue in Nuclear Waste Management* (Cambridge, Mass: Oelgeschlager, Gunn and Hain, 1983), p.100。

[23] Hospers in Machan, p.7.

[24] *The Second Treatise of Government*, ed. Thomas P.Pearddon(New York: Bobbs-Merrill Co., 1952), Chapter 5, "Of Property".洛克是一个重商主义者,他赞成政府在经济中的重要参与。他对财产权提出的理由,此处用于支持一个理论,即自由派理论,而洛克本人并不知晓此理论,而且可能会反对它。这一事实并不会影响到洛克推理的说服力,或者削减他对于自由派理论所具有的重要性。为研究洛克的理论,参见 C.B.Macpherson, *The Political Theory of Possessive Individualism* (Oxford: Oxford University Press, 1972), Chapter 5; Gordon J.Schochet ed. *Life*, *Liberty*, *and Property* (Belmont, CA.: Wadsworth, 1971)。

[25] Richard B.Lee, *The !Kung San* (New York: Cambridge University Press, 1979).

[26] Dee Alexander Brown, *Bury My Heart at Wounded Knee* (New York: Holt, Reinhart and Winston, 1970).

[27] 见 Bernard Boxill, "The Morality of Reparations", in *Reverse Discrimination*, ed. Barry Gross(Buffalo, NY: Praeger, 1977)。

[28] 我的逻辑老师是位于宾厄姆顿的纽约州立大学的维托·斯赖斯(Vito Sinise)。

第 5 章　财产与效率：效率理论

§5.1　引言

　　亚当·斯密鼓吹自由放任(laissez faire)的经济。[1] 自由放任是法语词,表示"放任"或"不干涉",在此种语境下,它意味着政府不应该干涉经济的发展。国家应该保护人民的生命和私有财产,强制执行自愿达成的契约。它应该提供法院和法官,以使私人争端可以在任何一方都不诉诸暴力的情况下得到解决。国家应该尽量不以其他方式介入经济活动中去。斯密及其追随者认为,通过准许自愿交换或者用他们的术语说,准许市场的运作,几乎所有正义问题都能够被加以解决。简言之,在解决正义议题上,斯密所首要鼓吹的是对私有财产的关注。他同时鼓吹那种与大多数自由派所赞同的国家相类似的最弱意义国家。但是,他的理由不是自由派的。人权(在下面的第 6 章探讨)在自由派理论中是根本性的,而对自由放任的经济而言效率是根本性的。

　　在这一章中,我将讨论针对环境正义的自由放任方法。我提出这样一种观点,继而对之进行批判,即对效率的关注支持自由放任的信条。自由放任最终被表明助长了无效率。在这一章中,我没有批评这种作为福利经济学基石的观点,即效率是一个有价值的目标,应该指导环境法律和公共政策。该观点将在第 10 章中被提出来并接受批判。在当前的章节中,焦点不是在于追求效率的适宜性,而是在一个缺乏控制的自由市场中取得效率的可能性问题。

§5.2　效率与自由市场

　　亚当·斯密认为,人们一般都想要更多而不是更少的产品和服务。要是能选择的话,他们将宁可拥有一个女佣替自己打扫房间而不是自己动手。他们宁愿居住在一所更大的房子而不是一所更小的房子中。在我们这个时代,他们宁愿拥有一辆新车而不愿有一辆旧车,一幢带游泳池的房子甚于没有游泳池的房子,等等。换言之,人类的欲望是无法满足的。在什么样的社会安排下,人们能够最大限度地满足其需求呢？哪种社会安排将使他们最为幸福？

　　问题涉及效率。当预期产出相对于必要投入提高时,效率就得到提升。当你从给定数量的材料与劳动中获得更多的效用时,你就提高了效率。在任何给定时间内,可以获得的劳动力和材料是有限的。但是人们的需求是无限的。人们能够由这样一种安排得到最好的服务,即允许他们从有限的材料与劳动力供给中获得最大化的产出,因为这将使他们的需求能够更大可能地得到满足。于是,最好的安排就是效率最大化的安排。

　　根据亚当·斯密的理论,一个自由市场,一种在最弱意义国家的背景下发生的生产与交换的体系,可最大限度地提高效率。试想你是一个鞋匠。你为自己和家人制鞋,但主要是为他人制鞋。你给别人供应鞋子,作为交换,他们给你钱。你用这些钱购买皮革以制造更多的鞋子,修理和更换制鞋过程中使用的设备,为自己和家人提供必需品,比如说,食物、衣服、住房以及两个星期的百慕大旅行。

　　竞争是存在的。你并不是小镇唯一的鞋匠。在一个时期内竞争不是太激烈,因为制鞋匠太少而不能够满足社区的需要。为给小镇的居民每人每年提供一双鞋子,你和其他鞋匠都拥有所有你们能够做的工作。因为鞋子供不应求,人们会出更高的价格,因为他们的需求无法满足。他们更想要两双鞋子而不是一双。一些富人能够为购买到第二双或更多的鞋子而向你和你的鞋匠同行提供比穷人能够购买的第一双鞋子更多的钱。由于你的需求也是无法满足的,你就会更加迫切地以更高的价格把鞋子卖给富人们。你可以用这些钱来扩大你的住房。于是,更多鞋子就会以更高的价格卖给富人了。过了一段时间,一些中产阶级会为买鞋而苦恼。然而,他们有足够的钱来为他们的第一双鞋子支付出比某些富人愿意或能够为其第三双鞋子支付出的更多的钱。当然,你又一次接受了更高的出价。现在你可以每年在百慕大待上三个星期,或许还可以带上家人。

社会上其他一些人注意到鞋匠有利可图,于是,他们也想成为鞋匠。他们购买了必要的设备,学习、练习,并建立商铺。另外,一些已经生活得优越的鞋匠决定提高鞋的产量。他们想要获取更多的钱。像其他任何人一样,他们有无法满足的需求。因此,现在鞋子有了大量供给。用自由放任的经济学家的术语来说,需求创造了供给。这就是在一个自由市场中常常发生的事情。过度需求提高了商品价格。价格的提高引导人们将更多的资源投入到那种商品的生产中去,于是增加了供给。

伴随供给的增加是竞争的增加。因为供给充足,人们就不必要再购买你制造的鞋子。相反,他们可以从其他鞋匠那里购买鞋子。如果每个人,或几乎每个人都从其他地方购买鞋子,你就会破产;所以,为了保证收入来源,你就必须找到一些吸引顾客的方法。你可以通过供给顾客所想要的而吸引他们。人们对于鞋子有不同的爱好,但是一般来说,人们需要的鞋子是迷人的、耐用的、舒适的、廉价的、适应于气候和地形地貌的,以及对于工作与/或休闲合适的。为了吸引顾客,你不得不在最可能低的价格上为人们制造他们所想要的鞋子。在其他方面都同等的情况下,人们将购买更为廉价的而不是更为昂贵的,因为更为低廉的项目支出能够为他们留出更多的钱作为其他活动的花费。有无法满足的需求,也就有许多其他想购买的事物。

竞争促使你更为有效率地制造鞋子。只有通过尽可能利用你的时间、工具、原材料,你才能够降低规定质量下对鞋子索要的价格。比如说,如果使用更为耐用的工具,你的成本费用就会减少,因为你不需要频繁地更换工具。你可以把在资本支出上的节约以更低价格的形式传递给消费者。如果你购买了或发明了机器,能够使你更加快速地制造鞋子,你节约了时间。你每天的劳动支出价格能够被分摊到大量的鞋子中,于是也就降低了你向顾客索要的价格。如果你能够核算出怎样切割皮革以减少浪费,你就能够从相同数量的皮革中制造出更多数量的鞋子。每双鞋子原材料成本的降低,能够使你降低对顾客索要的价格。简而言之,竞争为提高效率的革新提供了动力。

其他的鞋匠具有同样的动力去提高效率。所以你们相互之间努力竞争以提高效率。结果就是,高质量的鞋子变得更加便宜。鞋匠成为鞋业制造商,因为他们不再用手工制鞋;他们使用复杂的机器和大批量生产技术。未能足够有效率的制造商,必须为他们的鞋子索要更多的价格。他们失去客户并且破产。只有有效率的才存活下来。

市场经济促使鞋业制造商变得更加高效率的力量,也促使几乎所有物资的制造商与几乎所有服务的供应商变得更加有效率。个体制造业者为了个人的私欲而寻求最大化利润,以便有很多钱花费在个人需求的满足上。他们的努力所带来的效率增长提高了总体的社会福利。效率的提高意味着社会中有更多的产品和服务。人们的需求于是就能够更多地得到满足,这会使他们幸福或者提高了他们的福利水准。因此,如果人类的幸福与福利是一个有价值的目标,那么,自由市场就是一种可欲的制度。当一个最弱意义的国家来保护私有财产但又不在任何其他方式上干预经济时,一个自由市场就存在了。所有正义议题,包括环境正义的问题在内,都可通过自由市场的机制,就是说,通过诉诸私有财产权加以解决。

这几乎正是自由派所赞成的结论。

就财产权而言,在效率理论与自由派理论之间只有两个重大区别。其中一个主要的区别就是,自由放任的经济学家们只是在自由市场的语境中支持私有财产。因此,他们支持那些反对限价与反对垄断的法令。这些法律对于竞争的维持来说是必要的,竞争是鼓励效率的市场交易所必需的。自由派特别反对那些禁止限价与垄断的立法,因为这些法律构成了政府对人们随心所欲处理私有财产的权利的干涉。[2]自由放任经济学家的底线是效率,而自由派人士的底线是个体的私有财产权。

这个区别与另一区别相联系。根据自由派理论,财产权是自然权利的一种。正如我们在第 4 章所看到的(4.8 节),它们自然地源于某个人的劳动与现实存在的其他一些方面的混合。国家的存在是为了保护这些权利。这些权利优先于国家的存在,即使在无国家时也照样存在。相反,根据效率理论,财产权的存在是由于习俗或法律而非本性使然。[3]法律创造了财产。不管有没有法律,物体都存在。没有法律也可以有树木和椅子,自然事物和人造物品。只有当一些个体或团体对一事物有正当的合法要求时,这些事物才能变成为私有财产。于是,国家就要保护个人权利以占有、使用、享受和转让讨论中的这些事物。国家提供此种保护是为了提高效率。创造和保护私有财产,就成为一种朝向目的的手段,而不是自由派所坚持的其自身即是目的。一般来说,当人们被允许拥有自由派所赞成的那种财产权时,效率被认为达到最大化。所以,自由放任的经济学家与自由派在关涉到私有财产时几乎支持同样的法律。但是也有例外。例如,自由放任的经济学家拥护禁止限价与禁止垄断的法律,而自由派则反对这样做。

于是,财产权在亚当·斯密的效率理论中所处的位置几乎与其在自由派理论中的位置相当。只要交易是自愿的,国家就应该允许人们购买、售卖、贸易和放弃其财产,只要他们认为是适当的。国家应该保护人们免于暴力与欺诈,因为暴力与欺诈不会提高效率。如果你通过威胁我的家人而强迫我从你那儿购买鞋子,那么你就保证有了一个客户。就和我做成的生意而言,你不必要再和其他制鞋者竞争,所以你就不必为了谋取利润而要变得更有效率。只有在一个自由市场中对利润的追求才会导向效率。人们必须摆脱暴力与政府的干涉。政府必须拒斥欺诈行为(或者至少给予严厉阻止),因为这导致人们购买实际上并不想要的产品或服务。隐藏在自由企业制度背后的普遍动机就是试图满足无餍的需求。如果人们经常面对欺诈,而且不能得偿所愿,他们就没有参与到经济中去的动机。由于对产品和服务的需求会有所降低,整个经济将会崩溃。

维持人们参与到经济中去的动机的必要性,就将国家导向对人们的私有财产的保护,以防止他人的侵犯。如果他人也有权使用我们所购买的车的话,人们将不会努力工作再去购买一辆新车,所以必须有法律来禁止非法侵害和盗窃。但是,人们不仅仅想有权使用自己的财产,而且也想享受它。所以必须有规章制度来控制妨害行为。像自由派的最弱意义国家一样,自由放任经济学家的最弱意义国家将推行反对妨害与非法侵害的规章制度,威廉·奥尔德雷德、德尔韦布和沃沙克在控告他们的邻居时就诉诸这些规则。

§5.3　效率理论的优点

经由一条不同的路径,效率理论几乎与自由派理论一样,达到了相同的要点。这一路径可能是非常重要的,因为它使效率理论能够避免我们已经在自由派理论中所发现的一些困境。比如说,自由派理论是从这一假设开始的,即人们拥有合法的财产权。因为财产权合法,所以国家应该保护财产的占有、排他、享受以及转让权。暴力、欺诈、妨害和非法侵害应该通过国家行为加以制止。然而,通过回顾历史,我们知道,事实上每个人的财产权都源于对财产权的非法侵占。我们的祖先从其他民族手中偷取了财产,而我们就是那些赃物和利用那些赃物所创造的产品的接受者。我们的所有权自始以来就被非法性所污染。自由派理论并没有说,仅仅是随着时间的流逝,偷窃行为就不再是偷窃行为。相反,该理论对合法的所有权采用了一种历史的视角。只有当他们从拥有合法所有权的人们那里获取,而不采用暴力与欺诈的手段时,才算合法地拥有某物。如果以这种方式追溯所有权,我们就会发现,某些人的所有权并不合法,于是每一个继起的物主就成为赃物的接受者,从而话题中的物品便缺少了合法的所有权。因此,与其说自由派理论为我们的财产权提供了合法依据,不如说它导致了以下的结果:我们的财产权是不正当的。对于一个据称是为财产权辩护的理论来说,这当然是一个缺陷。

效率理论在这一点上做得较好。财产权的正当性不是来自它被获取的历史,而是源自这种权利帮助建构的现在与将来的人类活动中所产生的效率。因此,我们所享有的财产权的肮脏获取历史是与此主题不相干的。只要效率没有受到不利影响,这段历史丝毫不会贬低我们的财产所有权。如果非法获取在时间上是很近的,如上星期或去年,那么效率就会受到影响,因为人们即使在拥有财产的时候仍是不安全的。他们会期待在任何时间的额外的、大量的非法获取。他们会耗费大量时间和精力以保护其财产而不是富有成效地使用之。因此,将当今的窃贼抓起来并进行审判是非常重要的。将新近被盗的财产归还给正当的拥有者也是很重要的。但是,发生在 100 年或更多年以前的偷窃可以完全忽略不计了。它们不会对财产的现在和将来的有效使用产生不利影响。因此,与自由派理论不同的是,效率理论能使我合法地拥有我在伊利诺伊的房屋,尽管事实上它所处之地,是 150 年或 200 年前从印第安人手中窃取来的。

效率理论的第二个优点与环境资源的缺乏相关联。根据自由派理论,对环境资源的原始获取,只有在有足够资源供他人使用时才是合法的。否则,我对资源的获取就会限制他人的自由。其他人就不会像我一样自由地、富有成效地使用资源。既然自由派理论背后的指导观念是个体自由的提升,所以限制他人的自由将是不合法的。那么,我们怎么看待私人对于这样一些资源的所有权呢,这些资源在过去充足而现在却供应稀缺,就比如说像石油和铀?

从自由派理论的视角可以做这样一番绝佳的论述,因为正如对于稀缺资源的原始获得将限制他人自由一样,这些财产权也限制了他人的自由,因此,当它们变得稀缺时,人们应该失去他们对这些事物的财产权。自由派理论又一次可被用来攻击私有财产权。

而效率理论又一次能够拯救这一点。正如我们在第 1 章中所看到的那样,供应稀缺的某种环境资源如果不属私人拥有,就会发生典型的公地悲剧。当每个人随心所欲地去利用它时,一个多数人所共有的资源在超出其本身供应能力的条件下,很快就会因过度使用而毁坏。因为每个人都意识到他人可能会过度使用资源而使其破坏掉,所以毁灭是异常迅速的。人们都尽快地加入其中,以图在资源被该群体毁灭之前至少能从中分享到一杯羹。资源的使用是非常无效率的。一个大概能够支撑一百头牛的草场,很快被两倍于此数目牛群的过度放牧破坏掉。

在这种稀缺存在的情况下,私有财产保存了效率。如果草场是私人拥有的,物主就会尽力保存之。他将限制在其中放牧的牛群数量。如果放牧者所希望放牧的牛群数量超出了草场的承载能力,物主就会通过他对放牧者在草场上的放牧权索取更高费用来限制这种使用。这将给物主提供更多的收入,并将之用于草场的保存以便继续利用。由于喂养牛群变得昂贵起来,使用草场的放牧者就会在出售成年牛时索要更高的价格。相对于其他商品而言,这就会提高牛肉的价格。那些不愿意支付更高价格的人的牛肉消费就会下降。这就意味着草场的使用是为了最大限度需求的满足或是最大收益的生产。从特定的资源中使收益最大化,就是使效率最大化。因此,稀缺的草地私有权避免了公地悲剧,并导向对那片土地的高效、非破坏性的利用。

同理,若石油储量也为私人所拥有,当石油变得稀缺时,石油储量的所有者就会提高石油价格。所有者会为石油消费的增长这一预期所激励,以便从财产中获得最大化的收益。提高的售价将降低石油需求,因为还有一些石油的替代产品,而且人们除了购买石油以外还愿意在许多其他的事物上花销。需求减少意味着石油储量的消耗可以变得更为缓慢。这就是节约。将石油销售给那些愿意为之付出的人,就确保了最大效用的石油消费。愿意支付最大价格的人就是那些从中获取最大收益的人。这就是为什么他们愿意比别人支付更多的原因。当从一种资源中获取到最大化的收益时,最大效率就实现了。总的来说,虽然从自由派的视角来看,稀缺可能被用作反击私有财产的理由,但是在效率理论看来,它却可以作为支持私有财产的一个强有力的论据。

在我们对非法侵害与妨害之本性的考虑中显现出来的,是自由派理论的第三个困境。正如已经指出的那样,故意降低他人对财产的享有的行为,从法律意义上可能不会构成一种妨害。作为一种妨害,那种活动必须是"不合理的",而且对于财产权的侵犯是"实质性的"。如果对于财产权的侵犯是无意的,那么,除非它是实质性的,而且是过失或鲁莽的行为,或是包含着某种异常危险的状态或活动,否则就不是一种妨害。非法侵害的术语定义也与此类似。这些术语是模糊的。对何者是实质性的、不合理的或者异常危险的,有着不同解释。一种为财产权辩护的理论,必须提供或考虑到一些决定这些术语的意义的方法。人们财产权的效能和限度,部分地依赖于这些术语的含义。如果对于我的邻居来说,在她的地下室里私下建造一座钚工厂是合理的,而不是异常危险的,那么,我对于我房屋的财产权将意味着很多与现在的意味非常不同的东西。我期望着从我的房子中获取的收益——对我来说就是房子的价值——将会被大大降低。总的来说,房屋所有权看起来将远不如今天这么诱人了。因此,一种突出财产权重要性的正义论,必须要么提供或者要么考虑到一些方法,以确定诸如"不合理的""异常危险的"与"实质性的"等语词的意义。

自由派理论没有提供相应的方法以明确这一点。它的基本标准是自由的最大化。但是,当包含妨害与非法侵害的冲突发生时,矛盾的双方都有一个要求自由的愿望。沃沙克希望自由地享有自己的房屋,莫法特希望在自己土地上最适宜的地方自由地建立一个矿渣堆。威廉·奥尔德雷德希望享有不被猪的恶臭熏到的自由,托马斯·本顿则希望有养猪的自由。因为矛盾双方都有追求自由的愿望,所以自由派对自由之重要性的诉求不可能解决这个问题。因此之故,自由派理论是不完善的。它必须补充一些理论,一些为决定诸如什么是合理的、什么是实质性的等等议题提供标准的其他一些理论。

不完善并非极有害的缺陷。它只是意味着还有许多工作要做。一定要发现一种补充性理论,以解答重要但却模糊的术语的意义问题。这一补充性理论必须与自由派理论结合起来。相比而言,效率理论具有更大的完善性。效率的观念可以用来决定什么是合理的、实质性的或异常危险的。

从效率理论的观点来看,使效率最大化的一切就是合理的。凡尔赛自治区诉麦基斯堡煤炭公司案[4]很大程度上就是在这个依据之上被判定的。凡尔赛自治区和13名个人原告寻求对麦基斯堡煤炭公司实施禁令。在采矿的过程中,公司堆积了自己称为"杂石"的财产。杂石是一种煤和板岩的混合物,由于板岩的存在而不能够在市场上出卖。为了获得更纯的煤层,杂石必须被挖出来。因为没有足够的空间来容纳它们,所以在矿山中只有一半的杂石是埋藏在地下的。因此公司在倒煤场附近设置了一个杂石堆。杂石起火时,除了别的气体以外,还释放出二氧化硫、硫化氢和一氧化碳。当地居民"由于杂石堆的燃烧而面临着滋扰、个人的不便与审美的破坏"。

　　辩方的证词提及"没有可行的办法既运营一个煤矿,又不在其附近地面放置一个杂石堆"和"迟早这个杂石堆都会自燃"。[5] "将杂石用火车运走,会是一笔昂贵的费用,而且,将会自然而然导致煤价的提高。"[6] "公司财政已经处于困难状况。要求公司承受额外的费用等于是下达关闭矿山的命令。"[7] 法庭总结道,"如果我们禁止堆积杂石和增大杂石堆,我们就必然地禁止煤矿的开采,因为没有杂石和杂石堆,煤矿就无法开采"。矿山的关闭将会令人不快,因为"审判期间有 413 人被矿山雇佣。他们及其家人在经济上依赖于这座矿山而生存"。大萧条时期的 1935 年,马斯曼诺大法官大胆提出了这种看法,"我们经济的不景气归因于这样的事实,即在匹兹堡和匹兹堡地区没有足够的烟雾"[8],在这样的时代,"美的哲学必须让步于面包与黄油存在的现实"[9]。

　　于是,由于经济上的需要,杂石堆燃烧所引起的不便是合理的。[10] 以其他方式无法完成采矿。产品与服务的有效生产需要以煤炭为燃料的机器。采矿是我们获取煤的方法。有效的采矿要求就近放置杂石堆,而不是在一个更远的地方,因为拖走杂石堆是费钱的。所以对于麦基斯堡煤炭公司来说,在矿山附近产生有害气体就是合乎情理的了。用概括的术语而言,因为"行动者行为的效用胜过了其危害的严重性"[11],所以是合理的。既然它是合理的,而不是"异常危险的",就不构成妨害,从而它就可以被准许继续运作下去。

　　效率作为目标也可用来定义"异常危险的状况或活动"。如果从异常危险的状况或活动中产生的危害甚于可能的利益,那么,所讨论的这种状况或活动就是异常危险的,就应该被禁止。相反,如果利益甚于危害,那么,这些状况或活动就不是异常危险的,就不应被禁止。在上述这个案例中,因为这些状况或活动与其产生的危害相比会带来更多的利益,所以它们提高了取悦于人的产品与服务的总供应。至少从理论上讲,因为能够提供足够的利益,那些被伤害者就可以因其不方便而得到既得利益者的补偿。在这种状况下,从效率的观点看来,允许危害发生并要求既得利益者充分补偿受害者就具有了意义。在这种方式上,没有人吃亏,至少一些人更为有利。

对于"实质性伤害"以及"过失或无法预料后果的行为"也可给予类似的分析。法院并不总是在这样的根据之上判决妨害或非法侵害的案例,即是说,他们并不一贯坚持或运用效率理论。然而,该理论的此种效能却提供了一种方法来更加具体地说明诸如"实质性的""不合理的""异常危险的"这样一些术语的意义。在这个方面,它要比自由派理论完善得多。

自由派理论和我所称谓的效率理论,都支持最弱意义的国家,以及几乎任何事物都作为私有财产的市场经济。依照这一观点,正义源于没有暴力与欺诈下发生的私人交换。尽管支持相同的结论,自由派理论和效率理论却提供了非常不同的基本原理,而基本原理的差异是非常重要的。正如我们刚刚看到的,自由派理论被三个困境所困扰,其中两个是破坏性的,而效率理论却可以加以避免。这些困境牵涉到过去交易中的暴力、许多人都需要的资源的日益稀缺,以及对于一些模糊术语的定义问题。因为效率理论避免了这些困境,所以我们要继续认真地对待该理论的主张,以便为解决所有环境正义问题的自由市场方法提供一个可接受的根本依据。

我现在转向此理论的缺陷。这些缺陷表明,在任何一个(几乎)完全依赖自由市场运作的理论的限度内,不可能获得解决环境正义的令人满意的方法。私有财产的物主之间所进行的自愿交易,必须被其他的交易方法与原则所补充。尽管一个自由市场导致了很多困境,我还是聚焦到那些与环境正义的问题有深远联系的事物上去。它们涉及垄断、交易成本和外部性因素。

§5.4 垄断与垄断寡头

只有在竞争存在的时候,自由市场交易才能够创造出效率。回想一下我早些时候给出的鞋子制造业的例子。为了跟上竞争的步伐,你必须尽可能经常并迅速地改善生产工艺。如果你不改进产品,你的竞争者所制造的鞋子就会比你的质量更高,并且以更低的价格出售。竞争将把你逐出这个行业。因此,在一个自由市场中,竞争驱使你有效率。在经济学家所称作的市场学学科中,竞争是一个核心的要素。它使你时刻保持警觉。

设想相反的另一个极端,在那里你完全没有竞争。任何需要鞋子的人都要从你这里购买。也许垄断的产生源自这样的事实,即鞋厂必须得到政府的许可证,而且政府将唯一的许可证给你了。无需竞争使你松懈下来。你无须努力工作来提高鞋子的质量并降低你所制造的鞋子的价格,这是因为,几乎每个人都会购买你的几乎任何质量与价格的鞋子。可供选择的唯一途径就是全然没有鞋子。一些人或许由于财务状况而可能被迫选择不要鞋子。但是大多数人还是要购买你的鞋子,即使其质量很低劣、价格很昂贵。你缺乏提高质量和价格的动力。因此你不会投入到提高你鞋子质量的研发中去。你不会投资新的工厂和设备用以生产鞋子以便提高效率。更高的效率常常出于降低价格,希望通过低价赢得竞争的动机。既然你没有竞争,你就无需降低价格,从而也就没有提高效率的动力了。

即使你效率很低,利润却可以很高。竞争迫使每一个人去获取最薄利润。你获得的利润源于顾客支付你鞋子价格中的一部分。当你面临竞争时,你必须持续降低价格,从而将利润最薄化。竞争与薄利是携手前进的。相反,由于免于价格竞争,垄断容许你大幅度地提高利润。你可以向人们索要更高的价格,从而为你所获取的利润再加一笔。你可以去百慕大度过一个更长的旅程,买一辆梅赛德斯,或是在你的房屋中修建游泳池。或者,你可以在一个昂贵的地区租用办公空间,比如说在一个闹市区的新摩天大楼的顶层,以实现你奢华生活的目标。你可以去百慕大参加商务旅行,并且购买一辆梅赛德斯作为公司用车,当然,你将单独享用。个人的奢华生活方式降低了你公司的效率,因为这些额外的商务支出并不导致生产更多更好的鞋子。但是降低的效率,正如升高的价格一样,可以以更高价格的形式由顾客来支付。无论怎样,不管是通过实际上为个人奢华享乐的商务支出,还是通过可用在个人奢华享乐上的利润增加,垄断权能够使你比在面临竞争时更多地获得满足。

因为你想要尽可能多地满足你的无餍需求,所以你就有强烈的寻求垄断的动机。获得垄断权的一条途径是让政府许可给你垄断权。利用政府的强制性力量来确保你免于竞争的特权以及你牟取巨额利润的能力。于是让你选择或者是投资到工厂和设备上以提高效率,或者是款待那些利用其职权给予你垄断权的政府官员的话,至少在某些时候,你会得出结论,认为款待好政府官员可以得到最大化的利润。其他人也这样推论。这可能导致政府事实上在某些领域取消了竞争。这种事情在 19 世纪西部铁路的情况中就发生了。另一种方式是,政府可能仅仅是通过许可有限的经营者而限制竞争。在航空运输业中就存在这种情况。纽约市仍旧将出租车的数目限制在一个远低于消费者需求所允许的数量上。

这就说明,在一个只是保护人民免于暴力与欺诈的最弱意义国家中,自由市场竞争的不稳定性是固有的。由于都想使利润最大化,自由市场的竞争者们就有一种很强的动机去寻求政府在经济中的额外参与。通过减少竞争,政府参与能够使商人们以效率为代价、以消费者为代价而提高收益。换句话说,利润动机怂恿着一个充满竞争的自由市场中的机要人物,将经济体系从一个竞争的自由市场转变为全然不同的另一种。在这种替代制度中,由于政府的管制与保护以及产品与服务生产商之间的串通一气,利润被提高而效率被降低了。竞争于是被极大地降低。在某种意义上,一个充满竞争的自由市场于是就像一定的放射性物质一样是不稳定的。它具有一种天然的倾向,将其自身转化为另外一些什么东西。

人们经常听到商人们赞美自由市场的优点,并抱怨政府对于经济的干涉降低了效率。若是听信这些人的话,人们就再也不会猜疑,经济活动中多种形式的政府参与是实业界策划出来并用来提高商业利润的。

没有政府的参与,竞争也可以被降低。竞争者只是同意在同业之间减少竞争。当竞争者们还不只那么一点点时,比如说,就如在大多数美国农业产业中那样,这样的协议是不容易达到和维持的。相对较少的几个大公司控制的产业就不是这样的情形了。它们被称为垄断寡头。美国的钢铁产业就是由寡头垄断的。由于公司相对较少,就可以做出一些协定来减少或消除竞争。在相当长的一段时间内,钢铁产业内的这种协定仍旧稳固。这可能就是为什么与其他国家的钢铁相比,美国的钢铁生产效率低下的一个原因。已经保护自己免于国内的竞争后,美国钢铁产业现在又寻求政府的保护,以免于与国外生产的钢铁相竞争。

总的来说,自由市场的支持者们鼓吹的利润动机促进了政府在经济中的参与。结果就是高利润、伪装成商务支出的奢华享乐以及被降低的效率。无论是在商务人员工作的豪华办公室里,无论是当他们享用一份15美元的工作午餐时,还是乘坐头等舱飞往百慕大或是夏威夷参加一个专业会议时,这些后果就都可以被看到。处于竞争的状况下,这种奢侈会使自己产品的价格要比竞争者的产品开价更高,从而将真正危及公司的生存。

商人的奢华与高利润在我们的社会中大量存在,并被认为是理所当然的。在政府的介入对他们不利之时,很多获取这样的利润并享受奢华的一些人便开始抱怨起来。他们坚持认为,这样的介入降低了那种本来会是我们经济特征的效率。他们尤其反对对富人的收入征收很高的税，坚持认为这种征收降低了他们创造利润的动机。他们坚称，富有的人之所以是富有的，乃是因为他们有效地生产他人的所需。他们才是这个国家最具生产性的公民。征收他们的税乃至降低了利润最大化的动机，这无异于杀鸡取卵。然而，这种状况下的简单逻辑就是，如果这些人是富有的，他们就不是在一个鼓励效率的那种竞争环境下运作。

成千上万的美国选民愿意支持对富人减税，我所知道的唯一途径就是诉诸德性理论。选民认为富人从某种意义上讲在道德上是善的。因为生产力与效率在我们的社会中被认为是善的，所以富人被认为是生产力强的和有效率的。既然是生产力强的和有效率的，他们就尽可能多地享受自己的财产。他们的高收入税应该被降低。或者，选民认为他们自己的努力工作将最终得到经济上成功的回报；好人总是笑到最后。选民不会喜欢在变得富有后还面临重税的局面，所以他们支持对富人的减税。

事实在于，如果生产力与效率是我们的目标，就如同它们依据效率理论所设想的那样，那么，在我们的经济背景下，我们就不应该让那些拥有自己的财产并寻求利用它来实现利润最大化的独立个体做出涉及稀缺资源分配的决定。效率通常不会在这种方式上被实现，因为竞争往往是不充分的。

在许多环境资源的问题上，竞争的缺乏尤其引人注目。在鞋业制造中建立垄断或垄断寡头是很困难的。政府的特别介入当然是必需的。但是对于许多环境资源的寡头垄断式控制，不需要特别的政府介入。随着科技的发展与变迁，商业所需要的环境资源也在变动。比如说，在许多经济领域，石油取代煤炭是由于内燃机的发展及其在运输中的广泛应用。铀变得有价值，是因为用在国防与电力生产中的核技术的发展。

变得有价值的这样一些资源，可能只是位于相对较少的地区中。更为重要的是,它可能只被相对较少的一部分人所掌握。在使资源具备价值的技术变迁发生之前,权利可能已被相对较少的人所牢牢掌握。他们并未意识到它的潜在价值,只是在获取其他目标的过程中得到了此种所有权。比如说,许多得克萨斯的放牧者获得了他们并未意识到其存在的石油的所有权。他们购买土地的目的,在于获得在那片土地上放牧的权利,但这片土地下面后来被发现蕴藏着石油。

当相对较少的一些人以这种方式控制了某种有价值的资源后,对他们来说,形成垄断并共同控制对该资源索要的价格,就不是一件困难的事情了。因为他们相互之间不再竞争,结果就是在总体的低效率下少数人获得巨大财富。如果人们不支付这些物主要求的价格,这些物主将限制供应从而制造稀缺。人们将为了获取减少的供应而相互竞争从而迫使价格抬升。这种状况在近些年声名狼藉的石油与天然气问题中已经发生。

当该资源开始变得真正稀缺时,情况可能会进一步恶化。由于先前一些人控制的供应已经耗尽,它可能会落入更少人的掌控之中。与此同时,所有权被集中,稀缺使供应减少。利润攀升而效率下滑。

我在较早前提到过,从效率理论的观点看,稀缺资源的私有权能够使人们避免无效率的源头之一,即公地悲剧。而且它确实做到了。但是如我们现在所看到的,那只是部分的事实。尽管它可以使人们避免公地悲剧,但由于另一不同的原因——竞争因素被削弱,它常常不能够推动产品与服务的高效生产与配置。对于自由放任经济学的效率理论之证明来说,竞争处于核心地位。正如在我们的经济中常常发生的那样,不管是通过政府的介入,还是通过私人垄断,当竞争被削弱时,自由市场就不能够因其提升效率而得到合法证明。因此,如果效率是我们的目标,我们就不能允许包括环境正义在内的正义诸问题被产品与服务的自由市场交换所决定。

§5.5   交易成本

第二种考虑导致相同的结论。交易成本是在进行交易的过程中所造成的成本。比如说,它们包括买卖双方之间的相互认同、接触、完成交易的成本。运用自由市场方法解决环境问题,其交易成本是昂贵的。回想一下凡尔赛自治区诉麦基斯堡煤炭公司案,凡尔赛为了使其地居民免遭该公司燃烧杂石堆而产生的难闻气味所导致的不便,试图禁止煤矿运营。原审"花费了一整月的时间,其中代表原告方的证人有 51 名而被告方则有 71 人"[12]。想一想这一审判的花费:法律费用、122 个证人丧失的工作时间,以及法院在这一段时间维持其本身运作及其工作人员的费用。这些就是交易成本。

当环境正义问题的解决诉诸个人财产权时,每一个所声称的非法侵害与妨害案例通常必须被单独审判,因为它们被认为只是一个个涉私有财产的独立纠纷。比如说,不止是沃沙克粉刷的房子被罗伯特·莫法特在华盛顿大街废渣堆所发出的硫化氢变黑了,在法院驳回沃沙克上诉的同时,25 件类似的案子已经备案。

试想你处于沃沙克的位置,假定你家粉刷房子的努力被附近工厂的污染毁坏掉了。你会起诉可能住在很远的地方并且很有钱的工厂主吗?你的法律费用将是什么样子? 它们可能花掉你跟一次新的粉刷工作同样多的钱,而且你也可能败诉。即使是你初审胜诉了,该公司也有可能对于审判法庭的决定提出上诉,而且在上诉中你可能会失败。考虑到这些问题,你可能会尽量忘掉整个事件。即使你的理由是正当的,即使拥有工厂的公司真的应该为你新的粉刷工作做出赔偿,但通过一个司法程序达到这种目的的花费和不确定性会使你望而却步。这些就是交易成本,因为它们是私有财产所有者在解决彼此之间的纠纷时所需要的花费。

我在较早前提到过,效率理论提供了对于像"不合理的""实质性的"
"异常危险的"这样一些术语的定义。这些定义以效率的考虑为中心。除
非损害是利大于弊的活动所无法回避的副产品,否则对他人财产的危害
就是不合理的。如果带来的益处超过了造成的伤害,那么,产生伤害就并
非不合理,因为被伤害者可以被充分赔偿,而且还有剩下来的一些利益可
供那些参与该活动的人们加以分享。没有人吃亏,至少一些人已经获利。
具有这样一种后果的活动看起来是合理的。

但是,那些从事某种伤害他人的活动并从中获利的人,会不会自觉地
认识到并承认自己所造成的伤害呢? 如果他们像效率理论所建议的那
样,试图使利润最大化,他们就会拒绝这种认可与承认。如果他们承认了
己所造成的伤害,就不得不赔偿那些受害者。赔偿费用降低了效率。
因此,即使他们真正知晓自己已经造成了对他人的伤害,效率理论也会暗
示他们假装不知晓。这一点表明,他们要求那些起诉他们造成危害的人
来验证事实。

取证的要求可能会使那些理应受到赔偿的人们得不到赔偿。证据必
须在一份花费昂贵且旷日持久的民事诉讼中被提交。正如我们已经看到
的那样,那些受害者恰恰可能会相信,为了可能获得的收益而在诉讼上花
费一大笔是不值得的。如果受害者没有上诉,或是没有赢得诉讼,那么,
根据效率理论,就产生了分配不当。那些因为某些活动而受到伤害的人
们,就应该接受该活动所带来收益中的一部分以做赔偿。但是,如果那些
受害者未能起诉或败诉,赔偿就很少发生了。

然而,从效率理论的观点看,如果每个人真的都对造成伤害的他者活
动提起上诉,事情就会越来越糟。所有诉讼费用加上被起诉的活动所造
成的伤害,结合在一起很容易超出了那一活动本身的收益。再留心看一
下沃沙克诉莫法特案。莫法特从其煤矿中获得的收益可能会大于他所造
成的伤害,这包括对 26 所房屋的粉刷费用赔偿在内。但是,由于莫法特

不愿意支付重新粉刷 26 所房屋的费用,26 所房屋的所有者就起诉了他。现在,莫法特活动的成本不仅包括粉刷 26 所房屋的费用,还包括 26 件诉讼案的费用。审判所带来的交易成本与对房屋造成的危害加在一起,可能真正会超过莫法特采矿活动的收益。无视交易成本的法院,利用效率理论对"合理的"语词进行定义,可能会宣布莫法特的活动是合理的。从效率理论的观点看来,该活动真正来说是不合理的,因为所有成本都必须被包括在内,包括交易成本以及危害。

即使一项活动的收益超出了它所造成的危害以及与此危害相关的法律诉讼的交易成本,完全诉诸私有财产权以解决关涉到环境正义的行为,在效率上也并非最大化的。有一些相对于多重私人诉讼案件来说耗费较低的办法可以用来解决这些问题。比如说,其中就包括政府对于污染行为的管制,以及政府对于污染的强制性附加税。这些方法更为有效,因为它常常允许政府采取指导行为以避免有害的污染行为的发生。未雨绸缪甚于亡羊补牢。同样,通过一项统一裁决或法规,管制与附加税也可使许多污染的案例同时得到处理。在同一个基本问题上的多重诉讼于是被减少了。因为这些方法降低了交易成本,所以效率得到了提高。但是,这就需要政府在经济中的更多介入,而这也就超出了自由放任的自由市场经济学家们所允许的程度。同样,效率理论在效率最大化的基础上肯定了自由市场。跟垄断与垄断寡头的存在一样,交易成本表明,自由市场事实上未能使效率最大化。

§5.6　外部性与公共物品

外部性是那些没有包括在企业盈亏核算中的成本与效益。比如说,当一个公司培训员工时,会传授给他们在工作中需要的技巧。只要员工是一直为那家公司工作,公司就会不断从提供的培训中获得收益。培训计划的成本与效益都影响到公司的盈亏报表。培训计划的成本与效益因而被认为是内在的。但是,当训练有素的雇员随意地不时离去并利用他们所受到的培训服务于其他雇主时,在第一个雇主看来,这就是一种外在受益。对于工人、其他雇主以及对社会整体来说,这是有裨益的。然而对第一个雇主来说,这却不是一种可以将之放入其会计报表中的收益。

正如培训是正外部性的一种普通形式一样,污染是负外部性的一种共同形式。我们已经讨论过这样一些案例,其中一个养猪场或一个煤炭公司制造了引起他人不便的空气污染。如果那些被妨害者未能因其损失获得赔偿,那么,从污染者的角度来看,这些损失就是外在损失。对他人引起的不便将不会在污染者的盈亏报表中暴露出来或是对其造成影响。然而正如在我们已经评论过的案例中一样,当确定的个人能够宣称其本人和财产已经遭受到特定的损害时,他们就可以上诉。如果他们赢得了诉讼,损失就要由污染者承担。这就可以将损失从外在的转变为内在的,因为它现在影响到了公司的盈亏报表。这被称为外部性的内部化。

当涉及公共物品问题时,外部性的内部化无法通过私人诉讼而得以实现。一项公共物品就是指这样一些有价值的事物,即在一特定的群体中,除非其他(几乎)所有人都能够分享到,否则的话(几乎)没有一个能够享有。经典例子是国防。如果一个国家对于外在敌对者有有效的防卫,那么,这个国家中的任何一个人都能够在针对敌对者方面受到保护。(事实上)对于单独的个人而言,不可能购买到针对外在敌人的保卫。所以,任何人都没有兴趣购买针对外在敌人的国防。如果你要将你的私有资源花费到国防上去,你就像帮助自己一样帮助了其他每一个人。你将承受起一个给予任何他者搭便车的机会的重任。搭便车者不需接受产生这些利益的任何负担就牟取到了利益。作为一个搭便车者可能是令人愉快的,但是谁又情愿为了这样一个有利于他人就如同有利于自己一样的利益单独做出支付呢?假设每一个人对于私人所拥有的物品有着无餍的需求,那么所有人都宁可做一个搭便车者,而不会在公共物品上花费自己的私有资源。结果就是,公共物品不是个人购买来的。它们不是作为私有财产被持有的。

环境质量的许多重要方面显然属于公共物品。它们包括清洁的空气、荒野地区以及未被污染的水域。试想一下清洁的空气。如果在某一特定的区域内空气是清洁的,那么对任何人来说都是清洁的,它一旦被污染,对任何人来说它就是污染的。洛杉矶地区的烟雾污染警报会以同样的方式影响到贝弗利山庄与沃茨地区的居民。清洁的空气是一种公共物品,这是因为从本质上它不适用于私有权。因为它是易于流动的,所以本质上来说它是一种公共领域。如果贝弗利山庄的人们要购买一些机械装置,用以净化"他们的"(贝弗利山庄的)空气的话,被净化过的空气可能会被吹到邻近的斑鸠城(Culver city),并且这个空缺又会被沃茨吹来的空气所替代。

因为某一个地区的总体空气质量不属于某一个人的私有财产,所以,当其他一些人的活动导致空气质量恶化时,没有人能够因为私人妨害与非法侵害而提起诉讼。在一个最弱意义的国家中,政府的角色局限于解决私人事务之间的纠纷。如果没有一方当事人能够声称对个人财产所造成的损害负责,就没有国家行为。所以在一个最弱意义的国家内,没有人能够对作为公共物品的环境质量的破坏叫停。这种结果不会受到经济活动中竞争的影响。竞争影响到私有财产的分配。这里的问题在于,环境方面的公共物品不是某些人的私有财产,所以没有人争着去保存或恢复它。

那些使环境公共物品恶化的人将不仅获允继续如此下去,也将获允免于对他们所造成的损害进行个别赔偿。假如没有私人诉讼的话,在一个最弱意义的国家中,就没有要求污染者将其外部性内部化的机制。既然他们不用对自己所造成的危害进行赔付,他们就没有动机去将环境公共物品的破坏降低到最小。比如说,托马斯·本顿不得不赔偿威廉·奥尔德雷德,这是因为本顿的活动妨碍了奥尔德雷德的私有财产权。如果有人也这样破坏了某一公共物品,在一个最弱意义的国家中就没有一个人能够起诉他。个人从不必因为造成的危害而赔偿其他任何人,且从不因为某种对于公众的损害影响到他的特殊利益,从而将外部性内部化。他只是作为公众的一员而受到影响,从而就不存在将他对环境的破坏性使用最小化的动机。同样,这个结果不受竞争存在的影响。

总而言之,公共物品属于某一公共领域。它们的使用面临着公地悲剧,在完全自由竞争的条件下即可发生。由于环境质量的许多方面本质上与公共物品相关,因此,在妨害与非法侵害问题上诉诸私有财产权或是私人诉讼,不会避免悲剧的发生。于是,因为鼓吹一个最弱意义的国家,效率理论不能够充分地处理公地悲剧的问题。[13]

效率理论的辩护者们可能会继续认为,政府对经济的干预超过了对私有财产的保护,就会降低效率。自由放任经济学家们说,如果某些公共物品,比如说清洁的空气,假如没有政府干预的话,将不会在一个自由市场中生产出来,这必定意味着,人们并非很关注清洁的空气以至于情愿为之做出支付。对人们来说,清洁的空气必定不像人们想要购买的其他商品那样重要。当政府强制人们支付那些并不是在个体动机驱使下为自己购买的公共物品时,政府就阻挠了人们需求的满足,从而降低了总效率。

§5.7 囚徒困境中的托斯卡

效率理论的论断是有破绽的。从人们不愿意为公共物品的供应与维持提供个人支付的事实中,并不能够得出这样的结论,即将某些必要的资源耗费在这些福利上是徒劳的。存在着这样一些处境,其中只有当人们被迫避免单方面决定何种回报为最优这样的活动时,个体才可获得最大化的满足。这些处境为人们展示了博弈论者所谓的囚徒困境。[14]这一困境源于一个有关两个囚犯的故事，它被广泛用来揭示和阐明这种处境。但是，坦率地说，这是一个令人讨厌的故事。歌剧《托斯卡》的情节更加有趣，并且也正好阐明了这一点。因此，让我们考虑一下《托斯卡》的情节。[15]

托斯卡与马里奥相爱了。不幸的是，警察局长斯卡皮亚也爱着托斯卡。他将马里奥抓进监狱并判其死刑，希望在马里奥不复存在的情况下托斯卡会爱上他。但是，托斯卡对马里奥迫近的死期非常难过，她不愿意与斯卡皮亚发生任何联系。因此，斯卡皮亚决定与托斯卡做一笔交易。如果托斯卡愿意与斯卡皮亚在执行死刑的前一晚共眠的话，斯卡皮亚就会给行刑队头目下达一个密令。他将命令行刑队放空枪。那么，马里奥只是看上去已经被枪决了。等每个人走后，马里奥便可爬起来与托斯卡远走他乡。

在这样一种安排下，没有一个人会得到他或是她意欲得到的一切，但每个人的某些愿望都得到了满足。警察局长可以与托斯卡上一次床，但他却不能使她永远作为自己的情妇。托斯卡与马里奥最终能够一起逃走，但与此同时，她却无法避免与斯卡皮亚的性交往。如果他们试图获得他们所想要的一切，而不是满足于部分意愿达成的这样一种妥协，他们中的任何人或所有人的状况就会更好吗？

为获取他所想要的一切，在托斯卡实现其承诺的同时，警察局长将不会兑现他在协定中的允诺。他将假装对行刑队发出一个放空枪的命令。因为觉得局长已经发出了约定好的命令，托斯卡可能会与他上床，而马里奥却可能被杀掉。托斯卡就将不可能再与马里奥逃走，那么，斯卡皮亚就能够与她继续保持关系。为了取得自己所想要的一切，托斯卡同样可能试图欺骗斯卡皮亚去实践他的约定，却避免兑现自身的承诺。她将一直等待，直到斯卡皮亚已经发出了可以挽救马里奥生命的信号，于是，她将

用一把刀子杀死斯卡皮亚而非与其上床。直到她与马里奥在假装的处决
结束便一起逃走后,斯卡皮亚的尸体才会被发现。

在歌剧中,托斯卡与斯卡皮亚都在寻求一种用以获取他们作为个体
所能得到的最大收益的策略。斯卡皮亚没有发出信号,马里奥被处决了。
托斯卡不知道这些,但是她按照自己的计划杀死了斯卡皮亚。斯卡皮亚
与托斯卡连一次床都没上就被杀死了。马里奥也被杀死了,而且托斯卡
也很快因为谋杀而被判死刑。因此,在某些情况下,假如任何参与其中的
人们克制自己去追逐一条作为一个个体最为向往的发展之路的话,对所
有人来说会更好。试图使个体的满足最大化将会导致挫败,而不是增进
人们的这些满足。

托斯卡的结局不仅仅是令人遗憾,也是悲剧性的,因为她那悲惨的结
局是不可避免的。发现自己身处竞争性处境之中,托斯卡与斯卡皮亚不
得不那样做。任何其他行为都将可能对于他们最大化个体收益的实现构
成挫败。托斯卡无法看到斯卡皮亚发给行刑队队长的命令。她知道斯卡
皮亚要么已经发出了放空枪的命令,要么就没有。不管怎么说,在托斯卡
与斯卡皮亚上床时,命令都可能已经被发出。所以对托斯卡来说,完成交
易中的许诺不会再有利可图。既然她不愿与斯卡皮亚上床,而且她试图
使她个人的愿望得到最大化的实现,那么对她而言,找到一些能够避免与
斯卡皮亚上床的方法就是合乎理性的了。将其刺死就是实现这个愿望的
实用并有效的一个办法。

同样,在给行刑队队长下达命令的时候,斯卡皮亚并不知道托斯卡是
否真的愿意与他上床。由于托斯卡不知道命令的内容,所以在他们一起
上床的时候,她并不知道在命令中下达了什么,因此,命令的内容不会影
响到她的行为。既然斯卡皮亚想要他的情敌马里奥被杀死,自私自利的
动机就要求他许可枪决的执行。那么,双方最大限度实现自己愿望的理
性预期之合乎逻辑的后果,就是所有人的愿望都被挫败了。

这对于效率理论来说有很重要的含义。它暗示着效率理论可能是阻止了而不是促进了效率最大化。当人们竞争时,他们追求利润最大化的个人目标。与托斯卡和斯卡皮亚不同的是,他们拒绝使用暴力与欺诈。但是这种区别不会影响到结果。即使没有暴力与欺诈,当人们试图最大程度地实现自己的个人愿望时,其努力可能与托斯卡和斯卡皮亚的一样,结果是事与愿违。如果人们相互合作并放弃他们对最为偏好结果的追求,那么,结局可能是所有相关人员较低程度的满足,而非仅只可能而已。

§5.8 个案研究——汽车尾气排放

在前面两部分中出现的所有观点,皆可在汽车尾气排放个案中得以阐明。汽车尾气排放污染了空气。在我们这个时代的社会中,减少排放就是要求除了别的以外,还要使用催化转化器和不加铅的燃料。转化器提高了汽车的价格。同样,它也降低了行车里程,这就需要个人购买更多的汽油。不加铅的燃料要比含铅燃料贵一些。于是每一个人都有着搭便车的动机。对每一个体都有利的是,其他人都使用转化器和不加铅的燃料而自己并不使用。以那种方式,个体就获得了从他人减少的汽车尾气排放中产生的更加清洁空气的利益,以及他自己运输成本降低的利益。于是,在涉及汽车尾气排放的问题时,每个人的处境都类似于托斯卡与斯卡皮亚。每个人都试图尽可能地为自己去获利。

正如在托斯卡案例中一样,对每一个人来说,与合作的结果相比,结局远为糟糕。合作将能够产生更清洁的空气,但是对汽车来说会产生更高的运营成本。合作失败直接导致污染增多,从而使得肺气肿、心脏病、癌症以及其他疾病的发病率大幅提升。在痛楚与苦难、丧失的工作时间、夭折以及医疗费用等方面,这些疾病的耗费将会超过合作可能会带来的汽车使用的成本增加。在这种情况下,由于人们为获取他们作为个体的最大利益而相互竞争,总效率就会因之而受到阻碍。

在对相互竞争的制造业者的透视中,这种后果也可以被清楚地看到。在一个最弱意义的国家中,将不存在所有汽车应装备催化转化器的政府规定。因为这些装置增加了汽车成本,而且正如我们所看到的那样,几乎没有消费者会自愿为保存像清洁的空气这样一些公共物品而付出些什么,竞争也使汽车制造商不可能为他们的汽车装备催化转化器。在一个竞争型经济中,每个人的边际利润都很小。在这样充满竞争的经济中,任何增加污染控制装置以作为标准配置的汽车制造商,都不可能承担过多利润降低所导致的损失。因此,汽车制造商们就不得不将污染控制装置的成本加入到汽车的价格中去。由于潜在的顾客不愿意为配有这种设备的汽车支付更高的价格,所以这些车就卖不出去,汽车制造商最终会破产。竞争不仅从公共物品的监管上来说是无益的,而且在一个最弱意义国家的背景下,它也使监管公共物品变成了不可能。同样,结果就是无效率。医疗费用以及其他一些因汽车产生的空气污染而导致的高昂代价,会远远大于减轻污染的总成本。

汽车产业意识到单凭竞争无法解决汽车尾气排放所造成的空气污染问题。加利福尼亚州针对汽车制造商协会提出了一项反托拉斯法案。制造商已经在污染控制装置的研发上展开协作。州政府坚持认为,这种协作是反竞争的而且因此触犯了反托拉斯法。克莱斯勒汽车在其辩护状中坚持以下的观点:

> 竞争不会(使我们)卖出(汽车污染控制)装置——即使是法律要求要安装,公民还是拒斥它。竞争也不会产生出……(政府认为)我们需要的汽车。实话实说,竞争产生出一种不生产此类汽车的强烈压力。只有合作与立法可以完成这项工作……反托拉斯法所鼓励的竞争本能恰恰是与有利于环境改善的措施相对立的。[16]

克莱斯勒的辩护状中,援引了一位著名的反托拉斯法权威理查德·波斯纳(Richard Posner)的话:

在协商不存在时,任何一家汽车制造商都会极不情愿安装这一装置。比如说,与立体声收音机不同,这个装置从购买者的角度看来只会增加汽车的成本而不会改善产品,因为他只能从这个装置带来的污染降低中获取很小的利益。[17]

就像它们适用于汽车工业一样,这些观点同样适用于其他产业。鞋子(塑料垃圾筒或家庭用具等)生产商在一个充满竞争的市场中,花钱来减轻空气或水(或是其他通常形式的)污染就必定会提高他们的产品价格。没有一个消费者会因为恢复或维持环境质量这样一种公共物品,而有兴趣进行个人支付。就像国防与其他公益一样,每个人都需要一个适度的清洁环境。这是人类健康的需要,因而也是总效率提出的要求。但是,由于任何人都不可能阻止自身之外的人对清洁环境的拥有,所以它就不属于任何个人的私有财产。因此,就没有一个人愿意为此而付出代价。人人都想做搭便车者。不可避免的事实就是,没有人为它付出,它不会被生产出来,最大效率未能达到。

§5.9　概括与总结

实现效率理论需要一个比自由派理论与效率理论所鼓吹的最弱意义国家职权更广的国家。正如人们所同意的那样,当国家强制他们避免暴力与欺诈的使用时,自由与效率都得到了改善,当国家被准许在指导人们的活动中担当更为重要的角色时,效率以及免于疾病的困扰就获得了更为长远的改善。国家必须被允许来准许和限制私有财产权,以保障一定的公共物品。更加清洁的水和空气,以及环境质量的许多其他方面,就是这样的利益。总的来说,允许所有争议都在一个受最弱意义国家保护的自由市场内加以解决,是无法实现环境正义的。这样一个自由市场的结果,与自由派理论或效率理论的箴言当然是不相符合的。

这并不意味着,诉诸私有财产权在处理与环境正义相关联的决定中丝毫没有意义。就像一些我们已经考虑过的法律案件所阐明的那样,尊重财产权对于保障正义而言常常是必要的。大体说来,应当继续保护人们的财产权不受侵犯。但是这些权利本身应该为政府行为所限制和调整。需要一个理论来说明这样的权利应该怎样被调整,以及它们为什么恰恰在那样一种方式上被调整。在以下的章节中我将考虑三个这样的理论。

注释:

[1] *The Wealth of Nations*(1776)(London: Methuen & Co. Ltd., 1930). Milton & Rose Friedman, *Capital and Freedom*(Chicago: University of Chicago Press, 1962). *Free to Choose*(New York: Harcourt, Brace, Jovanovich, Inc., 1979).

[2] 见 Tibor Machan, "Justice and the Welfare State", in Tibor Machan, ed., *The Libertarian Alternative*(Chicago: Nelson Hall, 1974 年), p.137.

[3] 自然法与判例法区别的展开论述,见后面第 6 章(6.3 节)。

[4] *83 Pittsburgh Legal Journal* 379(1935)in *Environmental Law and Public Policy*, 2nd edition, Richard B. Stewart and Krier, eds. (New York: Bobbs-Merrill, 1978), pp.147—154.

[5] Stewart and Krier, pp.148—159.

[6] Stewart and Krier, p.153.

[7] Stewart and Krier, p.149.

[8] Stewart and Krier, p.151.

[9] Stewart and Krier, p.152.

[10] 法院也运用了其他推理线索。效率论证在这个案例中没有在其他案例中那么令人信服,因为矿场在亏本运营。或许它如此低效,而不能证明继续运营的合理性。

[11] 对民事侵权行为的重申见 Stewart and James Krier, p.206.

[12] Stewart and Krier, p.147.

[13] 这个问题以同等的力量和同样的原因继续存在,而且不能在自由派理论框架中得到解决。

[14] Thomas Schelling, *The Strategy of Conflict*(Cambridge, Mass.: Harvard University Press, 1960).

[15]《托斯卡》,Giacomo Puccini 作曲,Guiseppe Giacosa 与 Luigi Illica 作词,由 Victoria Sardou 扮演。

[16] 控诉克莱斯勒的辩护状，*State of California v. Automotive Manufacturers' Assn., Inc.*，No.17-1241(9th Cir. Filed July 26，1971)，at 35—37，40,引自 Stewart and Krier，p.298.

[17] "Antitrust Policy and the Consumer Movement"，15 *Antitrust Bulletin* 361，361—365(1970),引自 Stewart and Krier，p.299。

第6章 人 权

§6.1 引言

1729 年,乔纳森·斯威夫特(Jonathan Swift)发表了《一个小小的建议》[1]。斯威夫特是一位出生于爱尔兰的政治讽刺作家,他以一种或许是病态的、启迪性的幽默感回应爱尔兰人民令人绝望的贫穷状况。他注意到爱尔兰人民令人如此绝望地贫穷,部分归因于他们的孩子太多了:要来喂饱许多张嘴。照顾这么多小孩使爱尔兰妇女很难去赚钱以补贴其丈夫的收入。于是爱尔兰人就欠债了,而且由于大多数人都是土地租用人,于是他们就拖欠了地主(常常是英国人)的租金。地主很不高兴。

斯威夫特建议当爱尔兰儿童长到一岁时,多余的孩子可以被当作食物卖掉。到那时,孩子们将会是足够肥胖多汁的,可作为许多新的美味佳肴的主料。这将缓和人口过剩的问题,而且对爱尔兰人来说,可以更好地照料剩余的孩子。不用抚养太多孩子而节省下来的钱,加上将孩子作为商品卖掉获得的钱,可使这些土地租用者能够偿清债务并且弥补租金的不足。即使是被杀掉的孩子也能从中受益,因为可以免于生活在无饭可吃的可怕贫困的苦难中。简而言之,斯威夫特只不过是建议了在最富有成效的方式上使用爱尔兰人的资源而已。当人们从给定数量的可获取资源中获得比他们的所欲更多的时候,效率就被提高了。斯威夫特暗示爱尔兰人去使用一种他们先前忽视了的可获取的资源。由于使用而不是浪费资源就可以提升人类的有效满足,效率就被提高了。

斯威夫特的建议被拒绝了,你可能不会对此感到惊奇。就像他所希望的那样,人们发现这个建议从道德上讲是令人讨厌的。他希望人们对以这种方式利用儿童实现最大化的效率、个人的利润、整体的福利的谴责，能够促使他们谴责所有可怕的政策。一般的观点是，斯威夫特的建议以及具有类似效果的政策在道德上令人厌恶，因为它们侵犯了人的基本权利，而这些权利不应该受到侵犯，即使这样做能够提高效率、私人利润或是总体福利。采用斯威夫特的建议将会侵犯那些将被杀掉作为食物的儿童的生存权。对于一些计划用来提升其他价值的政策和行为而言，这些权利构成了伦理约束。仅仅在尊重基本权利的需要的限度内，其他的价值才可以被追求。

像这样的一些考虑，就解释了对于在美国西南部的南达科他州开采铀矿的某些反对之声。[2]99%的铀散布于土壤之中，在采矿过程中，这些土壤被挖掘出来作为废料放置在采矿点和矿业城镇附近。大多数的材料很像普通的砂子，但却具有放射性。有时，这些材料与混凝土相混合被用来建造房屋。在大多数情况下，废料在风吹日晒中放置于人们的房屋附近并且邻近小镇的供水系统。结果就是包括儿童在内的居民，持续暴露于两到十倍于核工业中所允许的职业性接触水平的放射性之中。而职业性限值本身已几倍于允许公众所接触的水平。暴露于这样高级别的辐射之中，其最为显著的后果通常就是癌症的高发病率和随之而来的过早死亡，特别是儿童。

开采铀主要是将其用作核反应堆中的燃料和核武器中的爆炸物。一般来说，电力生产和国防保障被认为是提高社会的总体福利的。但是，难道应该通过心照不宣地制造癌症和孩子们的夭折来推进整体福利吗？一种接受这种死亡的政策难道不是类似斯威夫特所提出的小小建议吗？不同之处在于，在当前这个案例中，可能有较少的儿童死掉，杀戮是间接的而不是直接的，而且不可能预先准确地知晓哪些人将死掉。如果斯威夫特建议在五百个孩子中只杀一个，如果杀戮是间接完成的，并且如果被杀的孩子是随机挑选出的（通过抽签），那么，斯威夫特的提议就更值得接受了吗? 可能不会。这还是侵犯了 500 个孩子中某一个孩子的生存权。正如人们大多拒绝斯威夫特的想法一样,人们可以用同样的证明来反对侵犯人权的铀矿开采。在一个无风险社会中,是不会存在这种事情的,但是在这个案例中,孩子们的健康被置于不寻常的风险之中,许多人不是因自己的过错而死去。这侵犯了他们的生存权,而且公共物品也不应该通过侵犯人们基本人权的政策得到提升。

在这一章和接下来的一章中,我将考察通过诉诸基本权利来解决环境正义议题的可能性。在《独立宣言》中,托马斯·杰斐逊(Thomas Jefferson)坚持"人人生而平等,造物主赋予他们若干不可让与的权利,其中包括生存权、自由权和追求幸福的权利"。他接着补充说,"人们在他们中间建立政府"是为了"保障这些权利",而且"任何形式的政府一旦对这些目标的实现起破坏作用时,人民便有权更换或废除(它)"。[3]因此,在杰斐逊看来,政府政策必须尊重人的基本权利,否则就会失去其合法性。但是,拒斥所有侵害人权的环境政策是可能的和值得的吗? 这些权利是什么? 每一个体的所有人权都要同时被考虑到吗,或是需要尊重某些人的人权的政策会侵害到其他人的权利? 有没有足够重要的替代性价值来证明侵犯某些人的权利是正当的呢? 这就是在本章和接下来的一章所要讨论的问题。

本章中,在人权与环境法之间建立联系之后(6.2 节),我考虑了约翰·洛克、托马斯·杰斐逊和伊曼纽尔·康德(Immanuel Kant)的观点。在每一案例中,我详细阐明了作者的观点并指出他们的不足。洛克和杰斐逊的观点在 6.3 节到 6.5 节中被详细阐明,在 6.4 节到 6.5 节中受到批判。康德的观点在 6.6 节和 6.7 节中得到了阐明,在下一章中受到批判。

§6.2　环境法中的人权

在前面一章中,我们回顾了凡尔赛自治区诉麦基斯堡煤炭公司案。

在那一案例中,麦基斯堡被允许继续采矿运作而不顾及这样的事实,即采煤过程需要在筛煤场附近堆积杂石堆,杂石堆易于起火,释放出二氧化硫、硫化氢、一氧化碳。原告寻求一项禁令,以使他们免于遭受"从一个燃烧的杂石堆中发出的烟雾、尘土和异味的烦扰"[4]。法院采纳了效率标准,因而断定说,关闭煤矿造成的危害会大于持续运作所造成的危害。人权在这个决定中没有起到重要作用,但是它们在宣判中被提到。马斯曼诺法官写道:"当然,如果煤矿的继续运作对于邻近居住的人们的健康与生命构成严重威胁的话,那将是摆在我们面前的又一个问题……"[5]法官在这里暗示,如果有任何"证据……证明任一人的健康正被伤害的假定的话",那么,对健康与生命的关注就优先于对效率的考虑。因此,在这种情况下,宣判似乎支持了人权鼓吹者的论点,即效率和其他的目标都应该在不伤害到任何人的人权的限度内被追求。

更大的支持来自《清洁空气法案》的第303条款[6],它这样写道:

尽管法案有其他一些规定,行政官在接收到这样的证据,即一个单一的污染源或是复合的污染源(包括移动的源头)正在对人们的健康呈现一种即将临近的和真正的威胁时……还是可以提出诉讼……立即制止任何人造成的或促成的被指控的污染,以停止造成或促成这种污染的空气污染物的排放,或是在可能必要的时候采取其他类似的行动。

这里,保护公共卫生的目标不会妥协让位于任何其他目标。一项危害公众健康的证据,足以授权行政官员采取任何必要的行动以降低造成危害的空气污染。行政官员不需要在消除危害的利益与采取行动的成本之间做到均衡。当公众健康受到威胁时,不需要考虑效率、私人利润以及大家的利益。如果免于健康伤害是一项基本权利,那么,对那些在追求其他目标过程中可能会采用或实行的政策或活动而言,从公众健康角度对其范围进行限定就正是人们所期待的。

所谓的"超级基金"似乎是当前反映人权观点的环境法中的另一项规定。[7]当有迹象表明,一种或更多的有毒物质使公共卫生处于一种严重危险之中时,超级基金的行政官员就有权动用公共基金,将有毒物质清除干净或是使它们变得无害。在这样一种清除变得不可能或是不切实际的情况下,行政官员被授权动用公共基金,买断这些个体的居所并将他们重新进行安置,否则他们会继续暴露在该有毒物质之下。迄今为止,超级基金最著名的使用包括了政府对密苏里州整个时代海滩镇的购买。这使当地居民得以逃离二噁英的有害影响,在其毒性被(至少是官方)认识到之前,二噁英被用来除尘而喷洒在公路上。

立法者为什么创立超级基金呢? 他们或可让时代海滩发生的这类问题通过司法渠道得到解决。城镇及其居民可能会起诉将二噁英喷洒到公路上的公司,声称该公司在化学制品的选择上存在过失。当然,考虑到公司在使用二噁英时对于此物品知识的了解,过失很难或者不可能被证实,因此,城镇及其居民可能会败诉。而且即使他们胜诉了,他们所受到的伤害是如此巨大,赔付金将会使公司破产。城镇及其居民将不可能收到太多的款项;他们还是会失去很多。

人们得不到其应得的,这种结果就被认为是不公正的,而超级基金的创立就是为了避免这个结果。人们出卖房屋却只获得当初购买价格的一小部分,除非他们愿意或者能够承受与此相关的巨大财产损失,否则他们会继续暴露于严重的健康威胁之下。于是,在这种情况下,财产所有者的生存权、健康权和财产权就得不到保护了。超级基金的立法可以被解释为保护这些权利的一个尝试。

《国家环境政策法案》(NEPA)的参议院版本,在权利问题上的表述是很明确的。其中有这样一条规定:"每个人都拥有一个基本的与不可让与的(享有)健康有利的环境的权利。"[8]尽管在与众议院的讨论中,这种语言被删掉了,但是,参议院所认为的这一法案中用以保护"不可让与的(享有)健康有利的环境的权利"的重要条款,在立法中被保留下来。只是对这项权利的明确提及被删除掉了。

于是,看起来至少在一些环境法中,(保护)人权的立场被容纳了进来。这就提出了(保护)人权立场的意义和正当性问题。什么是人权? 我们怎样知道人们拥有人权? 我们怎样知道是哪些权利?

§6.3　道德权利与法定权利

约翰·洛克坚持认为,人们具有生存、自由和财产的自然权利。[9]财产的自然权利更早些时候已经在第4章中讨论过了。在那里我们指出,洛克通过称财产权是一项自然权利,将(人们的)注意力引到它与法定权利的区分上去。一个人的法定权利是由政府决定的。法律被制定出来,法定权利也被创造出来;法律被更改了,法定权利也随着更改。比如说,人们过去有购买、拥有、使用 DDT 的合法权利;但是现在他们没有了。

适用于财产的法定权利对通常的法定权利也是适用的。比如说,一个人的法定自由权利是由法律创造和规定的,当法律发生变动时它也随着变动。曾经某个时期,我可以合法地在当地公园里自由地溜旱冰。现在,一项城市法令禁止在公园里溜旱冰。多半时间里,我可以合法地自由开车穿过公园,除了每个月的第一个星期天,因为那一天是自行车和远足的人们的日子,彼时摩托车被禁止进入公园。

我的合法生存权利同样受到法律的规定与限制。我享有一项法定的人身权利,那就是免受那些可能杀死或伤及我身体的侵犯的权利。除了在某些特定的情况下,国家许诺保护我免于这种攻击。如果我是作为一个职业拳击手投入到一场较量之中,我的对手可以合法而自由地将我击昏,直到台上裁判员或是我的教练终止这场打斗。每一年都有人因此种方式而死亡,但是没有一个人的合法生存权受到侵犯。在一场手枪决斗中杀死或是被杀死,在过去得到法律许可,但是这样的决斗后来在美国和其他一些国家已被宣布为不合法。

然而,当洛克宣布人们拥有生存、自由、财产的自然权利时,他并不是指这样一些法定权利。事实上,他并没有坚持认为,英格兰或任何其他国家的法律实际上赋予了人们这些权利。他不是在起草法律是什么,而是法律应该是什么。他是在宣称,不管哪一个国家的法律是否实际上保证了人们生存、自由和财产的权利,所有的政府都应该确保这些权利。他声称这些权利自然地属于人们,而不仅仅是通过法律获得的。这就是他为什么称其为自然权利的缘故。因为它们是自然的,所以,即使当它们还未得到法律的认可或保护时,人们也拥有这些权利。

但是,一项没有得到法律保护的权利易于受到侵犯,至少是偶然的或者可能是经常性的。如果我对于我在菜园里种植的蔬菜所拥有的权利得不到合法保护,那么,警察就不会阻止那些摘取蔬菜的人,而且即使它们被摘走了,警察也不会抓住小偷或是将蔬菜归还于我。因为我为自己做这些事情的能力是很有限的,那么,缺少法律保护的结果可能就是我的产品被偷走而小偷却不受惩罚。于是,除非我也有一项法定权利,否则我对它们的自然财产权就会受到侵犯。同样,这也适用于我的其他一些自然权利。我的生存与自由的自然权利包括了不受侵犯地顺街散步。但是,如果不存在一项免受侵犯的法定权利,警察就不会试图阻止可能行凶抢劫的路贼,而且也可能不去抓住那些可能会袭击我的任何人。在这种情况下,我的生存与自由的自然权利就可能受到侵犯。

根据洛克的观点,对我的自然权利的侵犯是错误的。即使在法律不禁止的情况下,由于我没有得到我应该受到的那种方式的对待,所以,在道德上这也是不正当的。作为一个人,我应该免于受到对于我个人、我的财产或是自由的肆意侵犯。因为这样一些自由权利是自然的,而非基于法律的创造,所以,生存、自由和财产的权利被称为自然权利。由于洛克和其他自然权利的拥护者将这些权利完全归之于人类,这些权利因而也被称为人权。依照当代理论家们的观点(尽管不是根据洛克和杰斐逊的——参看下文),这些权利平等地属于全人类,不拘种族、宗教、性别、民族或是地理起源。它们被称为道德权利,因为尊重它们是道德上的命令,无论它们是否是法律的要求。有一个道德律在命令着我们每一个人去尊重任何其他人的自然权利。正如实行种族歧视在道德上是不正当的,即使在法律上是许可和要求的。

依照洛克的观点,人们联合在一起组成国家、建立政府、制定法律就是为了保护这些自然(道德的、人类的)权利。他们意识到,除非建立一个致力于保护他们权利的强有力的组织,否则他们的权利就可能受到侵犯。国家就是这样一个组织。

杰斐逊的推理继承了洛克。如果国家的基本功能,即它存在的理由,是为了保护人们的自然权利,那么,"任何形式的政府一旦对这些目标的实现起破坏作用时,人民便有权予以更换或废除,以建立一个新的政府"[10]。因此,自然权利或是人权的观点论及了革命的正当性。它同时也为一国法律的本质与内容的相关方面提供了指导。在任何情况下,其目的在于确保人们的自然权利或是人权得到很好的保护。无论什么时候需要保障人权免受侵犯时,新的立法就被证明为合理的。于是,《国家环境政策法案》被坚持"每个人都拥有一项基本的不可让与的(享有)有利于健康的环境的权利"的参议员们审查通过了。在他们起草这一点时,这还不是一项法定权利。该法案是他们试图将他们所认为的一项道德(或是自然的或人类的)权利转变为一项法定权利的尝试之举。它成为了一项法定权利,乃是因为相当多的立法者认为,它已经是一项人权或自然权利(尽管如上面所提到的那样,众议院与会者反对使用自然权利的表述)。

因此,从洛克、杰斐逊的人权观看来,在道德权利、人权和自然权利之间并没有什么区别,但是在这些权利与法定权利之间却有着重要差异。法定权利是通过法律而不是道德确立起来的。法定权利随着立法与司法见解的变化而变化,然而人权却不会这样。任何地方的人们都有相同的人权。法定权利可能是道德上不可接受的,然而自然权利或人权却总是道德上所要求的。因此,为了保障人权,各地都应书面确立,如有必要也应书面修订法定权利。

§6.4 人权与自明性

但是,我们如何知晓什么是我们的人权呢? 洛克提到了生存、自由和财产。杰斐逊写道,在我们的自然权利中包括生存权、自由权和追求幸福的权利。他没有提到财产,但是通过提到生存权、自由权和追求幸福的权利包含于自然权利中,杰斐逊就暗示,除了他所提到的那些外,可能还有其他的自然权利。我们如何得知呢? 当洛克和杰斐逊声称某项权利是自然权利或人权时,他们靠的是什么证据呢? 他们无法诉诸他们国家或任何其他国家的法律,因为自然权利的存在不依赖于那些认可这些权利的法律的存在。现行法律可能不会认可某些人权,但是,这并不表明这些权利真的不存在。这只是意味着这些法律应该得到更改。那么,我们如何知道人权真实地存在,人类有权受到某些而不是其他一些特定方式的对待呢?

约翰·洛克求助于理性的自然之光。比如说,我们能够通过我们自然的知性发现并知道,当相等数目被分别加上相等数目时,和也是相等的。将 2 支铅笔加入到 18 支铅笔的一堆中,与将另 2 支加到另一个 18 支铅笔的堆中,你将会得到两个包含相同数目的铅笔堆。你在相同的数目(18 支铅笔)上加上了相同的数目(2 支铅笔),因此,两个结果的数目是相等的(20 支铅笔)。这是很明显的。这里面不可能有错误。洛克认为,几何学的一些原理对于理性思维而言也同样明显。平行线永远不会相交。所有的人需要做的就是清晰明确地理解平行线是什么,很明显,就是它们永远不会相交。一个人可以发现这一点,对此不可能有错误。

与此类似,依照洛克的观点,对于任何进行理性反思的人来说,通过理性的自然之光就会发现,人们拥有生存、自由、财产的自然权利是显而易见的。杰斐逊提出了类似的证据,他写道:"我们认为下述真理是不言而喻的……"因为它们的真实性是不言而喻的,所以任何人理性地反思杰斐逊关于不可让渡的权利的声明,就会发现它们是正确的。

这里有一个问题。回想一下第 2 章中对于正义诸原理的讨论。不同的正义原理适用于不同的技术发展状态。随着技术的变迁,很有必要变更我们的正义原理。但是我们倾向于对儿时获得的原理保持一种情感上的依恋,因此,我们就会更加缓慢地改变技术变迁所要求的正义原理。结果就是,我们的正义感,我们肺腑之中所感受到的正义,对于何为真正公正的而言,并不总是一个正确的指南。我们的正义感可能反映了我们对于孩童时代所受教诲的一种情感上的依恋,因而可能不再相称于当前境遇中真正的正义。

洛克与杰斐逊对人权的立场所遇到的麻烦在于,此立场只不过是依赖于洛克和杰斐逊的正义感。当杰斐逊写道,有关人们应受到何种方式对待的某些事实是不言而喻的时候,他只是意味着在他思考这些问题时,就情不自禁地认为它们是真实的。他相信其他人将会有同样的感受。洛克对理性的自然之光的诉求恰好与此相同。但是他们的观点只是反映了他们的教养与早期的训练而已。成长于不同时间和不同地方的人们可能相信完全不同的事物。假如是那样的话,我们如何知道谁是正确的呢?这就不过是一个人的信念与另一个人的信念相左而已。双方都没有任何办法证明,谁的那个信念是正确的,而且我们知道,在此方面的确定感容易误导人们。

　　事实上,对于人权人们已经有着非常不同的观点。当杰斐逊写道他认为"人人生而平等是不言而喻的"时候,他所意指的是成年男子(Men),而不是整体的人类。他不认为"造物主赋予"男人和女人同样"不可让渡的权利"。1792 年玛丽·沃斯通克拉夫特(Mary Wollstonecraft)发表的《为女权申辩》饱受讥笑。[11] 托马斯·泰勒(Thomas Taylor)以《为兽权申辩》为名予以辛辣的回应,他在文中坚称:"有许多理由使人相信,这篇短文将很快为一系列植物与矿石权利的论述所追随……"在泰勒看来,给予女性与男性平等的权利,其荒谬性和给予鹦鹉与岩石跟男性同等的权利无异。泰勒的正义感并未因拒绝给予女性人权而受到伤害,反之,沃斯通克拉夫特的正义感却因此而遭受到了侵犯。无疑,像这样一个争论的解决,必须诉诸某些超越于正义感之上或是人们认为是不言而喻的某些事物。

　　种族主义的历史在此方面与之相类似。签署"人人生而平等"宣言的人们大多只从字面上理解了"男人",却未接受"所有"。他们赞成奴隶制度。他们相信,某些男性拥有生存、自由以及追求幸福的权利,但是其他一些男性——黑人男性,不具有这些权利。当正义要求各州颁布保护所有白种男性自由与追求幸福权利的同时,正义也许可奴隶主们将其自身的欲望凌驾于所有黑人的自由与对幸福追求的权利之上。奴隶作为财产的身份与狗、马的地位无异。对于废奴主义者们而言,这显然是不公正的。对奴隶主来说,这却无疑是公正的。

　　你可能认为,有关人权的这种争论对现在的我们来说已成为过去。每一个人,几乎所有的人,都承认女性与黑人跟白人男性一样,拥有同样的人权,因而,我们这个国家以及其他一些国家的法律都应相应地得到改写。先前时代的错误观念被驱逐出去。我们如今可以在人权的存在与限度上,相信我们确定无疑的直觉。它们存在,而且延及所有的人类。

§6.5 积极权利与消极权利

但是,关于人权的争议仍在持续。即便是对于谁拥有人权已无争执,但是对属于人类的是哪些权利还存在争论。比如说,我们已经了解到,美国参议院而非众议院希望宣布"一个有利于健康的环境"是"一项基本的和不可让渡的权利"。同样,也有一些人坚持认为当前的铀矿开采行为侵犯了人权,而其他一些人则对此表示否定。

围绕人权的一种更为普遍的争议,集中于通常被称为积极人权与消极人权之间的差异上。一些人坚持认为,所有人类自然而然地拥有积极人权与消极人权,而其他一些人则争辩说,我们天然赋有的只是消极人权。消极权利是那些不被干涉的权利,是在某些特别的方面不被打扰的权利。它们之所以被称为消极权利,是因为它们所要求于别人的不是去做某事,而是莫去做某事——比如说,某些干涉他人的生命、自由或者财产的事情。因为一个人首先是被这些权利所规约以避免去做某种事情,所以,这些权利从根本上来说是消极的。比如说,言论自由与信仰自由的权利是自由权利的某些方面。它们至少在最初的时候是不需要任何人做什么的。拥有言论自由与信仰自由的权利,并不使我负有开口讲话或信仰任何宗教的义务。我对这些自由所拥有的权利,也不要求任何他者来激励我去言谈或信仰一种宗教。不管我说不说话,不管我遵从还是不遵从某一宗教,所要求于他人的,最初只是不打搅我。如果我要做出任何尝试的话,我的权利就是要他们不做某些会对我言谈或信仰一种宗教的企图形成干涉的事情。洛克与杰斐逊所宣告的人权,以及权利法案与美国宪法的前十条修正案中所包含的人权,是消极人权。它们所关切的是人们做事情时不受包括政府在内的他者干涉的权利。

在奥尔德雷德案例(3.1节)中,法院至少在某种程度上支持这种权利。由于托马斯·本顿所过的是一种被法院称作体面的生活,为了人类的消费而养猪,他就继续拥有一种尽可能不受政府干涉的生活方式的权利。这就是他从其所拥有的财产中谋生的消极权利,这也是消极财产权利的一个方面。因此之故,法院允许本顿保留并使用他的猪圈。

乍看来,积极人权似乎迥然不同。它要求人们相互之间提供援助,而非仅仅是相互之间不过问。比如说,《联合国人权宣言》在第25款中含有以下内容:

> 人人有权享受为维持他本人和家属的健康和福利所需的生活水准,包括食物、衣着、住房、医疗和必要的社会服务;在遭到失业、疾病、残废、守寡、衰老或在其他不能控制的情况下丧失谋生能力时,有权享受保障。[12]

第26款声明:"人人都有受教育的权利,教育应当免费,至少在初级和基本阶段应如此。"尊重这些权利就要求人们在必要的时候,为那些需要的人们提供食物、衣服、住房、医疗卫生保健以及教育。任何时候人们不能为自身提供这些物品时,这就是必要之举。不去干涉人们,我们就尊重了他们的消极人权,诸如他们的宗教、表达、集会的自由权利(《联合国人权宣言》第18、19和20条)。但是如果他们正在挨饿、生病,或是愚昧无知,而且没有帮助就不能够对这种状况做出补救的话,那么,他们就享有接受援助的积极人权。由于这些帮助能够促进他们的福利,所以积极人权常常被称为福利权。那些最有条件帮助别人却对那些处于令人绝望的贫困中的人们不闻不问的人,正是在侵犯着积极人权,侵犯着这些贫困人口的福利权。

承认积极人权以及消极人权的言外之意和仅仅是承认消极人权的弦外之音似乎大不相同。正义在于给予人们所应得的;这是在第2章中所

139

介绍的正义的形式定义。如果是陌生人,我与他们之间并没有特别约定,他们所应得的只是消极人权,那么,对他们所有的人而言,只要不干预他们我就是公正的。我不干涉他们的宗教、言论、集会、信仰的自由或是属于他们自由人权一部分的任何其他的自由。我也不会侵犯他们的生存权与财产权。所以,我对待他们的行为举止是公正的。这就是我们在第 4 章中所探讨的自由派理论中蕴含的正义观。依照那一理论,人类的解放或自由(免于干涉的自由)是至高无上的价值。生命与财产对于人类自由来说必不可少。同样,财产权自然而然地源于人们利用其自由创造某些价值时的自由之行使,因而被创造物自然而然地成为任何创造它的人的私有财产。因此,人们必须被给予洛克所主张的消极人权——生存权、自由权与财产权。所有其他权利源于自由权利的行使。如果我承诺自愿(在没有暴力或欺诈的情况下)以 80 美元的价格粉刷你的卧室,那么,你就获取了在特定时间内卧室被粉刷的权利,而我获得了 80 美元报酬的权利。我对那些与我没有特别约定的人们不亏欠什么,他们也不亏欠我什么。

因此,自由派理论更深刻的理论依据是消极人权理论。如果一个自由派理论的支持者被要求证明这一理论是正当的,她可能会坚持认为自由是重要的,因为人们有一项自然的自由人权。由于保护此人权是必要的,最弱意义的国家就被证明为是正当的。如果被问及国家为什么应是最弱的,为什么它不是一个福利国家,因为那样就可以重新分配财富,来为那些自己不能支付的人们提供住房、卫生保健和教育时,自由派的回答将是双重的。首先,为穷人提供福利服务将会花费一大笔钱。国家将会增加其他人的纳税以筹集这些钱。但是,这些人行使他们工作的自由去赚钱,这些钱是他们的财产。取走这些钱的一大部分将会侵犯到他们的财产权,因而相当于夺走他们选择去工作以挣钱时所行使的一大部分自由。因此,增加课税用以支付福利计划,将牵涉到对人们自由与财产的消极人权的侵犯。这将是不公正的。其次,正义并不要求穷人被给予帮助。

正义只是要求人们的权利得到尊重。从消极人权理论来看,对于那些与我没有任何特别约定的人们,除了不闻不问之外,从我这里什么也不应得到。他们不应获得福利,因此,拒绝在住房、卫生保健和教育上给予他们帮助并非就是对他们权利的侵犯,也不是什么不义之举。

第4章中提供了足够的理由来拒斥自由派理论。但是我们现在又看到了反对该理论的另一些理由的可能性。既然消极人权理论对于自由派理论的证明来说是必要的,因此,任何可以表明消极人权理论带有缺陷的论断,都会削弱自由派理论本身。这可以通过两种方式中的任一种而完成。它所表明的可能是,所有人权理论都是有缺陷的。或者可能表明的是,人们拥有消极人权和积极人权。既然是那样的话,当穷人需要获得体面的住房、卫生保健和教育等帮助而遭拒时,自由派就不能够宣称,在一个最弱意义的国家中,任何一个人的权利都没有受到侵犯。

认识到积极人权的实践意义与理论意义是非常重要的。世界上有成百万人民并非因自身的过错而在忍饥挨饿。他们就像美国的贫民一样都是人,而当前世界中有足够的农业资源可以养活每一个人。因此,如果人们享有积极人权,并且如果正义基本上来说就是给予人们有权获得的一切,那么,任由第三世界国家的人们去忍饥挨饿就完全是不义的了,而且我们在道德上有义务为此做点什么,做点为他们提供足够营养这样一些事情。对于环境正义而言,这是一项最为重要的事情,因为它关涉到我们分享地球上最为重要的自然资源之一——农业生产——的方式与限度。这个议题将在下面的6.9节中探讨。

目前来说,认识到积极人权与消极人权的重要现实意义,也可在下面的例子中得到阐发。1985年夏,墨西哥华雷斯地区(Juarez)的很多孩童由于饮用不洁净的水而生病死亡。在5千米以外的美国得克萨斯的厄尔帕索(El Paso),却有着充足的优质水源供应。运送这些水到华雷斯的技术近在手边,因此,所有因不洁净水源导致的诸多死亡本可以得到阻止

（以很低的成本）。然而，依照消极人权理论，华雷斯儿童不具有与厄尔帕索居民分享充足的优质水源的权利。人们只有免于（特定种类的）干涉的权利。假设厄尔帕索居民没有（以相应的方式）干涉华雷斯居民，那么，当厄尔帕索居民以及全体美国人丝毫不管华雷斯儿童的生存时，正义就得到伸张。这就是根据消极人权理论得出的结论。

然而，根据那些认可积极人权理论的人来看，状况就完全不同了。优质水源是一种对人类生存至关重要的环境资源。如果人们享有积极人权，他们通常会有一种使用这些必需品的权利。与消极人权理论相比，那些可以用合适的价格（也就是说，在不付出很大自我牺牲的情况下）供应这些必需品的人们，通常就有一种向这些不能为自身提供这些必需品的人们进行提供的义务。因此，与消极人权理论相反，对积极人权理论的认同就表明，当美国人未能采取确切地说很简单的一个行动，以向墨西哥华雷斯居民提供优质水源时，极不公平的事情就发生了。

很明显的是，如果关于环境正义的决定是参考人权做出的（参看上面6.2节），那么，表明这样的人权存在，而且如果它们存在，它们又是哪些权利，就是重要的事情。

所有人权都是消极的吗，或是至少有一些积极人权？由于某些似乎理智的人们对于积极人权的存在持有不同的见解，因此，洛克和杰斐逊诉诸所有有理智的人们所认为的不言而喻或显而易见事物的方法，是不充分的。所以，我们在下面的章节中就转到伊曼纽尔·康德的观点，我将用此来表明，相信积极人权存在的理由与相信消极人权存在的理由同样强大。

§6.6　康德与绝对命令[13]

设想一下众人存在以前的世界。在《圣经》对创世的记载中，直到创世的第六天才有人类。依照进化理论的观点，一直到 500 万（或 300 万，或 100 万）年以前才出现人类。那么想一下，在创世的第五天时或者 600 万年以前，世界是什么样子。有很多的树木、蜻蜓、鱼类以及许多其他的生命类型。许多个体配对，有了孩子，为生存奋斗，吃掉其他个体并最终被吃掉。但是我们认为，这些活动并不具有道德重要性。喂养其幼仔的鸟可能是很好的父母，但是我们（你和我）不会说他们是道德上善的。我们不认为鸟类应该获得称职的人类父母所应得的那般赞誉。称职的人类父母应该得到道德褒扬，他们在做一些道德上善的事情。在人类诞生之前，没有道德上善或是恶的行为。没有真正的德行与罪恶。

在康德看来，只有人类才具有这样的属性，即一个存在物必须为其行为接受道德评价。这样的属性就是理性与自由。理性使人们能够抽象地思维。我们可以想象事物与其现状不同的样子。我们能够想象出替代的可能，并且可以找到使一种可能性发生而避免另一种实现的途径。我们的理性使我们能够看到可选择的道路、可选择的行动方向以及可选择的目标。比如说，仅仅收听收音机中的广告，我就知道如果我去必胜客餐厅的话，我就能够得到 9 英寸比萨饼、铁盘比萨饼或是新的玉米面豆卷比萨饼。

在康德看来，我们的自由在于我们能够选择去追求哪一个对象。我们不是因本能与驯化来决定做什么。我们既非在心理上又非在肉体上被强迫选择一个对象而不是另一个。理性能够使我们意识到不同的可能性，而自由能够使我们选择其中一个，这个选择源于我们自身的自由意志。

想一想我已经选择了做某事，而且我已经执行下去并将之完成。由于那是一个自由选择，所以无论我选择什么，我也都可能会做出其他选择。这就使我要对我所做的负责。我本来不必要做它；相反，我也可以做一些其他事情。因此，对我的所作所为产生好感的人就会称赞我，而那些认为我做错了或是认为我所知晓的其他一些替代性行为可能会更好的人,会谴责我。如果我没有征求任何其他人的意见,就为我和与我共餐的其他人定制了一个很大的玉米面豆卷比萨饼(在我定制的时候,他们都在厕所里),那么,我就要为该行为负责了。那些喜欢这种比萨饼的人就会称赞我,而那些不喜欢的人就会谴责我。总而言之,与自由和理性相伴的是责任,与责任相伴的是可能的称赞或谴责。

但是,人们如何知道哪种行为应受称赞而哪种应受谴责呢?理性提供了答案。理性要求一致性;它要求一视同仁。我们在第2章中看到过,这是正义的形式特征。它被称为"形式的",是因为它正是来自正义定义本身,或是它的一部分。在这种方式上定义正义,是因为理性要求一致性。比如说,一般一个玉米面豆卷比萨饼卖8.5美元,但在同一时间同一必胜客餐厅对一个完全相同的比萨饼(相同大小、相同成分)却索要9.5美元,这就是不一致的,因而也确实是不合理的。这种区别可能是随意的而不是合乎情理的。它将是不协调的。

在逻辑保持一致的意义上,合乎理性对于所有思维而言是至关重要的。比如说,如果人们首先说二加二等于四,接着又说二加二等于五,那么,不解决这种不一致性,算术就是不可能的。如果"狗"在某时被用来意指"四足而会吠的哺乳动物",而在其他时候意指"将头埋在沙子中的鸟",那么,生物学上的探讨会被完全妨碍。缺乏一致性,思想将无去处。前后矛盾的思维是自我挫败的。做出考虑某些事情的决定,就意味着力求逻辑一致性的承诺。思考人们行为的道德合宜性也不例外。在康德看来,我们被要求只对那些我们自己与他人展示出一致性的行为给予道德的褒扬,而谴责那些前后矛盾的行为。

为了使行为一致,每个人必须以这样一种方式行动,即他认为,对于其他任何人而言在相同状况下以此方式行动都是正当的。[14]比如说,只有当我认为在相同境况下,另一个人可以为我和其他人定制他最偏爱的

比萨饼是正当的时候,我才可以为其他任何人定制我最喜欢的比萨饼(当
所有其他人都在厕所里时)。也许在某些特定情况下,我的行为能够过
关。假设在我生日那天,其他人都是我的朋友,他们带我出去吃比萨饼
(他们知道这样做,是因为他们已经读了本书的最初草稿)。在这种情况
下,没有征求其他人意见我就要求了我选择的比萨,而每个人可能都是高
兴的。如果我认为生日使得我的行为正当,那么,依照康德的观点,依据
逻辑的一致性,我就必定会认为,另一个人在他的生日时做同样的事情是
合情合理的。

　　但是,假设那天不是我的生日。我们只是一些朋友商定一起去必胜
客餐厅。试想一下,如果其他某个人为所有人选择了他所喜欢的比萨饼,
我将是多么懊恼。假如是那样的话,我为大家定制我所喜欢的比萨饼就
是不协调且不合理的。我作为一个有理性的存在物的本性,要求我避免
这种不理智的行为。于是,理性通向康德所称谓的绝对命令。这就是命
令每个人只可以在这样的方式上行动,即她可能希望其他任何人在同样
境况下也这样做。换言之,我的行为必须是普遍适用的。无论我何时行
动,唯有在我能够希望证明我的行为正当的原理成为一个普遍规律时,我
的行为在道德上才是正当的。说一个原理可以成为一个普遍规律,即是
在另一种方式上说,对于所有其他人来说,使用此原理作为指导也是完全
正确的。如果在我使用它时,这一原理是善的,其他人在类似的相关条件
下使用它时也是善的。如果我认为其他人使用它时并不合适,那么,我自
己再利用它就是不合理的了。它不能普遍适用了。如果我认为,别人未
经征询我的意见就为我点了他们最喜爱的比萨饼是不适当的,那么,对我
来说,未征求他人意见就为他们点了我最爱吃的比萨饼,也是不合适的。
我不能将这一原理普遍化,即那些预计要进食的人在未获征询时,人们应
该被允许从自己的口味出发为这些人定制比萨饼(或其他食品);然而,我
或许能够在相关方面将一个更为有限的原理普遍化,比如说,人们可以在

诸如他们的生日这样一些特殊场合这样去做。

绝对命令可用以向那些居住在水域上游的人们表明,他们应处理好他们的垃圾而不是将未处理的污水倾倒进河流中。假设那条河流是所有居住于河岸的人们唯一实际可获取的水源,那些居住在上游的人们将会认识到他们自身对于纯净河水的依赖,他们的生存与健康对于纯净河水的依赖。若他们住在下游而不是上游,他们的依赖也不亚于此。因此,他们能够看到,如果他们住在下游的话,他们就会要求居处上游的人们保持水的纯净。于是他们就意识到,他们将未处理的污水倾倒进河中的当前政策是不能被普遍化的。它不能满足绝对命令的要求。

于是,在康德看来,当我的行为遵照绝对命令时,就是值得称赞的;也就是说,当证实它们的原理是普遍适用的时候。当情形与之相反时,就是应受谴责的。依照康德的观点,这就是道德律。看起来它可能与金箴*相等同,"己所不欲,勿施于人";但事实上并非如此,康德用下面的例子阐明了这种区别。一个武装抢劫的罪犯可能会由衷地想到,如果她是对这种犯罪行为做出宣判的法官,她将饶恕这种行为而不加任何惩罚,而且仅仅使罪犯们遭受口头的斥责而已。[15]如若金箴就像康德显然认为的那样,要求己欲立而立人的话,法官应该只是斥责罪犯而已。包括康德在内,我们大多数人发现,这个结果是不可接受的。

康德认为,困难源于这样的事实,即金箴将任何人偶然产生的欲望作为出发点。然而,许多人类的主观愿望不能够被普遍化。比如说,制定一个对既定罪责饶恕而不是加以任何惩处的一般规则,将会毁坏整个刑事司法体系和国家法律的权威。不对违法者行使处罚,人们就会经常无视法律的要求,遵守法律的习惯将会消失。没有对法律要求的全面遵守,一个法律体系就会被摧毁。法律的存在是为了影响人们的行为。当它没有

---

* 金箴:《圣经》教导说,一个人要别人如何待他,他也应该要求自己一样待别人。——译者注

这种影响时,它就不存在了。因为法官是依照法律来确定自己的角色(法律规定了一个法律体系中法官的地位)的,所以,法律体系的破坏就蕴含着对法官角色的取消。类似地,既然罪犯就是触犯了法律的人,那么,法律的不存在就等同于罪犯的不存在。同样的人可能存在并卷入到同样的行为之中,但是他们却不再被认为是罪犯。同样,随着规定合法所有权的财产法的消失,合法所有权也会消失。于是,犯罪分子的这种原则(法官不应惩罚犯罪)的普遍化就与其自身相矛盾。这一原则提到法官,然而其普遍运用却与法官的存在相矛盾;这个原则提到罪犯,然而其普遍运用却与法律规定的犯罪行为相冲突。所以犯罪分子所提议的原则不能被普遍化,因为其普遍化包含着悖论。由于不能被普遍化,所以它与康德的绝对命令不相一致。

然而,它可以与金箴相一致。正如康德所理解的那样,从金箴中可以获知,如果你愿意放别人一马而不加以惩罚,那么,他们应该也愿意饶恕你。这并不意味着他们应情愿饶恕所有罪犯;只是由于你宽宏大量的精神,你可以被放过。这将不会破坏法律的存在。因此,金箴可以被一个罪犯作为理由以逃避惩罚,然而,康德的绝对命令却不能被这样用。因此,这两点非常不同。

第二个例子可以更加深入地澄清这一点。[16]假设某人非常喜欢随随便便欺骗别人,并且也愿意让别人随随便便欺骗自己。他的欺骗符合金箴;他愿意别人对待自己就像他对待别人一样。然而,如果任何人都随随便便地对其他任何人(不仅仅对她)撒谎,尝试撒谎变得如此普遍以至于撒一个成功的谎都成了问题。只有当其他一些人被蒙骗了以后,一个谎言才是成功的。只有当其他一些人(错误地)以为那个谎言所说的是真相时,这些人才是被欺骗了,然而随着撒谎的普遍化,相信谎言的人也越来越稀少了。因此,任何人随随便便就以谎言欺骗他人的普遍原则是自我挫败的;它不可能被采用。因此,为了个人之便而撒谎未能通过普遍化的检验，即使它与金箴是保持一致的。

区别大体上在于：金箴是从任何一个人的偶然欲望之事出发。几乎所有的主观偏爱都可做到此点。于是，依照康德的看法，它就要求带着这一欲望的人在这件事情上，己欲达而达人。那个人不必希望其他所有人都以同样方式对待任何其他人。金箴的限度，只是在于这一个体对于所有他者的行为，以及所有他者对于此一个体的行为。相反，康德的绝对命令适用于任何人对任何人的行为。绝对命令的这一方面使得某些箴言不再有效，即任何人在其与某些给定个体的关系背景下可以采用，却不能毫无矛盾地在他们与其他任何人的关系中去加以采用的这样一些箴言。饶恕罪犯——如果这些罪犯成为法官的话，将会饶恕所有他者——的箴言，以及向那些并不在意被骗的人撒谎的箴言，都陷于这一类之中。它们是这样一些箴言，人们可以在与有限数量个体的关系之中加以使用，但是，假如每一个人都宁愿饶恕罪犯而非对其进行惩罚，宁愿欺骗而不说出真相的话，那将会是自我挫败的了。因为每个人都在其与他人的关系中采用这些方式时，它们是自我挫败的，所以，饶恕罪犯以及撒谎的偏爱就是主观偏爱。它们不符合道德律。

总的来说，依照康德的看法，具有自由和理性的存在物以两种方式给世界带来道德规范。首先，自由和理性使这样的存在物有可能设想并在可供选择的行动方向中做出选择，从而使他们对于自己所做的负起责任并做出道德上的解释。只有在具有自由和理性的存在物出现时，道德判断才变得适宜。认为一个毛虫要对吃掉树叶而对美丽的树木造成伤害负责，真正来说是没有意义的。毛虫大概不能设想出很多的替代性选择，即使是面对着替代性选择，也未必能够去追求之。它是不能为自己的行为负责的，而且也不能为自己所做的受到道德上的称赞或谴责。只有当具有自由和理性的存在物进入到世界图景中时，道德上的称赞或谴责才具有意义。

其次,进入到这些存在物中的理性提供了绝对命令,它给予道德以真意。它表明了哪些行为应受到称赞而哪些行为又应受到谴责。由于绝对命令作为道德律的核心,能够从理性中独自推出,因而每一具有理性的存在物原则上来说得自于其自身。因此,康德相信,在遵守道德律时,人们只不过是在服从着他们与其他人共享的理性推理能力的产物而已。这个律令是作为理性存在物的人为自己规定的一个法则。这意味着人们是自律的。"Auto"意指自我,而"nomos"意味着法则或律令。道德要求我们服从的法则或律令,至少从理论上讲,就是我们能够自我生成的那些。因此我们是自治的或自律的:我们既是道德律的创造者,又服从于它。

§6.7 目的王国与人权

道德律的源头给予了人类和所有其他具有自由与理性的存在物(比如说,有理性的天外来客)一种特别的尊严。康德这样推论:"除了规律所规定的之外没有什么东西具有任何价值。规定每种东西价值的立法本身必定正因为这个原因具有尊严,这是无条件的、无与伦比的价值。"* 每次我们都将这两句话合成一句来说:"除了规律所规定的之外没有什么东西具有任何价值。"正如之前提到的,在具有自由和理性的存在物出现以前,这个世界上是没有道德价值的。这些存在物的行动将道德价值带入到世界中来,是因为这些存在物具有必要的理性来断定出哪种行为是正当的,并拥有选择不是那些行为就是与之相反的行为的自由。当他们的行为完全由自由与理性来指引时,也就是说,只有当理性确定其行为的正当性,他们再运用自由来选择行动时,自由的、理性的存在物才以这种方式将德行带入了世界。当已经断定什么是道德上正当的,他们却又有意地做其

---

* 参考郑保华主编:《康德文集》,改革出版社 1997 年版,第 98 页。——译者注

他相反的事情时,自由的、理性的存在物就将道德的恶带进了世界。因此,只有与道德律相关联,万物才有了价值:"除了规律所规定的之外没有什么东西具有任何价值。"

　　一个例子可助于思考。留心一下牛奶。在人类出现之前地球上就有了牛奶,但是它没有道德价值。只有通过与人类行为相关联它才获取了价值。一切理性生物的行为都是有目的的;他们意欲达到一定的目标。我去商店购买牛奶是为了喂养孩子以增进他们的成长与健康,等等之类。通过断定什么行为是正当的,道德律就决定了哪个目标是值得追求的,从而哪个目标是真正有价值的。比如说,偷窃牛奶一般说来是不道德的。因此,获取偷窃的牛奶这一目的就是不正当的。道德律因而就禁止赋予偷窃来的牛奶以价值,除了在归还给合法所有者时以外。比较而言,一个人通过辛勤劳动挣来满足自己孩子之需的牛奶就是善的。在康德看来,这个善仅源自它与道德上善的行为以及具有自由与理性的一个人的意图之间的关系。与其他许多人不同的是,康德并不认为牛奶或其他什么东西无论在何种方式上都是有价值的,除非是与道德上善的行为和意图相关联的时候。仅仅是有了牛奶且从中得到滋养并不就是善的。只有当牛奶的获得是符合于绝对命令的行为,而且只有当这些行为正好因为它们符合于绝对命令而被一个具有自由与理性的人所选择时,善才存在。康德在写作时将此牢记心中,"除了规律所规定的之外没有什么东西具有任何价值"。

　　康德总结道:"规定每种东西价值的立法本身必定正因为这个原因具有尊严,这是无条件的、无与伦比的价值。"当某物作为所有其他事物之价值的根据时,它的价值不同于任何其他事物的价值。由于没有根据,任何事物就没有价值,所以,这个根据有着特别的或是超级的价值。康德将这个超级价值称为尊严。理性的存在物是所有其他价值的根据,这是因为如同我们已经看到的那样,他们是道德律的唯一源头,并且"除了规律所规定的之外没有什么东西具有任何价值"。因此,所有的理性存在物并且只有理性存在物才具有尊严。比如说,瀑布、树木和山羊就没有尊严,因为它们(大概)是没有理性的。

这就意味着每一个(理性的)人必须是道德律的目的,或者如康德所提出的,每个人都必须是他自身的目的。对所有其他事物而言,被用作或是完全服务于外在于它们自身的目的,在道德上是正当的。我可以在冬天砍下一棵树以得到取暖的木柴。对于树而言可能是不好的,但那是正当的。那棵树可以仅仅被作为某些它并未从中分享到好处的手段。同样,我可以为了水力发电而拦河筑坝。对于河流或是其中的动植物群落来说这可能没有好处,但那是正当的。这些事物也可被仅仅作为达到它们并未从中分享的目的的手段而已。但是由于人类(以及其他存在物,假如有这样一些具有自由和理性的存在物的话)是道德律的源头,因此他们具有一种特别的尊严,以至于若在他们未曾参与的目的中被仅仅当作手段的话,这就是不正当的。他们必须总是被作为目的本身来对待。

这也不能排除将他人作为手段。救生员可以被合法地用作为提高游泳安全的手段。工厂的工人也可以为了消费者和股东收益而被合法地用作为装配电冰箱的手段。但是因为他们是人类,他们不应该仅仅被用作为手段。他们应该总是得到与他们作为目的本身的地位相称的尊重与关切,这种存在物的福利是道德的一个重要目标。当前美国境内的铀矿开采面临的一个问题是(参看上面的 6.1 节),矿工和矿业城镇上的其他居民并没有被作为目的本身而受到充分的尊重。他们的生活只是为了他人利润的增加以及方便而受到了危害。

康德得出这样的结论,人类的福利是道德的一个重要目标,人具有特别的尊严,任何人不能仅仅被作为手段,每个人都必须被作为目的本身而受到尊重。简而言之,人类构建了一个目的王国。

康德没有进一步坚持认为存在着人权,但人权的存在是他所形成的立场的必然结果。因而他就常常被与人权的传统联系一起。如果他的论断被接受,那么康德就已证明,人类是道德的目标,是目的本身,是具有尊严与无可比拟价值的存在物。他们是自律的,因为每个人(从原则上讲)从其自身中创造了道德律。消极人权是从这种看法中得出的。依照人权的传统,人拥有不受干扰地享受生存、自由和财产的权利。无疑,如果理性生活自然潜能的运用在道德上是如此重要的话,人们就有必要免于侵犯、奴役、镇压和劫掠。人自然而然地是自律的,并且因而应不受干扰地过着他们认为合适的生活;当然,只要侵害不到他人的人身自由。因此,应该有言论、集会、解放、信仰的自由,以及对于人们生命与财产的保护。

积极人权也可从康德的立场中推出。它们就是这样一些权利,即人们在无法为自己提供体面生活所必需的一切保障时,不得不从他人那里加以获取的权利。这样的必需品包括有营养的食物、清洁的水、一些卫生保健措施、体面的住房,以及至少是初等的教育。如果不但是人类个体的保护,而且其发展都是道德目标的话——那就是说,如果人类具有作为自身目的的无与伦比的价值——那么,对教育经费的要求就表明,对人的践踏才真正可怕。正如康德所设想的那样,无论何时,假如能够被阻止的话,道德律要求力避这种践踏。人们有义务为那些不能供养自身的人提供生活必需品。"必需品"在这种状况下就包括人的发展所必需的物质福利的所有方面。它们将包括有营养的食物、适于饮用的水、卫生保健、住房和教育。那些需要者于是在这些方面就有得到帮助的权利。因此,拒绝为极度需要水的墨西哥华雷斯居民提供可获得的水源,正如将人们不必要地暴露在危险的高当量辐射之中一样,是不正当的。总而言之,康德的立场产生出积极人权,也带来了消极人权。

这样的结果不是为康德立场所独有或特有的。对消极人权的论证同样可用来表明积极人权存在。[17]像洛克与杰斐逊这样的思想家只强调消极人权而不是积极人权的存在。但是他们认为,消极人权的存在是不言而喻的。他们没有深入地探索那种相信这些权利存在的基本原理。无论何时，当这一探索一旦完成，相信消极人权存在的基本原理对于积极人权的存在而言，也会构成一种同样有说服力的论证。原因在于，人们将他们关于人权的论证奠基在这样的事实之上，即人类有一些非常特别的、非凡的、独一无二的和有价值的东西。因为所有人类都是如此特别，所以他们理应受到尊重的对待。承认并依照他们的人权向他们表达合宜的尊重是必要的。论断继续下去就会得出这样的结论，即人们应该可以自由地表达自我、选择自己的生活方式、选择自己的宗教等。这些都是消极人权。但是，如果所有的人类都是如此奇妙、赋有价值并值得尊重，一转身却说，让他们在街上挨饿或是年纪轻轻就死于可预防的疾病，或者一直是个文盲，或者身处一种对我们的宠物来说我们都无法忍受的肮脏条件下，都是正当的，那就讲不通了。因此，消极人权的论证也暗示了积极人权的存在。

当然，也许有人在某一天提出了令人信服的论证，能够在论证消极人权存在的同时证明积极人权的不存在。我不知道这样一个论证是否可能，或者如果可能的话，它又会是什么样子。但是，在有人实际提供这样一个论证之前，我们有资格说，相信积极人权和消极人权存在的理由同样有力。正如前面所提到的，这更进一步削弱了自由派理论，因为这个理论立足于这样的假定：只有消极人权而没有积极人权。

§6.8　反对与回应

那些希望避免承认积极（福利）人权的消极人权护卫者们，在没有实际否定积极人权存在的情况下，为他们的立场提出了两个理由。这些理由是这样的一些论证，即在给予人们福利权利的过程中会产生一些难题，而在给予人们消极人权的过程中则不会产生。因此，即使人们相信积极人权存在的理由与相信消极人权存在的理由同样多,人们也只有承认后者的义务。

此类考虑首先关注的是,当人们只是互不干涉时,消极人权就受到了尊重。没有人被迫去做某事;人们只要克制不做某些事情就已经足够了。因此,究竟是谁在提供消极人权的问题很容易地得到了解决。通过克制对他人某些生活领域中的行为的干涉,我们都被认为是为所有其他人提供了消极人权。

据称,福利权利在这方面却非常不同。它们要求向人们提供诸如食物、住房、卫生保健和教育这样一些东西。这就引起一个棘手的问题。究竟是谁要负责提供这些事物? 与消极人权不同,这不可能要求所有人都来负责,因为许多人如此贫困以至于自身难保。无疑,这就不可能要求他们去供养别人。另外一些人仅仅自足而已。他们大概也不可能被要求供养别人了。但是在美国,有一些家庭年收入 8 万美元却仅能做到收支平衡。难道他们预算上的问题就可以使其免除为他人的需要提供帮助的义务吗? 关于谁来做出什么付出的决定难以被证明,正如联邦免税代码的年度变化所表明的那样。税收征集与福利基金的分配,需要难以控制的庞大官僚机构的建立与运作。避免这些难题的最佳途径就是自扫门前雪,承认消极人权而非积极人权。

福利权利的支持者们对这种推理有着令人信服的回答。他们指出,消极人权和积极人权之间的差异并不像前述论证所认为的那样巨大。也许在某些理想世界中,承认消极人权可能就不再需要税收和政府官僚机构;人们将只是互不干涉而已。但是我们知道,现实世界中的人们并不总是互相尊重他人的生存、自由和财产的权利。对这些权利的承诺,就被认为是包含有保护它们的承诺。因此政府就被创建起来。立法者、警察、法院、法官、陪审团、律师、监狱、委员会、代理等,都是保护消极人权所必需的。其中一些构成了政府官僚机构,(除了其他一些之外)其中还有保护人们生命与财产免于危险废弃物影响的美国环保署(EPA)。由于保护人们的生命与财产需要花钱,所以税收是必需的。消极人权的保护包含有与福利供应同样的困难。在一个技术上高度复杂、盘根错节地相互依存的大众社会里,与福利供应相关联的困难可能与保护消极人权的困难不相上下。

应该指出的是,由于都是人权,所以,它们的供应与保护是每一个人的责任。我们特别建立政府机构并依赖它们完成这项工作,但是在政府职能有限的限度内,不管什么原因,人们要担负起力所能及的帮助。有时,这就包括了对更具地域性的组织的利用。在美国,当某地方的犯罪成为一个问题时,一些人就建立起民间的"街坊守望"组织来援助政府以保护自己与邻里的消极人权。有时,当政府未能保护消极人权时,另一个政府组织或者是一个国际组织就会介入。比如说,美国政府(至少是官方的)针对萨尔瓦多保护消极人权的进展状况,一度对萨尔瓦多政府提供援助。政府间的国际协定具有同样目的。《联合国世界人权宣言》中的大部分内容也涉及到消极人权,《赫尔辛基人权宣言》也是如此。

涉及积极人权的情形也与此相类似。当人们需要福利援助而政府又未能提供时,其他人就有义务尽其所能地去提供帮助,因为真正贫穷的人们确实享有一项获得援助的人权。邻里之间与教会组织在所在地区帮助那些贫困的人们。国际红十字会是一个世界范围内的灾难受害者民间援助组织。在一国政府未能给人们提供足够援助之时,许多其他政府就会提供对外援助以增进人们的福利。联合国教科文组织(UNESCO)的成立,是很多政府为了满足相同的福利需要而通过国际协定建立起来的。

关键在于,不管是民间的,还是公共的、地方的、国家的或是国际性的,这些为保障积极人权的形形色色的组织都类似于那些用来保障消极人权的组织。与这些致力于满足两种不同目标的组织相关联的困难,也是非常类似的。它们的成功率也令人沮丧地相似。不管是当地的武装抢劫、国际恐怖主义、政治压迫，还是非法的敢死队都证明，在当今这个世界上消极人权常常没有得到应有的尊重。类似地，不管是营养不良、住房不足，或是文盲问题，积极人权常常成为其他目标的祭品。这两种情况下，由于人权被否定，人们就不能获得他们所应得的。这就是非正义。一致性要求在这两种情况下都要采取行动以终止不义行为。不管对于积极人权或消极人权是否存在着分歧，这些行动往往涉及这样一些组织的运用，即民间的与公共的、地方的、国家的和国际的组织。

反对承认福利权利的第二点意见可以很快地加以处理。反对福利权利的人指出，为了满足他人的福利而强制纳税，干涉了纳税人对私有财产的消极人权。因为人们被赋予了私有财产权，所以在此点上干涉其权利就构成了一种非正义行为。当伴有对其他人权的侵犯情况下，福利权就不再是合法地被追求了。减少财产权侵犯的最佳途径就是把贫民的福利视为慈善团体的事情，而不是权利的问题。政府将不再强迫人们为他人的福利买单。通过自愿的慈善捐助，这些人的要求可能会得到满足。

这个推理中有几个方面是错误的。没有证据表明，当那些需求不再被认为是权利问题时，民间慈善团体就能够充分地满足人们的福利需求。在当前的境况下，它们被普遍认为是权利的问题，因而政府就强制人们通过纳税为那些贫民的福利做出贡献。然而，在美国国内以及海外，有许多基本需求都未得到满足。当然，在一个纯粹自愿捐助主义的体系下，结果几乎必然是更为糟糕的。试想一下，如果我们试图完全依赖于自愿捐助来支撑警察、法院、监狱系统、军事以及其他致力于保护消极人权的组织，大多数人的消极人权将肯定会比现在处于更大的危险之中。自愿捐助主义将同样危害到对积极人权的保护。

当人们意识到，将同样的观点运用到消极人权保护时，那种保护积极人权会累及消极人权保护的论点就失去了说服力；对于某些消极人权的保护同样也会累及其他一些消极人权的保护。比如说,为了保护人们免受侵犯,政府筹集税收以为警察、法院、监狱等系统的运作买单。跟征税是为穷人的住房与卫生保健买单一样,这些税收同样是强制性的,并与私有财产的消极人权不相一致。

一般认为,不管是对消极人权还是对积极人权的侵犯,都不可能绝对地加以阻止。人权之中会发生冲突,当冲突真的发生时,某一项或是更多项的权利必须做出让步。人权立场提供了指导,但它没有提供解决所有冲突问题的现成方法。然而,以下这些则是明确的:

1. 倘若发生冲突,财产权至少在某些时候应该做出让步,否则就没有课税,因此也就没有政府来保护任何人权。

2. 人权之中的冲突不能仅是通过伪称某些人权不存在就能得到合理解决。

3. 人权如此重要,不能为了更小的目标而妥协。例如,人们不应该为了他人能够拥有更低廉的电力而遭受癌症的痛苦。

4. 所有专为人权而设计的可能的论证,都暗示了积极人权以及消极人权的存在。

那么,为什么人们如此易于相信只有消极人权的存在?为什么对洛克和杰斐逊来说消极人权的存在是不言而喻的,而福利权利的存在却并非如此呢?我认为是德性理论在此作祟。依照德性理论,富人应得其财富而穷人应受其贫穷。承认只有消极人权的后果,就是听任富人继续富而穷人继续穷。人们只是自扫门前雪就能够充分地尊重相互之间的消极人权。如果富人和穷人相互之间只是不闻不问,富人会继续富裕而穷人继续潦倒,于是,依照德性理论,这都是他们双方所应得的。因此,认为人们只有消极人权的观点可能是源于与德性理论相关的心理动力。那个理论不能得到合理的辩护,但在我们的文化中却对人们有吸引力(参看前面第 3 章)。

§6.9 人权观点的一次运用

承认福利权利的现实意义极为重大。考虑一下这一事实,世界上至少有一半人口缺乏健康存在所必需的食品。20％的人口所得到的营养是如此贫乏,以至于长时间处于昏睡与病态中,无法从事生产性工作。他们常常年纪轻轻就死于痢疾与肺炎这样一些因为身体过于虚弱而抵抗不了的疾病[18],而我们却坐拥大量的储备粮。

一些人坚持认为,全球贫困人口中遍布的饥荒是不可避免的,因此,不应做出任何制止它的企图。[19]这样的企图将是徒劳的,因为为那些穷人提供食物将导致他们人口数量的急剧增长。尽管现在有足够的食物提供给他们,但当他们的数量增长后,食物供给最终将陷入不足的境地,从而发生更大规模的饥荒。由于遍布的饥荒是不可避免的,最好是现在更少些人挨饿而不是以后的更多人挨饿。

该论证的缺陷在于世界贫民中可预知的人口增长的不确定性。富国的历史表明,当人们的基本需要得到满足后,他们确信自己的后裔能够生存下去,于是,他们就会生更少的孩子,从而就出现了发达国家中相对较低的人口出生率。在更为贫穷的国家中的人口趋势也表明,大范围饥荒对于控制人口增长来说是不必要的。比如说,中国在解决温饱问题的同时,已经降低了人口增长率;而印度虽具有官方推进的计划生育的悠久历史,仍旧在相当大的范围内存在饥荒并保有一个人口的高增长率。[20]可以获得的证据表明,饥荒与营养不良并非不可避免。它们源于这样的事实,即富国没有与穷国足够地分享其物质繁荣。事实上,富国与穷国间的差距越拉越大。[21]在阿瑟·西蒙(Arthur Simon)看来,如果富国与穷国共享更多的技术,帮助他们建立自己的工厂,并在没有关税壁垒的情况下,允许他们制造的物品进入富裕国家[22],仅以许多可能步骤中的三步骤,饥荒就能被消除。

为什么我们不能共享储备粮,并采取其他步骤来消除我们人类同伴的饥荒呢？通常的回答就是,那会花费掉很多我们宁可用于自己奢侈消费的钱。比如说,当需求相对于供给增加时,把我们的谷物提供给世界上的穷人将会提高谷物的价格。这将会提高我们食物特别是肉类的价格,因为作为肉源的动物大多是谷物饲养的。然而,这不会给我们造成真正的艰辛。我们可以将肉类从食谱中排除掉。这就降低了对谷物的需求,因为谷物在美国主要用来喂养牲畜,谷物中 80％或 90％的营养成分被用以维持牲畜的身体。因此,当我们摄取肉食时,我们只是取得谷物营养价值的 10％到 20％而已。若我们自己来吃那些谷物,而不是用来喂养牲畜,我们就能用更少的谷物养活自己。这就降低了对谷物的需求,我们就能在国内谷价无需很大提升的情况下,向海外运送更多的谷物。因此,在无需造成营养或健康受损的情况下,成为一名素食主义者,就是一种用作弥补喂养世界上挨饿穷人的费用的方式。为什么我们不这样做？最通常的理由就是人们喜欢肉食的味道,而且已经习惯于此,并且发现肉类容易烹调等。我们认为自己的快乐与方便比穷人的生命更为重要。

另外,我们可以去做的用以消除饥荒的事情,如降低关税壁垒,也会产生类似的结果。这就要求我们放弃一些奢侈、便利或是我们偏爱的富裕生活方式中的其他一些方面。我们不情愿这么做。从人权的观点看,这样的行为是站不住脚的。人们获得食物的人权被否定了——从而他们的生存权实际上也被否定了——其他人因而能够享受一些从根本上来说并不公正的事物。为了那些并不比人权受到危害更引人注目的目标而在人权上让步,正是人权观点所谴责的。因此,对人权观的拥戴将深刻影响我们的生活方式与我们的人生。我们将不得不以与我们当前的所作所为非常不同的方式分享地球的资源。没有理由拒绝人权观,但是对它的资格背景进行详细的审查是正当的,我们将在下一章中转向这一点。

注释：

［1］Jonathan Swift，"A Modest Proposal"，in Ricardo Quinana，ed.，*Gulliver's Travels and Other Writings* (New York：Random House，The Modern Library，1958)，pp.488—496.

［2］"Mother Earth is Not for Sale"，来源于 1984 年 6 月 19 日的公共广播服务频道。

［3］Andrew D. Weinberger，*Freedom and Protection* (San Francisco：Chandler Publishing Co.，1962)，p.156.

［4］Richard B. Steward & James K. Krier，*Environmental Law and Public Policy*，2nd ed. (New York：Bobbs-Merrill，1978)，p.149.

［5］Stewart and Krier，p.150.

［6］42 U.S.C. 4701 *et seq.*，于 1978 年 6 月 1 日被修订，in Stewart and Krier，pp.843—977。

［7］*Comprehensive Environmental Response*，*Compensation and Liability Act of 1980*，Publ L.99—510，94 Stat. 2767，Section 303，pp.950—960.

［8］Stewart and Krier，p.745.

［9］John Locke，*The Second Treatise of Government* (New York：Library of Liberal Arts，1965).

［10］Weinberger，p.156.

［11］这个例子由 Edward Johnson 提出，"Treating the Dirt：Environmental Ethics and Moral Theory"，in Tom Regan，ed.，*Earthbound* (New York：Random House，1984)，p.336.

［12］Weinberger，pp.164—169.

［13］Immanuel Kant，*Foundation of the Metaphysics of Morals*，trans. Lewis White Beck(New York：Library of Liberal Arts，1959).最早的版本是 *Kant on the Foundation of Morality*，由 Brendan E.A. Liddell 翻译与注释的康德著作(Bloomington，Indiana：Indiana University Press，1970)。页码参照此版本。

［14］Kant，pp.130—134.

［15］Kant，p.159.

［16］Kant，pp.143—144.

［17］最近对人权的全面论述，参见 Alan Gewirth，*Reason and Morality*(Chicago：University of Chicago Press，1978)。

［18］Arthur Simon，*Bread for the World* (New York：Paulist Press，1975)，p.14.

［19］Garrett Hardin，"Lifeboat Ethics：The Case Against Helping the Poor"，in *World Hunger and Moral Obligation*，William Aiken & Hugh Lafollette，eds.(Englewood，N.J.：Prentice Hall，1977) pp.12—21.

［20］Simon，pp.32—33.

［21］Simon，pp.43—46.

［22］Simon，pp.95—96.

第 7 章　动物权利

§7.1　在公园里毒杀鸽子

如果像一些人权拥护者所坚持认为的那样,道德的目标只是对人权的保护和促进而已,那么,对于动物虐待我们又能说些什么呢?留心看一下汤姆·莱勒的一些歌词中对"在公园里毒杀鸽子"[1] 的"游戏"以音乐进行的反思:

> 这游戏,让我们赢得恶名,在奥杜邦群落也引起了恐慌,
>
> 它们被称为不虔敬和很失礼,和一些讨厌的名堂,
>
> 除掉一只鸽子,并未违背任何宗教,
>
> 若你礼拜日赋闲,为何不与我一起来,我们将在公园毒杀鸽子,
>
> 也许在毒杀鸽子时,再加上一两只松鼠,
>
> 我等将在欢声笑语中谋杀,
>
> 除了我们带回家做实验的那些,
>
> 每一滴毒碱滴下时,我的脉搏就加速,
>
> 只需那么一点点,
>
> 在公园里毒杀一只鸽子。

大多数人对于任何诸如在公园里毒杀鸽子游戏之类的活动都感到厌恶。人们大多感到,这种"游戏"中有某些不正当之处。

在反对动物虐待的立法标题下,谴责的态度在许多领域的法律中都得到了体现。美国的每一个州都有这样的立法。伊利诺伊州《人道地照

料动物法》(1973年)是大多数州中反动物虐待立法的典范。[2]它要求主人为她的每一只动物提供：

    a. 足够数量的品质优良、清洁的饮用水和食物；

    b. 恶劣天气下足够的庇护所和保护；

    c. 为避免痛苦所必需的兽医保健；

    d. 人道的照顾与对待。（第703款）

它同样禁止某些行为。"动物主人或是其他任何人都不能以鞭打、虐待、折磨、负载过重、工作过度或是以其他方式虐待任何动物。"（第704款）其他禁令包括了对那些捕获、喂养、训练或是租赁任何动物以便进行"包括了这些动物与其他动物之间的搏斗或是为了某种运动、赌博或娱乐而对一些动物有意杀害"的表演的反对。（第704.01款）而且，如果没有农业部的书面许可，任何一只"狗或是其他家畜"都不可以被毒死。

这样的立法以及引发它们的情感，在人权的框架内能够被证明是正义的吗？对于那些对环境正义感兴趣的人来说，这是一个重要的问题。和人类一样，人类以外的动物也是生物圈的居民。我们如何对待它们、我们如何对待地球都会深深地影响到它们的命运。动物个体会感受到因我们人类而遭受的苦难，而且整个物种被推向灭绝。因此，如果无视动物的利益，环境正义就是不完善的。

本章致力于探索那些与我们如何对待非人类动物相关的问题。我们将伊曼纽尔·康德的人权观点与汤姆·雷根的动物权利观点进行了比较和对照。我在7.2节和7.3节中表明，人权观与我们在对待非人类动物以及许多严重智障患者时所设置的许多道德与法律限制是相冲突的。我想要表明（7.4节），与康德相反的是，若无人类的存在，动物与其他存在物也可具有价值。这就使得动物权利存在的可能性悬而未决。在下面的四节中(7.5—7.8 节),我解释了方法论、论证本身以及汤姆·雷根的动物权利辩护理由中的诸多蕴涵。我接受这个基本的方法论,并在第 12 章中对其做出更加完善的解释和辩护。我也同意汤姆· 雷根的观点,那就是,这一方法的使用会产生出要求我们在对待许多动物的行为上进行重大修正的命令。然而,在 7.9 节和 7.10 节中,我提及雷根观点中的困境。它没有为保护那些所有因人类而可能遭受身体痛苦的动物做出规定。在我们对新生的人类婴儿和严重智障患者的处理中,其观点也是存有疑问的。在人权与动物权利的关系上,它也产生了一些问题,尤其是当积极人权存在争议之时。最后,我也解释了因完全聚焦于权利之上而已然产生的混乱状态。在第 13 章中,我提出了一种理论,以将人权置于一个更为宽容、多元的视角之中。该视角为雷根所辩护的大多数动物权利提供了一席之地。

§7.2 人权与动物虐待

如果所有道德规范的主题是人类权利,那么,似乎在人类对待非人类动物的问题上就不存在道德约束。它们不是人类,所以不具有人权。如果不道德行为仅指那些侵犯人权的行为,那么,不管对动物多么残忍与有害,就其作为对动物影响的结果来说,没有任何行动在道德上是不正当的。因此,比如说,新的水坝将会危及某一濒危物种的继续生存,但只有在这个物种的持续存在能够服务于人类的某些目的时,才能构成一个制止大坝建造的理由。从人权观点看,动物福利无足轻重。同样,再回到原来的例子中,在公园中毒杀鸽子对鸽子是有害的这个事实,不会使得这项"游戏"在道德上令人怀疑。如果参与到这项运动中的人干了某些不正当的事情,那一定是由于一些别的什么原因而不是因为虐待鸽子。

强调所有道德规范中人类中心地位的伊曼纽尔·康德,接受了上面的结果。他写道:"就动物而言,我们没有直接的义务。动物……因而仅仅是达到某种目的的手段。那个目的就是人。"[3]然而,康德反对虐待动物。通过声称如果一个人"不扼杀其仁慈之情感,他就必得对动物仁慈,因为虐待动物之人在其对待人类之时也会变得残忍起来"[4],康德为其反对虐待动物的立场进行了辩护。康德谴责对动物的虐待,倒不是因为其中伴随有动物的苦难,因为这在道德上是无足轻重的,而是因为那将导致人类的苦难。"因而,我们对于动物的义务就成为对人类的间接义务。"[5]

像任何一些链环一样,一个推理链式的力量仅与其最薄弱的一环相当。在康德的推理链式中薄弱的一环,就是他所声称的"虐待动物之人在其对待人类之时也会变得残忍起来"。康德的反对虐待动物论证的力量仅与其为该论证所提供的论据相当。对康德和那些不得不与人权拥护者搅来搅去的动物来说,不幸的是,缺乏具有说服力的证据来支持这一观点。很有可能的是,很多人通过虐待动物以替代对人类的残忍。我们可能因为对我们的老板非常生气而把一只猫一脚踢开。一些人可能将人类和人类以外的动物置于如此不同的心智范畴中,因而他们对于一方的行为不影响其对另一方的表现。康德注意到,"在英格兰(18世纪晚期)屠夫和医生不能在陪审团中担任职务,因为他们已经习惯于面对死亡而且变得冷酷无情"。[6]这个想法并不是指屠夫和医生是残忍的,而是由于他们倾向于发展一种对虐待他者的麻木不仁。然而,对待医生、屠夫的态度后来已发生了改变。在他们与其人类同伴的打交道中,他们不再被认为是特别冷酷无情的。总而言之,如今我们业已意识到,正如我们没有更多理由认为虐待动物会加重对待人类时的残忍一样,我们也没有理由一定要认为,此类行为减少了对人类的虐待或是使其毫发未损。因此,康德反对动物虐待的论证未获成功。尚需一个不同的论证来表明,为何从人权观点来看,人类不应虐待动物。

一个建议就是,虐待动物冒犯了大多数人的情感,因而是不正当的。

在我们的社会中,大多数人对于斗鸡中的一些做法感到厌恶,即公鸡们被"装备以能够相互之间刺出很深伤口的铁刺或是铁钩"[7]。通常,公鸡以这种方式搏斗至死,就如古罗马的角斗士一般。一个宠物由于其主人的疏忽而死于饥渴或是曝晒,人们对此同样也感到难过。对于人类来说,犯下此类暴行就是极端的思虑不周,正如它冒犯了人们的情感一样。这就是虐待动物何以在道德上是不正当的缘由。它冒犯了一个人的人类同伴的情感,所以是不正当的。

但是在人权观点看来,冒犯一个人的人类同伴的情感就是不正当的吗?假如做任何冒犯他人情感的事情在道德上都是不正当的,那么,几乎所有事情在道德上都将是不正当的,因为几乎所有活动都是会冒犯到某一些人的。当未婚情侣同居时,有些人就感到不高兴。其他一些人则对婚姻制度感到不快,并认为任何人都不应该参与到那种制度中去。做父母的教训孩子,有一些人就感到不快,另一些人则觉得,不经常教训一下孩子自己就不舒服。完全避免冒犯他人是不可能的,而且,道德若要求那些不可能之事,也是不合理的。

反对动物虐待的人权拥护者可能会回应说,虐待动物的不正当性,不在于它冒犯了某些人的情感,而是因为它冒犯了绝大多数人的情感。无论何时,当这样的行为冒犯了如许多的人时,从事该活动在道德上就是不正当的。由于参与这样一种活动中属不道德行为,政府认定其非法就是适当的。因此,虐待动物在道德上是不正当的,反对这种暴行的立法就被认为是正当的。

但是,这与人权观点不相一致。依照该观点,人权不应被折中,除非对于保护人们那些更具道德分量的人权是必要之时。因此,为了向贫民提供食物、最低限度的卫生保健以及初等教育而征税,从而使财产私有这项人权做出让步,就属正当之举了。然而,多数派不具有一种控制他人行为的人权;他们不具有使自身情感免遭冒犯的权利。如果他们真的享有这一项权利,那么人权拥护者们所支持的少数派的权利就会消失。比如说,如果多数人强烈反对,男人就没有留披肩发的权利,正如在 20 世纪 50 年代的美国那样。按照此标准,白人与黑人的不同种族间婚姻将仍是不正当的,因为人口中的绝大多数可能还是会发现此行为令人不快。人们将不能够表达令多数人不快的观点,而且他们也不能够组织一些多数人极为厌恶的宗教教派。总而言之,少数派群体将丧失其消极人权。他们将不再拥有言论、宗教、隐私等等的自由。而这些人权的丧失将不会有助于保护任何一些更具道德分量的人权,因为为了情感的平静如水,多数人就没有任何人权可言了。

如果依照人权观点,允许人们在其言论、服饰、宗教上引起大多数人的不快,这在道德上是适宜的话,一致性就要求他们在对待动物时也可被允许冒犯多数人的情感。多数人最大可能的要求就是,不必要求他们不情愿地去见证对动物的虐待。但是,大多数人可以很容易地避免目击斗鸡和斗牛,就如他们现在不必亲临莫扎特音乐的现场音乐会一样。他们可以只是不去参加而已。那些希望弃置不管或是折磨其家养宠物的人们,就可以被要求只在其他人不情愿听到或看到的地方这样去做就可以了。对野生动物的虐待可以被限定在某些特定的荒野地区内,正如狩猎在当前也是被限定在某些特定区域一样。除了像这样一些的局限性以外,在人权观点的基础之上,从道德上对动物虐待加以谴责或是合法地对其加以制止的论证,还没有被找到。[8]

此类观点为新墨西哥州最高法院在州政府诉布福德案(State v. Buford)(1958)中所采用。[9] 依照新墨西哥州的反动物虐待法,"任何人折磨或虐待……任何动物"都会构成一项轻罪。法院承认:"语词'折磨'与'虐待'的普遍定义中所含有的'容许的'痛苦与受难,似乎是对斗鸡的接受……"但法院将此看作一个在感受性上存在冲突的问题。法官提示道:

完全是为了人类的娱乐和休闲,而将一只公鸡和另一只公鸡全副武装以人造距铁,放入一搏斗场中搏斗至死,尽管在一些人看来,真的再也没有比这更暴力、更荒唐或更残忍,也再也没有必要这样给一只动物造成伤痛与苦楚的了,但其他一些人则认为,这是一项浸润于岁月长河之中而渐臻完美的受人尊敬的运动,以至于成为一个确立不移的传统,与绑牛、赛牛、摔牛和驯服野马无异……

既然它只是一个情感或传统冲突的问题,人权就要求给予人们最大限度的自由。尽管新墨西哥州有反动物虐待法,法院还是认定斗鸡合法。如果人类权利是唯一的权利,这个结果看来就是合理的唯一。

§7.3 智障患者与濒危物种

人权观点甚至也未能证明其保护所有人类的正当性。这源于人权的根本依据。其基本原理立足于这一事实,即人们具有自由与理性。康德审慎地坚持认为,任何其他具有自由与理性的存在物会有着同样的道德责任感,并应如人类般受到同样的尊重。于是,人们受到尊重不是由于他们是人类,而是因为他们具有自由与理性。

至关重要的是,康德与其他一些为人权提供基本原理的人,都将其基本原理归因于人类的这样一些特征或属性之上,而不仅仅是物种成员的资格之上。任何生物都是某一物种或其他物种中的一员。为什么是我们的物种被赐予了特别的权利呢?如果人权的断言不只是"人类沙文主义"这样一个非理性的、未经证实的优越与特权的宣言,不是与那些在过去代表着一个性别、种族或民族对特权所做出的毫无根据的宣称相类似的宣言的话,这个问题就必须得到回答。正如这些不过意味着男性至上主义、种族主义、种族优越感一样,如果不是立足于与所宣称人权拥有合理联系的人类特征的话,人权的断言也不过是意味着一种物种至上主义。

事实上,如果人们坚持人权而又不将此种设想与证明其正当性的人类特征联系起来,那么,其他人也都可以合宜地声称,并非所有人类都拥有这些权利,只是那些属于一定性别、种族或民族的人才可以。一旦这种断言在无需任何证明的情况下就被接受的话,一个人的断言与另一个人的断言就难分优劣了。人权拥护者反对男性至上主义、种族主义和种族优越感,于是,他们因而就想避免那种用以证明此类观点的思维形式。因此,他们把与人权相关的主张立足于某些特定的人类特征上。在康德眼中,这些特征是自由与理性,尤其是理性。

问题在于,什么样的属性适宜于被选作为人类的特征,在我们的物种中无论如何都有一些成员缺少这些属性。[10] 比如说,有些人缺乏理性。一个新生儿的理性并不比一只猫强。如果人们拥有人权是因为他们具有理性,那么,也许那些(至今)还没有理性的人(目前)就还没有人权。也许斯威夫特"小小的建议"的错误,只是在于他建议爱尔兰婴儿只被允许活一年。实际上,只有当婴儿们在生命中的第一年里就获得理性,这才会构成一个问题,但他们能否做到此点却令人怀疑。我有一只我认为至少是与一岁大儿童一样聪明的狗。如果我的狗没有理性并且因此而不享有人权,为何一岁大的儿童就该被赋予人权呢?你可能会说,大多数的一岁儿童若被允许生存下去,并给予充分的养育与保护的话,将会获致理性。但是我会接着问,那些不会获得的人以及那些脑部受到如此严重的伤害,以至于不能够发展超出成年猫狗之上的推理能力的人怎么办?如果人类理性是人权的基础,那么,看来这些人就没有人权了。同样,这也可运用在另外一些具有理性的人身上,但这些人由于意外事故、疾病或年老已经不可恢复地处于严重智障之中。他们也将没有人权。

包括人权拥护者在内的许多人,都为这样的结论所困扰。他们认为,所有人类,包括那些不可恢复的严重智障患者在内,都应被赋予人权。但他们又不能主张,只是物种成员资格就构成了赋予人权的充分证明。这一主张不过意味着"人类沙文主义"或物种至上主义而已,并且会与男性至上主义或种族主义一样,变得不可辩护了。因此,人权观点存在两个困难:第一,它不容许对动物虐待行为实施道德谴责或法律制止。第二,它使许多人处于一种不比这些动物的状况更好的境地之中。

人权观点的第三个缺陷更为直接地与许多人的一项环境关注相关:物种灭绝。很多人认为,当一个物种濒于灭绝时,应该给予其成员特别保护以避免该物种的终结。在 1973 年《濒危物种法》中,这种观点得到了体现,该法案的第七款要求所有"联邦政府各部门和机构"采取行动以确保"他们所授权、资助或执行的活动,不要危及……濒危或是受胁物种的继续生存,或是不要造成这些物种栖息地的破坏或改变"[11]。但是,在人权观点的基础之上,这样的立法如何被证明是正当的呢?其持续存在依赖于对人权的保护与促进必不可少甚至是特别有帮助的一些濒危物种,假若有一些的话,也不会很多。天花病毒与人类的生存与健康权利有直接关系,但此病毒物种的灭绝而不是保存看起来更能促进人类的生存与健康。食蜗镖鲈,一种因小田纳西河上特利科大坝的修建而处于危险之中的濒危鱼类物种,对它的保存似乎并不能真正与人权的促进联系在一起。宣称人类生存、卫生保健、住房、就业机会或财产权将会因此物种的灭绝而受到反面影响,是不合理的。[12]相反,法院为保存这些食蜗镖鲈而命令取消特利科大坝的建设,将更有可能产生这样一种负面影响,即建设计划的取消将直接限制就业机会、财产权和服务于人们的电力生产。尽管如此,联邦上诉法院第六巡回审判庭还是解释了《濒危物种法》,以危害到食蜗镖鲈生存为由禁止这一建设计划。[13]这个法律看上去不是为保护并促进人权而设计的。特利科大坝工程的继续进行尚需一项国会的附加法案。[14]

食蜗镖鲈是濒危物种的典型。它们之所以处于濒危之中,乃是源于人类工程所导致的栖息地毁坏。通常来说,这些工程要么直接促进了人类权利,要么对这些权利就没有什么直接的影响,然而,这些物种的毁灭与保存却都与人权没有一丝的直接联系。就间接影响而言,一个更为有力的理由几乎总是可以被促生出来,那就是,使物种处于濒危之中的工程对于人类权利的可能促进,要胜于物种灭绝可能对这些人权的危害。因此,认为濒危物种应受到保护以免于人类侵犯带来的破坏性影响的道德观点,以及赐予这些观点以法律威力的立法,都不能参照人权而给出证明。那些反对濒危物种灭绝的人,就像那些反对动物虐待以及反对漠视严重智障患者的人们一样,将不会满足于人权观点的蕴涵。

§7.4　动物权利的可能性

然而这并不意味着,通向道德规范或是公共政策上的"权利途径"应该被放弃。道德与立法的目的在于保护并促进人权,围绕着这样一个概念,构筑一个道德与立法的可行观点也许仍旧是可能的。人权观点的问题可能只是在于,它过分限定了权利受到保护与促进的存在物的种类。它规定了只对人类权利与其他一些存在物的权利(如果存在这样一些具有自由与理性的其他存在物的话)加以尊重。将这种尊重扩展到非人类动物和严重智障的人群,可能会消除掉动物虐待、对智障人群权利的否定以及动物物种灭绝的问题。我将在此章接下来的部分中探索这种可能性。我称其为动物权利观。

伊曼纽尔·康德的人权独占性主张,构成了动物权利拥护者们要克服的第一道障碍。正如我们在先前章节中所了解到的那样,康德争辩说,权利应该仅仅赋予那些具有自由与理性的存在物。动物权利拥护者们如若想获得一些机会,证明将权利向非人类动物与不可恢复的严重智障患者拓展是正当的话,他们必须从康德的论证中找到一些破绽。

对动物权利拥护者们(更不必说动物了)来说幸运的是,康德的论证存在缺陷。康德正确地注意到,只有具有自由与理性的存在物的行为才能够被加以道德的评价。比如说,鸭子在道德上既不可能是善的,也不可能是恶的。康德同样正确地分析到,在人类出现在地球上以前,所有事物都是道德中立的;没有事物可以被加以或善或恶的道德评价。但是,康德于是就产生了一个错误。他总结说,在人类出现在地球上以前,任何事物都不具有任何形式的价值。

但我们为什么要认为所有的价值都是道德价值呢? 试想一下,比如说,一只成年鹿。它(大概)没有自由与理性。它的任何行动都不可以在道德上被评价为善的或恶的。不管人类存在与否,这都是正确的。鹿不是一个道德主体。它的诸种行为不会受制于道德的约束;它们是道德中立的。具有道德价值的行为预先假定了一个具有自由与理性的主体,这些行为举止因之与人类一起来到世界。然而,只是因为鹿的行为未曾具有道德价值,并不能够得出鹿本身没有价值的结果。鹿的存在与它的行为是不一样的,而且,其存在可以具有价值。即使鹿不具有道德价值,它仍可以因其存在而受到尊重。

回想一下在第 6 章中讨论过的牛奶的例子。依照康德的看法,如果没有与具有自由与理性的存在物之间建立联系,牛奶就绝不会有价值。然而包括我自己在内的许多人却都不这样想。在一个具有自由与理性的存在物不存在的世界中,一头奶牛的奶对她的牛犊来说仍将具有价值,牛犊渴望喝到它,也需要它去满足正常的生理发展。于是,在我看来,在价值什么时候进入到世界中来这一主题上,常识与康德的观点正相反对。常识的意思是,牛奶或者一头鹿具有某些种类的价值——工具价值、审美价值,或是一些其他类型的价值——而不管人类存在与否。在此点上,康德没有提出更多理由来反对常识。除了具有理性与自由的存在物其行为所具有的道德价值之外,康德不过是忽视了其他所有价值的存在。但是康德的狭隘观点构不成对常识信念的驳斥,这些常识信念认为,事物在其与人类行为的关系之外可以是有价值的。

人类之外的动物的价值不依赖于人类的存在而存在的可能性,其意义深远之处部分在于,它破坏了康德对人权的论证。康德坚持认为,由于所有的价值都依赖于人类的存在,所以人类必定在某种特别的方式上具有价值。一个类比可能有助于解释康德的观点及其存在的问题。假定在世界上有一只不死的鹅,通过下金蛋而生产了世界上的所有黄金。这只鹅将会在与众不同的方式上以及在更大的程度上,比她所生产的任何数目的蛋都更有价值。但是假设现在人们发现,独立于这只鹅的存在之外有供应充足的黄金。她特殊的地位与优越的价值将会丧失殆尽。为了人类存在的特殊价值,康德同样将其论据置于这样的观点之上,即所有其他价值都依赖于人类的存在。就该观点值得怀疑这一方面而言,人权的存在也同样有了疑问(从康德的观点看)。人权的稳固基础必须在其他的一些论证或考虑中被发现。

在下面一节中,我们对汤姆·雷根的动物权利论证进行评论。[15]雷根成功地表明,动物权利观比康德对动物权利的否定更为合理一些。他同时给人权提供了一种非康德哲学的论证。

§7.5 对生活主体的直接义务

雷根的切入点始于提出,通常我们认为哪些行为与活动在道德上是可接受的,而哪些又是不受欢迎的。他接着系统地阐述了用来说明那些日常的道德判断之根本依据的诸原理。他使这些原初判断和根本依据经受多方面的检验。在道德判断与诸原理有可能存在缺陷的任何方式中,这些检验被设计用以确保那些判断与原理没有缺陷。[16]比如说,如果它们是一种情绪激动下的产物的话,它们就有可能不完善;因此对于一个判断或原理的检验就是,当被冷静地审视时,其含义是值得接受的。必须在我们的情感没有乱成一团时,我们发现它们是值得接受的。判断或原理的蕴涵也必须是逻辑上一致的,因为对理性来说,如果导致矛盾的话,任何事物都是不可接受的。判断或原理必须体现包含在正义形式特征中的公平;它必须规定一视同仁。最后,当我们拥有相关事实的信息时,判断和原理对我们来说必须看上去是合理的。

雷根认为,第 6 章开始所提到的那些种类的判断通过了检验。不管对于爱尔兰经济有多大的帮助,我们断定,把爱尔兰儿童作为食物在道德上是不正当的。我们同样断定,在铀矿开采的过程中牺牲纳瓦霍儿童,在道德上也是不正当的。我们也不认可为了公益而可以牺牲普通的成年人。在此章的前面提到过,我们谴责那些虐待动物以及那些对不可恢复的严重智障患者的需要加以漠视的行为。至于虐待动物,反思导向如此的观点,即我们谴责它不是因为它导致对人类的虐待,也不是因为它冒犯了许多人的情感,而是因为它伤害了动物本身。

对于这样一些判断,雷根添加了这样的评论,即我们没有感觉到我们"对单片的草叶、西红柿……癌细胞"或是如铅笔或椅子之类的无生命物体具有类似的"直接义务"。[17]涉及这样一些类型的事物时,我们的义务都是间接的。我们不应恣意地折断一支铅笔,因为可能会有人需要它。我们应该小心地对待一支铅笔,不是直接为了铅笔本身,而是直接为了人们的需要。由于铅笔本身是无生命的,因而我们对它怎么处理,它也是无动于衷的。但是,我们对于人类的直接义务就导向与一支铅笔相关的义务,比如说,不要只是为了听它折断时的声音就去毁坏它。类似的是马铃薯的例子。即便当它还存活着的时候,它(大概)也没有必要的意识来关心自己是否被肆意地破坏了,或被允许继续生长于土地中,或是被收获并供养饥饿的人们。我们偏爱某一种而非另一种行为过程的理由,不是因为一些对马铃薯的直接义务,而是源于我们对人类所负有的直接义务,比如说,去为那些挨饿与贫穷的人们提供食物的义务。对人类的直接义务导向一个对于马铃薯的间接义务,一个避免肆意用脚后跟把马铃薯踏碎在地上从而将其毁坏的义务。

我想雷根是怀着正当的理由相信,这些结论不会受到那些可能导致道德判断不完善的缺陷的困扰。只是在头脑发热时,它们看上去才是不合理的。当我们冷静地审视它们时,它们看上去是合理的。

这些结论与其他一些我们认为根据充分的判断相吻合。比如说,我们对于防止动物遭受虐待以及防止孩童被作为牺牲品负有直接义务的信念,是与我们对铅笔或马铃薯没有直接义务的观点相一致的。一致性为这样的事实所保持,即在这两类事实之间存在着实质性差异。动物和大多数的儿童有着"知觉、记忆……一种希冀,一份伴随着感受快乐与伤痛的情感生活,以及发起行动以追逐其欲望与目标的能力"。[18]雷根称具有这些特征的存在物为"生活主体",因为它们的生活是"一种从体验上对它们来说更佳或更糟的生活"。它们是"那些具有体验福利的个体。"[19]简言之,对于那些我们感到折磨它们就是不道德的动物以及那些我们认为牺牲他们就是不道德的儿童而言,他(它)们拥有一种对他们来说其体验会更佳或更糟的生活。他们能够关心自身的福利。另一方面,马铃薯与铅笔缺乏体验上的幸福。它们不在乎发生在自身上的一切。冷静地沉思一下,我们就会发现在那些关心自己被如何对待与那些并不关心自己被如何对待的二者之间存在的差异,是与我们如何对待它们的决定具有相关性的。我们认可了这一原理,即我们对于所有那些生活主体负有直接义务,而对非生活主体就没有。认识到我们对儿童、动物、植物与无生命物体的日常判断中这一暗含的原则,我们就会明白,我们对儿童以及许多动物而非植物与无生命物体负有直接义务的这两方面的观点,是相一致的。我们的观点之所以协调一致,是因为我们的不同对待对应于我们冷静认识到的实质性差异。因此,我们的判断与原理通过了冷静与一致性的检验。

　　它们同样通过了形式正义所要求的公平以及一视同仁的检验。人类和人类以外的动物被同等对待,但这并不构成对人类与非人类二者之间区别的武断漠视。相反,这只是表示出对他们在许多重要方面的相似性的认可。每一物都是生活主体。因为我们在冷静时发现,这种相似性有着重要意义,我们对于作为生活主体的动物和人类负有直接义务的判断通过了公平之检验。我们在一视同仁。

　　最后,雷根提示到,我们的结论是基于可靠的信息做出的,是依照相关经验的考虑做出的。有些人已经宣称,大白菜和其他植物具有动物般的思想与感受。[20]但是,对旨在证明植物情感的研究进行复证的尝试尚未成功。看起来只有那些认为植物具有思想和感受的人,才能够使植物展示其精神生活的行为证据。这就致使那些声称揭示了植物思想与感受的研究备受怀疑。由于与动物的思想和情感特别是神经组织具有因果关系的生理学机制在植物中并不存在,所以这种断言更加令人怀疑。

　　相反,在许多动物的情形中,证据却全然不同。比如说,所有正常的人类以外的哺乳动物,有着作为生活主体的令人信服的表征。想一下我的狗,查莫伊斯,她明显具有感知与记忆。如果她看到我身着慢跑服,就会跑进狗窝去。她记得,如果我正好穿着慢跑服而带着她去公园的话,她将不得不跑步去。她有一些偏好,如她不喜欢跑步。她有欲望与目标,比如说,天气炎热时,她喜欢趴在一个地洞里躲避酷暑。她能为了自己的欲望和目标而采取行动。在炎热的某天,她开始挖洞以便稍后能趴在里面。某些时候,她在我家篱笆下面挖了一个洞,这样她能够跑出我们的院子去饱餐邻居家的残羹剩饭。很显然,她能够感受到快乐与痛苦;比如说,当她跳进公园里的池塘中时,她很快乐;当她耳部有感染时,她就抓自己的耳朵并发出哀鸣,这时她痛苦。因此,她拥有一种体验上的生活,对她而言,这种生活可能是运气不错或运气不佳的,而这与她的生活对任何他者造成何种影响毫无关系。她拥有一份自身的福利,从而是生活主体。

查莫伊斯是我最熟悉的非人类成员,然而,动物行为的研究确定地表明,查莫伊斯实际上并不是如此地特别(除了对我来说)。所有一岁以上正常的非人类哺乳动物所具有的行为指令系统,同样表明它们是生活主体。可能有许多非哺乳动物,特别是鸟类,也同样可以展示其自身为生活主体。这就是那些雷根对其权利费心加以证明的动物们(新生小猫与成年蟹却不在雷根著作的讨论之列)。

但是,依据我们对于严重智障患者的了解,人类本身也处于争议之中,生活主体的观念因而尤为明智之举。许多人具有的行为指令系统与那些哺乳动物和鸟类相比更为有限,但是仍然很明确的是,他们感受着快乐与痛苦,具有欲望和偏好,而且他们通常拥有对自身幸福的体验,那种植物与无生命物体似乎无法享有的对幸福的体验。因此,将人类与作为生活主体的正常成年哺乳动物划为一类,与我们所掌控的相关事实上的知识是步调一致的。

§7.6 动物权利论证

我们在日常道德判断中发现其暗含的原理就是,我们对于生活主体负有直接的义务。但我们为何对他们负有直接义务呢? 如果要使我们对他们所负的直接义务有意义的话,我们必须接受对生活主体的何种观点或意见呢? 这个隐含的观点或意见将为我们相信自身负有直接义务的基本原理提供一个重要的组成部分,而且它也会帮助我们弄清楚,我们对于生活主体负有哪些直接的义务。

雷根发现,在我们关于生活主体的日常道德判断中,暗含它们具有固有价值的观念。[21]我们认为,它们的存在价值既不局限于其体验生活的质量,也不局限于在影响他者体验生活时的角色扮演。如果个体可以被比作茶杯,而且其体验也可被比作任何置入杯中之物,那种认为个体具有固有价值的观点,就接近于这样一种观点,即,不仅杯中所容之物以及某一茶杯在影响其他茶杯之内容的角色扮演中有价值,而且该茶杯的自身存在也具有价值。这就是为何我们认为,个体不应该因为效率、他人的偏好或是公益而被牺牲掉。依此类推,这样的一种牺牲就等同于为了增加其他茶杯的内容物而毁掉一只茶杯。当一只茶杯代表某个具有固有价值的个体时,因为是对某种具有固有价值的事物的毁灭或严重损伤,因而此等牺牲就不是正当的。

相信某些事物具有固有价值使雷根得出如下观点,即该事物值得尊重。如果某事物具有固有价值,那么,我们就不应该为了满足他者的利益而毁坏或伤害该事物。这等于是说,我们应该对其表示敬意,其存在应得到尊重。由于牺牲中所含有的无礼,所以,为了他者的利益而牺牲它就是不正当的。

正义就是给予其应得的。如果生活主体应受尊重,那么,正义就要求我们对之表示尊重,因为这是应该的。这等于说,任何主体都有一项被示以尊重的权利。任何主体都有一项受到尊重对待的权利。具有自由与理性并因而对自身行为担负起道义责任的人类,只有在尊重所有其他生活主体的权利时,才是举止正当的。对我们开始时关于日常道德判断的论述表明,尊重他者的权利就包括在任何可能的时候避免对他者造成严重或危险的伤害。所有生活主体拥有不被伤害的权利。比如说,它们不应因他者需要的满足或利益的促进而被杀死、被虐待、被用于实验或是受到有害的辐射。爱尔兰儿童拥有一项不可作为食物被杀死的权利;纳瓦霍儿童拥有不被暴露于铀矿辐射之下的权利;智力缺陷者拥有不应因他人利益而被用作为实验品的权利[22];家养的狗和猫享有的权利,即不应因为主人疏忽而不能获得足够的食物、水和避身之所而遭受痛苦;而且野生松鼠也有不被虐待或毒死的权利。所有生活主体,不管是人类还是非人类,都在一定程度上拥有不被伤害之权利。

§7.7　日常道德判断的不一致

依照雷根的论证,许多动物拥有权利。所有那些作为生活主体的动物,都享有它们理应受到的尊重所带来的所有权利。这个结论,是通过对我们某些日常道德判断中所隐含的基本原理进行批判性的考察、反思和发现而得出的。然而,尽管日常道德判断是我们的出发点,我们所到达的目标仍与其他一些日常道德判断相抵触。比如说,如果公园中的松鼠拥有不被毒死的权利,是因为伤害它们就未能表现出对其固有价值的适当尊重,那么,在森林里射杀它们也同样是对其权利的侵犯。为了动物皮毛而对它们加以诱捕和杀害也是如此。为了捕猎的乐趣并享受鹿肉的鲜美而射杀野生驯鹿亦是如此。尊重并未被给予那些被迫参与德莱赛测试(Draize Test)的兔子。[23]这是一种用于新型化妆品化学毒性的测试。化学药品被涂抹于兔子的眼上直到兔子的眼睛溃疡并因而失明。被饲养以获得小牛肉的牛犊,很早就离开了妈妈的身边,终其短暂一生,正常活动与运动的快乐就被彻底否定了。在美国,幼年的公猪在没有任何麻醉的情况下就被阉割了。(仅仅是阅读到此就已令人心痛,不是吗?)这样一些以及许多类似的实践活动在我们的社会中普遍存在并广为接受。似乎可以合理地假定,既然这些实践活动普遍存在且广为人们所接受,那么,大多数人的日常道德判断就是支持这些行为的。如果这与大多数人的日常道德判断相冲突,人们就会反对这些事情,这种操作就可能被认为是非法的,正如几乎遍及美国各地的斗鸡和斗牛那样。

因而,我们的某些日常道德判断,就是雷根所诉诸的那样一些判断得出的结论是,许多动物拥有权利。它们有权得到婴儿与严重智障患者所受到的同样尊重的对待。成年哺乳动物、严重智障患者以及普通的人类婴儿,是同样具有固有价值的生活主体。这就赋予它们不应因他者的快乐或是公益而受到严重伤害或牺牲的权利。然而,我们现在看到,在我们的社会中,有另外一些普遍保有的道德判断与此种结果相矛盾。哪一些日常道德判断应被优先加以选择呢——是导向动物权利和有必要尊重地对待动物的那些呢,还是为人类的快乐而宽恕对动物的伤害与牺牲的那些呢?

通过考察我们日常道德判断中的哪一个能经受得住冷静、一致性、公平以及知情的测试,答案就会被发现。我们已经看到,雷根所诉诸的判断通过了检测,因此,我们转而考察那些与赋予动物以权利相冲突的道德判断。大多数人并不知道德莱赛测试中兔子的遭遇。他们同样不知道,在对那些为了人类生活得更加快乐而设计的产品进行检验的实验中,还有其他一些作为受体的动物。因此,之所以缺乏对于这样一些实验的广泛反对,可能源于相关信息的欠缺。

雷根坚持认为,大多数意识到动物处境的人将会在一致性的约束下对之加以谴责。假如人们给动物带来痛苦会因享受到新化妆品或者更嫩牛排的快乐在道德上是可以接受的,并且假如为了某些人享受射击练习的快乐而牺牲松鼠以作为靶子在道德上是可接受的,那么,在斗牛中动物被迫忍受痛苦,或是在某些喜欢观看松鼠反应的人的"照顾"下,用拇指夹将松鼠的爪子夹起来,也应该是道德上可以接受的了。我猜想,当人们意识到,一致性要求他们或者宽恕所有他们先前认为是虐待动物的残忍行为,或者完全放弃对不尊重动物的行为的许多日常行为的认同时,他们将会选择后者。对那些人来说,至少那些对不尊重动物的行为表示宽恕的日常道德判断不能通过一致性的测试。

在雷根看来,或许没有人对于取消动物权利加以宽恕的那种日常道德判断,能够通过公平的检验。公平要求一视同仁。事实证明,正常的成人、正常的婴儿、不可恢复的严重智障患者,以及正常的人类之外的成年哺乳动物,在作为生活主体上是相类似的。更有甚者,婴儿以及许多严重智障患者的精神生活与行为指令系统,并不比许多人类之外的哺乳动物更丰富。一视同仁之下,如果将哺乳动物作为食物或是用于科学实验在道德上是可以接受的话,那么,将婴儿作为食物并且将不可恢复的智障患者用于实验,也就是可以接受的了。任何人如果宽恕了对人类之外动物的类似对待,而不能容忍对待人类的这种行为,他们就违背了公平的要求。

这里还有一种重要的公平感是雷根没有论及的。当我们在某一议题上存在着私人的利害关系时,我们的道德判断往往会出现偏袒。这就是为何在任何案件中,当法官有私人利益存在时,就必须要回避的原因。他们对案件的判定会受那些几乎不可抗拒的倾向的影响,我们不得不在促进自己利益的方式上进行理解并做出判断,从而容易被削弱。因此,正如那些与我们自身利益的满足不相关的判断不令人怀疑一样,那些与我们自身利益的满足相关的日常道德判断是可疑的。因为不是自私自利的,所以,导向动物权利认可的日常道德判断是不令人怀疑的,而相对立的道德判断则是令人怀疑的自私自利。猎杀行为得到宽恕,是因为人们喜欢这项"运动";铺设陷阱被宽恕,是因为人们喜欢毛皮外套;杀死动物作为食物得到宽恕,是因为人们喜欢肉的味道(在人类饮食中却不是必需的);德莱赛测试得到宽恕,是因为人们想得到不会伤害眼睛的新型化妆品,如此等等。在每一种情形下,在对该行为做出宽恕的道德判断中,人类都有自己利害关系的存在。这就为判断的客观性与公平性布满了疑云。

总的来说,作为雷根动物权利论证之基础的日常道德判断,避免了那些作为错误的道德判断之迹象的缺陷,而那些与此相对立的日常道德判断中却存在着这样一些缺陷。许多判断不是基于准确的信息(比如说,有些人认为,肉类对于营养健康至关重要),几乎所有的这些判断都与其他一些人们不愿意放弃的道德判断相矛盾,而且所有的这些判断都是自私自利的。以知情、一致性和公平来衡量,雷根所依赖的那些道德判断更为可取。因此,尽管存在相反的道德判断,雷根的动物权利证明还是可靠的。那些相反的道德判断应该被抛弃,而非动物具有权利的观点。

§7.8　雷根动物权利观点的蕴涵

承认动物权利与承认人权是相一致的,因为根据动物权利观点,所有生活主体拥有同样的权利。除了极少数之外——比如说,那些脑死亡者——所有人类物种的成员,依照雷根的观点,都是生活主体。因此,他们都有权受到尊重地对待,并且不应为了他者的利益而遭受严重伤害或牺牲。他们都具有固有价值。简而言之,雷根的动物权利观点要求人们彼此之间互相尊重。

动物权利观点要求人们在对待作为生活主体的人类以外的动物时,应该像对待人类那样带着同样的尊重。一般来说,你可以通过扪心自问,类似行为施于一个正常的成年人、正常的婴儿、一个年老体衰的人或者一个永久性的严重智障患者,是否是可接受的,进而决定对待动物(它们是生活主体,诸如哺乳动物)的此种行为的可接受性。比如说,如果我们不会将任何人用于痛苦的、使人衰弱的新型化妆品研究中的话,那么,我们也就不应该将兔子做同样的使用。兔子应如同人类那样受到尊重。如果我们在设计用以使他人受益的心脏研究中利用一个具有健康心脏但不情愿的人时,那么,我们也不应该为了这一目的而利用一只健康的狗(犬志愿者极其罕见)。除非我们能够接受为了同样目的而付出的人类牺牲,否则我们不应为了射击练习、食物或是其毛皮而牺牲动物。我们不应该将那些道德上无辜的动物禁闭在动物园中,除非我们认为以同样方式为娱乐他人而将无辜的人限制起来是可以接受的。我们不应该破坏一处动物赖以生存的栖息地,除非我们可以用同样的理由剥夺一个人唯一的生存方式。难道我们会为了给一处滑雪胜地或是一座新的迪士尼乐园让路而让人们消失？可能不会。

因此，承认动物权利意义重大。动物园应该被废除，狩猎和诱捕应该被禁止，对动物的食用应被停止（可能那些特殊饮食需要的人除外），并且不应再对动物进行商业或医学实验（除非被实验动物被确定为研究的主要受益者）。简而言之，我们在对待动物上需要一场大变革。它们和人类一样，都不应再只是作为可消耗的自然资源来使用。根据雷根的观点，正义就要求允许它们与我们一起分享环境。那么，就不应该有对动物的虐待，也不应该存在导致动物灭绝的栖息地破坏。

然而，这并不意味着人们永不可以做出伤害动物的事情。雷根坚持认为，在任何人类都可以允许受到伤害的情况下，我们可以伤害动物。比如说，因为在自卫中对人的伤害是可以接受的，所以在自卫中对动物的伤害也是可以接受的。人们不必在一只狮子向其进攻时还克制着不去射击，或者避免杀死那些吃掉他们赖以维生的谷物的驯鹿。但是，正如在自卫中，只有在不那么极端的措施难以获得时，杀死一个人才是可允许的那样，只有不那么极端的措施不可获得时，杀死狮子与驯鹿才是可允许的。预防性的措施通常是可以获得的。比如说，人们通常可以避免将其自身暴露在狮子的攻击之下（终我一生都是如此），而且他们可以在花园周围围起栅栏以阻挡驯鹿。

雷根认为，只有当人类与其他动物之间存在着相关的实质性差异时，人才比其他生活主体更应受到不寻常的对待。比如说，人类和动物应同等地获得迁徙的自由，因为对此自由的否定会使他们受到同样的伤害。但人类之外的动物不应得到人类所应得到的言论自由或宗教信仰自由，因为动物不能利用这些自由。无论如何，这些自由的否认决不会危及到它们的生存，而当人们的这些自由被否定时，他们的生存就会受到影响。

雷根也论证说，一旦发生冲突，人类的生命优先于其他生活主体的生存。凭借其理性,正常的成年人类具有某种动物所缺乏的丰富生活之潜能。因此,当一个(正常的)人变衰老或被杀死时,相对于同样发生在某一非人类动物身上的事情而言,其丧失的会更多。一种伤害的幅度,可以通过它所造成的损失程度来衡量。因此,一个(正常的)人的衰弱或死亡,相比于某一非人类动物的衰弱或死亡而言,就构成了一种更大的伤害。所有生活主体都拥有免于伤害的权利。他们不应因效率的提高或是为了公益的缘故而受到伤害。但是,在某一主体必须要被牺牲的特定情形下,谁的死亡构成了最小伤害,谁就应该被牺牲掉。这通常意味着某一动物应该被牺牲掉,而不是一个人。[24]

雷根坚持认为,即使为了挽救一个人而牺牲许多动物也是必要的,因为一种更大幅度的伤害(人类的牺牲)决不应为了每一幅度更小的那些个伤害(动物的牺牲)的避免而被允许发生,所以,这些个动物也应该被牺牲掉。包含于其中的更小伤害的数量,是无关紧要的。如果在驾驶之中,我被迫在碾压一个路上游玩的儿童还是冲到一群绵羊中去做出选择,我就应该驶离路面撞死绵羊而不是儿童。然而与之相似的是,一只小羊羔的死亡所造成的伤害,要比剥夺人们享用羊羔腿而给人们所带来的伤害大得多。因此,不管多少人因为被剥夺了对羊羔腿的享用而受到伤害,由于比起杀死羊羔所带来的伤害来说,这些伤害中单独的每一个都是更小幅度的,所以羊羔不应该被杀害。杀害羊羔将是不公正的。这等于为了他者的利益而牺牲一个个体。

人与动物之间的另一项差异,涉及他们的道德责任。正如康德正确指出的那样,由于动物缺乏理性,所以它们不具有道德责任;它们不是道德行为者。我们不能合理地认为它们是道德上应负责任的。当它们相互做出伤害或者对人类造成伤害时,我们无法判定其行为是不道德的或不公正的。于是,在雷根看来,非人类动物有权利受到尊重的对待(因为它们具有固有价值),但是它们没有尊重地对待他者的履行能力(因为它们总而言之是不能够在道德上负责的）。在这一点上,它们就像那些严重智障患者或衰老者一样。因此,伤害一个人还是动物,在此之间必须做出选择时,我们的理性给予我们一种被优先选择的特权。但是,这却使我们肩负起道德责任的重担,而这却是动物们所豁免的。

§7.9　人类消极权利与非人类消极权利之间的差异

为动物权利辩护令人印象深刻。我相信雷根已经表明,所有生活主体,不管是人类还是非人类,都同样拥有权利,或者至少我们对它们负有义务。我相信雷根已经表明了人类对待非人类动物的方式上广泛变革的道德必然性。在第 12 章中,我更为深入地阐明了此点,并且对雷根的方法论给予辩护,在第 13 和第 14 章中,我维护了雷根动物权利观点所带来的我们对动物负有大多数义务的观点。因此,我要探讨的那些反对意见,并不意味着对雷根观点的完全排斥。

从这一方面来看,动物权利与人权就类似于第 4 章和第 5 章中所探讨的财产权一样。理由被给出,以让人们相信人类应该被赋予财产权。我举例说明了财产权对于环境正义的重要性。我接着提到了财产权论证中以及诉诸财产权以解决环境正义所有议题的能力中所存在的局限性。认识到这些局限,只是在于发出这样的信息,即,除了财产权以外,在环境正义的判定中其他一些因素也很重要。因此,财产权作为重要因素并未被消除掉。诉诸于财产权仍旧是适当的,而且财产权的考虑在特定情景下仍然能够是决定性的。但是,考虑并且对其他一些因素做出响应,通常也是适宜的。

人的生存与自由权利就身处其他一些类似的因素之中。在第 6 章中,我提供了支持对积极人权与消极人权加以认可的理由。在本章前面部分所提到的人权的局限性,并不排除人权的重要性。与财产权一样,对人权诉求的依赖需要受到限制,而不是被消除。动物权利既包含又限定了对人权的诉求。但是,动物权利同样存在问题。这些问题不会取消诉诸动物权利的适宜性,正如与财产权、与人权相关的问题不会取消诉诸它们的适宜性一样。结论不过是,额外因素将不得不被考虑到。

雷根在生活主体的权利中为人权与动物权利找到了一个共同点。依照雷根的看法,没有一个作为人权基础或基本原理的论证,是不能够同样作为那些作为生活主体的所有动物的根据的。因此,人权和动物权利就不再是不同种类的考虑因素了。它们同样是与所有生活主体的权利相关的考虑因素。我将要批判的,正是这种对人类与动物权利的一元取向。我将试图表明,除非人权在某些特定情境下被看作一项比动物权利更广泛和更重要的独立因素,否则我们会得出荒谬的结论。

我首先回顾雷根所考虑并正当地加以反对的一项异议。有些人声称,任何动物权利的认可将导致荒诞的推论。[25]如果一只绵羊拥有一项(消极的)生存权,那么,反对者声称,该项权利就会被以羊作为食物的狼所侵害。但是,假设狼不能成为素食主义者,狼为避免挨饿就需要吃掉羊。阻止狼吃羊将会对狼的(消极的)生存权构成一种侵害。因此,承认动物权利会导致荒诞的结果,即我们既应该又不应该阻止狼吃羊。

雷根是这样回应这个问题的:由于狼不具自由与理性,所以不会为自身的行为负道德上的责任。既然狼不能做出任何道德上不正当的事情,在它杀死羊作为食物时,在道德上是无可厚非的。这就促使雷根坚持认为,"狼既不能也没有侵害任何他者的权利",我们因此也不会"拥有一项帮助羊以免于狼的攻击的义务"。[26]

雷根的回应所存在的问题,在于他从狼在杀死羊时在道德上无可厚非的声称(那是正确的),到羊的权利因此也未被侵害这一声称的跳跃中。如果羊,像人们以及其他一些生活主体一样,拥有不被伤害的权利,那么,即使狼在行动中未做出道德上不正当的事情,羊的权利还是被侵害了。

将这一例子变换一下,将使这一点更为明确。假使狼将要攻击一个人而不是一个非人类的生活主体。比起攻击一只羊来说,狼攻击一个儿童不会在道德上负有更多的责任或者更内疚。难道我们就应说,由于狼在道德上不具羞恶感,它杀死的那个儿童将不会因为如此被杀而使权利受到侵害吗?进一步说,既然该儿童的权利没有因狼的攻击而受到侵害,我们就不应阻止狼杀死这个孩子吗?雷根的推理似乎要求我们允许狼杀死儿童。这个结果与我们的日常道德判断如此对立,以至于我们有正当理由怀疑该推理中存在的错误。错误似乎在于这一假设,即由于狼在道德上并无不正当之处,所以绵羊与儿童的权利没有受到侵害。但如果我们说绵羊的权利受到了侵害,那么我们又遇到了原初的问题,即我们被要求既要保护绵羊免于狼的攻击(绵羊的生存权),又要禁止保护羊免于狼的攻击(狼的生存权)。

我建议,通过赋予儿童一项比绵羊更强有力的免于伤害的权利,这个问题就迎刃而解。儿童的权利足够强有力,从而要求我们保护他免遭狼的攻击,而绵羊的权利不足以要求我们的保护。不幸的是,这仍然在有关人类婴儿以及严重智障患者方面遗留下一个未解决的问题。他们应像正常成年人一样受到对待吗?我想,大多数人都会赞成这种对待。但是,人类婴儿与那些严重智障患者,在智力上更像一只绵羊而非一个正常的成年人。(参看第 14 章,对这样的问题有一种更为完善的处理)。

雷根可能会声称说,人类与动物权利的统一理论为保护孩子而不是绵羊提供了充分的根据。绵羊之死所关系到的伤害与狼之死所关系到的伤害之间具有可比度。由于伤害概略说来是相同的,我们就应任其自然;我们应该允许狼杀死羊。强迫狼忍饥挨饿就包含了与狼杀死羊正好同样多的伤害。但是,相对于狼或者羊而言,孩童具有在更多方式上享受人生乐趣的可能性。因而与孩子之死相系的伤害,比起那些与狼之死相系的伤害来说就大得多。因此,如果必要的话,为了拯救孩子,狼应被杀死或被迫忍饥挨饿。

这个解答也有着不受欢迎的结果。雷根坚称,当伤害间存在着类似的幅度,并且我们被迫在其中做出选择时,我们就应该尽力使伤害的总和最小化。比如说,在其他各点都相同的情况下,如果我们被迫在拯救 50 名被困矿工与拯救 1 人之间做出选择的话,我们应拯救 50 名矿工。[27]

终其一生,一只狼会杀死许多只绵羊以及其他非人类的生活主体。在所有其他各点都相同的情况下,如果所有与非人类生活主体的死亡相关联的伤害具有可比度的话,依据雷根的看法,我们应行动起来以使这样一些死亡的总和最小化。由于狼在其一生中会杀死许多动物,雷根的立场就建议我们,为了拯救所有其他动物,杀死狼,或者让其忍饥挨饿。类似的亦可应用于所有其他一些主要捕食非人类生活主体的食肉动物身上。

这一立场背离了环境正义的日常观念。首先,它意味着人们应有意造成许多动物物种的灭绝。我们提到过,人权观的缺陷在于,它未能使野生物种的保存有据可依。动物权利观将会更糟糕,如果它要求我们积极寻求对这些物种中的某些加以灭绝的话。

其次,人为导致许多野生物种灭绝的企图,将伴随有对那些物种所栖息的荒野地区进行的大规模人类干预,几乎所有荒野地区的荒野性因而就被剥夺了。正如为使动物相互间施加的伤害总量最小化,荒野将处于人们的掌控之下一样,荒野特性也将因之而遭到贬抑。如此的干预必将打乱生态平衡。没有捕食者,像鹿这样一些物种将会以惊人的数量增长,它们的成员先前受制于捕食行为。从数量增长中会产生许多问题。这些物种所食用的植物可能会变得稀缺起来,从而导致其物种的成员忍饥挨饿。土壤侵蚀以及防洪问题也可能由于过度放牧而产生。当土壤开始流失时,你就知道你碰上了一个环境问题。

如果你唯一的目的是保护最大可能数量生活主体的消极权利,这些问题将不得不被接受下来。但是，如果像我一样，你认为对环境正义来说存在着更重要的事情，如果你认为荒野、物种保存以及生态平衡应占有一席之地，那么你将发现，雷根观点的可能结果是令人不能接受的。

同样，这并不意味着你必须拒绝动物拥有权利的观念。雷根的论证立足于我们的日常道德判断，明确表明动物的确拥有权利，或至少我们对其负有雷根所关注的大多数义务。但是，其他一些日常道德判断，比如说我们应该保护一个孩子免受狼的攻击，以及我们应该保存荒野地区与肉食物种，则与雷根动物权利的特有理解相冲突。我的建议是，这些判断可以在一种认可人权与动物权利之差别的动物权利视野中被接纳。比如说，在人类中，自由权通常没有生存权那样重要。在大多数情形下我们认为，剥夺某个意欲用其自由权来杀人者的自由是合理的。但也许为了容纳我们的某些日常道德判断，在非人类生活主体是唯一关注的对象时，我们就应该让自由权利优先于生存权利。那么，狼的自由权就比羊的生存权更重要了。这就是对狼的捕食行为不加干预的大致准确的基本原理之所在。但是，就人类与非人类的自由权利而言，人类的生存通常来说更为优先。因此，为拯救孩子免于狼的攻击而进行干预是正当的。这些观点的更深层基本原理将在第 14 章中被提出。

这种解答可能看似人种至上论者，其中在涉及生活主体的权利时做出了一项区别，而且这一区别的唯一基础就是物种的成员资格。然而，即使不同的对待与物种的成员资格相应，人种至上主义也还是可以被避免的，因为第 14 章的更深层基本原理（几乎彻底地）避免了采用物种成员资格作为证明区别对待的差异性。当前的问题在于，为证明许多荒野地区与肉食物种之保存的正当性，人类与非人类动物的区别对待是必需的。在人类权利与非人类生活主体的权利之间必须要加以区别。

这一区别破坏了雷根试图确立的人权与动物权利的统一。对许多人权和动物权利而言，其理由是相同的，但某些人权的理由将不同于那些动物权利的理由。任何时候人类与非人类拥有不同的权利,或者任何时候他们所拥有的权利处于不同的优先序列中,其根本原因可能也都是不同的。

§7.10　动物与积极权利

我们刚才看到了一种情形,其中,人类与非人类生活主体的权利之间存在一个不同的优先序列。通过考虑这一情形,即人类可能具有某些我们不会将之归属于动物的权利,即使动物个体能够通过被给予这些权利而从中获益,那么,总论点将得到加强。我是在指积极权利。存在着动物不能从中获益的积极权利与消极权利。正如它们不能够从消极的宗教信仰自由权利中获益一样,它们因而也不可能从免费初等教育的积极权利中获益。但是,正如存在着动物能够从中获益的消极权利——比如说,自由权——因此,存在着动物个体能够从中获益的积极权利,如,免费的医疗或住处援助的权利。如果杜立德医生碰巧出现并提供兽医护理,大多数翅膀或牙齿受伤的野生动物将从中受益。然而雷根并没有提出,动物享有这样一项获得医疗的权利。他将其论证的核心集中于不被伤害的权利,而这是一项消极权利。他没有讨论任何积极权利。

将积极权利归于动物,将会导致许多与如下观点相关的诸多问题,即人们应保护动物以免于其他动物对其造成伤害。这将会要求某种对动物生活的干预以及对动物栖息地的侵扰,以至于将会丧失掉荒野地区。考虑一下医疗权利。杜立德医生独自穿过一片地区,能够使该地区处于相对安静之中。但设想一只由兽医、护士和其他人员组成并装备有必需的器械与绷带的小组,乘坐四轮驱动的救护车在荒野中巡查。许多动物个体将可能因此而存活下来,但毫无疑问的是,荒野将不会幸存。

考虑一下许多物种的舒适住所权利。在许多物种中,筑巢地点或其他适宜住所的稀缺就限制了物种的数量,因为那些未能找到适合需要的住所的动物会因此而不能交配。从个体观点看,住所不足非常可怕,这不仅否定了个体的舒适庇护所,而且也否定了它的天伦之乐。但是,人类为无依无靠的动物(它们作为生活主体)提供充足住所的企图,也将带来不幸。这将破坏物种间的数量平衡,而且将因此而扰乱整个生态系统。

总而言之,认为环境正义会导致环境破坏的观点实在是太古怪。只有通过在人权与动物权利之间做出两项区别,这种结果才能够被避免。首先,除非当它们处于驯养或者被囚禁之中,否则动物们在相互间的对待中并无任何的消极权利。动物可以相互捕获并厮杀。它们消极权利的延伸,只是在于它们面临人类的对待之时。人们应该通过给予动物免于遭受人类所给予它们的痛苦、囚禁与死亡的权利而尊重地对待它们。就它们所受到的人类的对待而言,动物应被赋予如同人类一样的消极权利(诸如宗教信仰自由等这样的权利除外,动物从中不能获益)。然而,当人类受到动物行为的威胁时,他们的消极权利就超越于动物的那些消极权利之上。无论是动物或是人做出这样一种侵害的威胁时,无助的人们拥有受到保护以免于侵害的权利。但是,动物所拥有的受保护权利只是针对着人类的威胁;它们在遇到其他动物的威胁时没有权利受到保护。因此,一个小孩子就应受到保护以免于一只狼或一个人的攻击,而一只小羊羔,只应受到免于人类攻击的保护。

在人类权利与动物权利之间存在的其他一些重要区别,涉及积极权利。人们可以具有充足住房与卫生保健的积极权利,然而,尽管野生动物是住所与卫生保健援助的可能受益者,但它们无疑是没有权利获得这些援助的。野生动物的权利完全是消极的。家畜与被囚禁的动物,只要它们仍旧依赖于人类,它们就拥有得到充足食物、住处和卫生保健的积极权利。但驯养与囚禁通常是对动物消极自由权利的侵害。因此,比如说通过选择性绝育,在其数目降低到在野生状态中仍可继续存活的程度后,这些动物通常就应被再引入到荒野中去,那时,它们也不再有任何的积极权利。

§7.11　概要、结论及展望

因此,人与动物具有截然不同的权利。动物权利限制着人类权利,比如说,当人类的自由权为动物免于虐待的权利所限制时就是如此。人权限制着动物权利,比如说,当狼的自由权为一个小孩的生命权所限制时亦是如此。人权也限制着其他人类权利。我们在较早的章节中已经看到,一个人的财产权会为另一个人的财产权所限制——比如说,当有人在自己的土地上建造了猪圈,因而产生了恶臭而损害到邻人对其房屋的享用时。一个人以她认为(与自己的财产权)适合的方式处理其财产的消极人权,通常也会被其他人的消极生存权利所限制。在许多场合,财产所有者可能不会自己动手安装高压电线,除非她是一个注册电工技师,因为电会威胁到邻居的生命和财产。但当某人在他人财产上的活动被认为造成了妨害时,财产权经常会优先于自由迁徙的消极人权。消极人权可能也会被积极人权所限制。比如说,当父母因宗教上的理由而拒绝同意照料孩子的医院工作人员所认为的必要输血时,父母的亲权与宗教信仰自由的消极权利,就与孩子卫生保健的积极权利相冲突。在此情形之下,孩子的权利限制了父母的权利。

总的来说,在财产权内部以及财产权与其他权利之间,冲突大量存在。消极人权内部、消极人权与积极人权之间的冲突,以及人权与动物权利之间的冲突,都是普遍存在的。当这些冲突发生时,有必要决定哪些权利相对于其他哪些权利具有优先性。如果我们理性而不独断,对于决策来说,一个合乎逻辑的基础就是必要的。诉诸于权利本身并不充足,因为在这些情境下,诉诸任何权利都会为另一项权利的诉求所反对,而且不同权利暗示着不同的行为过程。

在许多类似情境下存在着确立已久的优先权准则。比如说,确立已久的是,财产所有者不可以在严重威胁到邻人健康与安全的方式上使用自己的财产。在其他情况下,优先权的确定相对来说还是近些时期的事情。纵然有双亲的反对,法院也将定期地命令为需要输血的孩子输血,这相对来说也还只是近些时期的事情。优先权在某些情况中还未被大家广泛接受。尤其是在工作场所中,吸烟者污染空气以及他者免于吸入烟雾的权利之间,仍然处于争论之中。而且,正如我与雷根所一致论证的那样,在某些情况下,优先权已广为接受,但明显地错位了。我们允许人们为了很微不足道的理由——诸如为了一种新型眼影的快乐,或者是汉堡包的便捷与风味,而使动物经受痛苦体验并最终过早死去——从而以这样的方式实践其自由。

但不管是被广泛接受的、广泛排斥的、过渡性的还是引起争论的,优先权需要得到证明。我们的优先权准则构成了正义原理。如同通常的正义原理一样,它们需要一种正义论以提供一种根本依据。这里并不是说我们缺乏根本依据。我们为财产权、消极人权、积极人权以及动物权利都提供了基本原理。但这些基本原理中的任何一个,都不能在这样的方式上包容所有其他理论,即任何事物于中都各就各位并各得其所。我们早先在这一点上发现的对财产权来说最佳的基本原理,是以消极的自由人权为起点的自由派理论的论证。但是自由派理论存在严重缺陷,而且它无论如何也不会提供一种某些财产权优先于另外一些财产权的理由。汤姆·雷根的推理导向人权,包括自由权。它也通往动物权利。但同样的是,这一基本原理不能一直为我们提供并证明一些准则,以便在冲突情况下告知我们哪些权利更为优先。同样,雷根对人权与动物权利的基本原理的统一失败了，因为对人类而言，不被杀死的权利优先于自由权，而在动物之中，自由权利又优先于不被杀死的权利。

最后，我们在第 6 章中了解到，我们认为积极人权非常重要，但是，正如我在上面提到的（7.4 节）那样，康德为人权提供的基本原理，要求坚持所有价值依赖于事物与人类生存的关系。雷根对人权与动物权利的论证表明，除了别的以外，我们认为许多人类之外的动物（作为生活主体）的价值，独立于它们与人类的任何关系。这就削弱了康德对积极人权的论证。如果我们继续认为这些权利存在并且相当重要，我们就必须找到一种替代的基本原理。

汤姆·雷根提供了这样一种基本原理。但是，如同通常为人权所提供的基本原理一样，雷根为人权与动物权利提供的基本原理暗示了积极权利以及消极权利的存在。他论证说，所有生活主体具有固有价值，并因此而应受尊重。基本上来说，这就是当康德声称人类都属于一个目的王国时对人类的论说。作为这个王国的一部分，他们都应被看作为目的本身，决不能仅仅作为实现他人目的的手段（6.7 节）。我们看到，这个观点就暗示了积极人权以及消极人权的存在（6.7 节和 6.8 节），因为人类的发展与保护是道德的目标。雷根的所有生活主体皆是目的本身的类似论证，似乎也暗示了所有生活主体皆应被给予积极权利与消极权利。听任一只鹿因缺乏食物而挨饿，与听任它被猎人杀掉一样，都未显示出对鹿的固有价值的尊重。如果为了保护植物以免于过度放牧而听任鹿的饥饿，就如同为了吃鹿肉的新奇而听任其为猎人杀死一样，鹿就没有被作为一个目的本身。那么，在雷根的基本原理之上，被提供充足食物的积极权利就如同不被伤害的消极权利一样具有坚实的依据。照例，消极权利的论证也暗示了积极权利的存在。但是我们已经看到，若将任何积极权利全然归于非人类的生活主体，荒谬会继之而来。这是另一个需要解决的问题。动物权利的某种替代性基本原理必须被找到。

总的来说,依旧存在许多问题;参照权利以解决所有问题的尝试尚未获得成功。一种新的途径可能是适宜的。在下面两章中,我将探究功利主义,它旨在为我们迄今所考虑的所有权利以及所有其他的道德关照提供一种唯一的非权利的基本原理。它亦声称提供一种方法,用以决定什么时候一项权利或者道德关照应优先于另一项。美言不信,不是吗? 喔,它可能不是这样的,但无疑值得一试,特别是如果我们顺便能学到一些东西的话。

注释:

[1] Tom Lehrer, "Poisoning Pigeons in the Park", in *Tom Lehrer's Second Song Book* (New York: Crown Publishers, 1953), pp.6—9.

[2] *Illinois Revised Statutes*, Chapter 8, pp.701—716.

[3] Immanuel Kant, "Duties to Animals and Spirits", in *Lectures on Ethics*, trans. Louis Infield(New York: Harper and Row, 1963), p.239.

[4] Kant, p.240.

[5] Kant, p.241.

[6] Kant, p.240.

[7] *State v.Buford* (1958)65 N.M. 51, 331 P.2d, 1110, 1114.

[8] 参见我的 "Civil Liberties and Cruelty to Animals", *The Philosophy Forum*(即将出版)。

[9] 见注[2]。

[10] 可能也有外星人与海豚,它们虽不属于我们的物种,却拥有这些特性;但是,对康德哲学的立场而言,这至少在原则上不会给他们造成同样的难题。

[11] Public Law No.93—205, 87 State 844(codified at U.SC P 1531—1543).

[12] 见 David B. Stromberg, "The Endangered Species Act of 1973: Is the State Itself Endangered", *Environmental Affairs*: 511—533.

[13] *Hill v.T.V.A.*, 549 F2d 1064(6th Cir.1977),由联邦最高法院在 *T.V.A. v. Hill* 46 U.S.L.W.4673(1978)中批准。

[14] Endangered Species Act Amendments of 1978, Pub. L. No.95—632(1978).

[15] Tom Regan, *The Case for Animal Rights*(Berkeley, CA: The University of California Press, 1983).

[16] Regan, pp.89—191.

[17] Regan, p.242.

[18] Regan, p.243.

[19] Regan, p.262,被雷根强调。

[20] Peter Singer, *Animal Liberation*(New York: Avon Books, 1975), pp.147—149.

[21] Regan, pp.205—206.

〔22〕见 Robert Ward et al, "Infectious Hepatitis", in *Ethical Issues in Modern Medicine*, eds.Robert Hunt and John Arras(Palo Alto, CA: Mayfield Publishing Co., 1977), pp.291—296。

〔23〕见 Peter Singer, pp.48—49(有关德莱赛实验); pp.121—128; pp.113, 120, and 138—140。

〔24〕Regan, pp.304, 314, and 324—325.

〔25〕Regan, pp.284—285.

〔26〕Regan, p.285.

〔27〕Regan, pp.297—307.

第 8 章　功利主义理论

本章解释了功利主义理论的本性,并将它与前面探讨过的理论联系起来。这一章毫不掩饰其对这样一种可能性的热情,即功利主义学说为环境正义的所有问题提供了卓越的解答。对功利主义学说的批判则保留到接下来的一章。

§8.1　福祉最大化

设想一下,一个理想的立法者将会如何描绘他的目标。他可能会为老年人得到更好的医疗卫生保健,为让穷人居住上更好的房子,为让人民脱离独裁统治获得自由等而不懈努力。如果你追问他为何会希望实现这些事情,他最为普通的目标就会展现出来。他在努力让人们过上更好的生活。哪些人呢? 所有人。

那有什么错呢? 努力改善人们的生活,这看起来是如此明显地合理与高尚,以至于每个立法者都将会支持这一总体目标。那些对我们的立法者保证穷人更好住房的计划表示反对的人,并不认为自己是在反对所有人生活的改善。比如说,他们反对政府为穷人提供福利分房,是基于这样一种信念,即如果没有政府的干涉,更多住房会以私营方式提供给穷人。他们也可能宣称,政府必定为穷人的福利分房而加征税收,然而低税收对刺激经济增长来说是必需的,而经济增长则对所有人有利,包括穷人在内。

公共政策应当致力于改善人民生活这一观念得到了(国家)两党的支持。但是,究竟寻求多大的改善呢? 我们是认为人们的生活应该比现在稍好一点就行了呢,还是应得到大幅度改善? 似乎显而易见的是,我们会支持最大限度的可能改善。对人们的生活而言,最佳者莫如其尽可能的美好。因此,我们会期待着我们心目中的立法者彻底讨论并探究与某一事务相关的所有可能的政策选择,无论是为穷人提供住房,还是对智利的援助,从而选取能使人类福祉最大化的政策。当然,我们的立法者难免会犯错。她可能不知道哪个政策会使人类福祉最大化。如果是那样的话,她就应选择在她看来最有可能带来最佳结果的政策。

　　人类福祉最大化究竟意味着什么呢? 离开人类个体的福祉就谈不上整个人类的福祉。因此,只有通过考虑政策对个体福利的效用,一个人才能判断出它对于人类福利的影响。留心看一下要求以富硫煤为燃料的火炉烟囱安装洗涤塔的政策。它是一项良善的政策吗? 正如我们在第 1 章中提到的那样(1.9 节),该政策会增进新英格兰与加拿大东南部地区人们的福利,因为酸雨对他们的蹂躏将会被极大地降低。他们会拥有更美丽的风景、更好的伐木业、更旺的旅游业、更佳的土壤控制等,诸如此类。人类福祉的此种增加,其容量究为几何? 它等值于备受酸雨影响的区域中个人福利的平均改善,再乘以受到此种影响的人员数目。让我们用"舒适"(winsome)这个词来形容福利的基本单位。如果新英格兰和加拿大东南部地区受酸雨影响的个人所体验到的 3 单位"舒适",是作为一种要求安装洗涤塔的政策结果,并且如果有 4 000 000 人受到了影响,该地区的良善效果应当是 12 000 000 单位的"舒适"。如果 1 000 单位的"舒适"等于 1 单位的"有益"(wholesome)(想一下十进制),这就等于 12 000 单位的"有益"。

　　这是否意味着洗涤塔是个好主意呢? 不尽然。该政策带来利益的同时也产生了负担。为了观察到该政策的整体效果,有必要从利益中扣除负担。这会给我们带来净利益。承受负担的主要是中西部地区的人们。他们将不得不为火力发电机烟囱上的洗涤塔买单。公用事业公司的顾客将支付更高的电费。使用富硫煤的工厂所制造产品的价格相应也会提高。这会给这些产品的消费者带来不利影响。由于价格增高,消费就会减少,从而使一部分人失业,进而使那些受到影响的公司股价下跌。洗涤塔的必须安装使得烟煤的使用更加昂贵,有些公司会使用替代能源,因而削减了对煤炭的需求。这会减少煤炭公司的股价并使一些煤矿工人失业。中西部公用事业公司的顾客、受影响的股东、受影响的雇员、受影响的消费者,对于每一群体而言,都必须做出两项测定:该群体中有多少成员? 平均每一成员所受到的不利影响有多严重?

"烦人"(irksome)是负效用的基本单位。"烦人"与"舒适"度量相同,却带有相反的标识。1 000 单位的"烦人"(我们仍然用十进制)等于 1 单位的"可怕"(gruesome)。因此,举例而言,如果 10 000 000 位消费者每人都体验到 1/10 单位的"烦人"(总量相当于 1 000 单位的"可怕"),10 000 个股东人均体验到 4 单位的"烦人"(总量相当于 40 单位的"可怕"),60 000 位下岗工人人均体验到 100 单位的"烦人"(总量相当于 6 000 单位的"可怕"),7 000 000 位公用事业公司的顾客人均体验到 1 单位的"烦人"(总量相当于 7 000 单位的"可怕"),与只有 12 000 单位的"有益"相比较,"可怕"的总数等于 14 040。

你可能会这样想,因为洗涤塔政策带来的"可怕"胜于"有益"(此政策的净效应是负面的),所以该政策对任何忠诚于人类福祉最大化的人来说,都是无法接受的,就如我们心目中的立法者一样。事实不尽其然。假如知道了有效政策选择的一切效果,一个理想的立法者就会选择带来最佳净效应的政策。在局势不利之时,可能任何选择,包括维持现状在内,都无法产生正面的净效应。比如说,对酸雨不做任何处置,这会消除洗涤塔政策所有"有益的"与"可怕的"影响。但是,它在将来会导致如此巨大的生态危机,其净效应将会是更多的"可怕"。这就像修补一个漏雨的屋顶。可能任何选择都无法让人称心如意,但是,让房子浸在水中的做法比其他大多数行为都更为糟糕。因此,在局势不利的情况下,选择最小不利的行为将是一种最佳选择。

在酸雨案例中这可能也是必要的。必须使所有可能的政策都得到讨论与探究。每一政策的净效应都必须按业已阐明的洗涤塔政策这一方式被决定。遭受影响的每一个人都必须被考虑到。对每一类型的影响而言,受影响的人的数目必须与人均体验到的"舒适"或"烦人"的数量相乘。所有群体的分值加在一起("烦人"与"可怕"都要从舒适和有益中扣除)以得到这个政策的净效应。当对每一可能的政策都进行这样一番核算之后,才应选出最佳的政策。这是一个保持"有益"对"可怕"的最大顺差(或者,在局势不利的情况下,保持"可怕"对"有益"的最小顺差)的政策。一项政策具有一种净有益的效应这一事实,并不足以证明对它的采用,因为可能还有更为有益的政策,可能更为可取。同样,一项政策具有一种净烦人的结果这一事实,不足以取消其资格,因为可能其他选择更加令人嫌恶。

这是一种程序和选择原理,它暗含于公共政策的目的在于人类福祉最大化这一常识之中。[1]

§8.2 福祉之本性:快乐与偏好

可是,人类福祉究竟是什么呢?在我们对可供选择的政策进行决策之前,必须先考虑这个问题。上面一节中所讨论的思维形式是后果至上论(consequentialist)。一项政策的价值取决于追随它而来的后果(如,多少人会失业,电费怎么变化,旅游业遭受多少损失或收益几何)。形容这种思维形式的另一个语词是目的论(teleological)。Telos 在希腊语中意指"目的"或"目标"。Logos 在希腊语中意指"一项理由充分的说明"。我们正在研究的这种思维形式,有助于对我们所应做的提出"一项理由充分的说明"(一种理念)。那种理念的核心特征在于我们的目的或目标

(telos)，那便是人类福祉的最大化。因此，这种思维形式是后果至上论（通过其后果，政策得到判定）和目的论的（这些后果之所以被追求，是因为它们构成或促成了某种目的的实现）。在这种类型的思维之下，如果我们对于目的的本性还晦而不明，我们也就不会成功。那么，我们所说的人类福祉意味着什么呢？

从历史的观点来看，人们对人类福祉有各种不同的界定。比如说，在犹太—基督教共有的宗教传统下，人类是上帝的创造物。福祉等同于生活在与上帝的适当关系之中。这种关系包括对上帝存在与至善的信仰，以及对上帝意志的顺从。如上帝许可，这会带来最终的人类福祉以及死后与上帝的共在。因此，人世间人类福祉的最大化，就在于培养人们对上帝的信仰和促成人们对其意志的服从。当人类福祉被定义为神圣的救赎时，劝阻或禁止在上帝眼中视为罪恶行为的法律与政策，从一种将人类福祉最大化作为目标的目的论观点来看，就具有了非凡的意义。

第6章所讨论的效率理论，采纳了一种完全不同的目标，即最大化的产品与服务生产。提高效率的理由，在于能够让人们从可资利用的资源中生产出最大数量的产品与服务。但生产不是最终目的。生产最大化是作为消费最大化的一种手段。但消费为何就应最大化呢？效率理论断定，人们的消费欲望是永无止境的，因此，生产愈多，消费就愈多，人类欲望就更大程度地得到了满足。于是，生产和消费都不是最终目的，因为它们都是为了最大化地满足人类的欲望、需求或偏好。

偏好的满足是目的论思维的一个看似合理的终极目标吗？杰里米·边沁（Jeremy Bentham，1748—1832），在这一思想的发展中举足轻重的他，并不这样认为。他认为满足人们的欲望、需求或偏好的理由，在于促进他们的快乐或幸福。既然人们一般来说都想要得到那些他们以为会给他们带来幸福的东西，那么，在得偿夙愿时人们（通常）会很高兴。而且，因为预期到了幸福，使得他们想要这些东西。因此，快乐与幸福才是至上的目标。[2]

现在我们对"人类福祉"有了三种可能的理解:神圣的救赎、偏好的满足以及快乐。还有很多其他的可能性,但就目前来说,有这些就足够了。

神圣救赎(或人类拯救)的最大化,在多元化社会中对公共政策来说是一个棘手的目标。并非每个人都相信或者愿意去相信犹太—基督教所共有的上帝的存在与至善,因此,并不是每个人都追求与上帝同在的死后生存。在信仰者中,对于上帝希望或要求人们做什么,也存在着明显不同的意见。对有些人来说,上帝禁止跳舞以及对酒精饮料的消费。对另一些人来说,跳舞是随意的,喝点酒对某些宗教仪式来说是必不可少的一部分。对有些人而言,上帝禁止堕胎,反之,另外一些人则认为上帝允许堕胎。因此,劝阻或禁止在上帝看来是罪恶行为的举动,可能会酿成严重的社会混乱。无宗教信仰者和那些对于上帝的要求在看法上与那些立法者或政策制订者不同的人,将会感到自己的自由受到了不正当的限制。他们受到了不公正对待;他们没有得到他们所应得的,因为他们在追求自身对美好生活的构想中未获允许。虔诚的立法者以及那些与之相一致的人们有机会去追求他们所构想的美好生活,但那些持不同看法者则失去了机会。差异在于某种宗教取向或解释。这并非大多数人所认为的在一个多元社会中应该成为实质性差异的一种差异。人们大多认为,个体不应因纯粹宗教上的理由而被阻止去追求其人生规划。当福祉被视作为宗教救赎时,最大化的人类福祉会带来某些很多人都觉得不公正的政策。

诸如此类的问题,都未能顾及人类福祉或是与幸福或是与偏好满足之间的同一。人与人之间的偏好各不相同,而且他们从不同的事物中获得幸福。有些人寻求对上帝律法的遵从,另外一些人希望花费尽可能多的时间在滑雪上,而还有一些人希望写通俗小说。用于使幸福或偏好满足最大化的政策,会促成拥有这些目标的人们最大程度地成就其目标。不存在基于宗教、信条、性别或种族基础上的歧视,因为幸福与偏好满足的目标在人类中似乎是普遍存在的。

与用以减少酸雨的政策相关联而显示出的考虑因素，似乎以人类最大化的幸福或偏好满足为先决条件。优美的风景、繁荣的旅游业、廉价的电力、可观的公司利润、就业率的维持，被认为是人类福祉的部分原因。人类福祉或是与幸福或是与偏好满足的同一，将会为这样一些假定提供支持。优美的风景有助于人们的福祉，因为人们喜欢优美的风景（美丽的森林）胜于被酸雨所毁掉的树木这样一番景象。廉价的电力有助于人们的福祉，当电力上的花费更少时，人们就会有更多的钱花费在其他一些他们愿意去做或拥有的事物上去。人们更多的偏好得到了满足，这使他们幸福。就业的维持有助于人们的福祉，因为就业带来收入，人们因而可以在自己喜欢做或想拥有的事物上花钱。就业同样也满足了大多数人这样的偏好，即作为一个有用的人且感觉到社会对自己的需要。而且，有些人喜欢自己的工作。就这样，就业有助于人们偏好的满足并促成了他们的幸福。总的说来，将各种"舒适"与作为偏好满足或幸福的积极单元相同一，以及将各种"烦人"与消极单元（落空的欲望与苦恼）相同一，似乎是合理的。

偏好满足与幸福并非完全相同。正如我们已经提到的那样，有些人断言幸福更为根本，因为他们说，人们满足其偏好是为了幸福。相反，另一些人主张，偏好满足才是更为根本的。幸福不是一个目标；它不是人们能够直接指向的某物。为了幸福，人们不得不追求或完成其他一些目标，比如说登山、拥有汽车，或者获得优异的成绩。人们可以直接地去满足其对这些事物的偏好。幸福是一种满足这些偏好过程中的副产品。相反，设想某个径直瞄准快乐而非对其他某些事物的偏好加以满足的人。"我希望是幸福的。"一个女人说。"你想做些什么呢？"我们问她。"除了幸福，什么也不想。"如果她没有另外一些她试图满足的偏好，她如何能知晓去做些什么以获得幸福呢？除非作为一种人们在满足其对另外一些事物的偏好过程中的副产品,否则人们似乎就无法获得幸福。因此,最为普遍的人类目标,以及与之相关的人类福祉的本性,是偏好的满足而不是幸福。

还存在其他的一些理由,确立起人类福祉与偏好满足而不是幸福的一致性。最具影响的理由与如下设想有关。[3]设想机器人技术的进展使一小部分人就能够完成社会生活中的所有必要事务。假定此时药学的进展使得大部分人通过供水系统被进行药物麻醉成为可能。假设这种麻醉药对人的健康并不造成损害,但却使他们不能从事任何构建性的、有计划的或者持续的活动。它让人处于一种恍惚状态,但却可以使他们比没有药物影响时更加幸福。在此情况之下,一个以人类幸福最大化为目标的功利主义者会提倡一项麻醉人们的计划,因为该计划可以使幸福最大化。

为了拥有那些设法依照自己的计划去生活的冒险与挑战,有些人可能宁愿选择较低程度的幸福。但是,一个致力于选择那些使人类幸福最大化的政策的前后一贯的功利主义者,将绝不会这样做。这样的一个人会赞成对那些不情愿者强制实施麻醉计划。比如说,他会赞成在人们毫无知觉的情况下,将药物悄悄地投放到供水系统中。一旦被适当地麻醉之后,人们就会被玩弄于股掌之间。

很多人对这种享乐主义(幸福取向的)功利主义的弦外之音感到不快,并因此将"善"等同于人们偏好的满足,将"恶"等同于人们欲望的受阻。如果人们并不情愿依赖于麻醉而生活于一种幸福的恍惚之中,那么,一个一贯忠诚于将偏好满足最大化的功利主义者,就会与一个致力于将快乐或幸福最大化的功利主义者不同,他不必拥护并执行一项违背人们意愿的麻醉人们的政策。偏好满足的目标使功利主义的指示更好地与我们通常的是非观念达成一致。所以,当代的许多功利主义者采纳了偏好满足最大化的目标,而非快乐或幸福最大化这一目标。

因为我们现在没有必要在这些富有争议的目的之间做出选择,所以,在这一章的余下部分中,我会将幸福或者偏好满足用于写作之中,并以之意指其中的一种或全部两种意思。

§8.3 功利主义理论

我在前面两节中已经逐步阐明了功利主义理论的要素。在第一节中,我说明了人们所期望于一个负责任的立法者的目的论式思考。有人认为,被决定出来的法律或政策将会促进人类福祉的最大化。各个选项被加以调查,以确定哪项法律或政策具备这样的效果。在第二节中,我论述了人类福祉的含义。如果福祉被作为立法者的目标,那么,其界定必须要考虑到人们在信仰、需要、愿望、快乐及爱好的拥有上的多样性。定义过于刻板,就会给许多人造成不公正的歧视。他们的要求将会被忽视或遭受挫折。立法者就会强行施加限制,用以倡导一种人们并不接受的福祉概念。唯有采纳一种宽容到足以为人人都可接受的福祉之定义,此不幸之局面尚可以避免。因此之故,福祉被定义为幸福或偏好满足。

这会导致如下的观点,即立法者与政策制定者应当采取行动,以便确保整个人类的最大幸福(最小不幸)与/或者偏好的最大满足(欲求的最小挫败)。但是,为何单单是立法者就应为此原理所引导呢? 一个理想主义的立法者希望将善最大化,将恶最小化。难道它不是一个对我们所有人而言都有价值的目标吗? 似乎所有道德上正直的个体都应该像理想主义的立法者那样,努力争取善的最大化及恶的最小化。每个人都应考虑到其行为之后果后再去行动。人人都应当带来使人类幸福最大化的影响。因此,一切道德决策都应当是目的论的,而且其目标就在于使人类的幸福或偏好满足最大化。

我们几乎已经得出了杰里米·边沁发展的功利主义理论之结论。对边沁来说,目标是快乐或幸福,而不是偏好的满足,因此,他的看法被称为享乐主义的(hedonistic)功利主义。尤为重要的是,边沁认可一视同仁的原则。几乎和人类一样,人类以外的动物也体验到快乐与痛苦,幸福与不幸。如果人类幸福是一个有价值的目标,那么,人类之外的动物的幸福也是一个同样具有价值的目标。

让我们更为细致地审视一下边沁的推理。无论是谁体验到的幸福,在很大程度上来讲都是同样的。这就是对于一个立法者或者任何道德上正直的人来说,为何你我的幸福都同等重要的原因。若某人在其行为举止处处顾及你的幸福而对我的幸福不闻不问,这将是不公正的。结果无疑将会使我不该受的痛苦。

对许多人类以外的动物而言,幸福就如其对人类那样同等重要。在道德判断的过程中,为何不应将其幸福与我们人类的一道加以尊重呢?除非提供某些无视人类以外的动物之幸福的理由,否则,对它们幸福的忽视就将是武断的、物种至上主义的和不正当的。因为这未能做到一视同仁。

当然,人类以外的动物在很多方面与人不同。人类大多能够进行抽象推理,能够言说一种潜藏有无穷无尽种类信息的语言,而且还可以相对自由地从现有余地中做出选择。但我们物种中的有些人却没有能力做这些事情,比如那些年幼者和严重智障者。我们并不认为忽视这些人的幸福是适宜的。因此,在这些人与我们之间所存在的差异,对我们而言不是实质性差异。当对待人类以外的动物这一议题摆在面前时,这样的差异又何以会被认为是有效的呢?正如边沁提到的那样,这似乎毫无理由。

法国人已经发觉,黑皮肤并不构成任何使一个人应当万劫不复,听任折磨者任意处置而无出路的理由。会不会有一天终于承认腿的数目、皮毛状况或骶骨下部的状况同样不足以将一种有感觉的存在物弃之于同样的命运……问题并非它们能否作理性思考,亦非它们能否谈话,而是它们能否忍受。[4]

总而言之,我们认为,促进包括那些严重智障者在内的所有人类的幸福是正确的,因为我们相信,正如幸福对我们那样,智障者的幸福对智障者具有同样的重要性。正义要求将相同的推理运用到人类以外的动物中去。就我们的法律、政策以及个体活动对人类以外的动物之幸福与不幸的影响所及而言,我们也应当将它们的幸福包括在我们对可资利用的方方面面加以抉择时所进行的后果核算中。它们的诸种"舒适"与诸种"烦人"必须与人类的加在一起。简言之,功利主义的目标不在于人类的福祉或人类的幸福,而是有感觉的生物的幸福。有感觉的生物包括所有能够感受或体验到某些什么的存在物。所有这样的存在物都能够体验到幸福或不幸。

§8.4　功利主义与动物对待

在第 3 章(3.2 节)中我曾提及并且在第 7 章末尾重申道,我正在探寻一种理想的正义论。一种理想的理论会帮助我们以一种明显公正因而也能为所有相关人士接受的方式解决所有的正义问题。带着这种疑问,我现在就来分析功利主义理论。从动物权利开始,继之以人权和财产权,我会考查该理论的包容力,并对前述几章中探讨过的诸种考虑因素给予应有的评价。

与汤姆·雷根的动物权利理论一样,功利主义理论包含有对动物福利的关注。彼得·辛格(Peter Singer),一位当代功利主义者,在论及人类以外的动物对待时提供了最为详尽的功利主义指南。[5] 很多人类以外的动物——比如说,大部分无脊椎动物——可能不具备体验或感受。它们不具有心智。既然它们和石头、树一样无法关心或感受发生于自身的事情,那么,它们的福利就无需受到尊重。

其他动物所具有的意识在程度上各有不同。假定动物精神生活的复杂性直接与其神经结构和行为模式相关,那么,鸟类的精神生活通常比爬行动物更丰富,哺乳动物的精神生活通常又要比鸟类更丰富。在哺乳动物中,灵长目动物的精神生活会比诸如牛那样的动物或猫科动物的更为丰富。因此,一项不便可能会对一只爬行动物产生 1 单位的"烦人"体验,而这对一只鸟来说,可能意味着 2 单位的"烦人"体验,这是因为鸟类更为敏感,而对于更为敏感的大猩猩来说,会产生出 6 单位的"烦人"体验。与之相应的是,精神生活更丰富的动物会比那些精神生活相对贫乏的动物体验到更多的幸福。因此,人类就能比非洲的大猩猩体验到更多的幸福,而大猩猩体验到的幸福则要比鸽子更多。

正直的功利主义者必须将所有这些因素记在心头。作为一名功利主义者,她必须始终致力于所有受其行为影响的有感觉的生物的最大幸福(最小不幸)。优先权可以给予人类或者所谓的"高等"动物,这是就某一行动对其经验生活的影响相比于其他有感觉的生物可能更为深远这一意义而言的。以此作为理由,优待才显得公正,因为人类和"高等"动物比其他动物的感触更多,也感受得更为深刻。

举一个例子将会有助于阐明动物对待的功利主义解决途径。让我们再次关注一下在公园里的毒杀鸽子"游戏"(正如你很快就要了解的,这不仅仅是一个残忍得让我关注的事情,也是一个非常现实的问题)。依据功利主义者的看法,参与这个游戏在道德上是不正当的,因为相对少数的人类从中所获得的幸福,是建立在使许多人类以外的生物遭受相当大苦难的基础之上的。用毒碱这种药物投毒使动物们极端痛苦。游戏之重累胜过了其利益。更为重要的是,对那些游戏者而言,在通盘考虑之下,至少存在有一种能够产生更佳结果的替代性做法可供他们选择。投毒游戏可以被放弃。假定那些喜欢该游戏的人们发现替代的追逐索然无味,这也许会减少他们的幸福。但是给鸽子生活带来的改善,就不仅仅是对这种损失的超越了。鸽子通常没有人类那样敏感。但是卷入整个事件中的鸽子数量比人要多,而且即便是对一只鸽子来说,毒碱的毒害也比人类某一成员的一项酷爱游戏的丧失更为可怕。且谁又会知晓,这些倒行逆施者会不会一下子就转而向松鼠投掷橡实并从中获得快乐,正如他们当前在毒杀鸽子中取乐一样呢。

对于其他一些给动物福利带来不利影响的人类习惯与习俗,可以给予类似的分析。家畜日益被可怕地拘禁起来,且生活悲惨,而这种饲养只是为了满足人类的消费(参见上文 7.7 节)[6]。没有这种"工厂化农场经营"的方法,肉食对大多数人来说就会是如此昂贵以至于不能消费太多。人们较喜欢或者乐于消费大量的肉食,因此,此种消费的任何大幅度缩减都将是"烦人"的。但是,人们完全不吃肉也能保持全然的健康,而且食物偏好受到文化强有力的影响。在日本,人们食用乌贼,而在有些地方,蚂蚁被认为是美食。如果饮食偏好可以有如此大的差别,人们将可能学会享用素食来代替他们当前更喜欢吃的肉食。新的一代会逐渐了解并赏识素食。转变可能会是"烦人"的,但不"可怕"。在过渡的几年中,普通四口之家的效用总损失,每年会是 100 单位的"烦人",此后将不会有更多的损失了。这与数千单位的收益相比是微不足道的。在过渡年月之后无限的未来之中,那些可能作为消费品而被我们这些四口之家所饲养的许多动物,就避免了在工厂化农场经营中的一种"可怕"生存。因此,与动物权利理论一样,功利主义理论赞同人类行为朝素食方向的一种改变。

同样,功利主义理论也谴责德莱赛测试以及其他一些行为的实施,为了产生某些对人们来说颇不足道的"舒适",这些行为使动物遭受了巨大痛苦。化妆品给人们带来的好处,并不比德莱赛测试给家兔带来的伤害多(参见上文 7.7 节)。这样看来,功利主义理论对动物权利理论所规定的人类在对待动物上的许多行为转变,也持同样的赞成态度。

虽然如此,也还是存在着一个重大的差异。在任一基于权利的理论与任一立足于快乐或偏好满足最大化的理论之间所存有的一条裂隙,在此差异上有所反映。在一个以权利为特征的理论中，某些存在物不能受到某些方式的对待，无论这种对待对他者而言有多重要。比如说，依据汤姆·雷根的动物权利理论，无论给人类带来多大好处，非人类动物都不应遭受"可怕"（或"烦人"）的实验。给狗插上导管以改善对人类心脏病患者的治疗，该实验侵犯了狗的权利，正如同德莱赛测试侵犯了家兔的权利一样。对人类来说，改善对心脏病患者的治疗相比于一种新型化妆品更为重要。但从权利的观点来看，局面并不因之而改观。实验中被插入导管的狗和德莱赛测试中被使用的家兔，都不应为了人类福利而受苦。这些实验同样侵犯了动物权利，因此，从动物权利的视角看来，同样是不允许的。

相反，功利主义者会权衡负担与利益，并选择那种利益相对于负担而言为最适的活动方案（如果负担将不可避免地超过利益，那么，就应当选择那些负担相对于利益而言其差额为最小的方案）。如果动物实验将带来最适的整体结果，功利主义会赞成这些可怕的实验。假如人类心脏病患者从导管插入实验中所获得的收益，与该实验中被使用的狗可能受到的伤害相比要更大的话，那么该实验就应当做下去。比如说，如果以此种方式牺牲 10 条狗命会带来一项挽救 10 条人命（产生 15 个"有益"）的医学技术的改进，功利主义者就会支持该实验。因此，尽管一个前后一贯的功利主义者在人们应在动物对待方面做出转变上会与动物权利拥护者保持一致，但功利主义者将会比动物权利拥护者具有更大的通融性。从功利主义的观点来看，某一动物所应受到的对待将会随此对待所发生的背景而改变。

在公园里毒杀鸽子这样的一些情形，对此做出了说明。我们已经知道，当这种下毒仅仅是为了满足那些投毒者的消遣，这不仅侵犯了动物权利，也有损于功利主义的伦理学，但"俄亥俄州的阳士敦城建议采纳毒碱投毒方案以控制鸽子的数量"[7]。该城市坚持认为，大量鸽群对人类健康构成了威胁。一名功利主义者必须认真考虑这些因素,并在加以全面考虑之后可能发现,情势要求在公园里毒杀鸽子。

然而,只有当这种选择在此情况之下是最佳可行方案时,才有可能得出这样的结论。各种情形都必须得到仔细的审查。就我们所掌握的案例而言,马克·休伯曼(Mark A. Huberman)代表俄亥俄州动物慈善协会,向法院提出了禁止阳士敦计划的请求。他争论道:

> 如果不是矫揉造作的话,人类健康的危险也是言过其实了,况且由于剧烈痛楚相伴随的杀戮方法、非目标物种所面临的危险以及采用该方法进行长期种群控制的不可行性,使得毒碱投毒不人道、愚蠢且不起作用。[8]

休伯曼先生的调查向法院表明,在投毒方案确立之前,在对鸽子种群加以控制的替代方法上,不仅未存在任何富有意义的考虑,也不曾有一份书面的文件证明任何所谓的"鸽致病"出现。[9]从功利主义的观点看来,此类事实至关重要。法院同意了休伯曼的起诉,阳士敦停止了投毒计划。现在,这个城市通过消减栖息地(通过在公园附近的建筑物边沿上铺设豪猪铁刺)来控制鸽子数量,并且强制实施一项禁止人们在公园里喂鸽子的法令。

该案例就表明了与眼前的特定情况息息相关的诸种事实,对功利主义而言所具有的重要性。

§8.5 人权

如果个体可能遭受的对待因境遇之不同而变更,那么,对人权来说会带来何种后果呢?如果狗可能会在某些用以改善人类心脏病患者的实验中被牺牲掉,而鸽子的牺牲有时也可能成为一项公共卫生措施,万一此类对待可使总体的幸福或偏好的满足达到最大化,又有什么可以阻止功利主义者们赞成以同样的方式对待人类呢? 从功利主义观点来看,在如何对待人类上似乎不存在限定。人权不存在。

功利主义与人权之关系的观点因杰里米·边沁对《人权与公民权利宣言》[10] 的反对而增强。发轫于法国大革命的该宣言,宣布了自然的、不可侵犯的(不可剥夺的)权利的存在,以取代政府所施加的合法要求。边沁担心人们会受到相信此类权利存在的信念的影响,而忽视有效的、正当的法律规则。他担心人权的教条会导致普遍的无政府状态。因此,他写道:“自然权利是天真的胡说八道;天赋人权实乃不知所谓、空洞无味的口号。”[11]

某些功利主义者不顾先前的论述而坚持认为,人权学说与功利主义学说之间不存在根本的对抗。他们争论说,当对人权的适宜限制得到公认时,功利主义学说就为这样的人权提供了坚实且合理的依据。在这一节中我之所以会详细解释这一观点,某种程度上是因为,为人权提供的非功利主义依据已被证明为不可靠。试想一下,康德对人类的特殊地位所提供的论证在于这样的断言,即人类赋予世界上所有其他事物以价值(6.6 节和 6.7 节)。然而,在接下来的章节中就会表明(7.4 节),我们无法确信,动物与其他事物仅仅在人类赋予它们价值时才具有价值。如果动物和其他事物确实还具有与人类无涉的价值,那么,康德主义者的人权证明就被削弱了。

汤姆·雷根为包括人类在内的所有生活主体的权利加以辩护。他将其论证建立在那些我们在见多识广、冷静、理智且不偏不倚之时所具有的道德信念之上(7.5 节)。不幸的是,这种“权利”观与我们许许多多见多识广、冷静、理智且不偏不倚的观点相冲突(7.9 节与 7.10 节),从而致使雷根为人权以及所有其他生活主体的权利所提供的论证疑云重重。因此,如果功利主义者们声称可以为人权提供一种坚实的理性基础,那么,就有必要对此宣称加以严肃的对待和彻底的审查。

考虑一下宗教信仰自由的人权,在威斯康星诉约德案(1972)[12]中,它是富有争议的。威斯康星州与其他各州一样,对于为年轻人所提供的教育的质量很是关切。只有一个受过教育的民众群体,才能在当今商业与制造业的世界中被富有成效地雇用。生产力对于人类生存的物质需求获取以及使人类生活得特别有价值的文化生活设施的满足来说是必要的。在一个容许普通民众影响公共政策导向的民主政治制度中,教育也非常重要。一个未受教育的民众群体,容易利用其权利对公众福利造成损害。出于这些理由,国家对幸福与偏好满足的促进就证明了义务教育制度的正当性。换言之,义务教育可以在功利主义的措辞中得到证明。

但这会与宗教信仰自由形成冲突,因此就与宗教信仰自由的人权形成冲突。这就是发生在威斯康星州的事。威斯康星州就学义务法要求,所有父母必须把孩子送到国家批准的公立学校或私立学校学习,直到他们年满 16 岁为止。作为阿米什人(Amish)社区的成员,乔纳斯·约德、华莱士·米勒和埃丁·尤茨在他们的小孩年满 14 岁后,拒绝将他们送往学校。阿米什人相信:"获得宗教拯救要求孩子生活在教会团体中,应当远离世界,与世界隔离,并且免受世俗的影响。"[13]

> 他们视中等教育为置其孩子于一种他们所不容许的"世俗"影响之下,从而与自己的信仰相冲突。中学动辄强调智力与科学成就、个性、竞争、世俗的成功……阿米什人更为看重的是……一种"善"的而非知性的生活;智慧而非技术知识,社区福利而非竞争;与当前世俗社会的分离,而非与其融为一体。[14]

从纯粹功利主义的视角来看,阿米什的宗教信仰自由似乎会招致否定。而与被告的宗教实践有冲突的就学义务法,具备牢固的功利主义理由。然而,个人对其宗教信仰自由实践的普遍权利,也可以具备坚实的功利主义依据。

宗教信众对宗教信仰自由的行使具有强烈的感情,如果他们宗教信仰自由的权利被剥夺,他们会变得特别具有颠覆性。有些教徒还认为自己的宗教是唯一正确的宗教,因此也是唯一值得实践的宗教。他们甚至还会相信,践行那些与其信仰相左的宗教无疑是有害的。考虑到这样一些情感与信念,同一社会中多元宗教传统的共存,无异于埋藏了一个火药桶,从而就存在着一种因宗教冲突而引发内乱的经常性危险。这些冲突对整体福利将是极为有害的(参见第 1 章)。功利主义学说因而证明了谋划某些措施以避免宗教冲突的正当性。

如果每个人都承认他人宗教信仰自由的权利,宗教冲突的程度可以达到最小化。既然这种权利将会惠及所有人,因而它就会构成一项宗教信仰自由的人权。认可这种权利就将会带来一种宗教宽容的精神。这会促成"待人宽容如待己"(live and let live)的实践,并且防患那些因宗教冲突引起的内乱于未然。因此,功利主义学说支持宗教信仰自由的人权。只要不明显且严重地危及或伤害到他人,人们就应具有行使其宗教信仰的自由。

最高法院以有利于阿米什人的方式裁决了威斯康星诉约德案。他们自由实践其宗教的权利,要求威斯康星州放弃如下的规定,即阿米什人要将他们 14—15 岁的孩子送到学校去。法院推论说,阿米什人的实践没有带来多大的伤害。农耕并远离大多数的新技术,阿米什人对此种生活方式的完全投入,使得他们并不需要八年级以上的正规教育。而且,"阿米什人社区已经成为我们社会中一个极为成功的社会单位……其成员富有成果且十分守法……"[15] 因此,一种无非是作为阿米什人的孩子们在其共同体中生活之引导的教育,对其他人而言并不构成严重的威胁或伤害。

因而,作为对宗教信仰自由之人权的宪法表达,第一修正案对行使宗教信仰自由的保障,就要求阿米什人自由地去实践他们认为合适的宗教信仰。由于功利主义理由可给予该项人权的认可以正当化的说明,因而,支持人权的此项裁决可依据于功利主义而得到充分的证明。

然而,从功利主义的观点看,这并非意味着宗教信仰自由权利的绝对性,或者只要公民的行动有宗教上的根据,就可以为所欲为。在威斯康星诉约德案中,法院坚持认为,"即使出于宗教原因,所有个体的诸种活动也要服从政府在行使其促进健康、安全与整体福利的不容置疑的权力过程中所制定的规章制度"。[16]比如说,伊利诺伊州最高法院裁定,即使拒绝授权输血的父母有其宗教上的依据,他们也无权剥夺其未成年孩子所必需的输血的权利。[17]美国最高法院也做出了类似的裁定:"一个意在捍卫其青少年福祉这一总体目标的国家,可以阻止一个耶和华见证人会的儿童在街上散发宗教传单……"[18]在普赖斯诉马萨诸塞案中,法院写道:"行使宗教信仰自由的权利,不包括那些使团体或儿童遭受传染性疾病影响或者使后者直面不健康甚至死亡的自由。"[19]总之,"不管宗教信仰的权利还是家长的权利,都不是没有限度的"[20]。

这恰恰就是前后一贯的功利主义者所赞同的人权观点。人们必须被赋予人权(公益要求如此),但是任何这样的权利都不是不受限制或没有限度的。公益有时会要求对这些权利作出限制。

此种功利主义人权观具有多大的可辩护性呢?它看上去似乎极为合理。功利主义者看似无疑正确的是,承认人权通常会增进幸福与偏好满足。与宗教信仰自由一样,言论、出版以及集会自由有助于促成一种和睦的宽容异己的社会风气。它们同样有助于防患那种带有社会颠覆性的冲突解决方法。如果人们可以自由地言说、书写和集会以支持其各自的观点,他们更加不会表现出暴力。当这些权利与政治决策的参与权(选举权)结合在一起时,就会激发人们去通过一个和平的政治过程来寻求他们所希望的改变。

此外,在决定其孩子方方面面的生活这一点上,父母的权利也可从功利主义的观点中得到辩护。在大多数情况下,父母要比别人更了解自己的孩子,因此,他们也最有资格去辨别如何会增进孩子的福利。在情感纽带与责任感的激发下,父母在确保自己孩子的福祉方面要甚于任何的他者。父母往往会憎恶他人的入侵,并且可能以一种反社会的方式回应此种侵犯。因此,在决定其孩子方方面面生活这一点上,尊重孩子父母的人权,在功利主义看来很是合理。类似的论证也可以被提出来,用以支持人类的生存权、健康环境权以及受教育权等。这既可包含积极人权(获得诸如食物、衣服以及栖身之处之类的基本生活必需品),也包含有消极人权(个人的言论、宗教信仰自由以及更为普遍的个人对幸福不受干涉的追求)(参见上面的第 6 章)。

对这些权利加以限制的功利主义理由,似乎与先前认可这些权利的理由一样可靠。即便是权利之间存在冲突也好,权利不可能是绝对的或无限制的。比如说,由于其父母出于宗教的缘由拒绝签署她所需要的输血,谢丽尔·林·拉伯伦兹的生命因而处于危险之中。她的生存权就与其父母的家长监护权以及他们行使宗教信仰自由的权利相冲突。在这些权利之中,至少有一种要受到限制。它们不可能全都是不受限制的。在这种情况下,法院决定认可那些其实足以促成最大幸福与偏好满足的权利。没有生命就无从谈什么幸福。对生命的优先选择通常被认为是公民最强烈的偏好。于是,谢丽尔·林的生存权获得了认可,其父母的监护权与宗教信仰自由权受到了限制。既然由于这些冲突的存在,人权就必须受到限制,这种限制的功利主义解决之道因而也似乎是正当合理的。

总而言之,我们可以认为,功利主义学说支持某些人权并为它们提供了令人信服的基本原理,同时也说明了它们何时且缘何必须受到限制。[21]

§8.6 一个环境实例——储备矿产公司

储备矿产公司在苏必利尔湖北岸明尼苏达州的白银湾经营一个选矿工厂。角岩(劣质的铁矿石)在工厂中被磨成精细颗粒,以便金属铁能够用巨大的磁铁离析出来。残渣被冲刷进苏必利尔湖。储备矿产公司对苏必利尔湖的利用,最初是在 1947 年获得明尼苏达州的许可。那时候人们相信,排入湖中的残渣将会沉淀到大约 900 英尺的深度,并且不会"对鱼类生命或是公共水源造成实质性的不利影响",也不以任何其他方式构成非法的污染。[22]

然而,美国政府在 1972 年提起诉讼,认为排放构成了非法污染,最终明尼苏达州、威斯康星州和密歇根州也加入进来。人们并不认为残渣会像当初所希望的那样,沉淀到靠近工厂的湖中一片深水区。残渣据信在湖中游移,并且进入了杜鲁斯城与其他区域的饮用水中。1973 年,当矿渣据称不仅仅是一宗讨嫌之物,而且还构成一项严重的健康危害时,事情变得更加糟糕,案情也更为复杂。据称,废弃物的一种主要成分的镁铁闪石,在外形、结构以及化学性质上与长纤维石棉相仿,而后者在不同的作业环境中都被发现含有致癌物质。储备矿产公司则否认镁铁闪石在纤维结构或任何其他相关方面与长纤维石棉类似。此外,它们继续声称,残渣沉淀到靠近工厂的该湖的一片深水区中,而它们在那里是不会触及到饮用水源的。根据储备矿产公司的说法,矿渣既不构成一项妨害,也不构成健康威胁。

1974 年 4 月 20 日,在经过 9 个月的审判之后,美国地区法院的迈尔斯·洛德法官下令关闭储备矿产公司在白银湾的设备。他写道:"除了命令立刻停止危害成千上万人生命的排放外,法院别无选择。"[23]在做出此种决定的背后,法官似乎认为,健康环境权优先于储备矿产公司的财产

权,正如谢丽尔·林·拉伯伦兹的生存权优先于其双亲的监护权以及宗
教信仰的自由权利一样。在这两个案例中,功利主义学说似乎都证明了
这样一种裁决的正当性,即,赞成对生存与健康权利的首要保障优先于后
来的其他一些权利。洛德法官看来可能是把功利主义放在了心头,因为
没有生命与健康,根本就谈不上幸福或偏好的满足。

但正如在吉尔伯特与沙立文的歌剧中所提到的那样,在哲学中也是
如此,"事情不能全看外表"。[24]不错,事情有时不像它们所显现的那样,
在此也不例外。储备矿产公司恳求洛德法官延缓其禁止令以等候上诉。
在遭到洛德法官的拒绝以后,他们向巡回法院提出申请,法院准予了他们
的请求。在对洛德法官的禁止令提起上诉的同时,储备矿产公司获得允
许继续污染湖水。但是,如果生命与健康都受到影响的话,怎么又会这样
做呢?

大量的钱财与就业岗位也值得考虑。该工厂代表着一项 3.5 亿美元
的资本投资,雇用了 3 300 名工人,每年要支付的薪金总额超过 3 000 万
美元,且产出的铁矿石占到美国的 12%。即刻关闭整个生产设备,会给
当地经济带来灾难性的后果,并且还会对区域经济造成不利影响。从功
利主义的角度看来,这些沉重的负担将不得不因同样巨大的利益(经由更
有利于公共卫生的环境条件)而得到补偿。采纳了这种观点的巡回法院
法官们普遍赞成,以受到直接影响的那些团体与当地社区的经济福利为
根据,来权衡社会的健康与环境需求。[25]

尽管健康对人类幸福与偏好满足而言是必要的,但对某些用以增进
健康的行动的评价而言,必须要顾及它们可能的影响。严重的健康危害
是否真正存在?如果它确实存在,建议的行动是否会显著地对其加以改
善?这个行动会造成什么样的不良影响?是否还有其他代价更低的选
择?当健康成为有待解决的问题之时,这就是那些需要解答的问题。在
储备矿产公司诉美国案中,对第一个问题"严重的健康危害是否真正存

在?",公司与地区法院的回答有所不同。公司坚持认为不存在严重的健康危害,对它的作业下禁止令因而是不恰当的。地区法院(洛德法官)不这样认为。巡回法院首次开庭就裁定了是否延缓洛德法官的禁止令以等候上诉,[26]接着就审理了上诉案件。[27]他们再次审查了双方在健康危害这样一项议题上所提供的专家鉴定,并断定这样一种危害可能存在。

就健康危害尚不确定而言,为消除危害而关闭其设备,从中所获得的利益也是不能确知的。根据功利主义学说,就某一行动所带来的利益尚不确定的程度而言,与之相应的是,该利益必须被打折扣。一个产生 30 单位"舒适"的行动在胜算只为一半的情况下,以功利主义的核算方式,应当被认为仅产生出 15 单位的"舒适"。同样,公共卫生因储备矿产公司的关闭而获得的利益,也必须按照即将实现利益的百分比概率打折扣。巡回法院发现这个百分比非常低,因而拒绝承认洛德法官禁止令的有效性。尽管如此,他们还是确信,工厂的设备可能对公共卫生造成了某些危险。他们总结道:

> 公众处于危险之中这样一种状况,就证明了一项要求在合理条件基础上对健康危害加以消除的禁止令的颁布作为一种保障公共卫生的预防性措施的正当性……[28]

但是,

> 在难以预料的健康影响与显然可预知的将随工厂关闭而产生的社会及经济后果之间,一项即时禁止令并不能被认为是合理的权衡之策。[29]

更有甚者,居间斡旋的工会带有某些信服力地论辩道,储备矿产设备的关闭会使家庭中的主要劳力长期失业,由此而来的不利影响可能比饮用苏必利尔湖水或呼吸白银湾空气所带来的危害更确然无疑。[30]

总而言之,功利主义理论支持某些人权,并为这些权利提供了根本依据,而且当这些权利相互间存在冲突时,它还补充有一套裁定的方法。但是,根据功利主义学说,任何权利都不是绝对的。任何权利都有可能因为与之不相上下的理由而失效。考虑到任何特定条件下可能存在的独特情形的组合出现,功利主义者对最大幸福与偏好满足的追求就需要有弹性。

§8.7 私有财产

正如对人权的支持那样,功利主义理论也赞成私有财产权。功利主义为财产权提供的基本原理,类似于效率理论早先时候为财产权所提供的基本原理。我们在第 5 章中就已表明,容许公民积聚私有财产会激励他们富有成效地生产。在自由市场这样一种背景下,积聚私有财产的前景促使人们变得能干。结果就是消费品与服务在合理价格下的最大获取。由此,这些产品与服务的消费可以使人们幸福或使他们的偏好得到满足。从形式上看,这是一种彻头彻尾的功利主义解释。

然而,为私有财产权利提供的这个基本原理还存在两个问题。第一个问题已经讨论过了(5.5—5.7 节)。从中得出的结论是,效率理论必须得到如下的修正(或者它首先必须被理解为),即放弃那种将所有物品都当作私有财产的理想。人们为其幸福与偏好满足所需要的某些重要物品,有些属于公共物品。它们不可能为私人所拥有,因为人们无法排除他人享受此种物品所带来的相关利益。国防和洁净的空气都属于公共物品。如果所有财产都掌握在私人的手中,那么,公共物品将无法产生出来,因为每个人都宁愿从他人对此等物品的生产中捞到好处。每个人都想成为一个搭便车者。由于未能生产出这样一些物品,人类幸福与偏好满足中重要甚至是必不可少的组成部分因而也就得不到满足。因此,不管是效率理论还是功利主义理论,都无法证明一个全部产权都属于私人所有的体制的合理性。私有财产之所以重要,在于它确确实实对生产率提供了重要的动力。但是,为保障重大的公共物品,某些特殊物品必须被作为公共财产。功利主义理论与效率理论(在其经适当修正后)在这一点上达成了共识。

但是在第二个问题上,功利主义与效率理论分道扬镳。依据效率理论,人类行为的最终目标是产品与服务的消费最大化。既然人们在进行产品与服务的消费时大多都感到幸福与满足,消费最大化的目标因而可能看似与功利主义幸福与偏好满足最大化的目标相一致。但不是那么回事。人类幸福的重要组成部分不在于消耗品。亲情以及一个人对女儿的学业成就所产生的自豪均不是消耗品,因此而来的幸福也并不直接地与消费相关。幸福也并不因家庭的更为富裕而增加;孩子的学业成就以及因这些成就所带来的自豪感,也并不总是随着教育开支的增加而增加;更为昂贵的跑鞋也不能保证跑步过程中更大的享受。对幸福与偏好满足的关切,使得功利主义理论将非商业因素置于其考虑之中,相反,效率理论并不这样做,因为它仅仅关注产品与服务的消费。

由于全神贯注于被买卖产品与服务的消费,效率理论也往往倾向于忽视大多数人类以外的动物的幸福与偏好满足——例如,那些其福祉很少或几乎没有商业影响的动物。比如说,当计划要伐光一片森林时,收获的木材的价值、空地的后续利用以及与潜在的土壤侵蚀相关联的危害,这样一些问题都要纳入考虑之中。对于松鼠、鸟类以及其他一些不具商业利益的动物而言,其幸福与偏好满足从效率的视角看是无须顾及的。然而,正如我们已经了解到的(8.2 节),前后一贯的功利主义者必须顾及有感觉的生物的福利。

简而言之,无论存在争议的是人类还是非人类存在物,功利主义理论因其所包含的更大数目与更多种类的因素而和效率理论有所不同。功利主义试图使有感觉的生物的幸福与偏好满足最大化,因而其必须考虑的,就不仅仅是那些跟产品与服务消费最大化相关的因素。然而,这并不意味着功利主义敌视私有财产制度。对幸福与偏好满足的最大化而言,私有财产权可能仍被坚持认为是必不可少的。积累私有财产的前景通常会给人们带来有益的激励。但是,为便于维持公共物品的供应充足,私有财产必须要精心加以安排。此外,对于那些其来源与被买卖商品与服务的消费并没有直接联系的幸福与偏好满足,也必须加以注意。

有一个为确保公共物品而对私有财产权加以修正的实例,在美国诉考斯比案中有所反映。[31] 二战开始之初,在北卡罗来纳州格林斯堡的一个小巧而相对安静的机场附近,考斯比先生拥有一座养鸡场。1942 年 5 月,美国政府开始利用该机场为轰炸机、运输机及战斗机提供服务。飞机噪音、频繁起降以及夜晚起飞降落时耀眼炫目的灯光,事实上把考斯比的许多小鸡都吓死了。其他一些小鸡的生产也处于衰退之中。政府对机场的使用致使考斯比的土地对饲养小鸡而言几无价值可言。

依据于习惯法,源于英格兰的一种由众多判例构成的法律渊源,"土地所有权延伸至领空"[32]。这就是所谓的空间权(ad coelum)规则。既然很多飞行都直接掠过考斯比的农场,对财产的空间权定义因而将意味着美国政府在非法入侵考斯比的农场。正如政府在穿越某个人的土地修建一条公路时那样,此种非法侵害的继续将无异于政府视考斯比的土地为己有。就修建一条公路而言,政府必须从物主那里购买所有权。美国宪法第五修正案总结道:"非经公平赔偿,私有财产不得充作公用。"[33]考斯比推论道,如果因修建一条公路而"被征用"的财产必须得到赔偿的话,那么,将其(从土地延伸到领空的)财产用作为航线的政府,就必须为之做出赔付。

然而,美国政府坚持认为,习惯法仅仅在其没有被政府条例修改之前起作用。既然如此,1926 年的《航空商事法》[34],正如其已为 1938 年的《民用航空法案》[35] 所修订那样,通过宣告美国对全国范围内"大气空间的完全和专属的国家主权"[36]，因而已经改变了对于财产的陈旧的空间权定义。"可通航的领空服从于州际与州辖区外自由航行的公权支配。"[37]因此，依据美国政府的看法，考斯比土地之上的领空根本上来说就不是考斯比财产的组成部分。既然政府既没有使用也没有"征用"考斯比财产的任一部分，所以无需给他提供赔偿。

考斯比的答辩分成两个部分。首先，改变财产的定义以将他土地之上的可通航领空排除在外的那些条例，并没有卸除政府征用他土地的责任。相反，该项立法构成了这样一种征用：某一天，人们还拥有他们土地之上的领空；接下来的一天，立法机关通过一项法案将此项所有权转让给政府。这样一种从私人到政府的财产转让类似一种征用。既然征用并未伴随以"合理的补偿"，这些条例就是违宪的。它们违反了第五修正案。

其次，即便是相关条例一般来说并不违反宪法，然而它们在当前状况下的应用也是违宪的。政府不仅仅在使用着考斯比农场上方的领空。他们同样也完全破坏了考斯比在其土地上的效用与利益获取。这片土地除了用作养鸡场外，几无其他的效用与价值。既然土地毫无疑问是考斯比的财产，那么，即使其土地上空的领空不为其所拥有，政府也应当因考斯比土地价值的毁坏（或严重削减）而对此做出赔偿。尽管这种破坏性的使用被称为地役权或用益权而不是征用，它也是一种对价值的毁坏，因此理应做出赔偿。

法院采取了一种中间立场。以道格拉斯法官为首，他们首先宣称：

空间权的原则在现代社会中不复存在。正如国会业已宣称的那样，天空属于公共的大道。否则的话，每一次横贯大陆的飞行都不知会使飞行者遭受多少的非法侵害诉讼。常识对此嗤之以鼻。认可对领空的私人求偿将会妨碍这些通道，（并）严重干扰了从公共利益出发对它们的管制与开发。[38]

依据法院的裁决,条例符合宪法的规定。由于该处领空并非考斯比财产权的一部分,使用考斯比土地之上的可通航领空因而并不构成一项非法侵害。

这份判决书促成了私有财产权定义的改变。在前一节中我们已经指出,作为对幸福与偏好满足最大化的一种促进,私有财产的存在可以在功利主义的基础上得到辩护。如果这是私有财产存在的正确或最佳的基本原理,那么,为了促成幸福与偏好满足的最大化,人们就会期望对私有财产的定义做出修补,并在必要的时候对之加以变更。这恰恰就是道格拉斯法官在美国诉考斯比案中似乎要去做的。在道格拉斯法官看来,私有财产的空间权定义"严重干扰了……从公共利益出发(对领空)的管制与开发"。私有财产权必须被加以修改,以与公众的普遍需求保持一致。航空业是就业的来源之一,它因对人们偏好的满足而业已发展起来。空间权规则会使航空业裹足不前,因此,它必须被更换掉。对养鸡场主和其他人的保护将在下面进行论述(8.9 节)。

§8.8 为正义原理的改变而辩护

道格拉斯法官的理由促成了某一正义原理内部的某种转变。依照空间权规则,每一片给定领空下的土地所有权曾是一项实质性因素。在考斯比裁决之后,它成为一项在决定应该归于某人何物上通常不再具有影响的因素。一个人拥有一片给定领空下的土地而另一人则不其然,已不再是一种实质性差异。

我们在第 2 章(2.4 节)中曾指出,正义原理往往会伴随着技术变革而发生改变。考斯比案中的法院裁决是一个恰当的例子。道格拉斯写道,空间权的"原则在现代社会中不复存在"。他并不是在表明这一原则在 16 世纪的不合时宜;它在当时可能是一个很好的原则。只不过那时还未有飞机以及空中旅行的定期航班而已。仅仅因为 20 世纪初飞机的发明，空间权才变得棘手起来。技术变革要求改变对于私有财产的定义，而定义的不同也就意味着在某一正义原理内部的某种变更。

功利主义也是其中重要的一部分。技术变革造成了与较早的私有财产定义相关联的不同后果。在飞机发明之前，空间权规则对"公众利益"不存在不利影响，但之后就出现了。仅仅在假定私有财产制度的确立被认为是服务于公众利益时，这种差异才是一种相关因素（属于实质性差异）。如果私有财产被认为是上帝赐予人们的神圣礼物而应该去敬奉的话，那么，无论有多大的麻烦，空间权规则都能够（或应当）得以维持。但是，在私有财产制度被给予一种功利主义解释的情况下，当技术变革导致私有财产原有定义妨碍了幸福与偏好满足的最大化时，必须对此定义进行更改。

对功利主义学说而言，通常这都是正确的。根据功利主义学说，无论这是一个定义、一项规则或是一种正义原理，当其改变对于幸福与偏好满足的最大化为必要之时，这就是应该做的。技术进步往往解释了与特定的定义、规则或是原理相关联的人类幸福与偏好满足的改变。因此，功利主义学说就证明了技术变革发生时改变我们规范的合理性。它解释了技术变革为何应当（而且常常确实）促成我们对正义原理进行变更。必须将此点添加到功利主义学说的德性表中去，该学说业已囊括了如下美德，即它证明了对动物的仁慈、对人权的尊重（尽管不是绝对的人权）以及对财产权的尊重的合理性。

§8.9　征用原理

功利主义理论也已被用来解释和证明某些原理的合理性，法院在处理那些因政府干涉不动产的使用而涉及货币补偿的诉讼案件时运用了这些原理。不妨再考虑一下考斯比案。最高法院并没有听任可怜的考斯比在未受补偿的情况下承受他养鸡场的毁灭。考斯比对农场上空的可通航领空不具所有权。但民航管理局(CAA)批准的安全下滑道要求飞机在起飞和降落时以 83 英尺的高度掠过考斯比的财产,这个高度距离其房顶 67 英尺,距离其鸡场屋顶 63 英尺,距离最高的树梢 18 英尺。[39]道格拉斯法官推理说:"国会在美国公有土地上所设定的可通航领空,是'民航管理局规定的最小安全飞行高度以上的领空'……"[40]民航管理局将白天的最低安全飞行高度限制在 500 英尺,夜间是 1 000 英尺。因此,政府用作为下滑航道的农场上方的天空,不在公有土地的范围以内。在道格拉斯法官看来,这是无须争议的。

显然,如果土地所有者想要充分获得这片土地带来的全部乐趣,他就必须对大气环绕内的所及之处享有专属控制权。否则,他将无法建造房子,也没有办法植树,甚至连栅栏也无法围起来。[41]

如此看来,政府毕竟还在使用着考斯比的财产。虽然政府还没有占有他任何的财产,但因为飞行高度如此之低,以至于"减少了该物主对其财产的充分享有并限制了他对其财产的开发利用"[42],政府的使用因而就构成了一项征用。考斯比应当为这种价值的缩减而得到赔偿。

想到我们的最高法院为了保护一个不起眼的养鸡场主的财产权而与美国政府的权力对抗,我们可能会感到温暖。但如此的一种裁决意味深远,而且有可能对环保事业极为有害。为保护环境,政府经常会限制人们对其财产的使用。拥有一片作为汇水区的沼泽地的某些人,可能不具有填充沼泽地的权利。[43]因为某岸滩是某些鱼类的主要产卵地带,人们可能会被禁止去开发他们的岸滩财产。[44]一项《市区划分条例》可能也会阻止人们在自己的地产上修建多户住宅,或者当其地产被从重工业区重新划分为居民区时,不得不关闭一个砖厂。[45] 就防洪、濒危物种保护、人口密度控制以及降低噪音与空气污染对人们的影响来说,这些条例都是必需的。

任何这样的条例都不意味着将私有财产转变为国家所有,这再为明显不过的就是一种占用,因而会明确要求国家赔偿。公民继续拥有其财产。但是,对财产使用的限制经常会削减其商业价值。填充一片沼泽地以作居住之用,会比用作为洪水控制或候鸟栖息地的未开发沼泽地带来更多的收入(鸟类是不会支付汽车旅馆账单的)。开发一片岸滩以作为娱乐休闲之地,比将它保留为某个濒危鱼类物种的产卵地能带来更多的收益。简而言之,正如政府对考斯比地产之上天空的使用一样,环境法规通常会削减人们所拥有的财产的价值,因为这些规定限制了其财产可能的使用。当考斯比的地产无法再用作养鸡场时,他因其蒙受的损失而被判决得到赔偿。那么,是否每个其财产价值因环境法规而缩减的人,都可因其损失或是机会的丧失而得到类似的赔偿呢?

如果人们在任何情况下都应得到赔偿的话,环境法规将受到严重限制,因为政府无力赔偿所有那些因该规定而遭受损失的人们。终止环境法规的实施将会造成对所有人来说的环境灾难。功利主义者们当然想避免这样的灾难,因而他们将反对为所有人都提供赔偿的这样一项政策。相反,就此种情形之下存在的赔偿而言,其目的却在于保护私有财产权。如果政府经常征用或毁灭性地贬损他们的私有财产而不加以赔偿,私有财产制度也将会受到不利影响。它将不再是促使人们富有成效地生产的动力。人们可能会意识到,政府可能会在任何时候消减他们的利益而不加以任何的赔偿。从功利主义角度看来,这也将是很糟糕的。

这样一些因素表明,功利主义学说将会赞成某种妥协的达成。在某些情况下,公民应当得到赔偿,另外一些情况时则不然。总而言之,除非一项不支付规则可能会过分地削弱私有财产提供的生产动机,否则,赔偿都不应做出（以便政府能够提供必需的环境法规）。动机问题发端于人们的社会心理倾向。此问题即："什么会使人们泄气到让生产力遭受损失的程度?"哈佛法学教授弗兰克·米歇尔曼(Frank Michelman)坚持认为,美国法律在征用问题上的态度,从功利主义的视角可以得到最佳解释。[46]尽管在许多情况下可能是无意识的,法官们似乎还是为那些从功利主义视角看来最为突出的因素所指引。只有假定司法界所暗含的功利主义色彩,米歇尔曼才能在一组裁决书中发现某种前后一致的风格,否则,他看到的只能是令人困惑的混乱不堪。如果他对功利主义思维的责难是准确的话,那么,功利主义既辩明了私有财产权的重要性,又证明了美国法律中对尊重此项权利的实践之偏离的正当性。

§8.10　自由、平等与正义

功利主义理论还可以解释,为什么自由总的来说是一种重要的价值。[47]在大多数情况下,人们知道自己想得到什么以及什么会使他们幸福。在这些事情上他们也会犯错误,但尽管如此,他们为自身所能做出的选择还是远胜于任何他者代替他们做出的选择,这是因为,通常来说,人固有自知之明。促进人类幸福与偏好满足的一个有效途径,就是允许人们在最大可能的程度上,"做自己分内之事"。因此,功利主义赞成我们对个体自由的价值赋予;它证明了自由派理论的基本观念的合理性。

功利主义学说还包含平等的维度。它并不要求同等对待所有的人（和动物）,但它确实要求对它们的利益给予同等的重视。对某一个体而言,一个单位的"烦人"与另一个体的一个单位的"烦人"一样,不多也不少。不存在立足于种族、宗教、财富、社会地位、性别、职业、族群伦理或物种之上的偏见。因此功利主义避免了德性理论中包含的偏见问题。

除此之外,功利主义理论证明了这样的观点,即正义因素是十分重要的。我在第 1 章中指出过,如果人们并不认为其利益与负担跟他人比较起来尚属公正,社会将会因为内部纠纷而分崩离析。面对这些情况,有人会反问:"那又能怎么样呢?"功利主义理论为此提供了解答。在一个战乱频仍的社会中,幸福与偏好满足的水平完全不会达到最大化。功利主义学说证明了对正义议题加以关注的正当性之所在,因为只有顾及这些问题,幸福与偏好满足的最大化才有可能。

总之,尽管某些结论在被功利主义学说加以解释或证明时业已经过修改,功利主义理论还是包含有一种对先前诸章中所获致结论的解释或证明。例如,功利主义学说证明了对正义议题加以关注的正当性(第 1 章)。它说明了德性理论的错误之处,即某些人的利益未能得到同等的关注(第 3 章)。它证明了自由在自由派理论为私有财产权所提供的基本原理中所处的重要地位。它说明了此种权利在何时必须被加以限制(第 5 章)。它解释了人权的来源与局限性(第 6 章)以及动物权利(第 7 章)。因此,功利主义理论看似是理想的正义论。为最大化的幸福这一利益着想,建议那些欣赏功利主义思维的人少安毋躁,至少延迟几分钟时间先阅读下一章。

注释:

[1] 见 Jeremy Bentham, *The Principles of Morals and Legislation*(1789; New York: hafner, 1948), Chapter Ⅳ, pp.29—32。

[2] Bentham, Chapter Ⅰ, pp.1—2.

[3] R.M.Hare, *Moral Thinking: Its Level, Method and Point*(Oxford: Oxford University Press, 1981), pp.101—106,特别是 pp.143—144。

[4] Bentham, Chapter ⅩⅦ, Sec.Ⅰ, p.311,重点为原文所加。(参见[英]边沁著:《道德与立法原理导论》,时殷弘译,商务印书馆 2000 年版,第 349 页。——译者注)

[5] Peter Singer, *Animal Liberation*(New York: Avon Books, 1975).

[6] 见 Singer, Chapter 3。

[7] *Animal Rights Law Reporter*, Henry Mark Holzer ed.(July, 1980), p.5.

[8] Holzer ed., p.5.又见 *Animal Charity League, Inc.v.City of Youngstown* 中根据双方当事人同意的判决,Mahoning county, Ohio, Case No.77 CV 299。

[9] Holzer, ed., p.6.

[10] 宣言的正文见 A.I.Melden，*Human Rights*，附录 3（Belmont，CA：Wadsworth，1970），pp.140—142。

[11] Jeremy Bentham，"Anarchical Fallacies"，in A.L.Melden，pp.28—39.

[12] 406 U.S.205，in *Law*，*Power and Political Freedom*，Lionel H.Frankel，ed.（St. Paul Minn：West Publishing Co.，1975），pp.330—340.

[13] Frankel，p.331.

[14] Frankel，pp.331—332.

[15] Frankel，p.335.

[16] Frankel，p.334.

[17] *People Ex.Rel.Wallace v.Lebrenz*，411 1L 618；104 N.E. 2d 769（1952）；reprinted in Frankel，pp.319—324.

[18] Frankel，p.323.

[19] 321 U.S.166，引自 Frankel，p.323。

[20] Frankel，p.323.

[21] Hare，pp.147—156.

[22] *Reserve Mining v.United States*，498 F 2d 1073（8th Cir. 1974）in *Environmental Law and Public Policy*，Richard B. Stewart and James Krier，eds.（New York：Bobbs-Merrill Co.，1978），pp.262—272 at p.262.

[23] Stewart and Krier，p.265.

[24] "Pirates of Penzance".

[25] Stewart and Krier，p.265.

[26] 见注[2]。

[27] *Reserve Mining v.Environmental Protection Agency*，514 F.2d 492（8th Cir.1975）.

[28] Stewart and Krier，p.276.

[29] Stewart and Krier，p.277.

[30] Stewart and Krier，p.277.

[31] 328 U.S.256.

[32] 328 U.S.260.

[33] 见 Andrew D. Weinberger，*Freedom and Protection*（San Francisco，CA：Chandler，1962），p.154。

[34] 44 Stat.568，49 U.S.C.1171.

[35] 52 Stat.973，49 U.S.C.1176.

[36] 49 U.S.C.1176(a).

[37] 49 U.S.C.1180.

[38] 328 U.S.261.

[39] 328 U.S.258.

[40] 328 U.S.263.

[41] 328 U.S.264.

[42] 328 U.S.265.

[43] *Just v.Marinette County*，Supreme Court of Wisconsin（1972）. 56 Wisconsin 2d F. 201 N.W. 2d 761.

[44] *Candlestick Properties*，*Inc.v.San Francisco Bay C and D Commission 11*，Cal. App.3d 577. 89 Cal.Rptr. 987. 3ELR 20446（1970）.

［45］ *Hadachek v.Sebastian* 239 U.S.394(1915).

［46］ Frank I.Michelman，"Property，Utility and Fairness：Comments on the Ethical Foundations of 'Just Compensation' Law"，80 *Harvard Law Review* 6：1165—1258.特别见 pp.1214—1218。

［47］ 见 J.S.Mill, *On Liberty*，R.B.McCallum，ed.(Oxford：Basil Blackwell，1946)，尤其是第 2 章和第 3 章。

第9章 功利主义的局限

§9.1 引言

上一章致力于解释功利主义理论并详细阐明其优点。我认为,功利主义合理、灵活且应用广泛。它看起来像是自室内卫生间发明以来最可资利用的事物。而且该理论也确实有它的长处。归根结底,这些都必须被认识到并且并入到我们最终的环境正义论中去。但功利主义学说不是万灵丹。它不能作为环境正义的唯一标准。在这一章中,对于仅只利用功利主义学说作为环境法与公共政策的道德标准而言,我提出了一些反对理由。而功利主义学说与其他一些标准的联合运用,将在稍后的章节得到更富有成效的评价。

功利主义可能会赞成不公正分配(9.2 节)与不道德行为(9.3 节),在对如此的反对理由加以理论上的驳斥之后,我考察了一个真实的案例,其中功利主义学说被用以支持一种对人权加以不公正侵犯的政策(9.4 节)。功利主义以人类幸福与偏好满足最大化为目标的合理性遭到了质疑(9.5 节)。在特定的环境关怀背景下,功利主义理论显得不合时宜(9.6 节),且在考虑到人口数量这一问题时,该理论表现出荒谬的一面(9.7 节)。最后,由于功利主义所要求的核算对人类来说是力不能及的,所以我们认为,它不能被用作为环境正义的唯一标准。

§9.2 分配正义

对功利主义学说加以反对的一个惯用理由,就在于它对正义因素的漠不关心。依照功利主义学说,带来最大利益的行为与政策就是正当的。有些人抗议说,这些行为与政策对个体或族群而言,将可能无法做到公平。很多人无法得到其应得的,因而是不公平的。比如说,人们针对功利主义业已强烈表达了这样一种观点,即幸福的最大化可能是以任何他人的牺牲为代价的。令 1/5 的人口的平均幸福增加 15 单位的"舒适"的条件或许是另外的 4/5 人口致力于满足这 1/5 人口的需求。在这 4/5 人口中,其人均幸福可能仅仅是 1 单位的"舒适"。如果整个人口的数量是500 万,那 100 万的幸运者会体验到总量为 15 000 单位的"有益",那不太幸运的 400 万人将会体验到总量为 4 000 单位的"有益",两者合计是19 000 单位的"有益"。[1] 在功利主义批评者的眼中,富人和穷人之间悬殊极大,这种差距是不公正的。另外,批评者坚持认为,如果任何其他现有的替代安排都产生不出如 19 000 单位这么多的"有益",一个前后一贯的功利主义者就会竭力赞成这样一种安排。

设想选择的余地如下:平均分配只会产生 15 000 单位的"有益",而那 1/5 的人口中,人均仅体验 3 单位的"舒适"。[2] 不完全平均的分配会产生 16 000 单位的"有益",而上层部分的 40% 人口中人均会体验 5 单位的"舒适"(总计 10 000 单位的"有益"),而处于下层的那 60% 人口中人均体验 2 单位的"舒适"(总计 6 000 单位的"有益")。[3] 一个极端不均等的分配会产生 13 000 单位的"有益",处于顶层的那 10% 人口中人均体验到20 单位的"舒适"(总计 10 000 单位的"有益"),而剩余 90% 的人口中人均仅体验到 2/3 个"舒适"(总计 3 000 单位的"有益")。[4] 如果这些数据意味着现有的选择,功利主义会要求优先考虑原有的不均等分配,即让那1/5 部分的人口人均体验达到 15 单位的"舒适",其他剩余者人均体验 1单位的"舒适"。功利主义要求采纳这种不公正的安排,因为这种安排会使整个"有益"最大化。

R. M. 黑尔(R. M. Hare)对此种反对理由提供了一个很好的解答。

他对功利主义所做的最新描述是现存的最精致且最具辩护性的一个,因此也在这一章中被采用。黑尔指出,功利主义注定是属于现实世界的,而不是反对者的空想世界。在现实世界中,反对者所设想的那些选择是不可能实现的。[5]首先来说,"舒适"与"烦人"是不能直接经社会安排来分配的。社会安排能够分配的只是产品与服务,类似于食品、衣物、住房、交通运输、资金和令人愉快的工作等这样一些事物。这些是获得"舒适"并避免"烦人"的手段。那么,真正的问题在于,功利主义是否会认可这些实现美好生活的手段的不公正分配,或者能否通过这些分配手段实现它要求"舒适"与"烦人"的不公正分配。

黑尔指出,一般来说,一个人越多地拥有某物,他就会越少地从该事物的增益中享受乐趣。比如说,对那些喜欢苹果的人来说,较之那些没有或只有一个苹果的人而言,已经有五个苹果的人通常会从额外的一个苹果中获得更少的"舒适"。这一点对轿车、衬衫、房屋甚至金钱来说也都一样。额外的 100 万美元对我来说,要比它对于大卫·洛克菲勒而言意义远为重大。

此种心理上的一般法则,被称为边际效用递减规律。在不考虑其他因素的情况下,我们首先分析一下它的含意。其他因素接着将会在讨论中添加进来,以达成黑尔对分配正义的功利主义观点。

在其他各点都相同的情况下,边际效用递减规律所意味的是,一种将产品与服务给予穷人而非富人的分配将会带来更多的"舒适"。比如说,如果社会要在住宅上投入 1 亿美元的话,给相对贫困的人建造 2 000 所每座价值 50 000 美元的住房,要比为那些已经富裕的人建造 200 处住宅通常会带来更多的"舒适"。首先,建造 2 000 所房屋比建造 200 处住宅可以使更多人受益。其次,2 000 所住房的接受者会比那些更为富有的人们更加珍视其住房,因为富人们已经有了其他称心如意的住房安排,而穷人却没有。因此,如果我们的目标是幸福与偏好满足的最大化,那么就应当采纳为穷人修建 2 000 所住房的政策。更为普遍地说,如果边际效用递减规律成为唯一考虑的因素(当然它不是),功利主义将主张产品与服务向相对贫困者分配,直至其幸福程度与富人们相等为止。只要有一部分人还不如其他人那么富有,那么,给定的资源支出如果直接面向那些不足者而不是有余者,就将会带来更多的福祉。因此,只有当所有人都均等地分享到社会资源时,整体福祉的最大化才会达到。

然而,仅仅是在不切实际地假定边际效用递减规律是唯一的考虑因素时,才会从功利主义观点中产生这种极端的平均主义。黑尔坚称,当其他的相关因素被包括在核算中时,功利主义似乎赞同适度而不是极端平等地分配产品与服务。在这样的一些相关因素之中,人们大多会具有这样的突出倾向,即除非被个人利益的前景所激励,他们决不会彻底发挥全部生产力。如果不考虑个人对产品与服务生产的贡献而对之进行平均分配,那么,很多人将会失去生产积极性,可分配的产品与服务会更少,而社会的总体"舒适"将少于其可能的数量。因此,功利主义不赞成完全的平等。它赞同适度地偏离平等,以激励人们的生产创造能力。

考虑到所有这样一些因素,黑尔声称,分配正义的功利主义理由与常识极为吻合。它既不赞成完全的平均主义,也不赞成贫富的极端不均,而是赞成这样一个社会,该社会容许其中等收入阶层的公民将产品与服务消费的改善视为他们生产力提高的奖赏。私有财产制度促进了个人奖赏与生产力提高之间的合意关系,而税收、竞争的维持、某些公共服务设施的提供以及某些资源的公有制,可以确保避免贫富极端不均的发生。因此,对于断言功利主义倾向于赞成不公正的利益与负担分配而言,黑尔提供了一个很好的答复。

§9.3 异常状况下的不道德

反对功利主义的第二个理由同样是胡思乱想,因而也很容易回答。

有人抗议说,在异常状况下,功利主义要求不公正地对待某些个体。比如说,设想一位 A 国的外交官在去往 B 国的途中被暗杀。A 国人被激怒了,他们怀疑右翼狂热分子策划了暗杀活动,因而威胁说,如果不把暗杀者缉拿归案,将以战争相向。不幸的是,B 国人无法确认或找出暗杀者,因此可能面临着一场与 A 国的战争,成千上万人将因此被杀死。B 国人该怎么办呢?

在功利主义的批评者看来,如果一个功利主义者有权力做的话,他应该找些替罪羊。这些人于是会被起诉、被判罪并因为暗杀活动而遭受惩罚。对这少数个体来说这将是极其可怕的,但它会使成千上万的人免遭战争的涂炭。如果诬陷无辜者是避免与 A 国之战的唯一选择,那么,人类幸福与偏好满足会要求诬陷这些无辜者。功利主义学说要求人们为一项与其无关的罪行忍受不公正的苦难。而且,这种受难必须是彻头彻尾的。不可能秘密地释放这些人,也不可能为了减轻家属们的痛苦而让他们知道惩罚的确不公。最初的伪证以及随后所有维持欺诈所必需的谎言,必须让(除了那极少数的捏造者之外的)每个人都感到可信。否则,A 国人可能会识穿阴谋,战争也将在所难免。因此,在批评者看来,功利主义学说有时会要求使用谎言、欺诈、对刑事审判制度的歪曲,以及其他一些违反我们通常的道德体面感的行为。

这一类型的事态大量存在。比如说,功利主义学说的批评者已然坚称,如果一个功利主义者被迫选择从一座正在燃烧的建筑物中要么救出他当水暖工的父亲,要么救出一个前途无量的癌症研究学者,他会被要求去营救癌症研究学者。前途无量的癌症研究的继续与一个普通水暖工的工作相比,将可能带来更多的利益。功利主义的此种要求与我们通常的道德反应相抵触。通常我们认为,我们对亲属比对陌生人怀有更多的感情,而且我们对自己的父母怀有特别的感激之情。因此,功利主义要求不公正地对待父母,他们不应得其应得的。

黑尔对此类反对也提供了一个令人信服的回答。[6]他区分了两种层次的道德思维。我们在直觉的层次上引导日常生活。顾名思义,我们的思维在这一层次上是直觉式的。我们扪心自问并遵其指示,从那些对我们而言可资利用的选择中决定出正确的行动。在直觉层次上,我们会即刻做出决断说,诬陷无辜者是不正当的,提供伪证也不正当,为挽救陌生人的生命而故意陷自己的父母于死地也是不正当的,等等。简言之,直觉思维使我们在所有方面都以我们通常所认为的道德上正当的方式举止。它从不赞同那些我们通常认为是不公正的行为。反对者关于功利主义赞成不公正行为的问题,并不适用于功利主义者在直觉层次上的行动。

但是,遵从我们通常的道德直觉会与功利主义保持一致吗?这与第8章开始时(8.1节)所介绍的边沁的核算方法有天壤之别。看似可能的是,由于其目的在于人类幸福与偏好满足的最大化,功利主义者将不得不采用一种与边沁的方法相类似的手段。除了通过核算之外,我们如何知道某些事物被增至极限呢?直觉通常是不足的。

黑尔承认核算是功利主义学说的必要组成部分,但他坚持认为,就算我们每次都着手来完成这样的核算,功利主义的目标也并不会因这种笃行而获得推动发展。我们最终只是把大部分时间花在完成功利主义的核算上面,而仅给自己留下极少的时间做其他事情。这不会使幸福与偏好的满足最大化。因此,功利主义要求我们在大多数时候依赖于我们的道德直觉,进行功利主义核算的时候很是罕见。

在黑尔看来,虽然罕有对功利主义核算的需要,但从根本上说它仍然是十分重要的。它们发生在黑尔称之为道德思维的批判层次中。顾名思义,批判层次被用来批判或批判性地评价直觉层次下的思维。它被用来评判在直觉层次上哪些直觉对人们来说最益于拥有并加以利用。比如说,如果我们是功利主义者的话,我们如何知晓我们对亲属怀有的比对陌生人更多的感情,对自己的父母怀有特别的感激之情是正当的呢?我们辩解道,如果人们对亲戚和父母都没有这种观念的话,幸福与偏好的满足将遭受损失。在像我们这样的一个大众社会中,人们需要一个小圈子的特别支持。家庭成员与其他亲属非常好地满足了这个角色要求。小孩从养育他们的人(例如,他们的父母,不管是亲生父母还是养父母)那里得到特别的护理。当父母确信其孩子将来会因为获得的照顾而对他们自然而然怀有特别的感激之情时,他们将最好地履行其职责。简而言之,正如功利主义通常支持对人权与财产权的尊重那样,它通常也支持我们在是与非、公正与不公正的判断上忠诚于我们的道德直觉。总之,功利主义要求我们通常都抑制功利主义核算,而以道德直觉取而代之,而且我们应当培养自己以及他人去拥有这样的一些道德直觉,即只要遵循它们,就会获得最大化的幸福与偏好满足。既然我们的直觉为批判性思维所证实,而批判性思维由纯粹的功利主义核算组成,那么,当我们按着直觉行事时,我们就成了功利主义者。

但是,在那些功利主义的批评家所提出的特殊情况下又如何呢? 在这些情境之下,功利主义者的核算反对而不是支持直觉的命令,怎么办呢? 功利主义者会忠诚于奉行那些其结论与道德体面的直觉概念相冲突的核算吗? 不,黑尔回答说,功利主义几乎从不把自己托付给那些我们通常认为是不道德的行为。

功利主义核算非常困难,尤其在复杂条件之下时更是如此。人们通常缺少准确完成核算所必备的大多数信息。此外,我们都有一种偏袒自身利益的倾向,而在正当的功利主义核算中却需要不偏不倚。比如说,当意欲诬陷一个无辜者对暗杀活动的参与时,我们必须考虑到有多少人必将知晓这一欺诈。他们的知情在总体上会如何影响到其生活? 他们会感到罪责严重吗? 如果他们的欺诈在此情况下未被识破,他们在其他事务中也会意欲去撒谎或欺骗吗? 而且,继续保持不被识破的可能性又有多大呢? 如果 A 国人觉察到了欺诈,两个国家之间的关系将会比 B 国人先去承认无力逮捕罪犯时更加糟糕。或许 B 国人的一次老实坦白,再加上双方对罪行的负责任调查,将足以防止一场两国之间的战争。打算实施欺诈的 B 国官员应该扪心而问自己的动机。他们想要诬陷一个人,某种程度上可能是想避免这样的必然后果,即向同僚或其他 B 国人承认,他们的调查小组无法侦破案件。保护名声的愿望可能搅乱了他们的判断,使这种实质上不公正的欺诈在功利主义基础上得以证成。

正如在这种情况下一样,在几乎所有的现实境遇中,都会有无数不确定的因素出现在功利主义的核算中。尤其是在处境艰难、风险较高时,人们唯恐出现严重错误而尽力避免此种核算。从功利主义的观点看,依据功利主义核算所给出的建议,十有八九要比直觉所提供的建议更糟糕。因此,在这些情况下,功利主义就要求人们遵从他们的道德直觉,那就是有关是与非、正当与不正当的通常看法。因此,功利主义几乎从不要求那些我们通常认为是不道德的行为。

认为功利主义要求不道德行为的反对理由,立足于一种不切实际的假定。它设想我们会面对一种极不寻常且极其重要的情况,而且对我们完成一项功利主义核算的能力充满信心,此核算的后果就是去做良心不许之事。然而,我们对 B 国人案例的分析说明,极不寻常且极其重要的情况是如此错综复杂,而且我们的推理如此易于为私利所扭曲,在那样一些情况下,我们就不能合理地依赖于功利主义核算。一旦认识到此点,反对理由就无效了。在现实世界中,功利主义与常识道德意见一致。日常道德规则几乎从未被打破,除非是在必须符合一项更为重要的道德规则时,比如当某人(谨慎地)闯红灯是为了将一个受伤的病人尽可能快地送往医院的时候。这与我们的道德直觉相一致,也正如批判性的(功利主义)思维所证实的那样。如果冲突发生,满足人们的紧急医疗需求将会比严格遵守交通法规带来更多的利益。

　　反对者继续抱怨说,他的问题没有得到足够的重视。他所担心的是这样一种情况的存在,其中对一个人而言很容易确定的是,功利主义要求去做那种违反道德体面之常规的事情。在这样一种情况之下,反对者坚称,功利主义要求人们去做出一些我们都认为是不道德的行为。它要求我们对人们加以不公正对待。这样一来,功利主义就成为一种让人无法接受的正义论。

　　黑尔回答说,由于这样一些情况的不切实际性,因而对于我们的道德直觉而言,准备去应对它们也不会有助于幸福与偏好满足最大化的利益。我们必须增进我们对于何为善、何为正确与应当的道德直觉,并发展出这样一种观点,它能鼓励在真实世界中使幸福最大化的行为的出现。功利主义是一种实践哲学,因此它必须是现实主义的。功利主义支持正义原理,又建议在不切实际的情况下违背这些原理,这不足为奇。这些原理注定只对真实的情状有意义。但假如真的有不可思议的事情发生,功利主义学说的优点在于能提供有益的指导。比如说,考虑一下棒球裁判的立场。正义要求一名裁判员要根据她所见到的实际情况判定比赛,而且我们也都同意这一正义原理。裁判不应改变判定以取悦于观众。但是,设想一下,有人荷枪实弹地冲进比赛场地并且威胁说,除非裁判取消其判定并宣告先前的击球员在一垒安全上垒,否则要杀死一垒手。在这种不太现实的情况下,我们可能都意识到,裁判应当同意这项要求,而置"裁判应不为观众压力所动"这一正义的常规于不顾。在黑尔看来,功利主义应当备受赞许,因为它所具有的弹性使其能够适应于即便是类似于此的这样一些不切实际的情况,也不存在与我们常识直觉的相冲突之处。在此情况之下,常识与功利主义命令我们的恰好都一样,即我们应该暂缓我们对"裁判应不为观众压力所动"这一原则的忠诚。不管是常识还是功利主义,皆不应因在此处境下建议了一种我们通常认为不正当的一垒的判定而受到指责。

§9.4   正当程序与"法律面前人人平等"

至此,我们已经仔细考察了两种反对功利主义的理由并给予了回应。在两种情况中,反对者都详尽阐述了这样一些理论上可能的境遇,即功利主义在此赞成那些我们通常认为是不公正的行为或事态。回应之大意在于坚持认为,反对者所想象的境遇在理论上是不可能的。这些境遇与众所周知的人类生活条件的各个方面相违背。它们未能考虑到边际效用递减规律或者如下事实,即真正的生死攸关之境对于功利主义立刻完成的准确核算来说太过复杂了。而且,如果有意想不到的情况出现,功利主义还应为它可能提供的指导而得到赞许。

完成这些理论探讨之后,现在终于到了考虑一个实际案例的时刻了。让我们来看一下,在现实世界中遵循功利主义学说是否会使我们变得不公正。考虑一下杜克电力公司诉卡罗来纳环境研究小组案中所存在的争论。[7] 1957年,国会通过了《普莱斯—安德森法》(Price-Anderson Act),它具备"保护公众和鼓励发展核能产业的双重目的"。[8] 国会认识到,"一次具相当规模的核事故中潜在的巨大责任风险"对于民营核电产业的发展构成了"主要障碍"[9]。就如同对源于灾难性事故的可能索赔进行赔偿所必需的费用一样,核能产业过去是、现在依然是无力购买独自承担的公众责任保险。无力获得保险几乎令民营核能产业胎死腹中。

国会认为,"激励核电的开发"是出于公共的利益。[10]同样的功利主义判断也在早先的《1954年原子能法》中有所体现。[11]为了证明国会的正确性,让我们假定,幸福与偏好满足的最大化需要一项民营核能产业的开发。在确保此项产业的开发与公正对待公民之间存在冲突吗?卡罗来纳环境研究小组坚持认为,国会所用的方法是不公平的。

国会要求核能产业认购从私人资本中可能得到的最大保险金额。政府将会把保险金额补充至总计 5.6 亿美元的数目。在重大伤亡事故中受伤的公民将从这一基金中得到赔偿,而无需表明事故的发生源于核能工厂主或操作者的某些失误。1975 年增添的一项修正案对此又做了额外的规定:"一旦某次核事故中的损失超过了保险金总额……(5.6 亿美元)……国会……将会采取一切被认为是必要与适当的行动,以保护公众免于承受巨大灾难的后果……"[12]因此,支持者们宣称,一旦不幸发生,在确保对公众足够赔偿的同时,法案为该产业提供了必需的保险保障。

该法案的批评者们将焦点集中在它的责任限额规定。法案将核能工业与政府的联合责任保险限制在 5.6 亿美元。它使公民失去了先前所拥有的接受实际损失赔偿的权利。依据该法案的规定,如果全部损失超过了 5.6 亿美元,个人至多可以有权接受一部分损失的赔偿,赔偿比率是 5.6 亿美元与每人所受损失的总和之比。比如说,如果所有人的损失总和十倍于 5.6 亿美元,那么遭受到损失的每一个体至多有权接受其损失的 1/10 的赔偿。《普莱斯—安德森法》的一位批评者克里斯登·施雷德·弗雷谢特(Kristen Shrader Frechette)指出,这种责任限额将严重影响到公众在面临灾难时挽回其损失的权利。1957 年,《美国原子能委员会 WASH-740 报告》(United States Atomic Energy Commission Report WASH-740)中总结道:"如果核事故发生的话,单是财产损失就可高达 170 亿美元,这还不算 45 000 起的直接死亡以及 100 000 起随后即可预见的死亡、受伤以及患上癌症。"[13]即使人们接受了 170 亿美元这一数字,忽略通货膨胀与如下事实不计(即现代核反应堆是 1957 年所讨论反应堆的五倍大并更具威力),《普莱斯—安德森法》也只允许人们挽回其财产损失的 3% 而已(5.6 亿是 170 亿的 3%)。而且如果这 3% 被赔偿后,也就没有剩余的钱去赔偿那些死者、伤者以及更为后来的患病者。

卡罗来纳环境研究小组因此坚称,《普莱斯—安德森法》是违宪的。它的责任限额剥夺了人们享受正当法律程序的权利。在研究小组看来,正当程序要求对侵权行为责任的常规法律加以遵守。依照这些法律,当公民偶然遭受损失时,他们可以向责任方提起诉讼,要求获得损失的全部赔偿。批评者还坚持认为,该法案剥夺了某些人"法律面前人人平等"的权利。只有那些在核电厂附近居住或者拥有财产的人们,才受到责任限额的影响,因为只有他们才有可能在这样一个场所受到一场重大事故的直接影响。该法案剥夺了这些人,而且单单是这些人,在一般的民事侵权法中所应受的法律保护。法律没有像保护任何其他人那样平等地保护他们,因而他们"法律面前人人平等"的权利被该法案给否定了。

政府否认这些指控,认为严重事故发生的几率微乎其微,不会对人们的生活产生任何实际的影响。他们还指出,无论发生什么,国会都将在重大事故面前会"采取一切被认为是必要与适当的行动,以保护公众免于承受巨大灾难的后果……"[14]这些观点将会被依次加以反驳。

假如这样一种事故的几率是如此的微不足道,对于所有的实际目的而言都可忽略不计,那么,《普莱斯—安德森法》就是不必要的了。这样的话,民营保险公司会很乐意接受保险费,作为交换,他们需要做的不过是保证人们一定不会遭受损失罢了。民营保险商之所以不为这种损失提供保护,恰恰是因为他们认为,这些损失具有实际的可能性。基于当前公认的官方风险几率,在美国的任一核反应堆预期运转期间,堆芯熔化的风险几率是 1/4。[15]民营保险公司的回避也就不足为奇了。

现在让我们来考虑一下,国会"采取一切被认为是必要与适当的行动以保护公众免于承受"巨大灾难的承诺。这仅仅意味着,假如国会认为额外赔偿是必要且适当的,它才会提供赔偿。但国会总是有权力提供它所认为的必要与适当的赔偿。《普莱斯—安德森法》的规定对国会的权力而言没有任何增益,它也没有授予公民任何权利以挽回他们在核灾难中遭受的损失。在对超过 5.6 亿美元的损失进行赔付之前,尚需要国会的一个附加文件。如果没有此附加文件,就跟受损失者没有权利居住在白宫地下室一样,受损失者也没有更多权利追回全部损失。在两种情况下,国会都有权通过法律授予人们这种权利。但一个美国公民仅仅在国会通过适当立法之后,才有在白宫居住的合法权利。同样,如果发生一场灾难的话,国会虽然宣称意欲提供它所认为是必要与适当的额外赔偿,但其并未给予任何人获得超出《普莱斯—安德森法》限制之上的额外赔偿的合法权利。一项额外赔偿的合法权利,只有当国会事实上通过法律准予该赔偿时才存在。因此,《普莱斯—安德森法》在没有提供一项替代权利的情况下,去除了人们提起诉讼以对其遭受的损失要求获得全额赔偿的合法权利。

在幸福与偏好满足的最大寻求与个体的财产以及"法律面前人人平等"的权利之间,现在公然出现了冲突。国会通过了《普莱斯—安德森法》,认为它对民营核能产业开发而言是必要的,并且经各方面考虑后认为,这样一种产业的存在是出于公共利益。最高法院觉察到国会正依此动机行动。首席法官伯格(Burger)代表大多数成员写道,"责任限额的规定……作为经济调控的一种典范而出现——是构建和调节'经济生活的负担与利益'的一项立法努力"[16]。在此状况之下,"除非其显而易见地武断或不合理,否则要尊重国会的裁定"[17],法院的举措往往如是。法院的多数法官判定,国会的裁定并非明显地专断与不理智。因而他们认为,《普莱斯—安德森法》出于公众利益是完全可能的,所以宣称该法案符合宪法的规定。结果就是,个人从前所享有的受到合法保护的权利被否定,而且这种否定对人们的影响也不平衡。只有那些靠近核电厂和那些在附近有产业的人受到了影响。公民受他们的政府保护以及与其他公民一道受到同等保护的道德权利于是就遭到了否决。

总之,当理论依据被置于一边以便于考察某一实例时,在赋予人们道德权利与最大化促进幸福或偏好满足之间,确实存在着显著的冲突。为功利主义动机所引导的立法,会导致对人们应得权利的不公正的否认。

就当前案例而言,我们可能对国会功利主义核算的准确性提出质疑。或许,与核能相关的利益与负担更为准确的评估,可能会使国会放弃对民营核能产业加以培育的计划。这可能已使《普莱斯—安德森法》成为多余的了。但是,这种可能性并未改变从这一案例得出的结论。与黑尔所坚持认为的正相反,这一结论认为,人类生活状况的普遍特征不足以保证,在功利主义所要求的政策与日常道德规范所要求的公平分配及个人权利之间不存在冲突。即使《普莱斯—安德森法》不是一个适合的实例(因为更为准确的核算将会表明,该法案不为功利主义学说所需),它也有助于表明,一方面是功利主义学说,另一方面是对公平分配与个人权利的尊重,这两者之间的冲突并不只是发生在一个哲学家想象的幻境中。无论何时国会采用功利主义的核算方法,也无论这一方法运用得准确与否(在目前这个案例中还是一个有待商榷的问题),冲突是会出现的。

§9.5　人为的与非理性的欲望

另一个问题源自使幸福与偏好满足最大化的功利主义目标。此种目标在很多情况下可能是不合理的。比如说,考虑一下在催眠暗示的情况下发生的事情。设想一个女人在催眠时被告知,从催眠状态醒来后,无论何时门铃响起,她应该解开她左脚上的鞋带并把它重新系上。如果这个暗示有效,她会照着指令去做。如果你问她,在她遵从这些指令的过程中,她为什么要将左脚鞋带解开再系上,她可能会非常真挚地回答说,她愿意那样做,或者她的鞋带太紧或太松了。在门铃响起的时候,她更愿意完成这个动作,这将是事实。这样做让她幸福。

既然此种行为之所以带来幸福,只是因为她在催眠状态下被暗示了,那么,我们并不认为它能代表她的真实自我。如果我们了解到这种行为起不到促进她的利益或福祉的功用,那么我们会倾向于认为,没有这种暗示的影响她会过得更好。我们不愿意做的是，通过让她在门铃响起时摆弄鞋带这种欲望更容易达成，来帮助她获得即刻的幸福与偏好满足。在她下一次找我们要钱买另一副鞋带时，我们会拒绝她（她很快就把鞋带弄坏了）。以这种方式花那些钱，她所获得的幸福可能比我们以任何其他可能的方式可能获得的要更多，因此，在其他条件都相同的情况下，功利主义嘱咐我们要给她钱。但是，她欲望的人为与愚妄特征促使我们在很大程度上不理睬她的偏好。功利主义使幸福与偏好满足最大化这一目标，在这种情况下似乎并不合适。

如果此类情形与催眠暗示中的那些实例同属罕见的话，这样一些理由就不会对功利主义构成重大的挑战。但相关的类似情形却大量存在。考虑一下普遍存在的吸烟习惯。人们吸烟是因为他们更喜欢这样做，或者吸烟使他们感到幸福。没有人迫使他人吸烟。但广告将吸烟与帅气、性感、成功等联系在一起。同样的关联早就在电影中得到了更加微妙的宣传，从博加特（Bogart）到贝尔蒙多（Belmondo），吸烟成为这些英雄的标志的一部分。这样一些影响可能对年轻人施加的符咒，就像某人在催眠状态中被施以暗示而迷住一样。吸烟的欲望与此类暗示的联合为一事实所加强，即吸烟实际上不像那种在门铃响起时涌现摆弄鞋带的欲望那样属于官能性问题。但吸烟更昂贵（烟比鞋带耗费得更快），而且有损人的健康。吸烟的欲望恰恰与采纳功利主义目标是否正当这一疑问一样，似乎是人为的和愚妄的。最大化地满足这类偏好似乎并不合适。教育人们放弃这种偏好似乎更为合理。

迄今为止就此方面所讨论的偏好并不显著地影响到环境关怀。但在第 3 章中讨论的与德性理论（3.5 节）相关联的一系列偏好，对环境的影响却非常剧烈。它们是对有形物品增加消费的偏好。在美国，人们在很大程度上为一种世俗化且样式令人困惑的清教传统所影响，从而将自尊与物质繁荣、物质繁荣与产品和服务的个人所有权联系在一起。人们宁愿自驾汽车也不愿利用公共交通,宁愿宿营在野营挂车中也不愿住帐篷,宁愿拥有自己的动力剪草机,也不愿与邻居共享一架剪草机或其他类似的装置,宁愿使用爆米花机和电煎锅这样的专门烹饪器具,也不愿在一个炉子上使用(他们无论如何都有的)普通的锅碗瓢盆。

在所有这些情况之下,人们的偏爱之物与替代品相比就需要更多地得到生产。大量的铁、钢、铝和铜必须被生产出来,以为人们提供私人运输工具、大型野营挂车、私人拥有的剪草机以及大量的家用电器。这些原材料的开采往往会造成生态的破坏。大型机器进入到一个地区,然后将地表撕裂,而且在开采、输送以及将矿石冶炼成金属的过程中,又会使用大量的能源。煤要被开采出来并被燃烧以生产此种能源。我们在第 3 章(3.6 节)中了解到,地下煤矿开采导致的废渣堆,造成了固体废弃物与空气污染问题。露天开采彻底破坏了矿区的生态系统。[18]富硫煤的燃烧是导致酸雨与其他类型空气污染的原因。而且正如我们在储备矿产公司案例中(8.6 节)所了解的那样,将矿石转变成金属不仅污染空气,也污染水资源。

以上所述只是与人类用品制造所需的金属生产相联系的环境问题一角。这些金属必须被转换成产品,产品又必须被输送到消费者手中,消费者大概会用它们,但最终会将它们当成垃圾抛弃在生物圈中。其中的每个步骤,都需要使用额外的能量,而环境也或直接或间接地遭到更进一步的破坏。因此之故,人们使其有形物品的消费最大化这一偏好,从生态上而言关系重大。对那些关注环境正义的人们来说,这是一个合法的议题。

在此情况之下,我们是否如同我们面对催眠暗示与吸烟欲望这样一些情形时一样,有理由贬低那些带有人造及愚妄色彩的偏好呢? 首先考虑一下合理性问题。个体行为的合理性往往取决于个体在特定情况下所面临的特殊境遇。如下一些不合理的消费模式实例因而被提供出来作为例证,不过是用以表明那种在我们社会中(尽管不是普遍存在)再寻常不

过的不合理的消费行为而已。读者还可以自行补充,或者用自身的例子
来替代。

在美国,热衷于草坪的人们拥有并使用一架动力剪草机是家常便饭。
这些剪草机通常由小型的内燃机提供动力,会带来相当大的噪音与空气
污染。工作几年以后,它们通常会坏掉并被替换,这会花费很多的钱。相
反,老式剪草机几乎不需维护就可以无限期的使用。因为这些剪草机很
耐用,而且可以在几个邻居间共享,因此相对生产少一些就可以了。推动
一辆老式剪草机的花费也低,产生的噪音或空气污染也很少,并且提供了
很好的身体锻炼。然而,人们宁愿使用动力剪草机。这些使用动力剪草
机的人中,大多数情况下都可以操作老式剪草机。事实上,对某些人来
说,使用动力剪草机通常是为了节约时间去慢跑、举重、练习橄榄球。这
不是和门铃响时摆弄鞋带一样非理性吗?

当然,也有一些体魄健全者,他们使用动力剪草机却并不运动。这同
样也是非理性的。这些人中很多都渴望持续的身体健康,并且认为运动
对保持健康相当重要。很大程度上,他们也是注重节约成本的人,知道老
式剪草机在操作与维修上更为便宜。动力剪草机主要对那些因身体机能
而无法使用老式剪草机的人有意义,而不是对那些能够和愿意使用动力
剪草机的人。但这类人相对来说是很少的。

是什么导致了购买动力剪草机这一不理智的举动? 是广告刺激了动
力剪草机的需求。人们被描绘成只有在拥有"好的"剪草机的时候才会幸
福。除非具备发生的背景,这类广告不会激起一种人为的需要。这个背
景是一个广告泛滥的社会,而且几乎每个广告都在传递着同样的隐含信
息:"如果你购买,生活会更加美好,你会更加幸福。"通常促使你购买的是
一种有形物品,虽然有时也可能是一种服务(通常要求服务的供给者去买
或使用一些有形物品)。因为这种信息在我们很小时候就开始到处弥漫,
它显著地影响了我们对现实的认识。反之,在其他文化中,人们可能认为

幸福只来自对自然的安静沉思,在我们的社会中,很大的力气被用在说服人们幸福之路是由《消费者报告》铺筑而成的。[19]

这种现象并不局限于我们的文化之内。将产品推向世界市场的努力已经影响了很多文化中的人们,使他们放弃了传统的、地方性的自给自足的生产方法,而用进口产品来满足同样的需求。雀巢公司,在一个臭名昭著的案件中,向南美洲那些无力购买足够奶粉来喂养孩子的人,以及那些缺少足够纯净水来进行冲调的人销售幼儿奶粉。[20]雀巢在这些人中间人为地制造了对这一产品的需求。他们的广告非难母乳喂养,宣称母乳喂养不仅过时而且野蛮。很多人购买奶粉,而她们的婴幼儿在母乳喂养下本应是境况更佳的,因此,奶粉偏爱是人为的,也是非理性的。

对于动力剪草机和婴幼儿奶粉之类的产品,我们该说些什么呢?在某些情况下它们是必需的,但在很多其他情况下,人们不理智地偏爱了它们。广告制造出人为需求。功利主义学说无视这种非理性与不自然,同等地处理所有偏好。在我看来,这违背了常识。我们应当尊重他人的偏好,但是,我们不该视而不见的是,大量的偏好就如同门铃一响就摆弄鞋带这类偏好一样,是人为的和非理性的。在我们的文化中此类例子非常多,而在其中,此类偏好的满足应该后于那些自然的、理性的偏好满足。功利主义的缺点在于其未能发现此点,这种缺陷产生出对非人类环境造成伤害的政策。比如说,一种消除动力剪草机欲望的政策与迎合大部分非理性需求的功利主义政策相比,会产生更少的采矿行为、空气污染与水污染。

在结束此话题之前,还应当把当前对功利主义的批判与功利主义对人们偏好于吸烟以及其他一些无谓的消费项目的某种反对区分开来。(读者可再一次选择自身的例子。)从功利主义的观点看来,不应当满足这些偏好,因为它们的满足经常会引发糟糕的感受,比如与癌症、心脏病或支票账户透支相伴随的体验。伴随这些偏好满足而来的害处要大于其益处。根据功利主义学说,满足这些偏好以及与这些偏好满足相关的幸福,依然是善的。唯一的问题在于,它们不是那些其分量足以超过与之相系的恶的善。

不管怎样,这一节的意思是说,非理性的以及人为的偏好满足不是首要的善。常识向我们表明,应当纠正这些偏好。满足它们毫无意义,即使在像鞋带例子中那样,在并不带来很大的伤害时也是如此。因此,对许多消费项目的偏好满足加以节制的理由,不在于这些偏好满足带来的害处大于益处,而在于根本就不存在相关利益。

对功利主义的这一批判也应当与早先对效率理论做出的一个批判区分开来。我在第 8 章(8.7 节)指出,效率理论错误地将产品与服务的生产及消费等同于人类的快乐或偏好满足。功利主义通过直接地聚焦于幸福或偏好满足,而不是任何促成幸福或偏好满足的典型手段(如有形物品),从而避免了这个错误。功利主义的问题在于:人为的、非理性的偏好与自然的、理性的偏好得到同等的权衡,而且很多人为的和非理性的偏好都是指向有形物品,而生产及消耗它们会损害人类之外的环境。因此,与那些给予非理性及人为制造出来的欲望(如,动力剪草机)较少重要性的这样一种遵循常识的理论所支持的政策相比,受功利主义支持的政策具有更大的环境破坏性。

§9.6　无感觉的环境

功利主义无法公正地对待环境,也因为它对体验独一无二的关注。它认可任何一种使善的体验最大化、使恶的体验最小化的政策。因此,存在物中受到直接关怀的唯独是有知觉的生命,即那些能够产生生体验的生命。这包括松鼠、老鼠、鸭子、母牛、狗等个体,还有人。但环境的许多组成部分将不能包括进来。植物、河流、山林、荒野、动物物种(与动物个体相比)都是无知觉的。因此,基于功利主义之上的环境正义的说明,将不包括对这些事物的直接关怀。

许许多多动物物种由动物个体组成,每个动物都是有知觉的。但这个群体,这个物种,是无知觉的。比如说,当最后一只旅鸽1914年死于辛辛那提动物园中时[21],其生命危险并不为它是其种类的最后一名成员这一事实所影响。同样,毫无证据显示,兀鹫个体知道或关心其种群所处的濒危现状。一般来说,动物个体的生活体验受物种灭绝预期的影响不大,而且,从所牵涉的动物这一角度来看,既成事实等同于一个种类繁盛的物种中的一系列死亡。因此,一个全然立足于功利主义考虑的环境正义的描述,不会直接地关心动物物种的灭绝。

对植物物种来说也是如此。"物种"指示的不是一个个体,而是一类个体。即使群体中的个体可以拥有体验,作为一个群体却不能。从逻辑上讲,一个"类"恰恰不是那种事物。这就是为什么没有植物物种或动物物种可以有知觉的根本原因。另一方面,从逻辑上讲,植物个体并没有被取消拥有知觉的资格。但是目前可考的证据毫无疑问地表明,它们是无知觉的。[22]河流、土壤、岩层、湖泊、山脉和海洋是无生命的,因此也不可能有知觉。功利主义无法直接关怀所有这样一些事物的存在。

功利主义学说给环境正义提供的基础似乎非常薄弱,因为它不认为大多数的环境构成成分值得关怀。设想某个人试图判决说法语的加拿大人与说英语的加拿大人之间的争执。设若判决者只会说英语,并且采纳的是这样的正义论,即只有以英语为母语者才值得道德关怀。法语区加拿大人间的事态,甚至他们的持续存在,也不在判决者的考虑之中。谁会使用这样的人来裁决说法语者和说英语者之间的争执呢?当然不是某个考虑要改善正义的人。同样,如果我们对推动环境正义很关心,我们就不会使用类似于功利主义学说的理论,它完全漠视事态,甚至忽略了一些重要的环境组成部分,像动物物种、植物物种、河流、土壤、岩层、湖泊、大山以及海洋等的存在。

功利主义者对此进行了反击。他们宣称，即使他们没有直接地关注这些事物，他们也间接地关怀了它们。比如说，湖泊对很多浮游生物的生长是必需的，而浮游生物却处于许多有知觉生物的食物链的底层。对于河流和海洋也可举出近似的例子。山林和荒野地区是很多有知觉动物的居住地。生态健康——因而与这些单元支撑有感受生命的能力——可能依靠于生活于其中的很多植物物种与动物物种的持续互动。[23]那么，功利主义对于避免物种灭绝、保留荒野保护区、改善土壤、湖泊、分水岭、海洋、河流和其他环境构成部分的健康这样一些问题也给予了间接的关注。因此，功利主义可能给正义的商讨提供了正确的依据。

很难评估功利主义推理的说服力，因为通常很难明确其蕴涵（见 9.8节）。无疑，某种大体的生态健康和某些植物物种对有知觉生命的存在而言是必要的，而有知觉生命对功利主义所需的善的体验之最大化存在而言必不可少。但这并不意味着，功利主义会普遍地赞成为濒临灭绝物种保存荒野保护区。荒野中的生活是残酷和野蛮的。那里是充满竞争的求生之地。出于功利主义者对当前农业与科学研究（见 8.4 节）中野蛮对待动物的反对理由，可见他们并不会认为动物在野外会生活得最好。它暗示着在仁慈人类的照管下，动物会达到最好的生活状况。你宁愿成为生活在野外的一匹斑马吗？它有可能在年轻时就死于夏季干旱，或者被狮子或一只叫跳棋的被悉心照料的狗吃掉？驯化的生活肯定会更漫长、更舒适，因此，在功利主义看来更为可取。

当然，很多动物并不适合驯养。但这并不意味着，应该为这些物种维系荒野保护区。荒野之中包含着如此之多的野蛮行为，因而更好的选择是歼灭那些不能驯养的动物。事实上，所有因捕食而导致有知觉生命悲惨与不幸的物种都应被歼灭。歼灭了食肉动物，被捕食群体可以通过绝育手术与控制驯养场所等手段而无痛楚地受到控制，这样就保持了生态平衡。而且可以饲养新物种——那些食草的幸福小动物相对荒野中虚有其表的自由而言,更愿意接受驯养生活中单调的安全。动物应当很小,这样有限的食物供应可以使更多的动物存活。允许更多幸福动物的存在是使幸福最大化的一种方式。驯养使动物安宁,能够使这种幸福与挫折最小化共存,否则就施以拘禁。安宁的动物对人类来说也更易于控制,因此也同样减少人类的挫折。消灭食肉动物就消除了伴随某些动物吃其他动物时所产生的"可怕"。因此,功利主义理论似乎要求消除荒野保护区,消灭食肉动物,而在人类的照管之下尽可能大量地饲养小而快乐的、安宁的食草动物。简而言之,自然环境将会为一种人类工程的产物所取代。这些暗示使得功利主义学说成为一种荒谬的环境正义论。它使我想起越战中一位美国官员的话:"不毁灭村庄,我们就不能拯救它。"

　　一个功利主义者可能会提出反对,认为这些都不是功利主义理论的含意,它们只是一种无情想象的发挥。我必须承认,这一异议有些道理。当所有事情都经过仔细考虑后,我并不确信我所提供的建议一定可以使幸福或偏好满足最大化。但这仅仅是因为,没有一项政策能够被确凿地认为可使幸福最大化。我所陈述的政策似乎与任何其他政策一样,只是貌似可信。

　　这些政策逐渐损害了自然环境,这不足为奇。正如上面已经指出的,从功利主义角度看来,无知觉环境不值得直接的道德关怀。任何功利主义政策对无知觉环境的某些方面给予保存,之所以这样做,都将只是把它作为使幸福或偏好满足最大化的一种必要手段或者只是偶然的副产品而已。在此情况之下,人们无法指望过多的环境保护。为了解这一点,我们设想一个类似的案例。设想一个极其自私与贪婪的女人。除了她自己,她不关心任何人,并且希望使自己的财富最大化。在追逐她自己自私、贪婪的目的时,她很可能会对其他人有益。她可能会去救一个溺水的妇女(她知道这位妇女非常富有)。在这种情况下,她的仁慈是她达到自己目

的的一种手段;她希望得到报酬。或者她可能会偶然地挽救某个人的生
命,通过欺骗他交出他用来买去欧洲的机票的钱。如果这架飞机坠毁且
无人生还,对此人生命的保护是这个女人欺诈与贪婪的无意中的副产品。
这些事情可能会发生,但却非常罕见。同样,用于使有感觉的生物利益最
大化的功利主义政策,也可能会对无知觉环境带来某些益处。环境保护
偶尔会成为帮助有感觉的生物的必要手段或者无意中的副产品。但正如
指望一个极其自私的人帮助他人那样,也不要指望这会发生。正如我们
不愿意接受那个自私女人的标准(她自己优先于所有他者)作为人际公平
的基础一样,我们因而也不愿意接受功利主义标准(有感觉的生物优先于
所有其他事物)做为环境正义的依据。[24]

§9.7 人口政策[25]

这些论述还不足以说服一个真正来说毫不妥协的功利主义者,他可
能会给予两种回应。第一,他可能会坚称,除了有助于有感觉的生物的体
验之外,岩石、山林、溪流、海洋、树木和其他无知觉事物是无价值的。如
果没有人曾经见过、感觉过或者享用过环境的无知觉方面,如果一个人的
经验生活怎么也不会受到它的影响,它可能甚至不存在。当然,它不会被
忽略。如果对功利主义理论的遵从会要求毁灭许多此类的事物,那又怎
样?第二,上一小节的推理导致这一结论,即遵循功利主义学说会要求毁
灭自然的许多无知觉方面。但上述推理严重地依赖于对动物福利的考
虑,而且基于这些考虑的核算特别容易出现错误,因为我们并不像理解人
类那样理解动物。因此,上一节中的"核算",包括它们对功利主义的环境
破坏性政策的责难,不能当真。只有那些聚焦于人类幸福的核算才能严
肃对待。

将此回应记在心头,我还准备了对功利主义学说的另一种批判。我

将表明的是,当人们认识到我们的子孙后代可能受其政策的影响时,全神贯注于人类的幸福与偏好满足的功利主义学说,将会导致荒谬的环境政策。

使人类总体幸福最大化的一种方式是使幸福人口的数量最大化。我们应当采纳那种允许地球承担最大数量幸福人口的环境政策。依据功利主义,只要额外人口在生活中体验到的幸福比他们的存在(通过拥挤与资源竞争)对他人幸福的减损要多时,人口增长就有道理。既然功利主义要求尽可能多的幸福人口的存在,那么,应当采取这样一些政策,这些政策可以缓和人口增长与全体人口的持续幸福之间存在的冲突。一般说来,这些政策会尝试转换人们的生活方式,以便他们在最少地消耗地球的有限资源时能够感到幸福。这样一些政策的结果,将会使地球上幸福人口的可持续生产最大化。

比如说,我们将不得不接受享用非能源密集型事物的教育。正如前面已经提到的那样(9.5节),非人力能源的利用在很多方面具有生态破坏性。对不可更新的能量来源的榨取,通常会破坏景观且破坏流域,使用这些能源会污染空气、水和土壤。即使太阳能也会产生热污染。将驯养动物作为非人力能源资源利用也有害处。这样的大型动物兽群不仅具有生态破坏性,还与人类竞争必需的营养。所有这些生态破坏往往会降低地球对人类的可居住性。

然而,问题还不只是如此简单。不使用非人力能源,比如说,这些能源对房屋取暖以及制作保暖衣物来说是必需的,地球上的很多部分对人类生活来说则不适宜居住。如果非人类能量来源用于食物的生产与运输中,地球表面的更多区域都可以让人类居住。于是,只有通过贮备非人力能源以用于生产和运送食物、衣服、住房或其他必需品时,地球上才能产生最大数额的人口。空调、百慕大之旅以及通勤旅行,将不得不逐渐被全部淘汰掉。

我们可以假定,这些变化将会极大地降低我们当中那些惯于奢华生活者的乐趣。然而,过去的传统生活方式阻止了我们想当然的种种旅行与舒适。在同一个小的村庄里出生、工作和死亡,村庄如此之小,每人步行即足矣,自然也不会引发大量的自杀行为。因而,假定那些习惯于这种生活方式的人们能够体验到一种还算过得去的幸福是合情合理的,这种幸福与我们的相比可能会低一些,但不会低太多。比如说,"草原上的小木屋"中所描绘的那些孩子,并不因缺少破旧的自行车而沮丧,实际的情况似乎也是如此。

那么,使总效用最大化的能源政策,会否决所有不必要的非人力能源的使用,从而在地球长期的承载能力限度内允许人口的增长。额外人口得以拥有的幸福,因而就不只是超过当代人在幸福体验上的损失而已了。极有可能的是,初期的损失将十分可观,但只有当代人与下一代人会经历艰难的时世。从那以后,人们将会习惯于新的生活方式,收益于是也将颇丰。未来如此漫长,额外人口从而能够持续大量地存在,因而该政策想必会使总体净效用最大化。

然而,我们当中大部分人对总效用最大化的政策预期很反感。首先,即使我们感到应当对遥远的未来人口的需要给予一些考虑,这个政策对我们的要求也太过分了。我们及我们的孩子被要求接纳并忍受一个极端痛苦的过渡时期。我们分摊的负担似乎很不公平地重于他人所承担的部分。然而这种结果不应使任何人惊奇。众所周知,总效用最大化乃通往分配正义之路(见 9.4 节)。

另外,很多关心未来人口幸福的人们发现,使人口达到最大化的政策令人讨厌。即使不从总体净效用最大化的角度考虑,我们也意识到,人口过剩是一个问题。肯定还有其他的视角可以更好地令我们在这件事情上的观点达成一致。

最后,总效用最大化的能源政策要求稍微地降低平均效用。但是,除非是为了达成一个极为重要的目的,比如说保护人类种群的持续存活,否则生活质量上的任何跌落都会使很多人产生不可接受的感觉。使总体净效用最大化的目的,并不总是被认为具有充足的价值。因此,企图使总效用最大化的政策预期是不可接受的。

另一种可能性是这样一种功利主义,它要求平均效用而非总效用的最大化。比如说,从强调平均效用的角度看来,平均净幸福为 18 单位的 10 个人的"舒适"(总额为 180),要胜于平均净幸福仅仅是 9 单位的 1 000 人的"舒适"(总额为非常可观的 9 000)。如果这两种情况可供选择的话,那些希望总效用最大化的人会赞成将人口数目增加至 1 000,相反,那些赞成平均效用最大化的人会赞成将人口减少到 10。

在我们所知的世界中,平均效用最大化将要求把人口数量猛烈地降低至——最多 10 亿的水平。至少是减少到这种程度时,人类幸福的平均水平才会上升,因为对于相对固定的自然资源而言,加以分享的人口必定会更少(由于人类可开发自然资源的供给也与技术现状相关,因此,当这一人口数量对维持尖端技术的发展和使用是必要时,至少有几亿人将能够使其人类平均幸福最大化)。如果人口统计的预测正确,这种人口的降低只有通过对未来几代的严厉人口控制方法才能完成。如果平均效用最终达到最大化,当代以及随后几代人将会被要求忍受甚于我们的常识或我们的正义感所能容许的巨大苦难。当然,只要达成其目的,功利主义者在不平等分配这一事实的态度上就是非常麻木的。此外,即便用以减少人口数量的严厉方法在业已实现其目的后可以被搁置起来,大多数人还是认为,平均效用最大化的目的并不能证明手段的正当性。功利主义学说再一次失败,因为它导致让人无法接受的政策。

然而,功利主义者是一群足智多谋的人。面对刚刚阐述过的困难,他们对所谓的未来人口(future people)与可能人口(possible people)进行了区分。[26] 我将以一个例子来说明这种区分,然后接着探讨其含义。

　　考虑一下这样一项政策,它拒绝将社会公益服务、社会保健服务、平民教育、政府就业和其他一些社会福利设施给予任何一位妇女的第三个小孩及其随后的小孩。这个政策可能会被采纳为减少人口增长努力的一部分。假定在其他各点都相同的情况下,如果这个政策得到实施而不是被否决,那么,将来 50 年内存活的人会更少。设想某国政府在考虑实施此项政策。政府估计,如果采纳该项政策,在 50 年内他们将拥有 15 亿人口;反之,如果否决该政策,50 年中他们将拥有 20 亿人口。根据这些核算,无论采纳该政策与否,未来 50 年里他们都将拥有 15 亿人口。因此,相对于该政策而言,未来 50 年里生存的 15 亿人称为未来人口。除此之外,另有 5 亿人的存在取决于政策的实施与否。这额外的人口可能出现,也可能不出现,因而是相对于该政策而言的可能人口。

　　如果该政策遭到否决,你可能纳闷,人们如何能够知道,在这 20 亿人中哪些将会属于那 15 亿未来人口,而哪些又属于那 5 亿可能人口呢？彼得·辛格明确指出,15 亿最幸福的人将会被认为是未来人口。[27]

　　用未来人口与可能人口这一区分武装起来的功利主义者,试图解决这一节早先提到的问题。这个问题是,总效用最大化的目的似乎要求采取这样一些政策,即迫使人们限制他们当前对地球资源的诸多利用,以便使人口能得到极大的增长。彼得·辛格断言,功利主义的目的真正来说只是使未来人口的幸福(或偏好满足)最大化。[28] 可能人口没有价值。因而,一项用于增加人口的政策不会增加总效用。这样一项政策所带来的额外人口将是可能人口(他们的存在取决于采纳这个政策与否)。可能人口的效用没有价值。这些人只会通过与未来人口竞争有限的地球资源而对未来人口的幸福有所减损。因而,通过有意增加人口数量并不能使总体幸福达到最大化。借此,功利主义最终避免了在一个大多数人认为人口已然过剩的世界中继续支持人口扩张这一令人生厌的政策。

　　举个例子,让我们再次考虑一下用以减少印度人口增长的那项政策。

假定该政策被采纳,在未来 50 年中将要存活的 15 亿人的平均幸福将是
10 单位的"舒适",总数为 1.5 亿单位的"有益"。如果不采纳这一政策,50
年中将要出现的 20 亿人的平均幸福将是 8 单位的"舒适",总数为 1.6 亿
单位的"有益"。致力于总效用最大化的功利主义者们,将不得不否决减
少印度人口数量的政策,因为 20 亿人的总效用比 15 亿人的要高。这个
结果让很多人产生对生态不负责(ecologically irresponsible)的念头。即
便印度在未来 50 年中出现了 20 亿人口,只有那些最受眷顾的 15 亿人口
的"舒适"才算数,通过坚持这一点就可以避免上述结果的出现。另外的
5 亿人口属于可能人口,他们的"舒适"没有价值。如果最受优惠的 15 亿
人口的平均幸福是 9 单位的"舒适",他们的总效用是 1.35 亿单位的"有
益"。这就是当政策被否决时,将会存在的 20 亿人口拥有的全部有效效
用。由于总共 1.35 亿单位的"有益"比起采纳那项政策所带来的 1.5 亿单
位的"有益"这一总效用要少,所以应当采纳此政策。人口应当得到控制,
以避免印度人口在未来 50 年中额外 5 亿人的出现。就这样,功利主义的
这番话似乎与常识达成了一致。

但是,现象具有欺骗性。荒谬的规定仍在继续。考虑一下若干能源
政策。政策 A,它为现在以及未来人口提供他们所需的所有能源,但这些
能源也会污染大气并极大地缩短地球的可居住时间。就像在某些批评者
看来,任何要求大规模利用核能的政策都会导致放射性污染,从而缩短地
球的可居住时间。想象一下最好的替代政策,政策 B,它要求短期内减少
人们 20% 的净幸福。由于人们缺乏丰富的能源资源所带来的舒适便利,
所以幸福减少了。但是政策 B 在数千年的地球持续可居住时间中,容许
不计其数的人口的存活。如果采取政策 A,这些人是不会存在的。因为
按照政策 A,在所谓的数千年中地球已经无法居住了。这些不计其数的
数百万人口就这样成了与政策 A 和政策 B 的选择相系的可能人口。他
们的存在取决于在政策 A 与政策 B 之间做出的选择。

如果功利主义学说被如此解释，以便排除对可能人口的任何考虑，那么，立足于功利主义核算之上，就要求我们忽视这些可能人口及其生活质量。即便这些人在数量上可能被预测为超过现在人口与未来人口之和的 10 倍或百万倍，也要将他们从考虑中排除出去，因为他们只是可能人口。如果可以确信地预测，技术革新会使这些曾经存活过的人成为有史以来最为幸福的人，现在这种状况就会得到改变。总幸福与平均幸福将达到创纪录的高度。对我们现在所研究的这种功利主义说法而言，这都是无关紧要的。因为这些人是可能人口，他们的效用完全是不相干的。这当然是荒谬的。但是，稍等！事情每况愈下。

排除可能人口，政策 A 与政策 B 之间存在的争议必须依照当前以及未来人口的幸福来决定。由政策 A 在短期内所提供的幸福增额，在抵消掉那些未来人口因不得不忍受地球日益降低的可居性而在幸福体验上导致的损失后，会有剩余吗？假设我们能够预测 800 年后，地球上此时的生活因污染而非常悲惨。但是，污染还不至于如此糟糕以至于完全无法居住。现在享有额外能源的乐趣，会多于对 800 年中将要体验悲惨生活的人们的补偿吗？如果不会，那么政策 B 将优先于政策 A。

此刻，功利主义看似又一次从支持对环境不负责的政策的批评得以全身，因为保护主义政策 B 可能优先于不计后果的政策 A。然而，在此考虑之下，功利主义还可以构建一种更加不计后果的政策 AA，它比政策 B 更具优先性。政策 AA 与政策 A 相同，但它增加了一个条款，即在 800 年悲惨时期的开始之际，世界性范围内将发生核爆炸，瞬间结束了所有生命（从而就没有痛苦）。这个条款就将那些可能在 800 年中已然遭受苦难的人们转变成与政策 AA 及政策 B 的选择相关的可能人口，因为他们的存在在那时就依赖于哪一政策的采纳。由于现在来说他们是可能人口，因而就必须被完全忽略。于是，唯一需要考虑其效用的是那些将会享用政策 AA 带来的能源挥霍这一短期利益的人。这些人在政策 B 下会有较低的效用,所以不考虑可能人口效用的尽责的功利主义者,必定采纳政策 AA。

几乎无法想象出一种更加荒谬的结局。在核算中将可能人口排除在外的任何形式的功利主义,都不能为环境政策提供一种充分的评价标准,比如那些将会对未来人口带来影响的人口政策与能源政策。有很多可能人口都与这些领域中必须做出的选择相关。忽略这些人的利益会违背常识,导致荒谬。然而,算上他们的效用时情况也不会好多少。之前我们了解到,当核算中加入可能人口的效用时,试图使总效用或平均效用最大化都会导致荒谬的结果。

§9.8　事实的不确定性

进行准确的功利主义核算是功利主义学说的另一个(从我们的目的看来,也是最后一个)严重问题。如果功利主义核算如此复杂,以至于无法使人类以相当的准确性去完成,那么,功利主义对那些努力改善环境正义的人而言几无裨益。从功利主义的观点来看,通过功利主义核算的运用来解决争议的做法,仅仅在它比利用其他方法通常会带来更多幸福或偏好满足时才是公正的。这些核算是如此困难,利用一个与之不同的方法,事实上可能产生更多的幸福。

考虑一下围绕《普莱斯—安德森法》的核算。国会估算出未来的电能需求,并且断定,一项民营核电产业对于满足这一需求而言是必要的。我们回顾一下就可发现,他们对这一需求的估算很不准确。现在我们正感受到一种稳定或下降的电力需求,而以往对这十年的需求预测是显著增加。[29]利用核能发电的成本比原先预计的要高得多,这主要是因为,建造核电厂的成本被低估了。[30]

在与一座核电厂的正常运行相关联的健康以及环境危险问题上,仍然存在相当大的争议。营运此类工厂使公众暴露于低水平的辐射之下。这些辐射会造成什么后果？

　　负责管理原子能工厂的政府委员会核算出，每暴露于 1 拉德（rad）的辐射能之下方可引发 0.0002 起的癌症病例。然而，生物物理学家阿瑟·坦培林、核化学家约翰·戈夫曼和其他一些人则核算出，每暴露于 1 拉德的辐射能之下，每年就会导致 32 000 起癌症病例。[31]

　　差别是如此巨大。根据更低的估计，修建核能工厂会被证明可以使幸福最大化；反之，根据更高的估计就不是那样了。当有名望的专家们在与功利主义核算相关的至关重要的问题上持有如此截然不同的意见时，立法者与政策制订者们又如何能被这种核算所引导呢？

　　围绕堆芯熔化的风险评估也产生同样的分歧。在 20 世纪 70 年代，私人保险公司为应对一项重大事故而提供了 1.25 亿美元的保险总额。他们为此种事故保险开出的保险费

　　立足于这样的假设，即发生重大事故的几率大约是 1 ∶ 20。相反，《普莱斯—安德森法》的（官方）统计数字是基于重大事故概率为 1 ∶ 17 000 之上得出的。[32]

　　通过功利主义核算来制定法律的不切实际性，应当毫无奇怪之处。这一点在非环境领域的法律中已经得到详细说明。考虑一下对死刑正当性的争议。争议中的焦点之一是关于死刑的威慑效果。死刑的功利主义支持者大多将其观点建立在下述主张之上，即，死刑可以减少死罪的发生。反对死刑的功利主义者却不接受这一观点。[33]在此问题上的分歧，已经持续了一百多年！在此期间，人们已经收集了许多统计资料。被认

为是与之类似的各种法律判决已经得到比较,以了解在那些执行死刑的情况下死罪的发生率是否更低。在指定有死刑的司法权下死罪的发生率,已经与同样司法权下无死刑时的死罪发生率进行了比较。在对此记录的检查进行了一百多年之后,在被研究时期中的死刑之效力究竟若何,仍然存在疑问。一项法律或政策是如何运作的,尚不太容易确定。在这种考虑之下,死刑也不例外。此外在有关过去 50 年内最低工资法以及其他许多新政立法对于幸福的促进所做出的贡献这一问题上,经济自由派与保守派还在继续争论。

当焦点对准未来时,事情显然变得更为糟糕。如果我们不能确切判定已经发生的事情,我们当然也无法知道将来会发生什么。正如伯纳德·巴鲁赫(Bernard Baruch)所评论的,任何未来能有 55% 胜算的人都能够在股市中发财致富。我们当中有多少人可以呢? 让我们再来看一下酸雨问题。在第 8 章(8.1 节)中,我提出了功利主义的核算模型。在进一步论述时我只是选择了一些数字,因为在这方面我没有特殊的专门知识,而且我只是为了说明功利主义的方法。然而,令人不安的真相是,专家们的看法也好不到哪儿去。比如说,我们如何能够知道,是否能找到富硫煤的一种重要的替代用法? 洗涤塔政策假定了这种煤在低价水平上的持续获取。使用洗涤塔是为了在没有与酸雨相关的外部性影响下,继续利用这些煤。但是,如果发现了这种煤的替代性使用,竞争将使煤价变得如此之高,从而在使用上不再经济。那么,安装洗涤塔就将是没有理由的。

如果这显得牵强,那么考虑一下 1970 年与 1980 年的油价。假如是那样的话,政局变化而非技术进步就成为这种变化的原因。无论如何,这种变化让很多人感到出其不意。但人们很快就习惯了这一点。银行家们假定石油的价格会继续上升直至 45 美元一桶,他们借给墨西哥 400 亿美元。金融专家们大错特错了。现在价格低于 20 美元一桶。结果就是,墨西哥为偿还债务而日益陷入贫困之中。但是,谁又会知道呢,本书到达读者手中时,油价可能会更高。

在很多可能影响幸福水平的变量中,与实行洗涤塔政策相随的含硫煤的价格仅仅是其中之一。很多其他此类变量也同样受制于无法预测的变化。

不确定因素在环境领域中比在其他大部分领域中要更多。生态学的首要定律是,"事不孤起"。此项声明彰显出那种对环境运动而言根本的洞察力,即很多重要的环境因素尚未被认识。这些因素与其他因素在如此多复杂的途径中互动,以至于对环境的任何干预都无法准确预测其后果。孤立地看问题终究会失败,因为未被认识的因素会产生意想不到且通常令人讨厌的结果。功利主义核算在此情况下几乎毫无助益。在某一政策的效果不能被决定时,这一政策所产生的利益及负担是无法核算的。

黑尔承认了进行功利主义精确核算的困难。他甚至承认,只有类似于天使长的人才可能真正准确地进行这类核算。

> 当给他提供一种虚构情境时,他将能够立即检测出其中全部的特性,包括替代行为的后果,并构造出一种普遍原理……人类中间所存在的偏爱自我的弱点不复存在,他将遵循这一原理,如果该原理吩咐他如此行动。[34]

这是超人的品性。如果它们对准确地利用功利主义核算来说是必需的话,功利主义似乎就未能向人类提供一种人类可以利用的判定何为正确以及何为公正的方法。黑尔仍然坚持人们可以使用这一方法,但是这与他对该方法必要条件的描述很难协调。

更为重要的是,当人们企图进行功利主义核算时,其努力不仅以他们

(已然提及的)在预测结果上的无能为力为特征,也以其成见为特征。比如说在 1984 年时,遭受酸雨影响的各州代表们宣称,是采取行动治治这个问题的时候了。加拿大的代表们认为,他们的知识状态足以证明所采取行动的正当性了。相反,关心中西部工业各州的经济复苏的里根总统坚持认为,在完成更多的研究工作以前,应当推迟这一行动。这似乎是这样一种情况,一个政治家只是因为政治原因就无视近在手边的最佳科学证据。但是在 1984 年时,研究此问题的科学家们出具了一份报告,证明总统的决定具有某种科学的合理性,并且认为,事情不像其他科学家们所设想的那么严重。[35] 猜一下这些科学家们在哪里工作? 如果你能猜出他们大多数在中西部的大学中工作,那么,你有可能具备了将功利主义核算运用在政治这一大有可为的生涯中所必需的天赋才能了。

与核能产业相关的核算,同样也表明了成见的存在。正如我们业已了解到的那样,核能的反对者们所估计的因低水平核能辐射而带来的健康危险,比官方科学家们所设想的要严重上万倍。[36] 私人保险公司对堆芯熔化发生的可能进行的评估,比政府评估高出 1 000 倍之多。[37] 所有这些都表明,完成功利主义核算有点类似于看手相、占卜、读星相图。人们询问他们所关心的事情,答案通常与他们想得到与所期望的近似。整个过程的不严密性,显示了核算结果的暧昧与含糊,它可以随心所欲地被解释。

§9.9　结论

立法者与决策者们不可能将功利主义理论当成唯一的环境正义标准。即使有些案例由于其牵强而不被考虑(9.2 节与 9.3 节),但现实情况显露出的却是,功利主义似乎要求采纳很多人们无法接受的政策。这些政策被认为是不公正的,因为它们导向不平等,并且侵犯了人权(9.4

节)。功利主义的目的也已处于攻击之下。当许多偏好是人为的和非理性的时候,使幸福或偏好满足最大化似乎就不是一个完全值得称赞的目的(9.5 节)。特别是作为环境正义的仲裁者,功利主义是不合格的,因为它对环境的很多构成部分,如动植物物种、山峦、湖泊、河流以及土壤等都不予直接的关怀(9.6 节)。此外,当环境政策影响到人口数量的大小时,不管功利主义者们如何试图挽救局势,功利主义还是变得摇摆不定并且产生出荒谬的规定(9.7 节)。所有这些,都是听从功利主义能够被首先加以运用这样一种宽厚仁慈的假定所导致的结果。事实上,它却是不能被运用的,因为核算效用的任务对人类来说实在太复杂了(9.8 节)。

因此,还要继续探索可接受的环境正义论。但在开始第 11 章的探索之前,有必要考虑一下以成本效益分析著称的技法。这个技法对我们的研究相当重要,因为人们经常用它来做出环境决策。由于它与功利主义紧密相关,我们接下来就讨论这一问题。

注释:

[1] 15 单位舒适 × 1 000 000 = 15 000 000 单位舒适 ÷ 1 000 = 15 000 单位有益。
1 单位舒适 × 4 000 000 = 4 000 000 单位舒适 ÷ 1 000 = 4 000 单位有益。

[2] 3 单位舒适 × 5 000 000 = 15 000 000 单位舒适 ÷ 1 000 = 15 000 单位有益。

[3] 5 单位舒适 × 2 000 000 = 10 000 000 单位舒适 ÷ 1 000 = 10 000 单位有益。
2 单位舒适 × 3 000 000 = 6 000 000 单位舒适 ÷ 1 000 = 6 000 单位有益。

[4] 20 单位舒适 × 500 000 = 10 000 000 单位舒适 ÷ 1 000 = 10 000 单位有益。
2/3 单位舒适 × 4 500 000 = 3 000 000 单位舒适 ÷ 1 000 = 3 000 单位有益。

[5] R.M.Hare, "Justice and Equality", in James Sterba ed., *Justice: Alternative Political Perspective* (Belmont, CA: Wadsworth, 1980), pp.105—119.

[6] 见 R.M.Hare, *Moral Thinking: Its Levels, Method and Point* (Oxford: Oxford University Press, 1981), 第 2 章与第 3 章。

[7] 438 U.S.59.

[8] 438 U.S.59.

[9] 438 U.S.64.

[10] 438 U.S.83.

[11] K. S. Shrader-Frechette, *Nuclear Power and Public Policy* (Boston: D. Reidel, 1980), p.75.

[12] 42 U.S.C. 2210(e),引自 438 U.S.66—67。

〔13〕K.S.Shrader-Frechette(1980)，p.78，强调为原文所加。又见"Theoretical Possi-bilities and Consequences of Major Accidents in Large Nuclear Power Plants"，USAEC Report WASH-740，Government Printing Office，Washington，D.C.1957。

〔14〕42 U.S.C.2210(e).

〔15〕K. S. Shrader-Frechette，"Ethics and Energy"，in Tom Regan ed.，*Earthbound*(New York：Random House，1984)，p.120，and K.S.Shrader-Frechette(1980)，pp.83—85.

〔16〕438 U.S.83.

〔17〕438 U.S.84，"武断的"与"不合理的"在这个文本中是专门的法律术语，因此不要等同于常识意义上的"人为的"与"非理性的"特征。

〔18〕Lan Barbour，Harvey Brooks，Sanford Lakoff，and John Opie，*Energy and American Value*(Buffalo，N.Y.：Praeger Publishers，1982)，p.98。

〔19〕这是 Ivan Illich 的解释，*Deschooling Society*(New York：Perennial Library，1970)，p.58。

〔20〕见 Martha W.Elliot and Tom L.Beauchamp，"Marketing Infant Formula"，in Tom L. Beauchamp ed.，*Case Studies in Business*，*Society and Ethics*(Englewood Cliff，N.J.：Prentice Hall，1983)，221—233.类似案例参见 Earl A. Molander，"Abbott Laboratories Puts Restraints on Marketing Infant Formula in the Third World"，in Thomas Donaldson ed.，*Case Studies in Business Ethics*(Englewood Cliff，N. J.：Prentice Hall，1984)，pp.189—211。

〔21〕见 Alastair S.Gunn，"Preserving Rare Species"，in *Earthbound*，p.292。

〔22〕Peter Singer，*Animal Liberation*(New York：Avon Books，1975)，pp.248—249.

〔23〕在这一点上冲突证据的描述，参见 Robert E. Ricklefs，*Ecology*(New York：Chiron，1975)，pp.857—863。

〔24〕这件事的详细情况见 Eric Katz，"Utilitarianism and Preservation"，*Environmental Ethics* Vol.1，no.4(Winter，1979)，and John Rodman，"The Liberation of Nature?"，*Inquiry* Vol.20，no.1(Spring，1979)。

〔25〕这一章的主要观点出现在我的论文"Ethics, Energy Policy and Future Generation"，*Environmental Ethics* Vol.5，no. 4(Fall，1983)，特别参考 pp.197—200。

〔26〕以下讨论的一般功利主义方法由 Jan Narveson 提出，"Utilitarianism and New Generations"，in *Mind*(1967)：62—72.我使用了 Narveson 的术语，但是更加深入的观点见 Peter Singer，"A Utilitarian Population Principle"，in Michael D. Bayles ed.，*Ethics and Population*(Cambridge，Mass：Schenkman Publishing Co.，1976)，pp.81—89。

〔27〕Singer(1976)，p.89.

〔28〕Singer(1976)，pp.85—89.

〔29〕Amory Lovins，*Least-Cost Energy*(Andover，Mass.：Brick House Publishing Co.，1982)，Chapter 2 and pp.99—102.

〔30〕Amory Lovins，*Soft Energy Paths*(New York：Harper and Row，1977)，pp.105—114.

〔31〕Shrader-Frechette(1980)，p.26.

〔32〕Shrader-Frechette(1980)，p.80.

〔33〕Hugo Adam Bedau and Chester M. Pierce，eds.，*Capital Punishment in the United States*(New York：AMS Press，1975)，Part 5.

〔34〕Hare(1981)，p.44.

〔35〕关于酸雨的冲突证据的一般陈述，见 C. E. Reimer and J. W. Miller，"Acid Rain Unproved Threat or Deadly Fact"，*Good Housekeeping* 198：236（July，1984）；W. M. Brown，"Maybe Acid Rain Isn't the Villain"，*Fortune*，109：170—2（May 28，1984）；以及 R. A. Taylor "The Plague That's Killing America's Trees"，*U.S. News and World Report* 96：58—9（April 23，1984）。

〔36〕Shrader-Frechette(1980)，p.26.

〔37〕Shrader-Frechette(1980)，p.80.

第 10 章　成本效益分析的特征与局限

§10.1　引言

　　这一章包括对成本效益分析（cost-benefit analysis，CBA）的探讨。成本效益分析不是一种正义论，而是一种决策方法。此处考虑它出于两个理由。第一，有些人求助于成本效益分析，仿佛它可以作为公共政策决策的唯一指南。这些人采纳这一方法，就如同它全然是一种正义论一般。某些关心环境质量的计划者就属于这一部分人。第二，即使成本效益分析不是一种正义论，它也预设或依赖于正义论。它还依赖于效率理论，更为重要的是，它依赖于功利主义理论。既然我们已经讨论过功利主义，在此讨论成本效益分析以及它与功利主义学说的关系就非常恰当了。

　　我的论述始于指出，在与环境质量相关的决策中，法律授权要求或暗示使用成本效益分析。然后，通过把它与效率理论以及功利主义理论进行比较和对照，我对成本效益分析的特征进行了探讨。我进行了一个蹩脚的尝试，以表明成本效益分析包含了两个理论中最好的部分，也就是说，包含了这些理论中每个理论的长处，却不具备任何一个理论的缺陷。这种尝试之所以是蹩脚的，是因为我假定读者都老练而不易愚弄。热诚"推销"成本效益分析的努力，有点像尽力向某个双腿陷在沼泽中的人推销一片开阔的佛罗里达沼泽地以作为他的住宅用地一样。因此，本章大部分篇幅致力于表明，成本效益分析分享了效率理论的一个主要缺陷以及所有严重削弱功利主义的五个重大缺陷。实际上，成本效益分析在绝大多数方面都比功利主义更远为糟糕。最后，成本效益分析与成本效率分析（cost-effectiveness analysis，CEA）进行了对比。与成本效益分析不同,成本效率分析的有限使用有时是正当的。

§10.2 成本效益分析使用的法律授权

国会已经颁布了几部促进总体目标达成的法令。这些法令要求那些为达成这些目标而获得授权的政府机构要考虑到某些确定的因素。在大多数情况下,成本效益分析不是被单独挑选出来作为衡量相关因素这一过程中的分析方法,但是政府机构可能会使用,或者要求别人使用成本效益分析。[1] 比如说,1969 年的《国家环境政策法》就要求,一项环境影响报告(EIS)应当在美国环保署(EPA)登记备案,因为所有"重要的联邦政府行动都会显著地影响人类环境的质量"[2]。美国环保署并不要求一项环境影响报告采用成本效益分析,但它也不禁止其使用。

事实上,美国核管理委员会(NCR)经常采用成本效益分析。一个突出表明这一点的条例是 1974 年的《太阳能研究、开发与示范法》[3],它要求运用成本效益分析来论证一个提议中的太阳能开发项目的成效。政府的决策者们在运用成本效益分析方面也受到美国总统的行政命令的影响。[4] 福特总统的 11821 号行政命令,指示[5]行政管理与预算局(OMB)考察"所有来源于政府行政分支的主要立法提议、条例与规则",以确定它们的通货膨胀影响。福特第 11949 号行政命令[6]修正了早期命令,并要求(联邦行政机构的)所有重要法规制定提议都要伴以通货膨胀影响报告(IIS)。行政管理与预算局为这些通货膨胀影响报告预先准备的指导方针中,建议采用成本效益分析。

亦欲控制通货膨胀的卡特总统发布了 12044 号行政命令。[7] 据猜测是为了抑制成本效益分析的运用。不管是这一行政命令还是与之执行相关的行政管理与预算局备忘录中,都没有采用"成本""效益"或"成本效益分析"之类的术语。他们使用的是"负担""收益"或"总体经济影响"这一类词语。但是,术语上的改变并不能改变这一事实,即行政管理与预算部门指导方针中的要求,仍然是基于成本效益分析。

最终在 1981 年 2 月 19 日,里根总统发布 12291 号行政命令,要求所有行政部门与机构采用成本效益分析以便为每项重要的新条例提供依据。[8]成本效益分析必须表明,所建议的条例其效益超过其成本。由行政管理与预算局负责对这些成本效益分析进行复审。[9]

总之,无论是关于核能、太阳能或是环境保护的提议,一般都有一项授权,有时是一种要求,即该提议应为成本效益分析所支持。因此,有必要探究成本效益分析与环境正义之间的关系。我首先将成本效益分析与功利主义及效率理论联系起来。

§10.3 成本效益分析与功利主义

最为简洁地说,成本效益分析就是分析可供选择的做法,以测定彼此的成本与效益,这样就可以识别出净利益最大的做法。成本效益分析因此有些类似于功利主义,它(至少偶尔)也要求通过核算用以识别出可资利用的一种使净效益最大化的方案。那么,这两者如何区分呢?

功利主义被其支持者认为可以为人们提供生活所需的一切指导。它被用作唯一的、终极的决定对与错的标准。相反,成本效益分析有时被它的提倡者仅仅当作一种中性的分析工具。它仅仅用来识别可以产生最大净效益的活动程序。这个分析并不包括如下规定,即应当选择产生最大净效益的活动。事实上,许多成本效益分析的提倡者承认,相关的伦理关怀有时可能对成本效益分析认为是最可取行动的实现产生阻挠。在这些情况中,成本效益分析的结果可能会被合理地驳回,以支持在其他基础上建议的方法。

成本效益分析与功利主义的差异暂时可以被忽略。我们一直在思考与环境正义相关的每一种决策理论或方法,且假定没有其他理论的限定和妨碍情况下分别去单独地运用它们。因此,我们考虑了唯独依赖私有财产交易带来的后果(第 4 章与第 5 章);唯独依赖人权的后果(第 6 章),唯独依赖所有生活主体的权利的后果(第 7 章),以及唯独依赖功利主义的后果(第 8 章和第 9 章)。同样,我们将在这里考虑的,是唯独依赖成本效益分析来制定影响环境的决策之后果。之后将考虑一下一种多元化的理论,它允许一种理论所凸显的考虑因素为另一个理论所凸显的考虑因素所限制。

成本效益分析方法在某些方面类似于效率理论,比如说,如果政府考虑要在一条河流上筑坝以防洪或用于水力发电,效益将包括那些由所发电力的销售带来的收入,与水坝造成的湖泊相关的娱乐活动收入,以及因更强大的抗洪保护措施而带来的财产增值。成本将包括湖水淹没地区的土地价值以及修造和维护水坝的花费等。

成本效益分析强调货币价值,比起功利主义聚焦于幸福或偏好满足来说,这或许被认为是一大进步。我们在前一章(9.8 节)了解到,关于幸福或偏好满足的准确预测几近于不可能。相反,商业活动中却一直使用货币来预测成本和效益。这些预测并非绝对可靠,但显然能够以某种合理程度的准确性做出预测。反之,如果不是这样,私营企业的长期规划就将不可能,而事实上,预测是再平常不过的而且通常十分成功。因此,成本效益分析对货币价值的专注,可能比功利主义集中于幸福或偏好满足更胜一筹。功利主义存在的一个相关问题涉及效用的人际比较。这一点也可以通过货币而非幸福的核算来加以避免。因为我没有在第 9 章中论述这个问题,在表明成本效益分析如何避免它之前,我将简要地把它解释一下。

为了确定一项政策的净效用,功利主义者必须决定受影响个体的"有益"与"可怕"。比如说,要确定砍光加利福尼亚某个地区的红杉这一决定的净效用,将会要求给那些受益于此决定或者支持它的人所体验到的"有益"赋值,同时还要给那些反对该决定的人所体验到的"可怕"赋值。所有的"有益"相互间必须相等,正如(在相反的方向上)每个"可怕"都必须含有相同价值一样。换句话说,效用必须在人与人之间进行测量。我们必须能够确定,约翰对红杉的消失所产生的失望,相当于玛丽因这片土地的商业和住宅开发所增加的实用性而体验到的幸福的两倍(或者某个其他的比例)。但是,我们无法知晓他人的心,也无法量度其幸福或偏好满足。

问题不仅仅在于对未来幸福与不幸的预测十分困难,也不仅在于存在太多无法完全理解的互动变量。这一点在 9.8 节中和这一章的前面部分已经作出说明。这里的问题是,幸福与满足是心理状态,从原则上讲,它们是难以进行直接观察的。对不同人士当前的幸福或偏好满足水平进行直接观察与比较是不可能的。间接途径就是必需的。但是,对于任何间接测定幸福与偏好满足的方法,我们何曾能核实其准确性呢?比如说,人们可以告诉我们他们如何幸福与不幸,但我们如何知道某人真诚的"我实在心烦"与另一个人坦诚的"我实在心烦"这二者在不幸的数量上是相等的呢?有可能的是,某个人使用这个句子只是反映一单位的令人觉得不幸的"可怕",而对另一个人来说却反映三单位的"可怕"。既然我们不曾直接觉察到不同个体的不幸,我们也永远无法辨别出来这种差异。这一点同样也适用于间接地测量或比较不同人的效用的其他方法。总而言之,功利主义者所关心的是,在所有受行为影响的人们之中将某些内在心理状态最大化,另一些则最小化。结果就是,他们永远无法知道该做什么。他人在任何给定时间的内在心理状态,都与未来一样无法预测,因为外在的观察难以触及。这也许是功利主义理论的另一严峻问题。

我说这可能是另一严峻问题,乃是因为业已有许多绝妙的构想试图摆脱这一困境,而且我也不打算说,所有这些尝试都已经失败。[10]尽管如此,成本效益分析还是有一个优点,它一开始就抛弃了与幸福和偏好满足相系的目标,从而一道避免了此类问题。成本效益分析的目标不是无法加以外在观察的某种心理状态的最大化,而是社会资产的最大化,这是通过人们对物品的支付意愿来衡量的。将之与私营企业再次进行比较,是再合适不过的了。一般来说,自由贸易环境中的私营企业会努力制造出具有最多货币价值的产品或服务。由于资源有限,所以需要效率的最大化。在这两种情况下,目标的达成是由货物的货币价值来测定的,或者换句话说,是通过人们对某物的支付意愿达成的。支付意愿是可以公开观察到的。比如说,一个人比另一个人愿意付更多的钱买一辆自行车,而这是很容易观察到的。通过拍卖自行车就能以合理的准确性决定数额上的差别。这里也不存在进行人际比较的困难。通过集中于货币价值,成本效益分析避开了困扰功利主义的难题。

§10.4　成本效益分析与效率理论

迄今为止,我坚持认为,成本效益分析与功利主义一样,包含有对那些使净利益最大化的政策与行为的识别。它将利益等同于货币价值的增长,将负担等同于货币价值的下降,从而与功利主义区别开来。对功利主义来说,利益是幸福或偏好的满足,负担是不幸或欲望的落空。就是在这一点上与功利主义意见的不同,成本效益分析从而避免了一些困扰功利主义的难题。这些难题涉及利益与负担的预测及其人际之间的比较。

在这一节中,我将对成本效益分析与效率理论做出比较。这二者明显具有相似性。正如已提及的那样,这两者都通过人们的支付意愿来衡量利益与负担,都要求对最有效的政策与行为加以识别,以便有限的资源能被用来产出最大的净利益。第 5 章介绍的效率理论,为单独利用私有财产权来解决所有环境正义问题提供了一种正当化说明,但这一理由是不足的。问题在于,由于人们仅仅关心私有财产,从而大大忽略了公共物品的供应与保持。很多环境因素,比如洁净的空气、未被污染的地下水资源(称为蓄水层)以及地球的臭氧层,都是公共物品。因为不是属于任何人的私有财产,公共物品可能就会因未让那些负责任者分担货币成本而被耗尽或破坏。因此,那些为此负责者缺乏保存这些环境资源的货币报酬激励。换言之,从私有财产的角度来看,重要环境资源的消耗与破坏往往产生出某种外部性。

仅仅依靠私有财产所有者的自愿交易来解决所有环境问题,效率理论的这一合法化方式不攻自破。它表明这一策略是无效的。有价值的环境资源可能会被浪费,或是被无效率地使用。然而,这并不意味着效率理论的最终目标有什么错误。它的目标是效率,即从一指定的资源基础中获得最大的利益。成本效益分析的拥护者们接受了此目的并且坚持认为,成本效益分析恰恰是在外部性这一问题上与私有财产观点分道扬镳。从成本效益分析的观点来看,不存在外部性,因为任何事物对于分析而言都不是外在的。比如说,如果空气因为使用富硫煤的使用而遭到污染,就会被统计为一项成本,即使它可能不是一项促使污染的公司必须从其私营收入中扣除的成本。这项成本对私营企业而言是外在的,但对使用成本效益分析的经济学家来说并不外在。米山(E.J.Mishan)有此言:

> 经济学家不是询问企业主是否通过公司从事某项而非另一项活动而变得更有余裕,而是询问作为一个整体的社会是否通过接受这种而不是其他任何一种替代的方案而境况更佳。[11]

因而像功利主义那样,成本效益分析在全面考虑的基础上促使最大善的实现。

总之,成本效益分析接纳了功利主义的普遍关切,从而克服了效率理论中的某些缺陷,效率理论对人们支付意愿的专注克服了功利主义的某些缺点。所以说,成本效益分析似乎合并了两者的优点。当然,任何从头开始阅读本书的人都知道,成本效益分析肯定存在一些严重问题,就如我们知道的那样,在一部电影大片的头三十分钟里,男孩与女孩相遇、坠入爱河并且成婚,但麻烦事肯定会接踵而至。电影情节还有很多。就当前而言,本书也还剩下很多章节。那么,让我们来探索一下成本效益分析的诸种麻烦事。

§10.5　成本效益分析与不公正

成本效益分析据称可以识别出对社会产生最大净利益的政策。正如我们已经提及到的那样(10.3 节),在此方面它与功利主义相仿。但功利主义理论因易于造成分配上的不公正而遭致批评(9.4 节)。比如说,任由某些人被暴露于某一核电厂的某种灾难的威胁之下,以便其他人能够享用更廉价的电力。某些成本效益分析的支持者业已诉诸帕累托标准(the Pareto Criterion),以期避免人们指控其方法易于产生如此不公正的后果。[12]根据该标准,只有那些至少有益于一个人而无害于任何人的政策才是可以接受的。既然没有一人的境况会因这个政策而变得糟糕,那么,如果这个政策被采纳,也不会有人有任何依据抱怨它。既然至少有一人的境况会更佳,那么,就有很好的理由采纳该政策。因此,当成本效益分析受到帕累托标准的限制时,控诉功利主义对不合理政策的支持这一反对理由,就是无足轻重的了。

不幸的是,帕累托标准过于严格而实际上不可行,如果成本效益分析受此原理的限制,它将会几为无用。

很少有政策不建议把一些成本施加给部分社会成员。比如说,一项控制污染的政策,会减少那些认为污染要比控制废弃物更有利可图的人的收入与福利。帕累托标准并没有被经济学家广泛地接受为政策指南。而且它在被称为"主流"的环境经济学中也无足轻重。[13]

除了使用帕累托标准,经济学家们还使用卡尔多—希克斯原理(the Kaldor-Hicks Principle)。[14]根据该原理,只要对于那些从某一政策中获利的人来说,充分赔偿那些遭受损失的人是可能的,那么该项将成本施加给某些人的政策就是可以接受的。有时这被称为净效益方法,因为只要一项政策比现状具有更大的净效益,对那些从此政策中获利的人而言,充分补偿那些遭受损失的人(在原则上)就是可能的。根据卡尔多—希克斯原理,无论获利者是否真正赔偿损失者,都无关紧要。他们可能有充足的理由那样做。因此,比如说,如果从核电厂所获得的利益比损失要多,那么促成核电厂开发的政策就是公正的。此政策会不会伤害那些住在工厂附近的人们是无关紧要的,这些人甚至可能得不到赔偿也不要紧。根据卡尔多—希克斯原理,由于存在净效益,因而充分赔偿是可能的,所以这个政策是公正的。因而不足为奇的是,广泛采用成本效益分析的核管理委员会,"缺乏将分担方面的考虑纳入成本效益许可的决定中去的标准,尽管对于那些居住在电厂附近或是诸如儿童与孕妇这样一些尤其易于受到辐射的人们来说,辐射存在着更严重影响"[15]。简而言之,当成本效益分析与卡尔多—希克斯原理结合在一起时,它同样支持了功利主义所认可的分配不公。在这一点上,成本效益分析与功利主义一样糟糕。

而在其他领域则更加糟糕。由于成本效益分析用人们的支付意愿取代了效用,因而与功利主义相比,成本效益分析更加支持了利益与负担的分配不公。它在这一方面类似于效率理论。但是,富人比穷人有更多钱可花。根据人们的支付意愿而得到衡量的用于净社会效益最大化的政策,将会导致更多利益向富人而非穷人的倾斜。这就好比是有这样一次选举,选举的"一人一票"规则为"一元一票"的规则所取代。在这种体制之下,富人比穷人拥有了更多的表决权。我们通常认为,在政治决策中的这样一种体制是不公正且令人无法接受的。

在所谓自由市场的私人交易领域中,我们的确认可了货币影响的直接相关性。我们允许每个富人比每个穷人在决策上有更大的影响力,比如说,涉及什么种类的汽车、爆米花机以及蓝色牛仔裤将会被生产与消费这些方面。我们认为这些决定影响了大部分自愿参与相关的个人交易的人们。这就是为什么我们称这些交易为"私人的"。因为它们主要是那些愿意花费时间、精力和金钱的人的私人事务,我们相信它们将会为这些人所左右。

然而,公共领域中的决策却有所不同。这一领域中的决策如果不平等的话,会极大地影响到每一个人,因而人人都应该有发言权。这一特征可以通过汽车购买的考虑因素来加以说明。在很大程度上,汽车的颜色与型号会首先影响制造商与消费者。因而关于颜色与型号的决定,大部分是由那些愿意花费时间、精力和金钱的私人决定的。这就是"一元一票"。但是,汽车尾气中的废气导致的空气污染,却影响着汽车所到的广阔地理区域内的每个人。洁净的空气是一项公共物品,污染的空气是一项公害。因此,关于容许污染类型和程度的决定,准确地讲属于政治决策。在政治中,我们通常认为"一人一票"应当取代"一元一票"。准许人们购买额外的投票权,在一个民主社会中被认为是极端不公正的。然而,它却正是成本效益分析所要求的。人们的偏好要根据他们愿意在某个问题上花多少钱来衡量。

总之,从民主的角度看,政治不公正在成本效益分析中是固有的。成本效益分析之所以是必需的,那是因为当公共物品成为有待解决的问题时,专门依赖于私有财产的交易会造成无效率(5.5—5.7 节与 10.4 节)。效率就要求关于公共利益的决策应当公共地(在政策上)而非私人地加以决定。民主理想要求公共决策给予每个人而不是财富以同等的尊重。买卖投票权令人悲痛，因为它相当于对财富而不是对人给予同等尊重。然而，通过公民的支付意愿来测定利益与负担，恰恰使成本效益分析陷入这种不公正之中。

为免让读者认为这种不公正的结果琐屑而不重要，敬请考虑一下汽车尾气污染这一情况。

穷人，尤其是黑人，要比富有的白人更多地暴露于污染的空气中。财富的一大优势就在于，它使其拥有者可以购买保护装置而免受诸如空气污染之类的环境危害。富人可以住在最好的郊区，驾驶有空调的汽车，等等。因此，城市中心的空气质量改善更直接地影响到穷人与黑人，而不是富人。[16]

因此，穷人们就会从空气污染的降低中受益最多。

这些利益并非微不足道。"空气污染与呼吸道疾病（二者在低收入家庭中的高发病率）的相互关联性已经得到充分的证明。"[17]该处的利益在于健康生命延续前景的改善。没有什么比这更重要了。然而，穷人不愿意像富人一样支付那么多的钱去减轻污染。[18]这几乎一点也不奇怪。穷人不得不用大部分收入购买亟需的生活用品，如食品、衣物以及住房。洁净的空气也是必要的，但没有如此紧迫，因而它被给予了较低的优先权。穷人不愿意为它做出太多的支付。正因为他们只愿意做出相对较低的支付，所以成本效益分析可能会被用来支持这样的政策，即对于汽车废气以及一些不利影响主要集结于穷人那里的其他形式的污染，几乎不予重视。[19]结果将会是，与人们的财富或是收入相比，公共政策赋予人们的生命与健康更低的价值。这显然是不公正的。如果一个政府有必要做些什么，它就应该给予其公民的生命同样的保护，而无需顾及收入水平。

但当成本效益分析被有意地加以运用时,它就产生了违背基本正义原理的结果,因为成本效益分析这一公共决策形式把金钱而不是公民本身视为平等的。

在此应不足为奇的是,成本效益分析对于环境中人类之外的组成部分的对待,要比对待穷人更恶劣。它们可能展现不出一点儿支付意愿。仅就人类(用金钱)展示出一种对它们的保存进行支付的意愿而言,它们才被赋予了价值。我在前面的章节(9.6 节)中(我认为)令人信服地表明,功利主义理论之所以无法为人们接受,乃是因为它只是给予有感觉的生物、人类个体以及许多人类以外的动物个体直接关怀。对于动植物物种和个体、河流、土壤、海洋、湖泊,则不给予直接的关怀。成本效益分析则更为糟糕,它甚至也免除了对人类之外的动物个体的直接关怀。所有人类之外的环境要素都处于人类的掌控之下,且其未来为人们偏爱的消费模式所决定。这显然与环境正义背道而驰。成本效益分析允许物种灭绝、荒野保护区的消失、湖泊河流的污染,以及人们在制造那些有钱人愿意购买的产品过程中所造成的任何其他形式的环境退化。

前述分析的结果之一就是,成本效益分析与功利主义的提倡者们陷入了困境。如果就如同在成本效益分析中一样,利益是以人们的支付意愿来测定的,那么,那些对富人和穷人的基本福利不给予同等重要性的公共政策将被发现是最好的。这一点与政治正义的基本观念相抵触。此外,也将不存在对有感觉的非人类动物的动物福利的直接关怀。相反,如果利益可以像功利主义中那样与善的体验相同一的话,这些缺陷大都可以被克服。于是,动物之善的体验就会与人的善的体验一样被同等对待,公民的利益就不会因收入差别而得不到同等关注。但是,我们无法做出对"有益"和"可怕"的人际(更不用说种际)比较(见 10.3 节前面部分)。因此,我们永远无法知道不同的可选择项的净效益。我们不能决定净效益,也是因为未来难以预测(9.8 节和 10.3 节)。因此,正如功利主义(有时)必须要做的那样,我们无法断定可选择项中哪一个会产生最好的净效益。困境因而就是,不管是通过人们的支付意愿来衡量,还是依照他们的内在体验来衡量,事情怎么做都行不通。

§10.6 不可靠性:影子价格与贴现率

成本效益分析的提议者声称,可靠性是成本效益分析相对于功利主义的优势之一。公民支付意愿的核算结果与无法观察的"有益"的努力核算相比,要更为可信(见10.3节)。然而,成本效益分析的使用史却证明了这一宣言的虚假性。比如说,考虑一下1960年由陆军工程兵团进行的臭名昭著的托科岛筑坝研究。[20]该研究建议在费城北部75英里的特拉华河上建造一个水坝。此举的最大利益被设想成休闲娱乐。水坝会形成一个带有湖滩的湖泊,每年最终会吸引1 000万的游客。但是,将所有人带到湖边去所需的交通设施的成本,并未被核算进成本效益分析中。这并不是一个小的疏忽。进出的公路会比建造水坝本身花费更多费用,更不必提及为低收入群体准备的公共交通了。防洪有望占到效益的11%,但是对防洪的替代方案却不予考虑,比如说,在后来的研究中被证明更划算的漫滩分区制。对环境成本也不予考虑,比如说,对风景优美的河谷的破坏。对这样一些事实也未能考虑,即在没有建立额外的上游污水处理的情况下,湖泊的娱乐利用将会受到疯长的水藻的严重制约。额外的污水处理费用也没有被包含在研究之中。成本效益分析严重地搅浑一池清水,在特拉华河域盆地委员会(DRBC)最终于1975年否决此方案之前,15年间为此而进行了50项研究。

无独有偶。由成本效益分析进行的跨佛罗里达驳船运河(CFBC)研究中,一条自由流淌的河流所固有的利益损失仍旧在核算中被忽略了。在佛罗里达案例中,独立经济学家坚持认为,田纳西—汤比格比运河与伊利诺伊奥尔顿的密西西比河上的第 26 号水闸和水坝在陆军工程兵团的过高评价下,其驳船运输的承运效益极大地膨胀起来。[21]

这里的问题类似于更早时候(9.8 节)提到的有关功利主义核算的问题:它们易于受到政治的操控。这些兵团从建筑承包商、建筑业协会以及房地产开发者那里接受政治援助。国会成员在自己的辖区内谋求联邦基金的支出,并将以赞成对其他行政区的计划给予资金的方式来换得自己项目的批准。这两个案例中的方案都没有得到仔细审查。

在这一点上,读者可能发现,前述部分并不真正构成对成本效益分析的反对。它仅仅是一项对误用或滥用成本效益分析的反对。无疑的是,若进行轻率地或者欺骗性地使用,任何环境正义论都不会产生令人满意的结果。因此,成本效益分析的轻率或欺骗性使用所带来的不能接受的结果,也不应当看作是对成本效益分析构成的一项反对理由。

这种回应有一些价值。一种理论或方法应当因其所用而被判断,而不是由它的滥用来判断。但就成本效益分析而言,这种区别不太容易维持。毕竟花了 15 年的时间才最终决定,兵团之前的研究是成本效益分析的滥用而不是正常运用。对田纳西州、佛罗里达州以及伊利诺伊州中当前一些项目而言,其提议者继续支持兵团的最初研究。

对成本效益分析方法的正常运用与滥用的区分,为什么会如此困难呢? 原因之一是未来的不确定性。没有人真正知道一条运河完工后驳船承运量有多大,因而范围较大的预测必须被承认为可以接受的。当一方案的合理性依赖某人在这一范围内所欣然接受的特定预测时,这就具有了决定意义。成本效益分析与功利主义在这一点上是一丘之貉。

更深的问题在于成本效益分析对通过人们的支付意愿来测定效益的

尊奉。对于那些在市场上买卖的效益来说,这可能相当有效。像下面这些事物,如电力与不动产,它们在市场上博得的价格可以等同于人们愿意为之支付的货币数量。但很多重要的环境要素,像洁净的空气以及自由奔淌的河流,是不能用这种方式来评估的,因为不存在可以买卖它们的市场。因而,人们为它们支付的意愿应当间接地由人们的一言一行来推测。通过这些推测做出评估的过程称为影子定价(shadow pricing)。对于成本效益分析而言,难题产生了。因为任何给定的影子价格在准确性上,几乎总是出现严重问题。这致使彻底的成本效益分析变得不可靠。

比如说,考虑一下确定一条人命的价值的尝试。通过考虑人们的预期收入、实际上促使他们接受有风险的职业的工资差别、支付人寿保险的意愿以及应付生活中的大灾小难的资金这类假设性问题的回应,影子价格业已确立下来。当实际的工资差别被加以采用时,人类生命的估值就被定为从 136 000 美元到 2 600 000 美元不等。进而,同样方法可以产生出其变化达到一个数量级(10 倍)的不同结果。当使用问询假设性问题的方法时,事情更为糟糕。估价从 28 000 美元到 5 000 000 美元不等,这已经多于两个数量级(100 倍)了。[22]

任何包含使人类生命处于风险之中的某些重大因素的成本效益分析,必须赋予人的生命一定的货币价值。既然人们可以选择的金额偏离得如此之多,分析者事实上可以通过人们选择的金钱价值来确定研究结果。许多环境决策都涉及某项不可忽略的环境风险因素,无论是暴露于放射物,暴露于有毒废弃物,或者暴露于不纯净的空气和被污染的水源之下,不胜枚举。因此,既然成本效益分析无法提供它宣称要使用的客观的美元价值,在所有情况下,它就不可避免地受到政治和其他因素的影响。而且,问题还不只是在于人类的生命。这一问题是影子定价的使用中所特有的。物种灭绝或者野生自然保护区的消失,依照美元来衡量,究竟有多糟糕呢? 这里,评估显然也可以大相径庭。它完全依赖于你在问谁,你是怎么问的。

　　人们所采纳的贴现率（discount rate）*是另一个潜在的"胡说八道"因素。我首先解释一下贴现率的本质及其重要性。

　　由于成本效益分析要求所有价值都通过货币形式表现出来，未来必须以银行家们所熟知的种种方式加以应对。未来的成本与效益由一种称为贴现率的年利率来贴现。一般来说，一项未来利益的当前货币价值，就是为了得到将来的相关利益而不得不在现有贴现率下所施加的投资额度。比如说，以 10％的贴现率，明年值 10 000 美元的车今年值 9 100 美元（这个数额是人们在 10％的贴现率下，为拥有明年价值为 10 000 美元的车所必须投资的）。在其他各点都相同的情况下，较低的贴现率导致一种对将来会实现的收益的更高估价。比如说，在 5％的贴现率上，从现在起一年以内价值 10 000 美元的车现在值 9 500 美元（而不只是 9 100 美元），因为当利率仅仅是 5％时，个人必须投资多于 9 500 美元（而不仅仅是 9 100 美元），以在一年内使该收益达到 10 000 美元。

　　在经济界，没有任何一种特别的贴现率业已获得普遍的接受。"当前，经济学家们所信奉的贴现率，在因通货膨胀而矫正以后，会有 10％那么高（美国预算管理局所使用的贴现率，受到很多批判），或者有 0 那么低，或者为负……"[23]

　　对贴现率的选择会要紧地影响到成本效益分析的结果。比如说，考虑一个要清理堆满有毒废弃物的场所的方案。清理垃圾场所的成本几乎是现成的，而效益却并不如此。以严格的货币价值来论，效益就是节省那些如果不移走废弃物就会受到毒害的人的健康费用，以及免遭有毒化学品不良影响的工人生产率的提高。这些效益会绵延至多年。比如说，移除有毒废弃物会降低 20 年内的出生缺陷率，还将因此减少该时期出生的

　　---

　　* 贴现率乃是美国全国性货币政策的一项主要指标，是联邦储备局（Federal Reserve）向其会员银行所收取的贷款利率。——译者注

个人整个一生（随后的 70 年）的医疗费用。

那么，设想一下，以不变美元价值计算，垃圾被清理后的 50 年内将节约 1 000 000 美元。这些钱在今天价值多少呢？如果贴现率为 0，那么它值 1 000 000 美元。相反，如果贴现率为 10%，它的价值会少于 10 000 美元，少于原始价值的 1/10。既然没有特定的贴现率已然获得认可，那么，一个对清理有毒废弃物场所这一方案表示赞同的分析师会使用低贴现率（它对未来会被实现的利益赋予较高的货币价值），而一个对此表示不赞成的分析者会使用较高的贴现率。这里，又出现了另一个有说服力的"胡说八道"因素。

对于影子价格与贴现率种种难题的一种回应，是采用经济学家们所谓的敏感性分析（sensitivity analysis）。

依据这一方法，核算中最不确定的特性与假设，在可能赋值的阈限内一个接一个地被加以改变，每次变化都不一样。当某一独特的特性和假定被加以改变时，如果结论不发生变化，结论的可信度会增加。相反，如果基本结论对某一特性或假设是敏感的，那么，对特性获得更多了解的更深层次研究可能会尤其有价值。[24]

目的就在于，处理有关影子价格与贴现率的可疑假定，在某种意义上来说避免它们对成本效益核算的主宰。经由敏感性分析，核算结果据称会免受分析者个人偏爱的决定。

但是，这并非敏感性分析能够在现实中有望达成的。原因之一就是与影子价格以及贴现率相关的"可能赋值的阈限"。我们已经了解到，贴现率可以从 0 到 10% 不等，而且使用 0 贴现率在 50 年内可实现利益的当前价值，是使用 10% 贴现率的 100 倍。我们已经了解到，人类生命的价值指派，同样也呈现出多于两个数量级的变化。从这些宽泛阈限的一端到另一端的不同假定,都很有可能改变一个人的核算结果。"更深层次的研究"不太可能产生适时的解决方案,因为在这些事情上的争议,看来离结论还很远。更为糟糕的是,贴现率与影子价格在很多的成本效益分析中十分显眼,所以,关于这二者就不能仅仅视作理论问题而不予考虑。

敏感性分析的另一问题是它的规约,即"不确定的特性与假设"在"一个接一个地被加以改变"。如果敏感性分析的合理性在于,通过考虑全部阈限内可疑的假设对成本效益核算的影响来处理不确定性,那么,这些假设必定会在彼此的结合中变动不居。这些假设每次的变动都是另一个样的话,就将揭示不出因人们对不确定因素的不同假设所造成的整个价值的变动阈限。只有当每个可疑的假设被乘以所有其他假设的影响时,不同意见差别的真正阈限才会被揭示出来。对于很多成本效益分析的核算结果来说,在面对如此众多的输入变量时将保持不变,这几乎是不可能的。如果有任何结果仍然保持稳定不变,那么,它们可能是如此明显,以至于通过分析达到这些结果,就像设计一个机器人而仅仅是为了给面包抹黄油这一用途一样。

总之,当事实真正不确定时,正如它们通常所体现的那样,成本效益分析缺乏将结论从分析者偏爱的过度影响中释放出来的策略。成本效益分析用客观的数据掩盖了主观的偏好。

§ 10.7　未来人口

正如我们已经提到的,成本效益分析要求将未来利益贴现。在考虑到遥远未来的人类生命的利害关系时,这就产生出十分奇怪的结果。

对成本效益分析而言,所有成本与效益,包括人类生命在内,都以货币形式得到体现。成本效益分析让经济学家们可以比较社会财富的所有可行的用途,并且识别出最佳用途。货币价值是使每个社会规划得以与其他规划相比较的共同要素。因此,每一规划的每一种结果都必须以货币形式体现出来,包括受挽救的人类生命。那么,赋予人类生命以货币价值就是必须的。

之前,我们发现了与决定人类生命的货币价值相联系的一些难题。现在让我们假定,我们已经选择了一些数字,并且(为简易之故)所有人类生命都被认为具有同等的货币价值。

现在让我们考虑一下遥远的未来。在考虑长时段时,对于一项最终显现出来的未来效益(挽救了一个人的生命)而言,当其价值为当前价值的一半时,确定其必要的时间量就是有益的。这就是使该效益的当前价值倍增所需的时间。有人可能认为,既然价值倍增相当于价值增长100%,那么,倍增时间可以通过对于100的利率划分来决定。有人可能会认为,以5%的利率,美元价值上相对于投资额的翻倍需要20年时间,因为100是5的20倍。然而,此核算没有将复利纳入考虑之中。由于复利的影响,正常利率范围下的倍增时间是由分割利率72而不是100获得的。一项5%利率下的投资,仅仅需要14.4年的时间就可价值翻倍,而不是20年。因此,以5%的贴现率,10 000美元的现值在14.4年的时间内不被利用的话,就将变为5 000美元。在28.8年的时间中如果不被利用起来,它的现值将仅仅是2 500美元,因为在28.8年中,2 500美元的价值会翻一番,然后再翻一番。

于是,以5%的贴现率,今天的一个生命等值于14.4年后的两个生命,等值于28.8年后的4个生命,43.2年后的8个生命,57.6年后的16个生命,等等。从长远看来,递增效果显著。在489.6年中,比如说,价值递增已经发生了34次(当贴现率为5%时),这就使得今天的一条生命相当于160亿个生命。因此,从成本效益分析的观点看来,如果500年后的人口数量是120亿或160亿,今天一条生命的起始价值,就相当于从现在起的500年中所有人类生命的价值。换句话说,今天挽救一条生命的决策,即使引起整个人类的灭绝也是合理的。只要这个恶劣影响被拖延五百年,那么,此决策也是公正的。成本效益分析对于土壤和蓄水层以及核废料处理的可能看法,让人不寒而栗。

从这个角度考虑一下用核能发电而不是通过燃烧富硫煤的选择。燃烧富硫煤产生的酸性坠落物可能对人的健康非常有害。布鲁克海文国家实验室(Brookhaven National Laboratory)的一项研究表明,空中悬浮的硫酸盐可能对美国某些地区 5% 到 8% 的死亡负有责任。[25] 儿童比其他很多人更容易受到影响。如果使用核能替代火力发电厂可以挽救一个小孩的生命,成本效益分析会提议忽略核废料处理引发的对健康长远的不利影响,只要这些废料在 500 年中是安全的,它们的长远影响就不会压倒核电厂的现行效益,即使是灭绝人类物种。

在理论上,成本效益分析使所有的外部性内在化。现行政策对未来人口的影响与其他因素一起得到了分析。但是,所有价值都以货币形式体现出来,并与金融事务中的折现程序相结合,如此一来就产生出这样一种后果,即在理论上对 500 年后出生的人的生命和健康几乎全无考虑。贴现率更高时,仅仅 300 年或 200 年后出生的人的幸福,也将被忽略掉(因各种实际的目的)。成本效益分析似乎并不赋予未来人口以正义。

解决方法之一,是用成本效率分析替代成本效益分析。成本效率分析并不要求所有价值都以货币形式体现出来。成本以货币的形式测定,但是效益则以多年之中被挽救的生命、荒野保护区的保存、野生生命数量的增加等来测量。在其他各点都相同的情况下,最好的政策是成本对效益的最低比率的政策。

成本效率分析比成本效益分析有优势,它不用给人类生命和其他有价值的事物赋予货币价值,如(某些)荒野和动物物种,它们不能在市场上买卖,因此也没有市场价格。成本效率分析完全避免了在给这些事物分派影子价格时出现的问题。

看来,人类生命进行贴现计算最后导致的矛盾结果,似乎也可以通过成本效率分析避免。贴现应用于货币价值。既然在成本效率分析中,不用对人类生命赋予货币价值,人类生命也就不用贴现。

不幸的是,就成本效率分析而言非如此,在其他所有条件等同的情况下,根据成本效率分析,最好的政策措施就是以最低的成本得到最高的效益的政策。如果在未来所花的成本被加以贴现(因为它们属于货币价值),而它们在未来带来的效益并未加以贴现的话(因为那是一些人类生命或者生活质量得到调整改善的时间),于是,就成本效率分析来看,那些在将来花费成本且会带来效益的工程、项目等都会得到青睐。工程项目越是在遥远的日子得以实现,成本贴现就会越厉害,与此同时效益并未被贴现,于是,成本与效益的比例就会愈低。避免人们青睐于未来这样一种极端偏见的唯一方法,就是在货币成本贴现的同时,也对效益(人类生命或生活质量得到调整改善的时间)进行贴现。[26]于是,由于成本效率分析要求将人类生命加以贴现,它产生出和成本效益分析一样在考虑 500年后出生者的生命现值时的矛盾结果。

§10.8 以往政策决定的失真

成本效益分析的另一难题,涉及公民偏好的性质。公民的偏好(或许)决定他们的支付意愿。相应地,支付意愿也显示偏好。支付意愿与偏好的紧密联系意味着,根据偏好满足来测定效益(见 9.5 节)与根据支付意愿来测定效益具有同等效力。在两种情况中,把一种人为的非理性的需求算作效益似乎不太合理。支付意愿经常是对一种产品或服务做广告后的人为结果,从理性上讲并不是有益的。读者可以自行思考自身的例子。在我看来,每个月花 125 美元定期做 15 分钟的温泉日光浴与门铃一响就摆弄鞋带二者的意义差不多(事实上,摆弄鞋带要便宜得多)。简言之,这是扔垃圾还是捡垃圾的问题。如果根据人为和非理性的需求去决定人们愿意支付的大部分事物,那么,投资于人们的支付意愿会产生同样程度的人为和非理性的"效益"。

迄今为止,我们所讨论的问题与第 9 章中与功利主义相联系加以讨论的问题完全相同。现在,我会添加一个相关但完全不同的观点。将我们的支付意愿当成公共政策的唯一决定因素,这毫无意义,因为支付意愿自身也是先前以其他依据为基础的公共政策的产物。换言之,支付意愿所受到的之前公共政策的影响并不少于广告的影响。比如说,考虑一下,在多大程度上你愿意花钱买一个仆人让他完全成为你的奴隶?我猜想,当今社会上很多人都认为奴隶制十分令人讨厌,部分源于美国对奴隶制已经禁止了 120 年。禁止奴隶制的政策决定,影响了人们对奴隶制的观念,同时也影响到他们对一个奴隶的支付意愿。我的猜测是,大部分的今日美国人不愿意为购买一个奴隶支付任何东西,因为拥有一个奴隶会与他们的伦理道德观念严重抵触。

这可能是令人想都不敢想的,但在 300 年前时,大部分人的感觉却不大一样。那时,很多有资产的人都愿意购买奴隶,如果用成本效益分析的方法来分析废奴计划,那么,任何计划都不会挨过成本效益分析而幸存。奴隶们可能偏向于废除奴隶制,但他们没有资产,当然也就无所谓支付意愿。从成本效益分析的观点来看,唯一相关的人是废奴制度主张者、奴隶主和那些想要购买(并使用)奴隶的人。如果奴隶主以及那些想要购买(并使用)奴隶的人与废奴主义者相比,情愿出更多的钱以保持奴隶制永久化,那么,根据成本效益分析,继续奴隶制的政策就是公正的。如果主张废除奴隶制度者真的愿意比其他人出更多的钱,他们可能已经购买了所有奴隶并且将之自由释放,使得政府禁止奴隶制已无必要(虽然这还要求一些法律,禁止进口额外的奴隶,以及禁止使已经自由的黑人重新成为奴隶)。那么,成本效益分析就可能不会支持政府已经强制施行的废奴政策。

　　由此可以得出两个教训。第一，奴隶制的例子表明了之前指出的成本效益分析与分配正义的问题。在考虑权利和正义的问题时，不能以成本效益分析作为依据，来产生八九不离十的政策决定。如果成本效益分析在 300 年前认可我们现在所谴责的奴隶制，那么我们无法保证，一个由成本效益分析支持的开发荒野保护区、山腰的露天矿，或者年复一年种植同一种经济作物的决定，不会被未来人口认为同样可憎。以成本效益分析作为公平政策决定之向导，并不可信。

　　第二点直接与过往政策对人们当前支付意愿的影响相关。很多已经影响了我们现今支付意愿的公共政策，比如废止奴隶制的决议，本不会挨过成本效益分析而幸存。那么，从成本效益分析的观点来看，我们现今所偏爱的消费，是由过去作出的非法的、不合理的或不公正的政策决定所塑造的。从成本效益分析的观点来看，这些政策的恶劣影响使得我们当前的支付意愿成为一个差劲的向导。一个成本效益分析的倡议者，将不得不认为当前人们偏爱的消费受过操控，正如我们很多人认为一些可笑的偏好是由催眠术操控形成一样。

　　这就为成本效益分析制造了一个巨大难题。缺乏可行的方法以决定我们现今的偏好是否受过去不明智的政策决定所操控，而且受影响的程度也不容易得到证实。事实上，绝大多数人资金有限。他们对某样事物的支付意愿，因而会根据他们对其他事物的支付意愿而得以调整。反之，对任一事物支付意愿的变动，也会使他们在其他事物上的需求受到广泛影响。因此，由过去不公正的政策决定所导致的人们偏好的反常，其影响会波及很多或大多数偏好。成本效益分析就这样陷入了困境。它要求信任人们的支付意愿。然而，根据成本效益分析的观点，人们现今很多或大部分的偏好不值得重视。即便支付意愿显示出任何有价值，这种价值也不会太多。那么，成本效益分析要求信任人们的支付意愿，同时其特有的思考方式又要破坏这些信任的基础。

§10.9　否定的自我指涉

　　影子价格同样也将成本效益分析置于一个奇怪的悖论当中（我放入这一章是为那些喜欢更为机智的悖论的人准备的）。[27] 成本效益分析被类似"说谎者悖论"的事物给绊住了，它的运作与此相似。设想你在克里特岛登陆，一个克里特人告诉你不要信任小岛上的任何人。"所有克里特人都撒谎"，他说。他们所说的一切都与事实相反。你应该相信这个人吗？因为他自己也是克里特人，他所说的也应用于他自身，因而也指向他所说的一切。当他说"所有克里特人都是说谎者"时，他指向任何一个克里特人所说的任何事，包括他自己的陈述，"所有的克里特人都是说谎者"。这个陈述就称为自我指涉的（self-referential）。

　　自我指涉并没有错，但是否定的自我指涉却很成问题。它显示出，这个克里特人的陈述不仅指向他自身，而且还暗示着这个陈述是假的。[28] 如果"所有克里特人都是说谎者"意味着每个克里特人所说的都不真，那么，这就意味着它自身也不真，因为它是一个克里特人作出的陈述。这个克里特人的"所有克里特人都是说谎者"削弱了它自身；它是否定的自我指涉，因此也不可能为真。为了解这一点，暂且假定这个陈述为真，假定所有克里特人确实都是说谎者。这导致了这样的结论，陈述这个命题的克里特人在说谎，在这种情况下，这个陈述也为假。任何假定陈述为真都导致相反的结果。否定的自我指涉陈述都普遍且不可避免地为假。

　　当人们对事物的支付意愿被当成唯一的价值标准时，声称成本效益分析合理和理性的理由，就构成了否定的自我指涉。所有其他价值必须转换成代表人们支付意愿的货币金额。正如我们了解到的，任何缺乏市场价格的事物都被指定一个影子价格。成本效益分析被提议者当作一种经济学"常识"提出来。它明确要求采纳经济上最为有效的政策。然而，我们已了解,经济效益最大化的目标,受到很多与之竞争的价值观的挑战。有些人重视对物种和荒野的保护,而不考虑它们对经济效益的贡献。另一些人珍视传承给未来人口的宜居环境,而对 500 年甚至 600 年后尚可消费的(适当贴现)舒适环境设施的现今经济价值不置可否。还有其他人反对"工厂化农场"中动物的遭遇,且无视其在经济上最有效的事实,而更宁愿削减这类农场。因此,最有经济效益的就是最重要的价值,这种观点必须与其他价值观展开竞争。

该如何引导这些竞争呢?通常来说,在必须对价值观做出社会选择时,公众的辩论和证明才会出现。互相竞争的观点的倡议者们试图说服人们,在周全考虑之下,自己的观点最合理。关于堕胎正当性的公众辩论,说明了这一方法。同样,成本效益分析的倡议者尝试说服人们,经济效益是最重要的价值,但这并不是成本效益分析所要求的。成本效益分析要求所有相互冲突和存在竞争的主张,应当通过人们对事物的支付意愿来解决。成本效益分析是自我指涉的。根据成本效益分析,对成本效益分析自身的采纳,也应当经过成本效益分析,而不是由其他更熟知的公众争议和证明的方法来决定。因此,只有当那些看重经济效益的经济学家,愿意为此启用成本效益分析法而付出的钱,比起那些动物保护者、关心未来后代者,以及青睐于荒野保护者,为了使其价值观可以取代经济效益观并成为主导价值观而愿意付出的钱,在数量上要更多时,成本效益分析才应当应用于环境决策中。

由一个经济学家所做出的说服人们应当赞成使用成本效益分析(因为它是常识、合理或理智的)的任何尝试,都是否定的自我指涉。这一尝试用于支持运用成本效益分析来做出所有决策(或至少所有与环境正义相关的决策)。使用还是不使用成本效益分析来决策,成为问题之中的问题。这是个关于环境正义的决定。从成本效益分析的观点来看,理智与合理性是不相关的。最要紧的是人们愿意为他们重视的事物支付多少。

一种支持以理智、合理性和常识等因素为特征的成本效益分析的论述,就像克里特人说"所有克里特人都是说谎者"一样,因为它自身的得到赞同反而不可相信。

　　推行不包含否定式自我指涉的成本效益分析的唯一途径,是通过影子定价的设计来测定经济学家们是否比想要使用其他方法的人愿意支付更多的钱,来运用成本效益分析进行环境决策。经济学家们并没有采纳成本效益分析方法来决定成本效益分析的使用。既然致力于成本效益分析的经济学家相当少,他们(中的大部分)也不都是极端富有,而且除了成本效益分析的提升之外,别的花钱的地方还不少,人们会说,成本效益分析将不会推荐使用成本效益分析。当然,我们不能确定。但我们确实知道,致力于表明成本效益分析是常识、合理和理性的论述,是否定的自我指涉,而且给不出成本效益分析在使用上可接受的理由,除了成本效益分析所表明的经济学家愿意比别人出更高的价之外。自身如此不足的成本效益分析,对使用它进行环境决策就没有给出貌似可信的一贯理由。给出的唯一理由却是否定的自我指涉,因而这可能就不是些好理由。

　　如果某个致力于使用成本效益分析的经济学家坚称,合理性和理智仍然是运用成本效益分析的有益原因,那么,他正是在承认不依赖成本效益分析(根据合理性和理智)而作出合法的选择。在这种情况下,经济学家已经开辟出不依赖成本效益分析(以合理性和理智为基础)而对许多环境事务作出决策的途径。如果经济学家可以利用非经济因素,当然,关心环境的其他人也可以这样做。

§10.10　结论

　　成本效益分析不应当被用作唯一的决定环境政策的方法。就像效率理论一样,成本效益分析使用货币价值。这产生出不确定性和不可靠性,因为许多事物(如人类生命)都无法在毫无争议的情况下用指定货币衡量(10.6 节)。而且,成本效益分析在很重要的一个方面受到效率理论最严重的瑕疵的困扰,即无法在实践上(与纯理论相对)要求外部性的内部化。贴现率导致了对未来 500 年后的人口福利完全视而不见,因此,根据成本效益分析,巨大的成本能无可厚非地在未来被外部化(10.7 节)。

　　成本效益分析拥有功利主义的所有主要缺陷。与功利主义一样,成本效益分析产生出不可信任(因而也易于受政治操作)的建议(10.6 节)。它的建议也否决了对未来世代的正义(10.7 节)。成本效益分析在此方面实际上比功利主义更为糟糕。功利主义遇到的难题,首先是源于未来人口的数量可能受现行政策的影响。成本效益分析不管怎样都会陷入困境,即使当未来人口数量被给定时也是如此。另一个问题涉及这一事实,即很多偏好是人为的、非理性的。这一事实对成本效益分析的影响,不亚于对功利主义的影响。功利主义的缺陷还在于它对有知觉生命的偏向。正是在这一点上,成本效益分析表现地更为糟糕,因为它的偏见只利于生物圈中更小的一部分——有钱人(10.5 节)。最后来说,功利主义倾向于对分配不公的认可,并且不尊重基本人权,比如说"法律面前人人平等"。对"法律面前人人平等"的否定,不仅仅是一种倾向,也是使用成本效益分析的必然和根本的结果(10.5 节)。简言之,如果你不喜欢功利主义,那么你也会憎恨成本效益分析。而且对于成本效益分析的运用来说,也没有什么中肯的诊断。那些意在表明成本效益分析是合理的、理智的和符合经济常识的论述,饱受着否定的自我指涉之苦(10.9 节)。

　　这一切并不意味着在涉及正义的决议中,应当忽略货币成本和效益。其意义仅仅在于,货币成本和效益因素不能成为环境政策唯一的决定因素。就此而言,我们对成本效益分析作出的结论就与我们对财产权、人权、动物权利和功利主义作出的结论相类似。这些观点中的每一个都强调,应该在一种综合的环境正义论中综合这些因素。但每一个观点其自身都不是综合的,每一个都不能作为环境正义决策的唯一标准。

如何将货币成本和效益的考虑合并入一个更为综合的理论中去,似乎不难设想。一旦一个涉及环境质量、荒野保护、资源保护等方面的特殊目的,参照某种环境正义的综合性理论而得以确立以后,考虑达到此目的的不同方法所产生的货币成本和效益就是适宜恰当的。在其他所有条件等同的情况下,应当选择具有最低成本的方法。对货币成本和效益的这种使用不被称为成本效益分析,但构成了对成本效率分析的有限使用。[29]当成本效率分析以此种限定的途径得以运用时,它不会导致对相关环境目标的建议。它仅仅用于决定达成这个目的的最低成本的方法,而目标已经通过参照一种更为综合的环境正义论而设定。我们对它的研究将继续下去。

注释:

[1] 见 Michael S. Baram, "Cost-Benefit Analysis: An Inadequate Basis for Health, Safety, and Environmental Regulatory Decision-making", *Ecology Law Quarterly* 8 (1980), pp.474—475 and pp.492—502。

[2] 42 U.S.C. 4332(2)(B)(1976).

[3] 42 U.S.C. 5877(C)(1976).

[4] 见 Baram, pp.502—509。

[5] 3 C.F.R. 926(1971—1975 Complication).

[6] 3 C.F.R. 161(1977 Complication).

[7] 3 C.F.R. 152(1978 Complication).

[8] 46 Federal Register 13, 193(1981).

[9] 见 Mark Sagoff, "Ethics and Economics in Environmental Law", in Tom Regan ed. *Earthbound*(New York: Random House, 1984), p.148。

[10] Richard B. Brandt, *A Theory of the Good and the Right*(Oxford: Clarendon Press, 1979), Chapter XIII.

[11] E. J. Mishan, *Elements of Cost-Benefit Analysis*(London: Allen and Unwin, 1971), p.13.

[12] 然而,起初介绍这个标准,是为了处理效用的人际比较问题。既然前面已经指出,成本效益分析现在用支付意愿(反映偏好)来代替内在效用,那么,将不再需要这个标准。

[13] A.Myrick Freeman, Ⅲ., "The Ethics Basis of the Economics",为第 6 届莫利斯学术讨论会准备,University of Colorado, Boulder, Colorado, April 1—3, 1982, pp.8—9。

[14] 见 J. R. Hicks, "The Foundation of Welfare Economics", *Economic Journal* 49 (Dec. 1939): pp.692—712, and N. Kaldor "Welfare Propositions of Economics and Inter-

personal Comparisons of Unity", *Economic Journal* 49 (Sept. 1939), pp.549—552。

[15] Baram, p.519.

[16] A.Myrick Freeman, Ⅲ.; Robert H. Haveman; and Allen V.Kneese, *The Economics of Environmental Policy*(New York: John Wiley and Sons, Inc., 1973), p.143. 又见 A. Myrick Freeman, Ⅲ., "The Distribution of Environmental Improvement", in *Environmental Quality Analysis: Theory and Methods in the Social Sciences*(Baltimore: Johns Hopkins Press, 1972); Julian McCaull, "Discriminatory Air Pollution", *Environment* 18 (March 1976), pp.26—31; 以及 Daniel Zwerdling, "Poverty and Pollution", *Progressive* 37(January 1973), p.25。

[17] Ian Barbour, *Technology, Environment and Human Values*(New York: Praeger Publishers, 1980).又见 A. Myrick Freeman, Ⅲ., *The Benefits of Environmental Improvement*(Baltimore: Johns Hopkins Press, 1979): p.252;以及 Lester B. Lave and Eugene P. Seskin, *Air Pollution and Human Health*(Baltimore: Johns Hopkins Press, 1977)。

[18] Robert Dorman, "Incidence of the Benefits of and Costs of Environmental Programs", *American Economic Review* 67(1977), pp.334—336.

[19] 如果税款用于照顾患病的穷人,就会出现其他结果。但是如果煞费苦心地运用成本效益分析,税款将会通过卫生保健项目更多地用于比较富裕的人们,因为他们愿意花更多的钱获得健康。

[20] 更加完全的论述,见 Barbour(1980), pp.164—169。相关论文也见 Lawrence H. Tribe ed., *When Values Conflict*(Cambridge, Mass: Ballinger Pub., 1976), and Robert A. Socolow ed., *Boundaries of Analysis*(Cambridge, Mass: Ballinger Pub., 1976)。

[21] Barbour (1980), p. 167。又见 Jacquelyn Luke, "Environmental Impact Assessment for Water Resources Projects: The Army Corps of Engineers", *George Washington Law Review* 45(1977), pp.1095—1122。

[22] 见 Freeman(1979), pp.187—189。

[23] M. C. Weinstein and W. B. Stason, "Foundation for Cost-Effective Analysis for Health and Medical Practices", *New England Journal of Medicine* 296:716 at 719(1977).

[24] Weinstein and Stason, 720.

[25] 美国国会、议会听证会、小组委员会论失察与调查,February 27, 1980。总的描述见 Robert H. Boyle and R. Alexander Boyle, *Acid Rain*(New York: Nick Lyones Books, 1983)。

[26] Weinstein and Stason, p.720.

[27] 这个悖论得到了 Sagoff 附加说明中的评论的提示,见 Sagoff, p.172。

[28] 很多哲学家已经颇具独创性地提出了对此悖论的解决。比如说,伯特兰·罗素试图表明,否定陈述仅仅显的是而不是真的指向其自身,因而它不是真正否定的自我指涉。

[29] 见 Sagoff, p.148 and pp.164—169。

第 11 章　约翰・罗尔斯的正义论

§11.1　引言

迄今为止所讨论的正义理论或是聚焦于权利——财产权、人权、动物权利——或是聚焦于功利主义的考虑。两种方法都不能令人满意。效率理论和功利主义理论的某些派别（如，黑尔的观点）混合了这两种方法。他们运用功利主义要素证明权利的归属。但这些大致上属于功利主义的混合方法也难以令人满意。因此，我们现在考虑一种综合的、尝试避免从根本上成为功利主义的方法。在一个始于思考正义而不是效用的理论中，将权利因素和效用因素结合起来，这就是罗尔斯的正义理论。[1]

罗尔斯的理论已经引起很多注意，因为它为西方自由民主政体的一些终极目标提供了一种新颖的理论基础。它结合了对自由和平等的考虑，也结合了对权利和效用的考虑。但对待罗尔斯的观点一般有两种倾向。一种是用两到三页摘要介绍内容，以表明罗尔斯的立场，这样做在处理其理论之重要的复杂性和争议性上失之过简。另一种对罗尔斯的介绍是专门写给专业哲学家读者的，并且运用了许多可怕的学术术语。

在这一章中我选择一条中间道路。我详细解释了罗尔斯的观点，以便读者熟悉他的关键概念，了解一些相关术语，明了整个体系的复杂性，并且认识它的缺陷。这会有助于读者参与当前由罗尔斯理论引起的讨论。

我从罗尔斯理论解决得很成功的一个环境问题的例子开始，然后我会解释罗尔斯的理论，最后讲述罗尔斯的理论对尚在讨论之中的环境问题的解决。在转向对罗尔斯理论的批判时，我发现它从来就逃不出功利主义的罗网，它没有支持对环境无知觉构成部分的正义责任，它也并不对我们在处理环境事务时必须运用的正义原理提供更多支持。但是这个理论确实强调了一个需要强调的因素,这将会在第 13 章中提出的同心圆理论中被考虑到。

§11.2 二噁英的受害者

拉塞尔·布利斯及其家人居住在密苏里州的罗萨提,一个处于马克·吐温国家森林公园边上的农业和葡萄种植区。布利斯家以及其他 34 个家庭一起生活的街道,在 20 世纪 70 年代早期喷洒了二噁英,现在人们认为,二噁英对人类和很多其他形式的生命有剧毒。政府官员们认为,二噁英的安全标准是不超过 1 ppb(即十亿分之一),然而,在布利斯家的居住区域,"被发现的二噁英浓度为 18 000 ppb"。[2]

二噁英源于密苏里州西南维罗纳的一种发芽植物……在 20 世纪 70 年代初,东北制药和化学公司……生产了 2,4,5-TCP(三氯苯酚),一种化合物……用于制造六氯酚,一种防腐剂。制造过程中废弃的副产品是 2,3,7,8-四氯乙烷——二噁英中的剧毒成分。[3]

在 20 世纪 70 年代早期,人们并不知道二噁英有剧毒,因此它与用过的油混合在一起,并被喷洒到有灰尘的路面和马场上,作为防尘的一种方式。结果是布利斯一家和邻居们居住在二噁英含量很高的环境中。他们搬不起家,因为没有人愿意买他们的房屋。二噁英几乎完全破坏了他们房产的价值。这些家庭该怎么办呢?

一种可能性是起诉在路面喷洒二噁英的人。人们可以努力从对造成他们的财产损失负责任的人那里追回他们的损失。不幸的是,拉塞尔·布利斯在这种情况下属于该承担责任的一方。在 20 世纪 70 年代早期,他是一个废油运输工,不仅在自家的路面喷洒二噁英,而且在密苏里东部的很多地区都喷洒二噁英。既然他在污染很多人的居所时也污染了自家的居所,人们很容易相信,布利斯对二噁英的毒性是无知的。他应该被起诉并且遭受破产吗,因为犯下一个无心之过？法律在这一点上并不总是很清楚。但普遍而言,人们不会被要求对那些因为对事实不可避免的无知而引起的损失承担责任。在当时,没有人知道二噁英有剧毒,拉塞尔·布利斯也没法知道。他与其他人一样,也是受害者。

设想我们不同情布利斯,并且决定起诉他。这并不会帮助那些因使用二噁英而财产受到损失的人,因为布利斯先生并不是个富翁。他会在每个人得到完全的赔偿之前就破产,剩下大多数人根本就得不到任何赔偿。那么,人们应该做些什么呢？

人们还可以起诉东北制药和化学公司,因为它首先生产了二噁英并且没有测定它的毒性。人们确实起诉了这家公司,公司迅速破产。在 1983 年 9 月,除了布利斯居住的街道之外,有 32 处"已被证实污损,还有其余的 103 处在等待最后的检查"[4]。清理工作可能会花费 10 亿美元之多。

我想,我们很多人都会同情那些不清楚二噁英功能的受害者。因此,我们需要一种环境正义的理论;它会为这些同情提供一些理论支持。约翰·罗尔斯的理论就起到了这个作用。现在我来剖析一下他的理论。

§11.3　纯粹的程序正义 *

正如我们了解到的,一视同仁是保证正义的基本要素。关键在于算出哪些情况足够近似,可以被同等对待。换言之,我们必须决定哪些差别是实质性的。一个常见方法就是,让那些受此决定影响的人自己做出决

---

* 本书中凡涉及罗尔斯著作的引文、术语均参考何怀宏、何包钢、廖申白译:《正义论》,中国社会科学出版社 1988 年版。——译者注

定。比方说,设想某些人在玩大富翁游戏。通常,玩家不能将筹码集中放置,除非他们拥有所有(2种或3种)同色的筹码。根据标准规则,拥有一个系列的筹码与拥有同色的所有筹码有差别。这是一种实质性差别。但是,设想在某种场合下,每个玩家决定在游戏开始之前运用一种完全不同的规则。设想他们都同意任何筹码都可以集中放置,无论他们所拥有的筹码是否同色。他们现在有了一个新规则,一个新的正义原理。某种差别将不再是实质性的。

这公平吗?以这种方式改变规则是否正当?如果该场合中对玩游戏有兴趣的每个人都愿意在这种变化下玩下去,看上去这个变化是公正的,前提是没有人因为受到了任何形式的恐吓或强制(比如,"如果你不同意此规则,我们就不允许你参加")而同意这种变动。在悉知的情况下,自由的、非强迫的、全体一致的同意,等同于他们将要互相使用的正义原理,这似乎是决定哪种差别是实质性差别的一个好方法。

这是罗尔斯称为纯粹的程序正义[5]的一个例子。仅因程序的拟定,结果就会是公正的。纯粹程序正义的最近似的例子是轮盘赌博。如果轮盘赌的轮子没有被加重,骰子没有被加重,轮盘也没有叠积,等等,而且人们熟知游戏规则,并且在不过度地剥夺他人(例如家中嗷嗷待哺的儿童)权利的情况下愿意赌钱,那么,轮盘赌博的结果是公正的。有些人离开赌场时赢钱了,其他很多人由此更为贫穷。两种情况下,人们都得到了该得的。遵从适当的程序保证了人们的所有,他们的拥有是正当的。

与此相类似,罗尔斯建议,在知情者自由的、全体一致的和没有强迫的情况下,同意某种用于处理他们之间事务的正义原理时,纯粹的程序正义就出现了。没有独立的标准规定一个人在离开赌场时该有多少钱。适当的数量仅仅是玩家自愿参加诚实的赌博后剩下的钱的总数。同样,也没有什么独立的标准可以决定哪些是实质性差别。由自由的、非强迫的、同等的人同意的正义原理是适当的,仅仅因为它们是这样一个协议的产物。

这就是何以如上文例子中所述的改变大富翁游戏规则是完全合法的原因所在。

　　然而,生活中的事情通常比游戏(即使是大富翁游戏)更为复杂。在社会生活中,让人们如同在大富翁游戏中决定要使用的规则那样决定用于处理相互不同事务的正义原理,是不太切合实际的,因为社会中的人们能力不等。某些人有强迫别人接受其决策的意愿。而且没有强迫的全体一致的同意也不太现实,因为人们的利益是相互冲突的。比方说,中西部公用事业的消费者,将不会同意要求彻底减少向空气中排放二氧化硫的原则,而新英格兰人却可能会趋之若鹜。总体上来讲,社会生活中的人们知道自己面包的哪一边抹上了黄油,并且通常会选择那一边。既然他们经常会选边站队,彼此间无强迫的完全同意也不可能,因而纯粹的程序正义无法被采用。

§11.4　原初状态

　　对改变大富翁游戏规则的同意,部分因为这一改变是在游戏开始之前做出的,那时没有人有任何理由相信,这一改变会对某个玩家特别有利或有害。罗尔斯主张,对我们自身利益的无知状态,将会使我们能够运用纯粹的程序正义。因此,他建议我们想象自己存在于他所说的原初状态之中。[6]我们可以设想,我们知道的全部是一般事实,比如一般的生物学、社会学和物理学事实。我们不了解我们的个体身份。不知道自己是男性还是女性,富裕还是贫穷,是英国人、奇卡诺人＊、黑人还是印第安人。我们不了解自己的个人天赋和倾向。简言之,我们缺少能使我们意识到与他人之间利益冲突的所有信息。用罗尔斯的术语,我们处于"无知

　　＊　Chicano,墨西哥裔美国人。——译者注

之幕"(veil of ignorance)的背后。从这一角度出发,我们不会选择有利于自身利益的正义原理,因为我们不知道自己的利益是什么。因此,既然我可能会变成任意一个人,我会选择我认为对每个人都公正的原理。你也处于同样的境地。每个人都如此。因为我们都处于原初状态,我们的利益没有冲突。我们就像预期的大富翁游戏的玩家。对正义原理的非强迫、完全一致的同意,完全可能达成。纯粹程序可付诸实施。人们在原初状态将会一致同意且不带强迫的正义原理,仅就其全体一致同意的特性而言,就可以成为适当的正义原理。[7]

它们之所以成为适当的正义原理,部分因为处于原初状态的人们几乎只是被专门利己的原则这一选择所引导。每个人都在选择他认为对自己最好的原理。还有比应用人们自己选择的以服务于自己特殊利益更为公正的正义原理吗?既然原初状态下的无知之幕使得每个人的已知利益都等同于任何其他人的利益,那么,人们的全体一致同意就是可以保证的(在原初状态下)。因而,根据罗尔斯的论述,当人们以一种(几乎)专门利己的方式推理时,就可以产生出道德正义的原理。进而在自私这一方面和另一方面——对他人需要和欲求的适当调节之间,就架起了一座重要的桥梁。

现在,我将以一种罗尔斯未曾使用的方式来解释原初状态。这一解释有望把罗尔斯的观点解说清楚,使得某些模棱两可和艰涩之处更为清晰,而且其主旨的变化会更易于把握。设想我们——你和我还有其他任何人——在一个太空船上,像《星际迷航》中的进取号(不过其实任何大太空船都可以)那样。我们的供给很少,因此,我们决定寻找一个星球殖民。碰巧运气好,我们着陆到了一个像地球一样、但是没有人居住的星球。我们都决定居住在这颗新的星球上。

我们熟知,地球上的人们对于正义原理达成一致有困难,我们于是决定在离开太空船之前就定下我们的原则。当人们的利益相互冲突时,全体一致的同意是不可能达成的,意识到这一点的我们决定将自己置身于无知之幕背后。这(在科幻小说中)很容易实现。在小说里,人们不是通过简单地走过舱门或者爬过舱盖的方式进出飞船,而是被"传送着"上船或下船,就是让自己分解成基本粒子,然后传送到另一个不同的地点重新组合。一个人的位置就这样从一处移到另一处。当人们离开太空船去殖民时,他们将被这样"传送"出去。

　　通常来说,当一个人在某处被传送时,他的身份会完整无缺地得到保持。这些基本粒子被完完全全地重新整合成分解为波束前的样子。但是,设想这样一种由计算机控制的传送程序,计算机会混合每个人的基本粒子重组的信息。设想每个离开太空船进入新星球的人,都会被传送。计算机会混合包含那个人的重组程序的信息。混合过程创造了一种新的重组程序。刚刚进入传送系统的人将会由新程序重组。那么,斯波克先生进入传送系统后可能会被重组为船长。既然有足够多真实和可能的变化,斯波克不太可能被重组成原来那个船员。既然他可能会被重新构成J. R.尤因、多利·芭顿、修女特丽莎或者任何其他的人,那么,他极有可能被重组成某个他本人确切来说并不认识的某个人。男人可以被重组成女人,老人可以变得年轻,黑人可以变成白人,等等。人们甚至还可能被重组成他自己,但是这种可能性最小。一旦一个人被重组到新的星球上,他将拥有新身份的全部身体和心理特征,因而也会拥有新生人的所有教育、能力、信仰、喜好和厌恶。

　　对离开太空船的这种方法的认同,相当于对罗尔斯原初状态中存在的将自己和其他任何人都置于无知之幕背后的认同。

§11.5　利己主义、基本善与最大最小值原则

　　想象一下从这个立场(在被传送到新星球之前)出发,太空船的居民

选择了处理他们在新星球上共同生活的正义原理。正如我们已经指出的那样,罗尔斯假定,处于原初状态的人们普遍地将私利作为最高的优先权,因而他们以一种利己的方式选择正义原理。他们每个人都想得到尽可能多的好东西,以及尽可能少的坏东西。

然而,罗尔斯在原初状态中对利己主义动机的依赖,给他的理论制造了一个我不知该如何解决的难题。正如太空船所例示的那样,这一问题在原初状态被确定时更为明显。就罗尔斯的叙述而言至关重要的是,人们位于无知之幕背后,对自己的身份一无所知。对于消除那些利己者经常表现出来的对自身或自身所属群体的偏袒而言,这是必需的。换言之,让利己者采纳那些普遍的和可以一般化的、与康德所说的绝对命令(见第6章)相一致的原理,就必不可少。在无知之幕的后面,我不能对自己和所属的群体有所偏袒,因为我不知道我将成为谁。因而,在太空船案例中,我不知道自己在新的星球上将变成谁,这一点就非常重要。极其可能的是,从我所在的太空船上(在那里我选择了正义原理)被发射到新星球后,我成为一个不同的自我,这一点同样也至关重要。

但发生在发射过程中的变化是如此突然且如此彻底,以至于我没有理由将自己(太空船上的我,在那里我正在选择正义原理)与那个被机器转换成基本粒子后在新星球上被即刻重组的人等同起来。因此,如果利己被设想成我的主要动机(这是罗尔斯观点的核心),那么,我似乎就没有理由或动机来关心那个人的福利,因为那个由机器重组出来的人不是我。

通过将罗尔斯所预想的情形与通常情况加以比较,即我期待着经历一场改变,并且在改变之前采取措施以保护改变之后出现的那个我,这一点就可以得到澄清。养老保险说明了通常的情况。我预期(希望)变得足够老而退休。既然我将自己等同于我预期(希望)变成的老人(我认为那个老人就是我),利己就促使我保护那个狡猾而怪癖的老家伙的利益。这是利己主义的,因为那个老家伙与我是同一个自我(在不同的生命时期)。

另一方面,在罗尔斯预想的那种情形中,我事先就知道,在我进入发射机器后,要出现的人(以很大的可能性)将是一个与我完全不同的人。因而利己主义不能诱导我去保护那个在我进入机器之后出现的人的利益。如果 J.R.尤因、德兰修女得到他或她在新星球上想要的,而我如果现在也不像他们中的任一个人,那么,对我来说这就不是一个利己的问题。总之,罗尔斯似乎在移除了利己观念的必须条件——比如个体在改变前后的身份一致性——之后,仍保留了可预期的普遍情况(如养老保险)下所引致的利己观念。

然而,让我们先将批判置于一旁,并且假定太空船上的人由于某种原因被利己的欲望所诱导,而去要求关心将要出现在新星球上那些人的福利。当我无从知道那个从发射中显现的人的喜好和厌恶时,我该如何保护他的福利呢? 对于这个问题,罗尔斯有一个很好的答复。我必须以他称为"基本善"(primary goods)的原则来思考。这是无论一个人对于"善"持任何特殊观念时都想要拥有的"东西"。具体而言,基本善"是权利和自由,机遇和能力,收入和财富"。[8]这些东西会帮助人们达成目标,无论是什么目标。比方说,喜欢滑雪、读诗、制陶、旅行或进行科学实验的人,都可以利用基本善来达到目的。而且,那些并不重视钱的人,或者那些对教育不感兴趣的人,或者那些不想参加政治的人,在新星球上发现,自己有钱、有教育机会和政治自由,这些都不必然地妨碍他们。他们可以捐赠所有的钱,忽视他们的教育机会,并且回避政治。意识到这些事情后,太空船的居民们将会建立起用以给人们提供基本善的正义原理。

然而,罗尔斯并不相信,太空船上的人将会努力使自己在新星球上能自由支配的基本善最大化。他认为人们将会更为谨慎。他们将对自己的可能损失的最小化最为关心。他们会赞成那些把可能发生的最坏事情的损失减少到最小的原则。这与比利·罗曼和我在决定分比萨饼的情况相似。通过将比萨饼尽可能地对半分开,我们竭力避免了出现最坏的结果

（可能其中一个人拿走了更多的那一半）。这个策略被称作"最大最小值原则"（maximin），它意味着掌控局面以竭力避免最坏的结果。[9]

为什么罗尔斯认为太空船上的人会运用最大最小值原则呢？当某人预期受制于一个冷酷无情的敌人时，最糟糕结局的最小化就具有了意义。在这种情况下，参照最大最小值原则来掌控局面，就能够使人们在这样一个敌人手中不得不经受的"可怕"最小化。但是，太空船上的人们相互间并不是敌人，而且在新星球上他们彼此间也不会给予某个人独裁的力量（除非太空船上的人同意允许这种事情发生的原理）。那么，为什么罗尔斯认为，太空船上的人会更关心使他们的潜在损失最小化，而不是使他们的潜在利益最大化？

有三个主要原因：[10]

第一，太空船上所做的决定在新星球上将具有约束力。稍后做出更改的可能性是不存在的。

第二，风险很大。一个太空船居民会发现，他在新星球上被重新组成为一个人，对此人来说，宗教信仰或生活规划如此重要，以至于成为一个生死攸关的问题。当一个人处于性命攸关时刻，且所有事情都系于某一个决定时，谨慎似乎是理智的。

第三个原因某种程度上更为复杂。尽管前两个原因值得考虑，但是，如果他们的潜在利益非常大且灾难性损失的可能性非常小的话，某些人可能仍然倾向于赌一把。比方说，我们社会中的很多人甘愿去冒生命的危险。他们使用小汽车作为交通工具。如果他们运用最大最小值原则，他们会重新安排他们的生活，以使其要求更少量旅行，并且在必须旅行时使用更为安全的交通方式。但是，人们认为与这种生活方式联系在一起的利益超过了风险，因为无论精确与否，他们认为灾难性损失的概率非常低。他们并未运用"最大最小值原则"。那么，为什么罗尔斯就认为原初状态的人会使用"最大最小值原则"而不是赌一把呢？

罗尔斯的观点为原初状态的观念所证明。原初状态的人在无知之幕背后做出抉择。他们无知的程度可以各种各样的方式具体说明。罗尔斯构想的"幕"相对来说比较厚重,相对来说人们是无知的。他明确规定,人们了解所有的自然和社会科学的普遍规律,并且知道当他们居住在新星球上时他们会成为同一代的成员。[11]但在被传送到新星球上时,他们并不详尽地了解人类历史的进程,也不知道自身将处于历史的哪个阶段。他们在技术水平上可能处于狩猎采集阶段,或者是中世纪的农民,或者是19世纪的工人。他们所处的历史阶段,首先是由他们被重新构成到新星球时所具备的技术和科学知识决定的,其次是由被传送去的或在该星球发现的工具所决定。但是当他们在太空船上时,他们不知道自己在新星球上所拥有的信息和工具处于什么水平。缺少这些知识,他们就不知道成为社会中穷人一员的概率是大还是小,他们也不知道穷人受剥夺的程度如何。比方说,在奴隶制社会中,成为奴隶和遭受重大剥夺的可能性是非常大的。一个人不会冒着成为一个奴隶的险来赌博,因为这个风险太大了。另一方面,在一个不同类型的社会中,穷人可能少一些或者他们所受的剥夺相对轻一些。在这样的条件下赌一赌,或许合理,因为胜算的几率大。然而,如果人们不知道他们会成为哪种社会的成员,他们就不知道胜算的几率,也不知道赌一把是否合理。缺少人类历史进程的信息,他们对于自己在此社会而不是彼社会的机遇之百分比也一无所知。因此,罗尔斯对原初状态的人会使用最大最小值原则而不是赌一赌的第三个理由是,理智的赌博要求关于胜算的知识,而原初状态的人无法知道胜算的几率。[12]

§11.6　罗尔斯的正义论

设想一下,假定太空船上的人使用最大最小值原则,那么他们会同意采纳哪种正义原理呢？私利居于首位,每个人都不愿落后于他人。没有人愿意别人比自己拥有更多,除非有什么充足的理由。既然每个人都如此推理,原初状态的人往往倾向于坚持以平等作为社会中正常的人际关系。偏离平等规范时需要提供理由。

对于利己的个体而言,什么样的理由会是合理的,能让他接受不平等呢？罗尔斯假定,理智的人不妒忌。[13]他们不会被别人比自己富有这类事实所困扰。根据罗尔斯的论述,只有当人们不得不为他人不平等的财富付出代价时,即,当他人获致不平等的财富是因为他们的付出时,不平等才会令人烦恼。当财富的总体数量固定时,某些人的"得"就意味着他人的"失"。在这种"零和"条件下(收入和损失总计为零),原初状态的人会坚持平等。但当社会的总体利益可以增加时,只有妒忌才会诱导人们去反对某些人的财富的增加——前提是这种增加绝不会减损他人的财富。根据罗尔斯的合理性观念,如果人们确信自己能从不平等中受益,同意接受比平均分配更少的财富就是理智的。

罗尔斯认为,社会上基本善的总量可以通过人们的努力工作而得以提高(不是零和条件下)。然而,通常来说,人们并不乐意多产性的工作。在工作自身没有外部刺激的情况下,他们不愿意努力工作。激励人们变得最为多产的一种方式是,允许人们从生产中获得个人收益。反之,如果要求他们与他人平等分享因自己的努力而产生的额外基本善,他们就不会有足够的生产积极性。在平等分配的规则下,基本善就将是公共产品。一切利己的、理智的个体会努力成为搭便车的人(他们自己不生产却从别人的生产那里收获利益)。因为人们不愿多产,社会的基本善下降,每个人都会承受损失。

认识到经济学和人类心理学的这些事实,而且不去妒忌,在下列两种条件得到满足的情况下,无知之幕背后的人们会允许某些人比别人收入多:作为生产力的刺激,社会财富的不平等是必要的;而且由额外生产创

造出的额外财富对每个人都有利。于是，他们将会同意遵从普遍的正义
观念。

　　所有社会价值——自由和机会、收入和财富、自尊的基础——都要平
等地分配，除非对其中的一种价值或所有价值的某种不平等分配合乎每
一个人的利益。[14]

　　在无知之幕背后，人们不知道自己将变成谁。如果他们天赋极高且
富有成效，这种普遍的正义观念就会使他们能够从生产中获得个人回报。
他们额外的生产效率会保证他们获得特别多的基本善。如果没有这般幸
运，他们仍然从此原则的运用中获益。对于生产效率高的人来说，只有在
所有其他人都能从此种不平等的允许所促成的额外生产中受益时，他们
才被允许拥有特别大量的基本善。普遍的正义观念之运用，使社会成员
的相关利益最大化，包括社会中的最少受惠者群体。它使得最小值最大
化，因而被那些运用最大最小值原则推理的人所采纳。

　　根据罗尔斯的论述，太空船上的人们会采纳这一普遍的正义观念，而
不管星球上刻画其社会特征的技术状态和富裕程度为何。这一观念是罗
尔斯全部正义理论的基石。通过理性思考，正义方可达成。思考所及，即
罗尔斯所相信的人类境况之普遍特征，以及某些对于腓尼基水手，中世纪
农民和当代工业社会的工人都同等适用的特征。

　　合乎情理的是，罗尔斯对他身处的社会和那些与之近似的社会，即当
代工业民主政体尤其感兴趣。为此，他已经设计出一种特殊的正义理论，
来详细描述普遍的正义观念。它尤其对相当富裕的情况有意义。这种情
况是，每个人都得到了必需的基本生活保障——有营养的食物、足够的庇
护所、初等教育，诸如此类。考虑到这些情况，罗尔斯认为，原初状态的人
会给予基本政治权利和公民自由以最高的优先权。他们必定希望拥有宗

教信仰自由、言论自由、出版自由、结社自由和参与政治的权利,比如选举权和担任公职的权利。这些权利和自由就是基本善。行使基本善本身令人愉悦,同时又是获致其他善的手段。对那些宗教和政治观念很强的人来说,履行这些自由与权利会相当重要。失去这些自由的生活可能会了无生趣。那些为自己的宗教和政治观点献出一切甚至生命的人,清楚地证明了基本的公民权利和政治自由在人类生活中的重要性。在无知之幕背后,太空船上的人并不知道自己在新星球上会不会是这种人。运用最大最小值原则的策略,他们希望确信,如果他们属于这种类型的人,他们将拥有实现生活蓝图所必需的自由和权利。他们要保证每个人的公民权利和基本自由。

他们会想拥有多少基本善呢?多多益善。这对基本善是普遍正确的。他们愿意任何人比其他人拥有更多的基本自由和权利吗?罗尔斯认为不。与物质财产不同,给予某个人比另一个人更多的基本自由和权利,会要求减少后者的权利。比方说,不仅给予某个人自由履行宗教信仰的权利,还给予他决定其邻居宗教信仰的权利,这会减少其邻居履行宗教信仰自由的权利。这是一个零和的游戏,因而人们会坚持基本权利和自由的平等。他们会采纳这一原理,它让每个人在最广泛的基本权利上有平等的权利,保证彼此都享有基本权利。[15]

在所谓相对富裕的社会中,既然生命和基本物质必需品已经得到保障,无知之幕背后的人将不会为了提高物质福利而去交易任何基本权利与自由。相对于任何已证明的不平等原理,人人平等享有最大权利和自由的原理,具有罗尔斯所谓的"词典式优先性"(lexical priority)。这就意味着,任何通过诉诸普遍的正义观念而获致正当性的不平等,必定是基本权利与自由的基本善上的不平等,而不是别的。基本权利和自由的不平等,哪怕是出于使基本善或人类福利最大化的考虑,都不会被认为是正当的。换言之,与功利主义理论不同的是,罗尔斯的理论并不允许功利主义因素凌驾于任一或一切权利与自由之上。在这一点上,罗尔斯的理论更似于康德的人权理论。有些权利是"不可侵犯的"。

另一方面来说,财富、收入和其他基本善的不平等,可以通过诉诸一般理论中的普遍正义观念得到证明。不平等因其刺激生产而有利于每个人的利益,因而有理。罗尔斯相信,当社会中最少受惠者都有所受益时,那么,人人都会受益。因而,他坚持认为,可允许的不平等必须使社会的最少受惠者受益。

很多工业社会中固有的不平等与职位相关。较之其他工作而言,有些工作在本质上更有回报,更有声望或拥有更多权力。不可能人人都拥有具备相同利益、声望或权力的工作。因为富有意义的工作、自尊和权力是基本善,每个人都愿意拥有平等的机会,去获致基本善相当丰富的工作。人们因而会希望以才能论职业。将这些要点放在一起,就产生出罗尔斯的差别原则(difference principle)这一特定理论:

社会的和经济的不平等应这样安排,使它们(a)被合理地期望适合于每一个人的利益;并且(b)附加于地位和职务上,在机会均等的条件下向所有人开放。[16]

§11.7　罗尔斯理论的两个应用

现在让我们回到之前(11.2 节)讨论的二噁英问题。一种被认为无害的化学物质被喷洒在人们房子周围的路面上,这些人因此要遭受经济上的损失,这似乎是不公正的。幸运的是,罗尔斯的理论赞成某种避免此种后果的方法。

某种重大的、无法补偿的损失,正是使处于无知之幕背后的人忧心忡忡的事情。利用最大最小值推理,他们会希望使那种可能发生在他们身上的最糟糕事情造成的损失最小化。他们认识到高科技的利益,他们会许可其使用。但是,高技术有时会带来难以预测其结果的技术革新。意识到这一点后,无知之幕背后的人们会想要保护自己,以避免由技术变化和革新所带来的严重且不可预测的消极后果。既然引起大规模消极后果的人不可能有足够资源赔偿无辜的受害者,人们就会认识到,私有财产交易和私人诉讼的保护是不充分的。无知之幕背后的人们因而就会赞同某种形式的保险,在无辜的受害者因为新技术不可预测的消极效应引发的损失而无法获得补偿时,它可以补充或替代私人诉讼。这样一来,人们就可以在没有风险因素的情况下享受技术革新的利益。人们会被投保,这样一来就不必去承受技术革新所产生的不成比例的责任。

正因如此,1980 年的《综合环境反应、赔偿和责任法》(CERCLA)[17]建立了超级基金,正是为了提供这类形式的保险。在包括像二噁英的毒性物质的案例中,联邦政府进行了调查,测定环境损失的范围、无辜者的损失大小,以及受害者从对损失负有责任的人那里接受赔偿的能力。一般来说,如果损失很大,无法从责任方处获得赔偿,就产生了一个需要用超级基金来收拾局面的强烈态势。比方说,因为二噁英的污染,联邦政府用超级基金的钱买下了整个密苏里的时代河岸。因为担心联邦政府的基金有限,有时可能无法在所有适宜的情况下提供超级基金的经费,密苏里州设立了自己的超级基金以补充联邦计划。[18]

由此,罗尔斯的理论为目前的问题提出了一种合理的解决方法,而且这种方法正在被美国所使用。虽然罗尔斯的理论可能没有为超级基金法案的通过做出历史性的贡献,但是在逻辑上它促进了立法的正当化。

思考一下罗尔斯理论的第二个运用。我们在上一章(10.5 节)了解到,相比于满足富人的欲望而言,成本效益分析可用于证明满足穷人的需要具较低的优先权。用于保证穷人拥有更好饮用水的公众事业,与改造湖泊以供富人消遣的公众事业相比,若以支付意愿的标准来判断,前者不会像后者那样对社会有益。好的饮用水比消遣的游艇对生活来说更加必要，饮用水质量提高的直接受惠者比游艇改进的直接受惠者要多得多，但这些都无关紧要。真正要紧的是人们愿意为了某样东西支付多少钱。

罗尔斯理论的言外之意却全然不同。一项改进游艇消遣以提高那些已经相对占据有利地位者的福利的公共方案，会被罗尔斯理论驳回，除非最不利者也从此方案中受益。穷人没有游艇。在他人游艇的增加中，穷人也几乎没有因之而获得就业或其他有价值的事物。因此，改善娱乐游艇条件的方案不会满足差别原理的要求，除非伴有保证最不利者利益的规定和制定。比方说，对游艇燃料的消费以及泊艇设施的使用征税，税收得到的钱就可用来增进社会最不利者的福利。收入和财富转移上的制度性安排，在一个由罗尔斯正义原理组织起来的社会中就至关重要。[19]

§11.8　功利主义与基本善

学者们不顾罗尔斯正义理论的力量，指出了它的许多不足之处。有几种会在下面得到解释。第一，R. M. 黑尔指出，无知之幕背后的人不会选择罗尔斯认为他们会选择的两个正义原理。相反，他们会选择一种修正的形式——平均效用。[20]在无知之幕背后，人人想确保自己得到尽可能多的基本善。平均效用的原则规定，一种安排应当使一般人的福利尽可能地高。在无知之幕背后，人们并不知道他们会成为哪个人，因而根据黑尔的说法，把自己想象成普通人是理智的。如果他们这样做，他们会采纳一种规定普通人最大福利的原理，这就是平均效用原理。

罗尔斯并不认为，无知之幕背后的人会比这更谨慎。他们会意识到很多人，也许是某些社会中的绝大多数人，会经受低于平均水平的福利。根据罗尔斯的说法，无知之幕背后的推理者皆愿确保自己不是那些极绝望环境中的人。因此，他们会采纳最大最小值原则和差别原则。

黑尔的答复是双重的。他指出,根据边际效应递减规律,一个平均效应最大化的社会,总体上讲,将会是一个相对人人平等的社会(见9.2节)。在一个绝大多数人,或者甚至极少数人被置于绝望困境中的社会中,平均效应不可能被最大化。因此,如果一个人采纳平均效应的原则,他处于困境的风险是相当小的。既然可以计算出概率,而且计算出来的概率相当小,那么,无知之幕背后的人冒这种小风险采纳平均效应的原则就是理智的。而且即使对那些反对这些小冒险的人来说,平均效用的原则能通过包含"安全网"来加以修正。那么,这个原则将必须遵从最大化平均效用的政策,除非这些政策对某个人或更多人特别有害。当任何人被伤害得太严重时,就会采纳避免这种伤害的政策,并在限制太多损害的情况下使平均效用最大化。当然,人们需要明确规定"太多损害"的正确意义。既然它会因不同时代而变化,无知之幕背后的人可能需要拉起这层幕,或者将之稍许变薄,以便知道他们社会的一些普遍特征。这会帮助他们明确规定"太多损害"。这样,无知之幕背后的人会得出平均效应的修正形式,而不是罗尔斯的两个正义原理。如果某人仅仅希望消除不可接受的可怕的可能状态,正如罗尔斯所建议的,那么,他并不需要使最小值最大化。针对这些可能状态的某种形式的保险会解决问题。

黑尔的推理如果可靠,那么,从环境正义的角度看它就是很重要的。之前(9.7节)我们了解到,任何形式的功利主义,包括平均功利主义,都不能给人口政策的问题提供合理的解答。如果罗尔斯关于纯粹程序正义的观点导致了平均功利主义的形式,它们将不足以完成那种产生出可接受的环境正义原理的任务。同样地,如果某种形式的平均效益是原初状态的理智选择,罗尔斯在他建立人权的尝试中就已然失败。人权被认为是不会因增加效益的欲望促动而取消。

罗尔斯关于原初状态的观念也让反对意见有隙可乘。正如马库斯·辛格(Marcus Singer)指出的,罗尔斯的观念从根本上说是一种最大化观念——人们对善的事物，或善的事物的手段占有越多，他们的境况就越好。[21]罗尔斯写道：

> 无论一个人的目标体系是什么，都需要某些基本的善作为必要的手段。例如较好的智力、财富和机会能使一个人达到换一种较差的情况会不敢考虑的目的。[22]

辛格指出：

> 更高的智力可能会妨碍我达到会以其他方式达到的目的，而且更多的财富可能会使我不像没有财富时那样努力奋斗，结果就不会发展我以其他方式可能会发展起来的才能。[23]

多多益善的观念"听来似乎合理，因为它表达了一个消费者导向的社会的价值观念"[24]。然而，事实上，

> 想拥有比所需更多的财富并非理性的象征，而是贪婪的标志，而且一个理性的人会认识到，对一个好东西的过多占有会随之带来他不想要的其他东西……[25]

在 20 世纪后期一个叫做《大富豪》的电视节目中，辛格的观点被周复一周地证明着。每一星期，约翰·贝尔德斯·费尔提普敦给某个普通人 100 万美元。余下的半小时非常戏剧化，钱造成了个人生活中不受欢迎的一些改变。我们都知道，富人和名人的生活经常是不愉快的。他们的孩子，虽然拥有数量惊人的私人财产，但通常生活过得很差。辛格似乎是正确的，他这样写道：

我们有权利在此问题上能够做出的、唯一的适用全体的假定是,想要某种数量是理智的,想要够量也是理智的——而且有时,想要少的而不是多的也是理智的。[26]

罗尔斯确实在某一处提出"巨大的财富会成为一个实在的阻碍"[27],但是这种洞见并没有完全与他的理论融为一体,他的理论大体上强调最大最小值原则。这一强调暴露了罗尔斯的功利主义根源。此外,他逃脱功利主义的尝试也不是完全成功的。

由于这个缺陷,罗尔斯倾向于认可无生态责任感的行为。罗尔斯正义理论的目的是为个体的随心所欲提供最大空间。但正如第9章和第10章中指出的,我们社会中人们的需要通常是迎合非理性思考的广告的结果。人们大部分的非理性欲望是高水平的物质消费,而满足这些欲望在生态学上是不负责任的。因此,罗尔斯的理论不大可能促进环境正义。正如功利主义那样,它对生物圈的重要元素没有给予充分的考虑。

§11.9　无知之幕因外国人、未来人口、动物以及高山而加厚

罗尔斯理论存在的某些问题可以通过修正而得到补救,虽然罗尔斯个人并不赞成某些"改进"。举个例子来说,罗尔斯的理论可用以发现某种支配生活于单一社会中人们行为的正义理论。他不太关心不同社会的正义问题。他的焦点是国家内部的而不是国际的。但是,还存在许多必须面对的国际正义的重要问题,包括与环境相关的问题。比方说,地球的自然资源应当怎样在世界各国间分配?[28]像这一类问题只能从国际的角度回答。

设想无知之幕背后的人们(太空船上的)全都不知道自己将会是同一社会的成员,罗尔斯的理论就很易容纳这一视角。相反,可以假定地球

(或新星球)有足够空间,能容纳很多处于不同文化和不同物质福利水平的社会。某些人会被重组成同一社会的成员,与此同时,另外一些人会发现自己是其他社会的成员。既然人们知道,在新星球上,很多人会成为被富裕强大的社会所包围的贫穷弱小社会的成员,那么,他们会为这种可能性做出准备。他们会考虑在无知之幕背后确定的原则中涵摄支配国际正义的原理。

与此近似的问题是代际正义的问题。根据罗尔斯的看法,无知之幕背后的人们知道他们全都会成为同一世代的成员。[29]上一辈所做的一切——比方说,有关毒性废料的生产和贮藏,不可更新的自然资源的利用,等等——都是覆水难收(这里的水更像是毒水)。作为已给定之物,上一辈人的行为将不得不被接受。过去无法改变,我们通常认为,死者和被埋葬的人不会受到我们毁誉的影响。他们在与现代人的关系中不会受到伤害,正如现代人也不会受到未来人的伤害那样。意识到自己不会受未来人的伤害,而且知道所有人都是同一代的成员,有什么可以阻止太空船上的人漠视未来人的需要呢?为自己寻求最大化的基本善,太空船上的人不会产生为未来人口节约资源的倾向。根据罗尔斯的论述,他们被设想为利己而非利他的个人。因而,他们会任意挥霍上一代人留下的任何资源。而且这也没有什么不公正的,因为那是他们在原初状态的选择。

这里显然出现了一个问题。一个证明浪费资源和破坏生物圈有理的理论,将无法被人接受为环境正义理论。罗尔斯承认了这点。他坚持认为,正义要求尊重未来人口的福利。因此,他断定在原初状态中,无知之幕背后的人对完全利己的规则也有个例外。他假定他们都是家长,对其子孙的福利也很关心。[30]但这个建议对我们的帮助并不太大。[31]贮存得足够安全的核废料在五百年内不会有害,但之后就会污染大气,这丝毫不会使那些同情心只延伸到下一代或两代的利己个体担忧。罗尔斯的见解将会导致以这种方式埋藏核废料完全公正的结论,然而我们大多数人认为它是不公正的。

问题可以通过加厚无知之幕来解决。设想太空船上的人不知道他们全部将成为同一代人。设想在进入机器之后,新星球上某些人的重构被耽搁 1 000 年到 5 000 年。那么,太空船上的人将采取要求每一代人都为将来的人节省自然资源的原理。他们会这样做,因为他们意识到他们可能会成为未来人口,资源就是为他们节省的。[32]

更进一步地加厚无知之幕,对于处理不同物种生命间的正义问题来说是必要的。根据罗尔斯的论述,在无知之幕被拉开时,原初状态的人知道他们全都是人类成员。既然他们是自私自利的,他们仅会为彼此间的欲求和需要做出让步。因为当幕被拉开时,没有人会成为人类以外的动物,所以也没有人会考虑人类以外的动物的待遇。如此一来在原初状态中被采纳的正义原理,甚至不会将最残忍地对待动物的行为规定为不公正。这也冒犯了很多人的道德情感。[33]

这一问题同样可以通过加厚无知之幕来加以解决。[34]太空船上处于原初状态中并沉思正义原理的人们,必将是能够进行理智讨论的人。或许只有人类才具有这种能力。但为何这些人没有在新星球上被重构为不同种类的人类以外的动物,也无道理可言。知道自己可能会被重构为人类以外的动物,太空船上的人们将会采纳那些对动物虐待严加谴责的正义原理。罗尔斯的理论再一次与我们深思熟虑的道德判断达成共识。

然而,这并未表明,罗尔斯的理论无论如何都能被加以修正,以便将应有的体谅给予自然的其余部分——动物种群(相对于动物个体)、植物个体、植物种群、河流、山脉、湖泊、海洋,诸如此类。罗尔斯理论的基本方法,即是将(想象中的)某人置于某种可能会受到给定行为或安排之不利影响的位置上进行测试。如果你感到让你遭受某种待遇不公正,你会承认,让其他人受到类似的对待也完全不公正。一视同仁,这正是正义的形式特征。通过使我们设想自身在无知之幕背后做出选择,罗尔斯帮助我们领会了这种观点并给予认同。在原初状态下,我们不知道自己会变成谁,因而,我们不希望任何人遭受我们不希望自己遭受的待遇。通过这种方法,正如我指出的那样,我们可以扩展我们的关怀范围,从我们同一社会上的人到世界上的每一个人,从现代人到未来人,甚至从人类到我们可以同情的人类以外的动物。然而,尽管我能够理解这一问题,"如果我是一头毕生都生活在极端监禁之下的小牛,我会怎样感觉呢?"但我却无法同样地去理解这一问题,"如果我是山脉、河流或者大海的话,我会怎么感知呢?"也许大山、河流和海洋并没有知觉。我更加不能理解的是,"如果我是一个物种,我又如何感受呢?"物种不是个体,它们因而就不可能有知觉。这样一来,我们如何对待人类和非人类动物以外的存在物,罗尔斯的方法根本就不能用来设立任何的限制。利用罗尔斯的方法,无论我们对动物物种、植物个体、植物物种、河流、山脉、湖泊、海洋之类的事物做什么,根本都不会陷入非正义之中,除非人类和非人类动物因之而受到不公正对待。罗尔斯承认了这一事实。[35] 但这是一个严重的缺陷。在人权理论、动物权利理论以及杰里米·边沁和 R. M. 黑尔的功利主义理论中,我们业已提及的缺陷与此相同。一个不关心环境因素的理论,不可能对之做到公正(见 9.6 节)。因此,与前面考虑的理论一样,罗尔斯的理论不是一个可以接受的环境正义理论。

既然已经判定了罗尔斯理论的不可接受性,读者可能会认为,我们对它的讨论可以告终了。没那么走运。就这个理论还要指出几点,这会帮助我们探索可接受的替代理论。

§11.10　罗尔斯理论中的道德假定

第一点涉及罗尔斯的纯粹程序正义的观点。罗尔斯尝试以不进行道德假定为基础来建立理论。在一个公平的赌博中,人们对谁应该赢、谁应该输,或赌博结束后每个人应该有多少钱不做假定。赌博活动会决定这些事情。如果干扰结果的因素已经被清除——加重的骰子,不平衡的轮盘赌转轮,等等——结果会被确定为公正的,因为从采用适当的赌博程序所获得的任何结果,都是公正的结果。这就是纯粹程序正义。同样,罗尔斯想描述一个程序,它会产生正义原理,并且被出现于该程序的事实担保为正确的。因此,他描述了原初状态,并设想这一状态下的人们所商讨的正义原理会支配他们的生活。此程序据称确保了合适的结果,因为通常那些阻止利己的个人通往正义原理之路的因素已被消除。这些因素包括对自身利益的偏袒,以及尝试达成协议的个体之间在权力和资源上的差别。这些因素在原初状态中已经被消除。"由于所有人的处境都是相似的,无人能够设计有利于他的特殊情况的原则,正义的原则是一种公平的协议或契约的结果。"[36]

然而,道德主张是不能以这种方式被构建起来的,而且罗尔斯的尝试显示了原因。如果要建立一种道德理论或正义理论,那么,道德观念必须被当作构成要素。马库斯·辛格指出,尽管自称并非如此,罗尔斯在形成他的程序时还是预设了道德原则。[37]罗尔斯不能宣称说,当程序起始于假定这类原则的效力时,所有这些道德原则与正义原理就都源自他的程序了。两个显著的例子就足够了。我在前面一部分指出,罗尔斯设计了原初状态,是为了让利己的个体放弃使他人遭受那种可以避免的任何人都不愿承受的苦难。此处,罗尔斯假定了康德的绝对命令的效力。康德主张,人们应当只遵从他们愿意每个人都运用的原则而行动(见 6.6 节)。为了使利己的个人理性地接受这一道德标准,罗尔斯构造了原初状态。这一标准从罗尔斯的原初状态中浮现出来,只是因为原初状态的设计正是为了确保其出现。但是,为什么要设计原初状态来确保一个既定观点的出现呢?答案肯定是:罗尔斯已经让这种观点先入为主。他根本就委身于康德的正义观念。迄今为止,他明确地表达了这一点。"一个原则会被取消,如果它……只在他人遵从另一个原则时才会被合理遵守。"[38]因此,罗尔斯并不是从纯粹程序推论出康德的正义原理。程序的设计只在假定康德原则的效力人人皆知时才有意义。

第二个例子涉及人们应当信守约定的道德原理。罗尔斯设想,人们肯定会受他们在无知之幕背后选择的正义原理的约束。[39]但是,为什么他们应当这样呢? 他们之所以受约束,仅仅在于假定存在一个有效的正义原理要求人们信守约定。忠诚(fidelity)原则因而就被罗尔斯的程序预先假定了。他必须以之作为先决条件,否则人们在原初状态达成的协定,将与今日现实世界中的行为毫无关系,此处的人们并没有生活在无知之幕的背后。罗尔斯似乎还没有意识到,他是假定而不是证明了忠诚原则的效力。[40]

因此,罗尔斯并没有通过纯粹程序产生出所有的正义原理。康德的原则和忠诚原则,都是被他的程序预先假定的正义原理。

另一种考虑也指向了同一方向。早先我们了解到,原初状态所设定的条件值得商榷。我们可以假设,当无知之幕被拉开时,原初状态的人们将会全部成为同一社会的成员,或者会成为不同社会的成员。我们可以假设,他们将全都成为同一代人,或者成为不同时代的人。我们可以假定,他们全部会成为人,或者成为其他物种的成员。罗尔斯及其评论者并不全都赞成这些假定。争议之所以存在,部分是因为罗尔斯的预设导致了评论者所无法接受的道德立场。这就包括,虐待动物并非不公正的立场,以及埋藏核废料的人并非不正义的立场,即便这些废料最终会毒害未来人口,只要在最近几代不会产生毒害。评论者对原初状态加以更改,以使其含意与自己坚信的道德观点相一致。罗尔斯也承认自己的同样做法。在牵涉其思想实验的细节时,他写道:"我们想如此定义原初状态,以得到可望的解决办法。"[41]如此一来,我们就不能认为,原初状态深思的结果产生出我们的道德概念,因为原初状态的细节是精心剪裁的,以便使此等深思导向预先确定的结论。这就不是纯粹的程序正义。这就好比说,赌场老板知道,在每天晚上结束时,每个玩家有多少钱是正当的,并通过改造赌博装置来确保这些结果一样。这样的话,导致这些结果的就是老板预先确定的想法,而非赌博本身了。同样,当人们为了获得某种结果而去修改原初状态的细节时,正是他们预先决定的是非观念导致了这个结果。如果这些先在的道德信念成为始发点,一个哲学家论证并对它们感兴趣似乎是最合理的。创造一个可以产生道德信念的原初状态似乎没有必要。

通过指出我刚刚得出的两个不同论点之间的差别,我来总结一下这一节。首先我已表明,任何希望从类似于罗尔斯的原初状态中推论道德的尝试都注定要失败,因为原初状态的路径要求某种预设的正义原理。如果它们是预设的,它们就不能被推导出来。这一点与细节、或细节之间的变化或任何人对此方法的使用无关。在这一方法中,无论细节如何,它都是一个难题。

第二点在于,细节易于变化,而且变化取决于利用该方法的人预先所持有的道德信念。比方说,如果你认为虐待动物不公正,你对细节的填充会与你不这样认为时完全不同。这就是为什么原初状态不能被认可为能够产生所有有效道德命题的第二个原因,因为其细节被加以剪裁以适合于一开始就被假定为有效的道德命题。由于这两个原因,罗尔斯关于纯粹程序正义的方法是无效的。

§11.11 结论

罗尔斯的理论是公正地对待功利主义思考以及人权的一种革命性和天才般的尝试。另外,它强调某种形式的环境保险之需要,比如超级基金。罗尔斯的理论在此处得到论述,也是因为当前很多关于正义的争议在使用其理论或术语。但在最终的分析中，这一理论失败了。它没有完全逃脱功利主义的限制（11.8 节），它不能解决对于环境的非动物要素公正对待的原因（11.9 节），而且它也只是假定而非示范了主要的正义原理的效力（11.10 节）。

在迄今已进行的探索中，我们发现，任何可被详细说明的单一的主要原理或者观点，都不能产生充分的环境正义理论。我们已经考虑过的是遵从财富，诉诸财产权，诉诸人权和动物权利、效用原则、成本效益分析，现在则是约翰·罗尔斯的人们在无知之幕背后选择正义理论的观点。看来没有一个理论能够提供环境正义的要诀。

但是，我相信要诀近在手边，因为除了纯粹程序正义之外，罗尔斯还介绍了"反思性平衡"（reflective equilibrium）的观点。虽然未及提其名，但在第 7 章（7.5—7.7 节）与汤姆·雷根的使用一道，我对这一观点已有采纳。我们将在第 13 章中与正义的同心圆理论一起来应用它。

然而，充分解释"反思性平衡"这一方法的性质并证明它的使用，首先就是必需的。我在下一章中通过考察科学和伦理学探索的基本特征来达到此目的。我发现，在不同领域中，探索的特征根本上是相同的，而且"反思性平衡"这种方法不过是以科学探索的方式为模型，来对伦理学领域进行探究而已。如果科学探索的常规方法是公正的，那么，在伦理学中使用"反思性平衡"方法也是如此。

注释：

［1］主要的版本是 John Rawls, *A Theory of Justice*, Cambridge, Mass：Harvard University Press，1971。

［2］ James Aucion, "Dioxin in Missouri：The Search Continues for a Cleanup Strategy," 69 *Sierra* 22—26(Jan/Feb. 1984)，p.23.

［3］ Aucion，p.24.

［4］ Aucion，p.23.

［5］ Rawls，pp.85—86.

［6］ Rawls，pp.12—22.

〔7〕Rawls，p.12.

〔8〕Rawls，p.92.

〔9〕Rawls，pp.152—157.

〔10〕Rawls，pp.154—155 and pp.167—175.

〔11〕Rawls，pp.138—139 and p.292.

〔12〕我稍微重构了罗尔斯的证明，罗尔斯不必要对不充足理由原理加以拒斥，经由此点而对其证明有所加强。这些有趣的部分，在罗尔斯原著中可以参见 pp.167—169。

〔13〕Rawls，p.143.

〔14〕Rawls，p.62.

〔15〕Rawls，p.60.

〔16〕Rawls，p.83.

〔17〕42 U.S.C. 960(a) (supp. V. 1981).

〔18〕Aucion，p.24.

〔19〕Rawls，pp.276—279.

〔20〕R. M. Hare，"Rawls' Theory of Justice"，in Norman Daniels，ed.，*Reading Rawls*，(New York：Basic Books，1974)，pp.102—107.

〔21〕Marcus G.Singer，"The Methods of Justice：Reflections on Rawls"，*The Journal of Value Inquiry*，Vol. X，no.4(Winter，1976)，特别见 pp.297—301。

〔22〕Rawls，p.93.

〔23〕Singer，p.297.

〔24〕Singer，p.297.

〔25〕Singer，p.298.

〔26〕Singer，p.298.

〔27〕Rawls，p.290.

〔28〕有益于这个主题及其相关问题的讨论，见 Robert L. Simon，"Troubled Waters：Global Justice and Ocean Resources"，in Tom Regan，ed.，*Earthbound*(New York：Random House，1984)，pp.179—213 and Arthur Simon，*Bread for the World*(New York：Paulist Press，1984)。

〔29〕Rawls，pp.138—139 and pp.292—293.

〔30〕Rawls，pp.293—296.

〔31〕此方法的讨论，见 Brian Barry，"Circumstances of Justice and Future Generations"，in R. I. Sikora and Brian Barry，eds.，*Obligations to Future Generations*(Philadelphia, PA：Temple University Press，1978)；D. Clayton Hubin，"Justice and Future Generation"，*Philosophy and Public Affairs* 6(1976)，79；Edwin Delattre，"Rights, Responsibilities and Future Generations"，*Ethics* 82(1972)，p.254—58；Martin Golding，"Obligations to Future Generations"，*Monist* 56(1972)：pp.85—99；Peter S. Wenz，"Ethics, Energy Policy and Future Generations"，*Environmental Ethics* 5(1983)：pp.195—209，特别是pp.201—204。

〔32〕罗尔斯反对这个方法，因为它对我们的想象力要求太多。在这里罗尔斯遵从了他人所谓的对其理论的休谟式解读。我遵循了康德式的解释。更多情况见 Brian Barry，"Circumstances of Justice and Future Generations"，p.334；Wenz，pp. 203—204。

〔33〕罗尔斯对虐待动物不会宽恕。但是他坚持认为那并非是不公正的，而且没有理由去断言这种行为不合乎道德，见 p.17 和 p.512。

［34］黑尔指出了这一点，见 p.97。

［35］见 Rawls，p.17，p.512。他在这两处承认，该理论未能将人类之外的动物涵括在内。他的理论可以经过修正而将动物包含在内，但不包括自然的剩余部分。

［36］Rawls，p.12.

［37］Singer，pp.289—292.

［38］Rawls，p.132.

［39］Rawls，pp.99—100.

［40］Rawls，pp.363—391.

［41］Rawls，p.141.

第 12 章　探索的结构

§12.1　引言

迄今为止,我们探讨过的正义论都不可接受,更不用说理想了。从这一点上讲,我们的研究依然是一片空白。因此之故,检查一下探索的结构,了解一下失败是否源于错误的调查方法,这是适宜的。我从科学探索活动的结构开始论述。我首先表明(12.2 节),科学(和其他一些)对于事实的观察受到我们的观念、信仰和理论的影响,因而,"'对象'本身既是被发现的,又是被创造的,既是经验中的客观因素、不依赖于我们意志的因素,又是我们在概念上的发明"[1]。接着我又表明,科学探索某种程度上受到科学家价值的引导,而且科学理论某些时候之所以被采纳,也是源于科学家们对富有争议的价值观之相对重要性的判断(12.3 节—12.5 节)。最后我指出,科学家们必不能脱离简单而古老的常识(12.6 节)。因此,科学判断往往就不能只是利用纯粹客观的事实,或纯粹的形式逻辑规则或数理推论的方法来加以辩护。[2]

之所以调查科学探索活动,意在于促成对伦理学和科学的探索结构的比较。我在 12.7 节中指出,伦理探索活动的结构与科学中的相等同。下一节则通过进一步阐述强化了这一论点。我的结论是,伦理学判断未必就比科学判断更需要主观性,而且在明智地使用探索的基本方法时,关于环境正义的结论,也可以与环境研究其他相关领域的结论同样客观同样可靠。

§12.2 科学观察的客观性

在科学家(或任何其他人)的观念(或理论)与他所进行的观察之间，存在相互影响。观念(或理论)影响观察，而观察也影响着观念和理论。既然观察是一切对自然进行描述之科学的基石，而且为科学家的先入之见所影响，那么，科学理论就不会构成那种精确描绘或镜像自然的描述，即使是理想化的状态下也是如此。相反，它们反映出个人(带着先入之见)和他所遭遇的现实之间的一种和解。

在这一部分中，我提出一些采纳此种看待观察的观点的理由，我认为，科学中理论中立的观察完全无用，然后我的总结是，依赖于理论的(theory-dependent)观察是唯一的选择。我先试着设想在天文学中运用理论中立(theory-neutral)的可能性。这一思想实验的结果就是，科学观察无法做到理论中立。

1781 年，威廉·赫歇尔爵士发现了天王星。此前，天文学家认为只有六颗行星。其他的天文学家也曾看到过天王星，但他们没有觉察出它是一颗行星而非恒星。事实上，根据托马斯·库恩(Thmas Kuhn)的描述，

在 1690 年到 1781 年间，许多天文学家，包括几位欧洲当时最杰出的观测者在内，至少 17 次在我们现在认为是天王星的所在之处看到过这颗星。他们之中最好的一位观测者事实上在 1769 年一连四夜都看到了这颗星······[3]

库恩在这里写道，其他一些天文学家也确实见到了一颗星星，而且他们所见的就是天王星。那么，在他们眼里，这是一颗恒星还是一颗行星

呢？尝试回答这个问题就显示出，观察乃信念中立（belief-neutral）的说法不充分。

有人会说，赫歇尔的前辈们观察到了天王星，但却认为自己在观察一颗恒星。然而，这里对"观察"一词的使用并不满足科学的需要。如果观察在科学中有价值，那么，观察者就必须能够记录并报告它们。只有当观察被加以记录和报告时，特定领域的科学家们才能对全部相关信息有充分的自觉。这种自觉使科学家们能够比较数据并建构理论，以对所有有效信息给予应有的重视。因此，赫歇尔的前辈们必须以对自身及其后继者们都有意义的方式，对观察加以构思并形成报告。显然，赫歇尔的前辈不可能报告说："今晚我观察到一颗行星，但我认为它是一颗恒星，而且我会继续这样认为 20 年，直到赫歇尔（无论他是谁）指出我是错误的。"我们在赫歇尔发现之后所持的观点，对他的前辈们是无效的。他们不能用这种方法使自己的观察概念化，并记录和报告。

另一方面，赞成观察是信念中立的观点的人，不能宣称赫歇尔的前辈们观察到了一颗恒星。科学观察必须准确，而且我们也不能宣称，赫歇尔的前辈们那个时候确实在看一颗恒星。他们事实上是在观察一颗行星，而非恒星。

那么，替"观察乃信念中立"观点作辩护的人会说些什么呢？他们所所需要的，是有关赫歇尔的前辈们所观察到的现象，在那些认为它是恒星的人和认为它是行星的我们之间持中立态度的这样一份说明。中立的描述能在天王星被发现之前给出，而且在发现之后仍然能被接受。在太阳系中行星数量存有争议的背景信念（background belief）中，此描述将保持中立。这就使得我们要去调查在不受观察者先在想法影响下进行观察以及获得经验的可能性。

既然在 18 世纪时要求天文学家们使用眼睛进行望远镜观测，那么，就需要视觉相关的中立语言。而在其他的科学努力中，则需使用嗅觉、触觉、味觉和听力。如果观察是信念中立的,那么,在这些感觉下所做出的观察的概念化、记录和报告的中立方法就是必需的。然而,此刻,让我们探究一下视觉观察的概念化、记录和报告的中立方法。

实际上,某人可能会说,所有我们能通过视觉察觉到的,不过是不同强度和颜色的光,以及由光和暗影所造成的形状。因而,天文学家通过望远镜看到的一切,都是不同强度和颜色的光以及暗影所围成的形状。用赫歇尔及其前辈们所见的术语描绘,将在那些认为他们看到了一颗恒星的人和那些认为他们看到了一颗行星的人的意见中间保持中立。它将不会受背景知识和理论的影响。

但是,全然依赖于此类观察是不可能的。科学家们不可能完全依赖于不具任何背景信念和理论约束的观察。再思考一下天文学家通过望远镜观测的例子。记录他所见的光的图案,将根本不会推动天文学的进展,除非观察相关的其他方面也被记录下来——观察时间、观察者所在位置、望远镜的型号或放大率、当时望远镜所指的方向,等等。就视觉而言所谓的颜色、形状以及光的强度,只有当这些方面的观察是可以被概念化、记录并以术语形式交流时,理论和背景信念的约束方有可能避免。通过其他感觉获得的相关信息也需要类似的描述。比如说,与触觉相关的报告,将不得不经由感觉的坚硬、柔软、强度、光滑之类的术语来构造。关于听力的报告将不得不由尖锐、柔和、高调、低调、和谐、不和谐之类的术语构造。同样,关于其他两种感觉的报告,也不得不由即刻的感觉来加以构造。

现在再考虑一下天文学家在地表的位置问题。人们能够仅仅从五种感官获得的即刻感觉,来使自己在地球上的位置概念化,并与他人交流吗? 这是完全不受任何理论或背景知识约束的唯一方式。让我试一试。我现在位于美国伊利诺伊州的斯普林菲尔德。我是怎么知道的? 设想我正站在一个建筑物前,它带有一个标志,写着"斯普林菲尔德海军银行"。

受限于思想实验,此时,我不能观察这个标志或建筑,更不用说读出这个标志。我只能看见颜色的样式。为称呼这些样式,需要许多关于语言和书面语的背景知识。而且,即使我可以读出标志:"斯普林菲尔德海军银行",我如何知道我不是在银行或海军,而是在斯普林普尔德呢?我只有求助于额外的背景知识才能知道这些。我如何能够理解"城市""国家""地球"这几个词呢?我无法通过从五种感官获得的感觉形式来解释它们。任何其他人也不能仅仅通过把红的、绿的、三角形的、吵闹的、尖锐的、柔软的和钝的这样一些术语组合在一起,使自己的位置概念化并与别人交流。

由此看来,天文学家不能够用信念中立的语言来表明他们的位置。单单这一点就足以显示出,天文观测者不能被置于信念中立的境地,也不能在不运用背景知识和理论的情况下,描述观察时间和所使用的望远镜的性质。通过太阳或星辰的位置来获知时间,想想就知道所需要的所有背景知识。即使在使用一块手表时,也暗含着许多背景知识。从信念中立的角度看,手表就仅仅是一条虽不如岩石那么坚硬、但触摸起来相对坚硬的具有不同颜色和形状的光带(岩石是什么)。

很显然,与日常生活中的观察一样,科学观察以背景知识和理论为先决条件。这并不等于说,人们完全从这样的信念和理论中创造出了观察。它仅仅在于表明,信念和理论影响到观察者。我们所观察的宇宙也普遍地具有影响力。观察之形成,乃源于个体的感官和思维过程与包含一切的实在之互动,个体仅为实在之一小部分。包含一切的实体之客观的、人际关系的特征,也许在某种程度上说明了一个人的观察往往与他人的观察相吻合的原因,同时也说明了人与人之间的交流和协调活动可能性的事实。缺乏这一独立实在的影响,人们的观察可能不会比我们的梦有更多的内在连贯性或主体间的一致性。这一章的一切并未质疑这一观点,即我们生存于一个共同的无所不包的实在之中。这里的要点在于,一个共同的、客观的无所不包的实在,除非经由观察者无意识的概念化和思维过程之调节和影响,否则是无法被观察到的。人们并不仅仅见到了光、颜色和形状。他们看见了事物(things)。他们看见手表、银行和蹦蹦跷。人们不经思索地将其所见所闻同化成他所熟悉的范畴,因而,所有的观察都是与信念和理论相关的。

同样,因为科学研究产出的实在观严重依赖于科学观察,而且这些观察以科学家们预先形成的观点为条件,所以,科学对实在的描述不是准确的镜像世界描述。相反,它代表着个体和世界互动的结果。现在,让我们更进一步了解这种互动的特征。

§12.3　科学探索的基本结构

经由文化熏染,人们获得了某些制约和影响其观察的信念和理论,这样一些信念和理论的形成,与一个人的成长历史相关。因此,比如说,处在我们文化境遇中的一些人们相信,地球围绕太阳旋转,疾病通常是由肉眼看不见的微生物引起的,力(引力)总是推动物体靠近其他物体。我们文化中的另一些人相信无形的上帝的存在,是他从虚无中创造了宇宙,他的思想和事迹在《圣经》中有准确记载,相反,在阿赞德文化中,人们相信巫婆可以给他人带来不幸。[4]

在所有上述情形中,个体在探究信念的准确性之前就已接受并吸收了它。事实上,很少有人会去到处调查大多数被接受和吸收的信念。你能证明地球绕着太阳转吗?我不能。更为糟糕的是,对我来说,似乎地球仍然是稳定的,而太阳一直在移动。当然,我相信日心说,但除了表示我接受文化传统和在面对权威(我的四年级教师)时的服从之外,这并不反映什么。

我们也从自身文化中接受某些关于实在之探究的信念。比如说,在我们的文化中,我们相信光线存在而且可以控制,通过将光传过凹凸镜,产生视觉上的放大。显微镜产生了,它可以使我们用视觉观察到一些致病的微生物。相反,一个阿赞德人相信把某种毒药喂给家禽之后,家禽的反应暗示对巫婆是非问句的回答。我们文化中的一些人相信《圣经》包含物质世界的历史和构成信息。这些都是信念背景的例子,因为它们是被那些调查者带入调查活动,而不是从调查中获得的。

信念背景暗示着值得询问和适宜回答的问题种类,同时也暗示着那些能够成功回答这些问题的方法。当有人生病时,相信细菌致病的理论的人,可能不会去寻找一个巫婆。相反,他会进行一些微生物培养以寻找病因。相反,相信巫术的人可能会给家禽喂一些毒药,并进行一些是非问答,以观巫婆之效。

这些调查方法所带来的观察,与生活过程中其他观察一道,产生出新的信念。新信念可能会补充、修改,或者甚至在一些情况中替代个人开始时所持的信念背景。比如说,当利用某种伴随文化整体而来的调查方法收集到一些预期信息时,背景信念就会得到补充。儿童会患链球菌性咽炎(strep throat),王子已经给我们的房屋施了咒语,等等,诸如此类。如果人们满意于这种信息,信念背景通常会在既不改变也不被替代的情况下被使用。

然而,有时无论在调查过程中还是在普通生活过程中,人们都会遭遇到一些依照背景信念无法接受的想法。汽车的化油器、活塞等现在依然运作良好,但它现在用 1 加仑的油只能跑 12 英里,而不是去年的 20 英里。上个月装入罐头的豆类已经开始腐烂。预示的死人复活并没有在人们希望的时间里发生。一个已知的行星被观测到出现在天文学家理论预测的位置之外。灭绝的生命形式的化石被发掘出来。这些经验都暗示着,人们的背景信念有时不充分。那又该如何呢?

§12.4 科学探索中价值观的重要性

调查大部分依赖于个人的价值观和兴趣。一个人可能会把它当成幻觉而置之不理或摆脱它,希望下一次运气会更好。或者可以进行更加深入的调查。调查可能暗示着,之前未被预料的实体或过程的存在。比如说,冥王星的存在,可能被海王星的无法预料的位置所指示。或者人们会发现一种可以与巫术抗衡的力量。或者人们会发现《圣经》对物种起源的描述不准确。这些可能会修正背景信念。

虽然这类修正在这些情况中可能发生,但绝不是必然的。即使某人的价值观不会引得他对反常的经验置之不理,总有可选择的描述方式。广口瓶中的豆类腐烂,可能是因为瓶子或瓶塞不严实,或者因为出现了新的耐热形式的微生物,或者因为瓶中出现了自然发生现象,或者因为装罐的那一天星相不适合装罐。汽车每加仑油只跑 12 英里,可能是上帝在惩处那些产生污染掠夺地球的旧汽车,或者因为机械工在化油器上撒谎,或者机械工本人技术不过关,等等。

人们倾向于运用最能与其背景信念的贮备相结合的解释。其他条件等同的情况下,人们宁愿选择尽可能少地修正背景信念。有些信念比其他信念更坚定。这里,价值观的维度就出现了。有些人对《圣经》的准确性及其文字说明有强烈感觉,愿意在面对令人烦恼的化石遗留时,改正许多其他观点以保持这一信念。在量子力学中受训练的物理学家也处于近似的位置。他们似乎愿意使原子与许多奇怪的新型亚原子粒子混合在一起,亚原子有助于平衡他们的能量等式。地心说理论的维护者们为了解释行星为什么在天空中那样显现,宁愿设想行星以各种大幅波动的方式移动。

修改信念的阻力暗示着它在个人信念体系中的重要性。人们对自己最重要的信念只愿意做出最小修正。替换一个信念通常比仅仅修正它要受到更多的抵制。除非或直到大量反对证据已经引起个人注意,否则通常他不会替换他的主要信念。

除了与旧有信念不一致的证据,个人对相关问题所持信念之矛盾的限制和消减,也必须保持强烈兴趣(或者给予相当的重视)。消除信念中的矛盾,会促进某些实践追求。细菌理论的证据与自然生长理论互不相容。在自然生长理论中受训练的外科大夫,有实践上的理由通过采纳细菌理论来削减矛盾。细菌理论建议采取消毒措施,这一措施因为减少了感染而降低了手术后的发病率。

有时,改变信念以限制或削减不一致的动机,仅仅是渴求知识。人在强烈想要了解某件事情时会意识到,知识缺陷到了令他们自相矛盾的程度。因而,他们愿意以理智的解决方式,努力地改变信念以消除矛盾,即使是主要的信念。如此一来,一个对自然史感兴趣的正统基督徒,可能会放弃他对《圣经·创世记》描述的文字说明。将《圣经》的文字看作隐喻性描述使之与化石证据保持一致变得相当简单。比如说,一个人可以不再相信,上帝为了检验人们的信仰,允许魔鬼在地球上四处放置使人误入迷途的(伪造的)化石。

当然,促进实践的追求与为求知而求知的动机可以结合起来。关键在于,某种动机通常要求人们改变或放弃他的坚定信念。仅靠与此信念相矛盾的证据的存在,通常是不充足的。在这一点上,这种局势通常让人回忆起换一个灯泡会需要多少心理学家的笑话。只需要一个,但是灯泡必须是真的需要换了。

§12.5 科学理论选择中的价值冲突

奎因(W.V.Quine)和乌利安(J.S.Ullian)通过讨论他们称之为科学假

设的五个特征[5]，解释了科学之中价值约束的重要性。我们将会讨论五个之中的四个。它们是科学家们在决定是否信奉新理论时所运用的价值。

我已经间接提到第一种价值——保守性（conservatism）。一个新理论"可能不得不与我们之前的一些信念相冲突，但是越少越好"。

总的来说，保守性很容易在其偏好上存有惰性。但它也是可靠的策略，既然在每一步上它都尽可能少地舍弃证据的支持，不管这些证据曾是什么，我们整个信念体系迄今为止仍在采纳着。[6]

除非有非常好的理由认为某一个信念已然残缺，否则个人就不应去修正它。保守性意味着，我们应该避免不必要地大量增加被新理论打破的旧信念的数量。

温和性（modesty）是第二种价值。一个理论"之所以比另一个更温和……就在于，这一理论所假定发生的事件属于更惯常和更普通的那种，因而就会更多地被期望"[7]。比如说，在将鲜绿的豆类装罐的过程中，某人会在密封罐中煮沸豆子。据称这会杀死罐中所有细菌和所有胚种物质。只要罐子保持密封，豆类就会在没有冷冻的情况下保持新鲜。但有时，无论如何豆类都会变坏。该如何看待呢？保守性建议我们应当继续否定自然生长理论，因为它被大量证据所反对。温和性价值暗示我们应当避免将"绿豆精灵"之类的奇怪实体视为当然。相反，任何可能的时候都应以更熟悉的事物为准。更为温和的假定是，罐子的环或盖子有问题，因而无法密封。

简单性（simplicity）是另一种科学价值。在哥白尼提出日心说理论时，没有观察能够决定性地支持他的观点去超越托勒密的地心说理论。但是，仅仅通过假定地球和其他行星围绕太阳运动，而不是太阳和行星围绕地球运动,观察到的现象就可以得到更多的解释。根据托勒密的观点,行星在围绕地球时不得不做几种旋曲运动,然而根据哥白尼的观点,地球和其他行星围绕太阳做简单的圆周运动。同样,当气体运动理论"显示气压与温度的关系如何可以通过振荡粒子的撞击而获得解释时",在简单性上就有所改善,它因而"将气体理论还原为一般的运动定律"。[8]换句话说,通过假定气体由微粒组成,就像小撞球互相撞击一样,适用于撞球和其他运动物体的动力学理论也可应用于气体。

动力学理论也说明了第四种价值——普遍性(generality)价值。它意味着那种控制撞球和其他固体物体的动力学定律在更大范围的应用。现在这些定律也支配着气体的运动。牛顿的宇宙万有引力定律也代表着普遍性上的改进,因为它解释了重型近地空中物体的弹道、地球和其他行星围绕太阳的运动,以及月球对潮汐的影响。之前,这些现象分别为不同的理论所解释。

然而,简单性和普遍性的价值通常会与保守性和温和性价值相冲突。比如说,气体运动理论,将那些微粒和看不见的细小实体之存在视为当然。这并不十分温和。牛顿的万有引力定律以一种看不见的力——重力为前提,以一种无人能彻底加以解释的方式,引起物质粒子的相互吸引。分子和重力不是我们通常能检验到的实体。它们像恶魔或小妖一样隐匿,因而它们的假设是不温和的。

牛顿的理论也不保守,它要求放弃当时人的很多坚定信念,尤其是物理实体之间除非接触就不能互动的观念。这个理论的暗示至死困惑着牛顿。哥白尼理论虽然简单,也要求放弃很多信念。它要求放弃地球固定不动的想法。在地球上似乎固定不动的物体,不是固定不动,而是围绕地球中心剧烈快速地运动(在欧洲和美国的许多地方以近乎每小时 1 000英里的速度)。我们都在围绕太阳中心做同步运动,并且更为迅速。这仍然有点让人难以置信。

　　简单性和普遍性的价值并不总是指向相同的方向。牛顿理论是普遍的,因为它表明所有物体都相互吸引。此处的普遍性非常适合,但是,比如说,它要求近地重型抛射物的运动除了受地面引力作用外,还要受到山脉和其他大质量物的引力作用。在很多情况下,这使得预测物体运动的计算更为复杂。

　　当这些价值发生冲突时,必须在它们中间作出选择,而且没有特定的程序用以自动产生"正确的"选择。某位科学家可能发现,一种新理论的简单性值得去假定某种与日常生活中的实体不同的实体,除非从该理论出发,否则这一实体就不能被观察到。另一位科学家同样委身于我们刚刚讨论过的四种价值,他可能会发现,新实体实在太奇怪或者太不可思议而无法被严肃地加以接受。根据温和性和保守性,这位科学家将继续停留在旧有的理论中。此处,我们在处理价值间的冲突。这些价值被西方传统中的科学家所采纳,这并不重要。在价值发生冲突时,通常没有方法在给出的例子中证明,某个价值比另一价值更优先。因此,在西方科学思想的传统中,往往就没有客观的方法来证明,某理论比另一个更好。此时,需要用正确判断(good judgement)来补充科学观察和计算。

§12.6　科学与正确判断

　　不仅当他们在有争议的价值之间做出选择时,而且当他们运用对科学追求来说甚为基本的归纳法时,科学家们都必须使用正确判断。归纳法是科学家在有时间或有机会调查的相对少量的案例中,通过观察而获得的对于众多案例之关系的一种概括。比如说,通过对少数几个食物保存案例进行概括,发现某人在广口罐中将食物煮沸,然后将之转到室温,罐盖就形成不透气的密封,如此食物不会腐坏。经过几次经验之后,人们断定,食物可以普遍地以这种方式加以保存(如果装罐过程操作恰当)。

人们将此现象起因的信念也加以普遍化。他们通常相信,食物中微生物的生长对腐烂负有责任,沸腾则杀死了微生物,而且有机体不能穿过密不透气的盖子。与这些信念被普及的例子比较起来,支持这些信念的经验相对而言较少。从相对少量的例子到很多其他例子的这种概括方法就是归纳法,与很多实践追求一样,归纳法在大多数的科学中十分重要。比如说,在我们试图保存今年收获的青豆之前,我们需要知道哪种保存方法最为成功。

但是,对于被调查的相对少量例子到底哪些方面可以投射到其他例子中去,如果缺乏这方面的常识或正确判断,归纳法则不可用于科学之中。纳尔森·古德曼(Nelson Goodman)通过他的"绿蓝"(grue)*悖论显示了这一点。[9]在2000年前观察到的一切绿色的事物,或者在2000年之前没有观察到的蓝色事物,都是绿蓝的。任何已被观察到的绿色事物或是将在2000年之前被观察到的绿色事物,都是绿蓝的。但是在千禧年之后,唯一绿蓝的事物是第一次观察到的蓝色事物,就像在2000年春天出生的一只蓝鸦。

现在,所有观察到的翡翠都被证实是绿蓝的,因为它们是绿色的,而且在2000年之前被观察到。那么,我们是否能够概括并且不冒险地断定,所有将被观察到的翡翠都将是绿蓝的?可能不会,因为在2000年时,新发现的翡翠因为是绿蓝色的,因而不得不同时是蓝色的,而根据我们之前的归纳所做出的预测,2000年发现的翡翠将是绿色的。我们从这些情况中将观察到的绿色属性而不是绿蓝的属性投射到我们还未观察到的物体之上。然而,就翡翠的绿色属性和绿蓝属性之间的关系而言,在形式逻辑中没有差别,在我们目前所拥有的所有翡翠都是绿色的证据,与所有翡翠都是绿蓝色的证据,二者之间在形式逻辑上也没有什么差别。我们心

---

　　* grue 是从 green 与 blue 两个单词而来。——译者注

甘情愿将绿色的属性而不是绿蓝的属性投射到所有的翡翠上——过去、现在、未来——这反映出一种常识判断,而它不是能被辩护、被支持或被还原为某种逻辑规则或科学方法论规则。

总之,人们有时谈到精确科学,像物理学和化学,这意味着不偏不倚的、没有错误的观察,与根据形式逻辑规则的推理联系在一起,将产生万无一失的普遍而准确地陈述世界上的种种事物及其相互联系的命题或定律。这些人谈起话来,就像是几乎可以将整个过程移交给电脑那样。在这一章中我已经表明,科学探索不是这样的。我们观察事物的能力以我们的观念、信仰和理论为先决条件。因而,不存在那种在客观意义上不会犯错的观察。因为所有的观察都以观察者以及被观察的世界为先决条件,没有一种观察能够包含那种纯粹的、准确反映现实的信息。

价值,在科学探索中也不可或缺。第一,探索的追求反映了学习某些新事物对探索者的价值。第二,我们开始探索时,带着大量关于事物在世界上存在及其相互联系的信念和理论。新经验和观察与某些信念会发生碰撞。但是,总有可能解决冲突,而且不止一种方式。比如说,当罐中的豆类腐烂时,我们相信密封不太好,或者如亚里士多德所说的,是无中生有的微生物作祟。我们采纳的解释反映出我们在保留某些信念比其他信念上所给予的更多重视。

既然保守性、简单性、连贯性(coherence)与综合性(comprehensiveness)的价值不能总是同步满足,那么,在科学理论被采纳时,必须考虑各种相冲突的价值。发生冲突时,很少有任何算术或数学的、能计算机化的方法,能在有争议的价值所要求的东西中做出选择。因而,用希拉里·普特南(Hilary Putnam)的话说:"实在世界为何,端赖我们的价值观。"[10]

在归纳过程中,要决定事物的哪些属性能够、哪些不能够被投射到未检验的例子中去,仅仅求助于逻辑和数学规则是解决不了问题的,额外的判断因而就是必要的。必须求助于正确的判断。

§12.7　描述与规范情境中的结构相似性

现在我将表明,伦理学中探索的基本结构与科学中是一样的(也与其他领域的探索一样)。人们对于自己有权做什么,责任是哪些,以及对于哪种正义原理最为重要的信念,皆经由同样的过程而获得,就如获得那些关于何物存在以及事物之间如何互动的信念一样。

当然,在信念之间存在着差别。它们通常分为两大类。对于宇宙中存在什么样的事物,以及它们之间如何互动的信念涉及对宇宙的描述。它们是指示"是什么"的事实陈述。人们有做什么的权利,职责是什么,以及哪种正义原理最为重要,关于这些信念涉及规范。它们是关于人们应该做什么的陈述。它们与应该怎么做相关。它们的含义与引导人们行为的观念相联系。总之,区别在于实然与应然之间,或者是描述(descriptive)与规范(prescriptive)之间。

这种区分因很多目的而十分重要,但在目前语境下并不重要。我坚持认为,规范性信念与描述性信念由同样普遍的方法而获得。因而,在环境正义研究中产生的结果,可以和在其他环境研究领域中所获得的结果一样稳定,一样客观。在为此观点辩护之前,通过与约翰·罗尔斯反思性平衡方法进行比较和对照,我将澄清我的主旨。

罗尔斯的反思性平衡方法将正义信念的获得、改善和改变的方式提高为自我意识。[11]我对探索方法的看法大部分受罗尔斯所激发,并且以他的观点为模型。然而,我的观点在几个方面与罗尔斯有所不同。首先,罗尔斯认为纯粹程序正义的方法可以有效地与反思性平衡的方法联合起来使用。相反,我坚持认为,纯粹程序正义的方法完全无益,而反思性平衡正是其替代品。

我还坚决主张,也许这与罗尔斯又有所不同,在某种意义上,人们必

须运用反思性平衡这一方法,此方法仅仅是对人们一直在运用的探索的
基本结构的一种自觉表达,即便他们认为自己的推理是被其他某种方
式——或是纯粹程序,或是自明的原理,或是逻辑演绎,或者其他的什
么——所引导时也是如此。将探索的基本结构引领至自觉的高度,正如
罗尔斯在反思性平衡的论述中所做的那样,在我看来有其优越之处,它不
是说服人们运用它(无论如何我们总是运用它),而是促进其更明智地运
用。通常来说,当我们更了解某事物时,就更能很好地利用之。我将说明
这一点。在第 6 章中(6.4 节)我们了解到,约翰·洛克与托马斯·杰斐逊
以某种特定的自明真理的存在,作为消极人权的论据。我们了解到,他们
认为,女人与(比)男人拥有不同的(较少的)权利是自明的。对我们来说,
这种观点甚至看起来一点都不可信,更别说自明了。我们认识到,洛克和
杰斐逊的自明判断受到当时文化的影响,假如探索的基本结构像这一章
所准确描述的一样,乃出于某些人的预期。如果洛克和杰斐逊已经认识
到自己的观点并非普遍地自明,他们定会采取一种更具批判性的态度。
他们会寻找并建立证据和其他因素,以导向男人和女人拥有相同人权的
观点。

我与罗尔斯的最后一个差别是这样的。他拒绝描述和规范背景下完
成的思维过程之相似性,而本书此处正以之为特征。[12]因而,在这一章
中我不准备详细解释罗尔斯的观点,而是以之作为起点。在这一限定条
件下,让我们看一看,探索的基本结构如何可应用于规范情境之下,在此
情况下,它被称为反思性平衡方法。

按照这个方法,通过指出哪些事情给我们以对和错、正义和非正义的
印象,我们开始研究正义以及普遍的道德。我们对某个特殊行为和政策
的评价反应,近似于我们在日常生活中对事实的观察。正如我们注意到
汽车、手表、树和镜子在日常生活中的存在,我们也注意到在加油站插队
到前面去加油是不公正的,煞费苦心地想要将捡到的手表归还给失主的

人值得赞扬，小孩从树上跌落下来或者被镜子边缘割到手就是不幸。这些反应被看作当下的、毫无争议的，而且似乎与很多特殊的事实问题的观察一样自然。

评价观察和事实观察具有同样的额外特征。在这两种情况中，虽然观察似乎是自然的，却仍以文化的经验为条件。在教化的过程中，我们知道了什么是汽车、手表、树和镜子，正如我们了解了排队（插队是不允许的）、财产（应当被归还给失主）和健康（比伤害与疾病要更好）的观念。

在这两种情况下，虽然观察是当下且毫无争议的，但它仍然有可能不准确。在异常情况下，被认为是小汽车的说不定只是个大型玩具，被觉察为一棵树的可能只是塑料复制品，或者看上去像手表的只是个视觉幻象（如一张全息图）。但这些可能性都很小，以至于从几乎所有实际用途中我们都能够忽略它们，因而，我们充满信心地说，我们看见了一辆车、一棵树或一只手表。我们很少犯这一类错误，部分因为我们通常都了解产生错误的背景，比如说，我们知道，在迪士尼乐园中不能相信许多感觉（小孩子因为还没有认识到这一点，通常觉得很有趣）。

如果环境相当异常，我们当下的评价反应同样也会不准确。在汽油站插队的司机可能是位外科医生，他需要加油立刻赶去医院实施外科急救手术（不要为这件事打赌）。我们表扬将手表归还给失主的那个人，实际上，他可能为了从捡到手表并将之归还这一举动中获得报酬，而盗窃了手表。与事实观察的情况一样，在我们的当下反映中改变我们信心的可能性太小了。但这里，我们也意识到哪些情况比平常更可能产生错误。正如生活经历使我们对迪士尼乐园下的事实判断小心翼翼一样，就核心家庭成员的相互影响而言，我们的规范性表态和判断也是小心翼翼，因为其中通常存在着一些不为外人所知的因素。

我们不仅对特殊事物做出事实和规范的判断，我们也对普遍真理做出判断。从社会中我们获得了关于实然和应然的大量知识。正如我们从社会中——而不是从我们自己的个人调查中——了解到气体由微粒组成,月亮通过引力影响潮汐一样,我们也从社会中——而不是从自己的个人观察中——了解到偷窃、撒谎和插队通常都是错误的,而归还别人丢失的财产、保护老年人免于身体危险通常是值得赞赏的行为。

　　好了,我们对正义的探究,正如对事实的探究一样,都是从文化中获得的概括总结,从教化所强烈影响的特殊观察那里开始的。在这两种情况下,我们都有可能受到激发而注意到我们的观察与我们的概括之间存在的矛盾。动机可能仅仅是为知识而知识,或者是为了某种便于其他一些目的的达成而对知识的寻求。无论动机的来源是什么,我们都在寻求融贯性,因为融贯性是知识的条件。达成一致的方法,事实层面已经在这一节中获得了说明,由此,我现在将聚焦于它在规范情境下的运用。

§12.8　规范情境所说明的探索结构

　　回想一下汤姆·雷根在规范情境下使用的方法。我们提及了我们对非人类动物观点上的不一致。一方面,我们(如同大部分人一样)食用从农场中生产出的肉食,农场获得经济效益,许多有感知的动物却在遭受巨大的痛苦。我们购买农场生产出来的肉,鼓励了以这种方式饲养动物的行为。另一方面,我们对于动物不应当遭受不必要痛苦的一般认识表示认同,而且立刻认识到,当众折磨一条狗的某个人正在从事坏的勾当。我们也开始注意到,肉食虽然美味,但在人类饮食中却并非必需品。我们的观念显然包含着某种不一致。如果某人以折磨一只狗或一只松鼠来找乐子是不公正的,那么,我们仅仅为了享用肉食的乐趣,就鼓励农民们给猪、牛或小鸡带来悲惨的生活,这又如何能公正呢?

　　在事实问题中的矛盾观点,可以以多种方式加以解决。或许人们对于动物遭受痛苦的反应是不合适的。或许我们之所以认为让动物遭受痛苦是不公正的,是因为我们错误地将动物当成拥有人权的人类。某些人可能会坚持认为,迪士尼影片中比其他情境更容易导致这种幻觉。我的一位猎鹿的朋友一想到他的儿子看电影《小鹿斑比》就非常愤怒,因为这部电影把动物描绘成人(它有不被射杀的权利)的样子。某些人可能同样坚称,动物没有免遭人类带来的痛苦的权利。相应地,有些人可能会认为,动物其实并未真正遭受痛苦;他们只是显得受罪而已。在简陋粗劣的条件下饲养动物并不真正伤害到它们,因而在道德上并非不公正。[13]

另一种办法可能主张,素食对人类来说不足以促进健康。人们出于自卫有权利享用肉食。他们在保护自己免于营养不良。或者,如果有人相信动物能够受罪,它们有权利不在农场上受难,而且人类为了促进健康不一定非得吃肉不可,那么,否定人类有权为了消费而以这种方式饲养动物,一个人就前后一贯了。人们于是会总结到,在没有额外的令人信服的理由时,食用农场生产出的肉食不道德。

这仅仅是人们在对这件事的思考中寻求一致性时所做出的许多回应中的一些。每种回应都包括有对一个人某种已有的信念的放弃。在某些情况中,那种属于一般性的,关于何物存在,或者关于事物在世界上如何运作的信念,属于描述领域的信念。比如说,关于动物在遭受不幸与人类饮食中肉类必不可少之类的信念。因为它们涉及我们对宇宙的描述(关于实然,而不是应然)的准确性,故其解决方法已经得到探讨。正如我们所了解的,在解决这些问题时,信念背景与经验观察是结合在一起的。

对于动物遭受不幸和素食主义之关系的其他一些回应,比描述更为直接地涉及规范。我们(大部分人)认识到,当街鞭打一条狗是错误的举止。我们却认为享用汉堡包是完全自然和适宜的。这些是特殊情况中对对与错的感知。就像对于何物存在的特别感觉一样,对于对和错的特别感觉,在某些情况下比其他情况中更易于出错。比如说,情绪混乱和个人利益,很容易在特殊情况下扭曲个人对是非对错的感知,正如昏暗的灯光和疲乏易于使人对存在物产生错觉。因此,在考虑改变哪种信念来达成一致时,人们必须牢记个人特殊感知的条件是什么,并将较少的可信度给予不利条件下做出的决定。若是如此的话,任何喜欢肉食的人在继续食肉的循规中就有个人的利益。然而,吃汉堡包时那种完全自然和适宜的感觉,可能就像奴隶主拥有奴隶时觉得完全自然和适宜一样。私利会导致扭曲。

对于动物遭受不幸与素食主义之关系问题的某些回应,涉及普遍的规范而非特殊情况下的判断,比如,使动物遭受不必要的不幸是不公正的。这类概括是在教化的过程中获得的。它们影响我们在特殊情况中对是非问题的感觉,此类概括反过来又为感觉所修正。就此而言,它们像对事物在世界上的运作方式的概括一样。人们在教化的过程中获得概括性的经验,它们影响到特殊情况下我们对存在的感知,经验反过来又受到此类感知的影响。

就所有这些方面而言,对于我们在何谓对与错之思考中的不相一致的处理过程,就与何物存在以及这些事物如何相互联系的一致观点的达成过程在结构上对等。通过改变一个或更多特殊感知以及/或是普遍信念,就能达成一致。当普遍信念被改变时,结果有时会与探索之始人们所期望的大不相同。在科学中,现在我们有一些普遍信念,如气体由看不见的微粒组成,疾病由肉眼不及的细菌引起,日出由地球的运动造成而不是由太阳的运动造成。在道德上,我们也知道了一些早先冲击人们的普遍信念。我们认为政府从被治理者的授权那里获得合法性,黑人和白人在道德上平等,男人和女人也是道德上等同的。同样,为了回应我们思想中对待动物的矛盾性,我们同样决定,动物即使不是我们的道德对等物,也拥有一些权利。

此时此刻,并不需要对伦理探索中此种方法的运用做额外说明,因为当前工作的主体部分都在不时地展示其运用。本书第 3—11 章介绍了正义原理和理论。它们是关于什么是正当与不正当的普遍观点。这些观点的含意通常与我们的其他观点保持一致,但有时却又存在严重冲突。通过引入替代的正义原理与理论,一致性被不断加以探寻(至此,这本书引发的一致性问题比所能解决的要多。但在下一章中,我将回到这一任务,并期待获得更大的成功)。

§12.9 结论

总而言之,关于特殊行动与政策公正与否的判断,以及关于普遍的正义原理和理论的判断,都是通过与科学中所使用的那种相同的探索结构而获得。无论如何,判断都受到探索者的价值观和其他信念的影响。无论如何,都需要强判断力。任何探索领域的判断,都不能仅仅通过求助于数学规则或逻辑推理而达到或得到捍卫。因此,伦理学并不比科学更主观,而关于环境正义的信念,需要与环境研究其他领域的信念一样确定和客观。

注释:

[1] Hilary Putnam, *Reason*, *Truth and History*(New York: Cambridge University Press, 1981), p.54.(本书引文出自《理性、真理与历史》,童世骏、李光程译,上海译文出版社 1997 年版,第 60 页。——译者注)

[2] 我不会为这种科学观辩护,以反对所有与之相竞争的陈述,因为这不是一本关于科学哲学的书。更多更完整的论述可以参见普特南(见注 1)和库恩(注 3)。也可以参见 Richard Rorty, *Philosophy and the Mirror of Nature*(Princeton, N.J.: Princeton University Press, 1979)。

[3] Thomas Kuhn, *The Structure of Scientific Revolution*, 2nd edition(Chicago: Chicago University Press, 1970), p.115.(本书引文出自《科学革命的结构》,金吾伦、胡新和译,北京大学出版社 2003 年版,第 105 页——译者注)

[4] 见 Peter Winch, "Understanding a Primitive Society," in Brian R.Wilson, ed., *Rationality*(Oxford: Basil Blackwell, 1979), pp.83—88。

[5] *The Web of Belief*, 2nd edition(New York: Random House, 1978), pp.66—81. 然而奎因与乌利安并没有主张,观察是充满信念的。

[6] Quine and Ullian, p.67.

〔7〕 Quine and Ullian，p.68.

〔8〕 Quine and Ullian，p.70.

〔9〕 *Fact，Fiction and Forecast*，2nd edition(Hackett，1977).首印于 1954 年。

〔10〕 Putnam，p.137.

〔11〕 见 *A Theory of Justice*(Cambridge，Mass：Harvard University Press，1971)，pp.46—53。

〔12〕 见"The Independence of Moral Theory"，*Proceedings of the American Philosophical Association*，1974. 这里所使用的反思性平衡方法的版本，与罗曼·丹尼尔的详细说明的方法更接近，见 Roman Daniels，"Wide Reflective Equilibrium and Theory Acceptance Ethics"，*The Journal of Philosophy*(1979)，pp.256—282. 关于说明与描述推理的近似，又见 Baruch Brody，"Intuitions and Objective Moral Knowledge"，*Monist* 62(October，1979)，pp.446—456。

〔13〕 见 Tom Regan，*The Case for Animal Rights*(Berkeley，CA：University of California Press，1983)，pp.1—28，了解一下笛卡尔关于动物不能感受痛苦之观点的介绍以及令人信服的驳斥。

第 13 章　生物中心个人主义和生态中心整体论

§13.1　引言

在第 3—11 章探索的正义理论中，没有一个可以满足理想正义理论的所有条件。但是，正如我们即将见到的，对它们的探索并非白费气力。每一个理论都凸显了必须包含在一个充足的环境正义理论中的某一项正义因素。任一充足的理论都将不得不把财产权、人权、动物权利、体验的质量、经济成本和效益以及利益与责任的分担纳入考虑之中。如果以上种种因素之中的任何一种都不足以产生合理的环境正义理论，那么，它们彼此联合起来可能会更好一些。

但是，以上探索的诸种理论即使相互联合起来也不充分，因为没有一种理论证明了直接关怀植物的正当性——比如巨红杉——植物物种、动物物种、山涧、海洋，以及荒野。从根本上讲，迄今为止探索的理论不会径直去保护这些环境要素。比方说，功利主义学说直接关怀所有那些有体验的生物。因而，砍倒巨红杉仅仅在它影响某生灵的体验时才与道德关怀相关，比如住在森林里的松鼠的体验，那些乐意观赏巨红杉的人的体验。前面（9.6 节）我已经谈到了这一点，从环境保护主义观点来看这是不够格的。前面几章中探索的其他理论并不比功利主义更够格，因为每种理论直接关怀的对象，或者是与功利主义（约翰·罗尔斯理论的延伸版本）相同的群体，或者是更为限定的生物群体。汤姆·雷根的动物权利理论只延伸到高级动物，而不是一切有感知的动物。人权、财产权与成本效益分析只是直接地关怀人类，因而将高级的非人类动物排除在外。因此，如果功利主义因将直接的关怀排除于植物个体、植物物种、动物物种、河流、湖泊和山脉之外而具有缺陷的话,其他理论的缺陷则更多。这些理论的联合并不能改变这一状况。当理论分开来看时不会直接地关怀某些种类的事物——比方说,物种——那么,这些理论的联合也将不会认可对它们直接的道德关怀。

这意味着有两种可能性。一种就如同 9.6 节中的论断那样,即不必认可对环境无知觉要素的直接道德关怀。另一种则是,必须引入一种或更多的正义理论,它们与前面的理论有所不同,确实认可对环境要素的直接道德关怀。我将为后一种情况辩护,并遵从它。我将探讨两个理论,它们从三个方面有别于前面所讨论的理论,它们将直接的道德关怀延伸到环境的无知觉要素。近些年来,这样的理论受到拥护,被环境保护论者当作特别的环境关怀。最后且最为重要的是,它们是伦理学理论而不是正义理论。它们主要在询问这一问题,"何物值得享有直接的道德关怀?"而不是"在我们已一致同意的值得直接关怀的事物之间,如何决定利益与责任的公正分配?"在这一章中,我首先致力于建立一种所有生命个体都值得直接道德关怀(生物中心个人主义)的观点,以及物种和生态系统同样也是"道德上值得考虑的"观点,即,也值得直接的道德关怀(生态中心整体论)。

关于直接道德关怀的主张,产生了对实践的道德结论的三步论证。第一步提出,有些事物以自身为目的,自身是善,在其自身的权利中具有价值,或者换句话说,有其固有价值。此即主张,且不管所有其他的存在,有上述存在物存在的世界将比缺失它们的世界更好(以一种或更多的方式)。第二步是假定,在其他条件相同的情况下,个人有义务避免削减世界的善的水平。个人有义务使世界的善最大化,这并非有争议的功利主义假定。它(但愿不存在争议)假定,在其他条件相同的情况下,个人应当努力避免对善的东西产生消极影响。此主张与某种事物具有固有价值的主张联合起来,就导向于实践原则,即在所有其他条件相同的情况下,个人应当努力避免对那些具有固有价值的事物造成伤害,或者将伤害减到最低程度。在其他条件等同的情况下,已经产生伤害时,个人应当做出补偿。

在接下来的章节中,我将把这些伦理学结论合并到一个综合的正义理论中。涉及对无知觉环境要素(生物个体、物种和生物群落)的责任,与涉及人权、财产权、动物权利及其余的责任将被融为一体。结果就是(我所认为的)一种理论纲领,这一纲领对所有道德上值得考虑的环境要素给予了应有的重视。因此,它是一种环境正义理论。

最后要指出的是:我将从现在开始,使用我在第 7 章中简要论述过并在第 12 章中详细阐明的反思性平衡方法。

生物中心个人主义

§13.2 生物中心主义的承诺

生物中心个人主义者认为,每种生物都有价值,而且人类在其行为影响生物的任何时刻,都有义务考虑这一点。近年来,这种观点最为知名的提倡者可能是阿尔伯特·施韦泽(Albert Schweitzer),他主张"敬畏生命"。[1]最近,这种观点被肯尼斯·古德帕斯特(Kenneth Goodpaster)[2]、罗宾·阿特菲尔德(Robin Attifield)[3]及保罗·W.泰勒(Paul W. Taylor)[4]等人所倡导。由于他们的观点在细节上有所不同,在考虑两种不同的生物中心个人主义时,我将努力避免将其混淆:一种是平等主义的说法(保罗·泰勒的),根据这个观点,每种和每个有生命的个体都有相等的固有价值;另一种是非平等主义的说法(古德帕斯特与阿特菲尔德),根据这一观点,虽然每种和每个有生命的个体都具有某种固有价值,但并不必然地具有相同的固有价值。我将首先考察平等主义观点,但最终我会赞成非平等主义的观点。

　　由于我对道德证明的理解与泰勒不同,我将用我的讨论(13.3—13.5节)补充他的观点,他认为所有生命个体值得同等的道德考虑(具有平等的固有价值)。然后,我将反对这种极端形式的平等,陈述泰勒对此的回应,并且指出其回应的不足之处(13.6 节与 13.7 节)。这将在本章第一部分留给我两个结论。迄今为止,生物中心个人主义的非平等的观点是正确的,但由于是个人主义的,它不具备构造环境伦理学的坚实基础。因此,在本章第二部分我会考察一种整体论的观点。

　　但是,人们如何能够主张,树、细菌、狗与人拥有同等的固有价值呢?通过指出固有价值是人类道德证明中的一个概念,我开始这一论证,泰勒可能不会这样。正如我们所了解的那样,人类是地球上唯一一种能够思考固有价值,并能够认识到某些存在具有固有价值而另一些存在不具有固有价值的生物。而且,对固有价值的认知,就像对几乎所有事实与价值的认知一样,依赖于那种认知在我们整个心智格局中的地位。这是上一章的主要内容。遇到新经验时,我们通过调整信念,获得对事实与价值问题的看法并为之辩护,从而为在我们的所有信念间达成一致性而努力,从最普遍者(如,物质既不被创造也不被毁灭)到最特殊者(如,我刚才见到的手帕现在可能变成魔术师夹克衫的袖套)。问题在于,相信所有生物具有相同的固有价值,是否形成了我在反思性平衡中的部分信念?

　　我分三个步骤处理这个问题。首先,我运用反思性平衡方法,主张放弃利己主义(如果某人是利己主义者)而赞成所有人类道德的可考量性(considerability),在概念上既可能也可取(13.3 节)。然后,我指出,将道德可考量性的圈子扩展到非人类领域,不仅可能而且可取(13.4 节)。最后(13.5 节),我认为所有生命个体在道德上都具有可考量性(有固有价值)。继而我转向批判。在 13.6 节中,我主张,因为出于平等主义观念,泰勒主张的生物中心个人主义对我们要求过多;而在 13.7 节中,我认为,因为所有生物中心个人主义理论的个人主义色彩,即使是泰勒的观点,对我们的要求也太少了。

§13.3 从利己主义到人类中心主义

彻头彻尾的利己主义不是人类必不可少、根深蒂固的特征,我通过指出这一点来开始。必须承认,人类经常能够在身体和心理上做出利己的反应,漠视他人的利益。更不用说,他们经常侥幸逃脱处罚。人们经常为了自身利益撒谎、欺骗、偷窃且不受惩罚。但大多数情况下,人们会约束自己。他们接受教化从而对他人的幸福(至少在某种程度上)本身加以尊重。换句话说,人有时克制自己不从无助者那里偷窃,而且有时会不假思索地就抑制住不好的行为,只是为了潜在的受害者的幸福。

有人可能会认为,被受害者悲惨的生活前景所阻止的准强盗,与那些没被阻止的强盗一样,其行为都很自私。每个人都追求自身的幸福。因为想到别人可能会过上不幸生活而放弃偷窃的人,克制自己不偷盗,是为了避免良心的痛苦。另外一些人盗窃了,因为他没有被(充分地)教化以感受(足够的)痛苦。因此,从这个角度来看,似乎人们在做任何事情时都同等自利,同等利己,而且没有其他可能性。

但是,这样看问题是有缺陷的,因为它消除了一种重要的差别。有些人倾向于对他人友善,即使在他们采用更省事、更冷漠的行为也能逍遥自在时。而另一些人只要冷漠待人也能免责的话,就会冷漠地对待他人。在选择室友,或者要与之度过一个漫长假期的同伴时,我们有必要区分这两种不同类型的人。认为这两种人同样自私或自我,并未影响到这一事实,即这两种类型的人之间差异极大。如果我们说,不管有的人是否愿意尽力设法帮助他人,每个人都同等地自私和自我,那么,我们就必须寻找别的用语来表明我们所需要的区分。如果没有这类表达,我们必须发明一个,以便人们在需要选择室友、饮酒的伙伴、汽车修理工以及配偶时交流信息。既然无论怎样我们都需要区分一下,我们也可以继续使用"自私"和"自我"的话语。我们也可以说,一个一旦可以侥幸逃脱惩罚便不顾他人利益的人,比那些直接尊重他人的幸福,即使可以侥幸逃脱惩罚却抑制自己不去利用他人的人,更自私或更自我。以这种方式使用话语,结果证明,通常来说,人们往往能够从心理上避免或削减自己的利己主义。他们能够尊重别的生物自身的价值。换句话说,除了自身之外,他们也能够认识到其他生物的固有价值。

　　某物的固有价值,在我使用这一术语时,指的是某人意识到存在物因其自身的缘故而拥有的价值。[5]这里,"因其自身的缘故"不同于"因他者的缘故"。比方说,(一般)认为足球不具有固有价值。它不因自身的缘故而具有价值。它的价值完全是工具性的。它为其他存在(人)的目的服务,人类仅在它满足自己的目的时才认识到它的价值。足球可以被人踢,帮助人们获得乐趣、得到锻炼,等等。它的价值完全因为其他生物而不是自身。

　　相比之下,人们通常能够认识到自身的固有价值。他们通常并不认为,自己生命的价值完全由他们提供给他人的服务而构成。我认为,我的幸福有价值,不仅因为我的生活丰富了我的妻子、女儿、同事甚至我学生的生活,而且因为我的幸福因其自身的缘故而是值得的。除了我对其他人有价值外,我自身也有价值。这并不是说我缺少对他人的价值,而是我对他人的价值并不耗损我的价值。

　　关于利己主义的前述讨论现在就清晰了。一个彻底的利己主义者只认识到自己的固有价值,而不是他人的固有价值。他人被认为只具有工具价值。利己主义者认为足球和踢球者彼此类似,都只是作为推进他自己目的的工具而已。成功的足球教练有时会被指控混淆足球和球员。另一方面,一个人在认识到他人固有价值的意义上,是利他的。他人被当成目的自身,因自身的缘故而使自己的幸福成为有价值的存在。

如果利己主义并非人类必不可少、根深蒂固的特征,那么,我能够成为一个非利己主义者。这当然不是说我应当成为一个非利己主义者。因而我现在要问的是,道德关怀的网会撒多广? 除了自己之外,我是否也应该尊重其他生物本身? 如果我不仅认识到自身,也认识到其他生物的固有价值,又应当包括哪些生物呢? 这些问题在历史上已经有过不同答案。运用在第 12 章中解释过的反思性平衡方法,通过确定与某人的经验及其深思过的其他相关问题的观点相一致的最好答案,个人应当回答所有这些问题。

例如,一个从纳粹手中逃脱,从被占领的丹麦偷渡到中立国瑞典的欧洲犹太人,考虑一下他所表达的困惑中暗含的观点。[6] 多年之后,被以色列电视台的新闻记者访问时,他说他不能理解非犹太丹麦人为何要冒着生命危险将犹太人偷渡到安全地带。他反复地说,只要他活着,他将永不能理解这一点。

他的困惑似乎在于,他想象不到非犹太人能够认识到犹太人的固有价值。当然,考虑到他与那些没有认识到犹太人固有价值的纳粹的遭遇,对其他的非犹太人他也采取同样的态度,这不足为奇。也许这个人会更为一般化地设想,人们只认识到与自己同国家、同民族、同种族的或同宗教群体的人的固有价值。这是种族中心主义。从历史上讲,这种观点非常广泛,而且被用于证明奴隶制和种族灭绝。

与奴隶制和种族灭绝联系在一起,很容易给一个观点带来不好的名声。种族中心主义与我慎思的看法不相一致,这并不奇怪。而且我假设你的看法与我近似。我并不认为智利人、印度人、越南人缺乏固有价值,即使他们和我属于不同种族。如果我坚持认为他们缺少固有价值,我将认定,当他们失去政治自由,忍受饥饿或战火(当然,除非与我同种族的人被这些事件所影响)时,没有什么道德上的重要性。但是我一点也不这样认为。即使我的种族群体中没有人受到影响，我也会觉得，那些国家无辜的人们身陷厄运，比事事顺利要糟糕。我认识到所有人的固有价值，因而我既不是利己主义者，也不是种族中心主义者。我再一次断定你与我有相同想法。

但是，如果你的想法与我不同，如果你是一名利己主义者或种族中心主义者，我也许可能也许不可能运用合理的论述来改变你的想法。比方说，如果你自称是利己主义者，却出于一种责任感，给一位你并不喜欢的生活艰难的姨妈送去钱，我可以指出，你的责任感并不与你自称的利己主义相一致。既然推论要求一致性，我会以这种方式说服你，你不是利己主义者（或者你不应该出于责任感给姨妈送钱）。同样，你可能自称是种族中心主义者，却耻于与你同一种族的同胞一道冷酷地对待其他种族的人。我或许能够说服你，你的羞耻感暗示你认为其他种族的人具有固有价值。你应该或者放弃羞耻感，或者放弃种族中心主义的诈称。

这都是第 12 章中详尽论述过的探索案例之有意简单化的展示。由于有很多信念，各种信念之间又有不同程度的普遍性，而它们都与利己主义和种族中心主义相关，我或许能够说服与我们分享相同文化传统的利己主义者和种族中心主义者，让他们放弃利己主义与种族中心主义。通过共享文化传统，我们共享很多观点，对于这些观点我可以用上述方式表明，他们不应再信奉利己主义或种族中心主义。来自全然不同文化中的人，可能也会与我分享大量的观点，因为这种合理论述是有效的。然而，无论这个人来自我所在的文化，还是另一种文化，都需预设共同的信念背景。

背景信念的共性可以通过拥有共同经历而促成。我或许可以通过邀请某个人看电影、读某本书、上一堂人类学的课，或与我的家人共享星期五的晚餐，以产生所需的背景信念。如果这个人拒绝邀请，那我能做的就微乎其微了。而如果这个人接受邀请，她可能不会从中获得我希望发展的信念,因为其经验的组成将部分地依赖于她的背景信念和期望。因此,没有任何一种方法能确保这种问题上理性论证的有效性,正如科学中的那种理性证明有效的方法一样。

我将假定你既不是利己主义者,也不是种族中心主义者。如果我错了,我会推荐一些聚焦于这些问题的伦理学书,而不是关于环境关怀的书。[7]但是,如果你既不是利己主义者,也不是种族中心主义者,你仍然可能是一名人类中心主义者,像伊曼纽尔·康德一样。正如我们在第 6 章了解到的,康德认为,除了像 E.T.*和斯波克先生**这样的智能外星人以外,只有人类具有固有价值。现在我将以我对待利己主义者和种族中心主义者的方式,来谈谈人类中心主义者。

§13.4　从人类中心主义到生物中心主义

前一节分为两个部分。我首先论述了不仅从自身也从其他生物认识到固有价值的可能性,然后论述了这样做的可取性。本节的结构与此近似。

迄今为止我们所了解的是,人类建构了世上所有的道德评价。正如我们在第 6 章所见的,康德依据这一事实得出只有人类有道德价值的结论。康德的观念在第 7 章中已经受到批判,但是现在可以给予一个更加完整的反驳。

人类在认知世界的许多其他方面时认识到他者的固有价值,并将此认知与经验以及其他信念和态度联系起来。当这种认知与其他深思熟虑的观点联系起来并取得一致时,他们就认识到他者的固有价值。此认知过程并不意味着,人们只能认识到确切地、大概地或主要地与自己类似的

---

　　* 美国 1982 年电影《外星人》的角色。——译者注
　　** 美国电影《星际迷航Ⅲ》中的人物。——译者注

存在物的固有价值。相反,对利己主义的拒斥表明,人们能够且确实认识到与自己不太确切相似的那些东西的固有价值。对种族中心主义的拒斥表明,人们能够并且确实认识到与自身在语言、民族、宗教和种族上有差别的人的固有价值。迄今为止,固有价值对于那些已经拒绝利己主义和种族中心主义的人来说,不再是实质性差别。

要点在于,无论与我们自身差别多大,对任何存在者固有价值的认知上都没有逻辑障碍。判定哪种认知与我们深思熟虑的判断最相符合,问题只此而已。单靠逻辑不能排除一切——不管是动物、植物,还是物种或河流。就纯粹逻辑而言,即使足球也不会被排除在外。相反,如果它们的固有价值未受人们的认可的话,那也只是因为这种认识会与我们许多其他的判断相冲突而已。就此而言,足球具有固有价值的看法类似于地球是扁平的信念。

现在,我就从认识到除人以外其他存在亦具固有价值的逻辑可能性问题,转向这些认识的可行性问题。我已经暗示过,我并不赞成足球具有固有价值。足球因为人类的目的——比赛、锻炼、乐趣等而制造出来。我们通常并不认为,足球一旦制成,就具有固有价值。如果我们认为足球具有固有价值,那么,在决定踢球或设计游戏比赛时,我们就应当考虑到对作为目的自身的足球的影响。但是,我们至少可以这样说,任何这类想法都有些古怪。我们确实偶尔会考虑我们的足球运动对足球的影响。但这仅仅是因为,如果它破了,我们将无法再享有踢球的乐趣,而且我们也不太愿意花钱重换一个。我们认为,离开或除去对他人幸福的影响外,足球的幸福并没有多少价值。相反,我们只在工具的意义上重视足球。我们授予它们"工具价值"而不是固有价值。因而,对足球固有价值的认识不能与我们的相关经验和深思熟虑的判断相吻合。

我将不会探讨,对于那些与足球有显著区别的人工制品之固有价值加以认可的可取性,比方说,复杂的计算机和伟大的艺术作品。我所关心的是自然与自然物。因此,我会问:"我们应当认识到哪些自然物具有固有价值?"

全部问题在于,如何决定事物之间的哪种差别显著到足以证明对某些事物固有价值的认可,而非其他一些事物。汤姆·雷根曾经主张,仅仅靠物种差别不足以证明对固有价值的认可,我认为非常有说服力。认可雷根所谓的生活主体具有固有价值,与我们的(我的、他的和其他许多人的)经验与深思熟虑的判断相吻合。比方说,我们认为恣意折磨那些具有"知觉、记忆……未来感(情绪活动)……(以及)发起行动以追逐其欲望和目标的能力"的动物,在道德上是不公正的。这些动物与我们自己一样,属于"拥有福利体验的"[8]个体,即使有物种差别,也有权获得尊重。由此可见,遵循雷根的观点,我认可所有普通成年哺乳动物的固有价值(这一问题的更全面探讨,见前文 7.5—7.7 节与 12.8 节)。

彼得·辛格主张,快乐无论何时何地发生都好,而痛苦无论何时何地发生都不好,所以,所有有知觉生物的幸福体验在其自身的权利中都相当重要。除了对他人的影响之外,个体的幸福体验在道德上是很重要的。从辛格的功利主义观点来看,是经验,而不是拥有经验的生命,直接地具有价值。因此,说辛格与我们一样认可并称赞所有活体存在的固有价值,或许会造成误导。但他确实赞成,认识到所有有知觉的生物都具备幸福体验在道德上的重要性。以这种稍许间接的方式,辛格将道德关怀伸向所有有感觉的生物,且无论物种差别若何。

不用复述第 8 章(见 8.4 节)中的理由,只要说我发现辛格的观点在某种程度上有说服力就足够了。我承认,无论属于哪个物种,生命的体验质量在道德上很重要。这就是放纵地、不必要地虐待动物在道德上不公正这一判断背后的基本观念。因此,不仅哺乳动物,而且一切可以感受到快乐和痛苦的动物,包括鸟类、爬行类、鱼类以及可以感受快乐和痛苦的无脊椎动物,都应当成为道德关怀的对象。

正如读者可能已经注意到的,从上一节到这一节中,一种模式已然显现。从自我出发,那些越来越不同于我们自身的存在的固有价值被加以认可。我们从自我出发,将固有价值的认可拓展到同一族群里的所有成员,再到人类种族的所有成员,再到所有哺乳动物,再到一切可以感受快乐和痛苦的生命。这些可以被视作我们道德关怀的延伸。从这个角度来看,问题只是在于,拓展到何种程度为止? 我们应当认可所有动物的固有价值,而无论它们是否有感知能力? 要认可所有生物,包括动物还有植物的固有价值吗? 要认可生物群落,比如物种和生态系统,以及/或者所有自然事物的固有价值,无论它们是生物还是非生物? 本章的余下部分将要考虑这些问题。

据我所知,没有人采纳第一种可能性。没有人认可所有动物或仅仅是动物的固有价值,无论其感觉如何。对王国的效忠所意味的并不是动物王国。相反,人们业已有理由认可所有生命个体的固有价值,植物和动物都一样。这样,最终我们就得出了我在这里所呼吁的生物中心个人主义。下一节将证明此观点。

§13.5　生物中心个人主义之证明

每种生物,动物和植物,有知觉的和无知觉的,都是这样的:

它的内在功能与外在活动一样都具有目的导向,具有不断地维持有机体的存活时间的趋势,并且自身能够成功地完成这些生物运作,由此它生养繁殖,并能适应不断变化的环境。[9]

虽然"类似于树和原生动物的有机体并不是具备意识的生命……然而它们本身有一种善,围绕这种善,它们的行为被组织起来"。[10] 在这一方面,它们与人类和其他生物一样。当然,树和原生动物不同于人类、狗和鱼。这些动物既有生命,又有经验。但是,这种差别会影响我们认可植物和单细胞动物的固有价值吗?

好几个因素都表明,我们认可所有生物的固有价值。第一,从前两节我们的论述中可以观察到,从利己主义到尊重所有动物的体验是一种发展的进程。从更宽广的对固有价值的认识观点来看,之前较狭隘的认知状态在道德上似乎有些独断。比方说,从人类中心主义的立场来看,种族中心主义只认识到与自己同一种族成员的固有价值,在道德上这是独断的。为什么只是某个特定的种族、宗教或民族的存在才必然具有固有价值呢? 如对此问题没有一个有力的答复,那么,我们对固有价值的认可加以拓展,似乎就是合理的。如果某个差别显得并不重要,那么,我们假定它不重要就是正确的。之所以如此,乃是因为我们不断了解到,人们假定了某种差别(如,种族、国籍、物种)的至关重要性,然而当我们进一步深入反思时却未必如此。就此而言,对任何这类宣称都保持怀疑,并坚持要求那些宣称者提供一个可以接受的有说服力的案例,我们认为这是合理的。仅仅参考感受性而提出一种差别,甚至不足以为该差别的重要性展开辩护。

彼得·辛格提出这样一种证明。他写道:

> 痛苦与快乐的感受能力是从根本上拥有利益的前提条件,是在我们能够意味深长地谈及利益之前所必须满足的条件……一块石头不具有利益,因为它不能遭受什么。我们对它所做的一切都不可能对它的幸福产生任何影响。另一方面,一只老鼠……如果在受到(虐待)时,却可以遭受痛苦。[11]

辛格在此假定,要值得道德关怀,个体必须拥有自身的幸福;它必须是因其自身被对待的方式而可以促进或减少其幸福的事物。辛格将促进存在物的幸福同利益等同起来，并且主张"痛苦与快乐的能力是从根本上拥有利益的前提条件"。因此，缺乏知觉暗示着缺乏利益，暗示着任何可能的幸福状态的缺失。我们可以心安理得地对待这样一种存在，因为我们所做的一切都无法促进它或者伤害它。只要我们乐意，一块石头可以被我们踢得到处滚动。

虽然对于个别石头这一结论可能是正确的，但是这个证明却包含一个谬误。它在两种不同的含义上运用"利益"一词。这一证明表面具有的说服力源自一种含义向另一种含义的转换。这是逻辑学家称为一语多义（equivocation）之谬误的例子。"利益"可以意谓"促成某人的福利或幸福"，或者还能表示"某人所需要的、渴望的或感兴趣的"。这二者有区别。从第二种含义上讲，我可能对抽烟有兴趣（我渴望抽烟），但这并不能推论出，抽烟在（第一种）增进我之幸福的意义上属于我的利益。

在第二种意义上，植物和其他无知觉生物与石头相像。它们没有利益可言，因为缺乏知觉，它们缺乏对任何事物发生兴趣所必需的意识。但并不能推论出，它们缺乏另一种意义上的利益。生物活体，包括无知觉生物，在事物能够帮助或妨碍它们的福利或幸福的意义上都具有利益。正如泰勒所指出的那样，所有生物都是努力维持自己生长和繁殖的目的趣向的活动中心。其内在的目的导向，在其与不断变化的周遭环境的适应中显露无遗。生物活体，包括无知觉生物，在此方面与石头不一样，石头并非目的导向的（没有活力），因而不具有自身的幸福。那么，从利益的某种意义上讲，石头没有利益（因为它没有幸福，所以没有什么能促进或妨碍其获得幸福），然而树与原生动物却确实具有利益。辛格在坚持"痛苦与快乐的感受能力是从根本上拥有利益的前提条件"时，陷入了谬误之中。

关于这一点，辛格一类的功利主义者可能会如此答复，"利益"一词的意思所要求的意识自觉对道德有重要意义。道德,从功利主义观点看来,是目的导向的,其目的是愉悦体验的最大化(不快体验的最小化)。从这种道德观点看来,只有能够体验的存在,只有那些能有意识地对事物感兴趣的存在,才值得拥有直接的道德关怀。因此,功利主义将善与善的体验等同起来,这种论证认识不到植物和原生动物的固有价值。这种等同合理吗?

我反对将"善"与"愉悦的体验"相等同,其中有两个因素起决定性作用。首先,前面(8.2节)介绍的思想实验包含了一个暗示,为了讨论目前的话题,我将回顾该实验,展示其暗示的内容。

设想通过机器人科学与药剂学的进展,社会上的大量工作可能只需要少数人来完成,而其他绝大多数人却靠麻醉药物维持在浑浑噩噩之中。麻醉药并不损害人类的健康或缩短人的寿命,而且确实能使人们幻觉,使人们觉得无论干什么都无比幸福。那些希望成为卓有成就的足球运动员的人,可以幻觉自己击败了足球大腕。爱好滑雪橇的人可以幻想自己在滑雪橇。喜欢音乐的人将会拥有演奏或倾听他们最喜爱的音乐的幻觉体验,而欣赏大自然胜境的人也可以幻想自己身处奇妙的大自然怀抱中。

很少有人会愿意放弃真实的生活而依赖药物,即使依赖药物的生活能带来很多令人愉悦的体验。这是因为,(大部分)人们不仅仅重视愉悦的体验。他们重视非幻觉的愉悦体验,也就是说,将现实的外部世界与人类心智联系起来,这只有(也许)清醒的体验能够做到,而梦中的体验是无法产生的。对这些人来说,包括我自己(在内),体验不是善的唯一尺度。外在的真实也是一个必不可少的组成部分。总之,与功利主义的主张相反,令人愉悦的体验不足以构成善。

一个更深入的思想实验也暗示着令人愉悦的体验并非必要。该实验有时被称为"最后一人论证"(Last Person Argument)。[12] 设想某种宇宙射线已经导致地球上除你自己之外的所有有感觉生物的死亡。氢弹已被放置在地球四周,并装有自动定时爆炸装置。你已经设定这一装置,既可以调整使之推后 100 年,以确保不缩短自己的生命,也可以中止该装置,这样爆炸将永远不会发生。假定爆炸发生,将会蒸发且彻底摧毁地球上的所有生命。

你会认为你在这件事情上的选择有同样的价值吗,或者是否认为中止定时装置是一件相当重要的事情?我会认为,为了保护地球上的生命,即使所有相关生命是无知觉的,中止定时装置也极端重要。做出这种判断时,我并没有考虑那些危在旦夕的无知觉生命可能会在遥远的未来进化成有感觉的生物。我的判断表明,我确实认为体验不是任何有价值事物的不可或缺的特征。

有些人反对依靠"最后一人论证"。首先他们认为,这个论证可能使人受不了。因为许多人不情愿处于既爆破人造物又炸毁自然物的情形之下,该论证可能导致这样的结论,人造物所具备的固有价值不少于自然物。

我的答复是,人们确实重视某些人工制品,认为它们有自身为目的。但这种可能性还是支持了我的结论,即,感知能力并不是具备固有价值的必需条件。如果无知觉的人工制品具备固有价值,且显得并不少于自然的无知觉有机体,那么,功利主义就在争论中陷入错误,他们认为知觉是具有固有价值事物的特征。然而,除了这一点之外,人工制品并不是我所关心的。

对依赖"最后一人论证"加以反对的第二个意见在于:不情愿爆炸,可能并不是因为考虑到要摧毁事物所具有的(无论自然的或人工制造的)固有价值。相反,它可能着眼于任何对这一荒唐举动漠不关心的人的(摧毁不需要什么好的理由)道德败坏。为了避免像道德败坏者那样行为,人们应当拆除核爆炸物。

然而，反对还是没能对"最后一人论证"所要建立的要点形成质疑，即知觉不是我们认为以自身为目的的那些事物的必备特征。事实上，这一反对以迂回的方式导向了我在这一节努力建立的更为广泛的结论。正如在引言中指出的那样，我认为某些自然要素具备固有价值。因此，其他条件等同的情况下，个人应当努力避免伤害它们，或使伤害降到最低程度，并/或在已构成伤害的情况下做出补偿。反对者指出，对于恣意毁坏的无动于衷的态度要加以避免，因为它是道德败坏的表现。这一点产生关于自然要素的相同结论。其他条件等同的情况下，应当避免伤害这些事物，或者将伤害降至最低程度，并/或赔偿。因而，与第一种反对一样，第二种反对根本上也不是真正的反对。

总之，处于第一个思想实验所描述的环境中，宁愿选择现实的体验，而不是更多令人舒适的幻觉体验的人，都认为仅仅靠体验还不能构成善。任何一个处于第二个思想实验所描述的环境中，认为拆除定时装置很重要的人，并不认为体验是善的必备特征。所有这些人都反对功利主义将善等同于令人愉悦的体验的说法，因而也反对功利主义对所有生物都具有固有价值的异议。

还会有什么反对意见呢？就此而言，没有任何令人信服的理由让人认为，知觉特性对具备固有价值而言至关重要。因而，也就没有理由去反对所有生物固有价值的认可。每个生物在某些很重要的方面都与我们每个人相似。它具有自身的自然善，为了获得这种善，它对环境做出适应性反应。

现在我转向我认为有说服力的反对意见。它们不是对我所接受的观点，即所有生物都有固有价值的反对意见。它们反对的是泰勒那种更为激进的主张：(1)所有生物都具有相等的固有价值；(2)对所有生物同等固有价值的认可足以证明，用以保护物种免于灭绝和生态共同体免于衰败的活动是正当的。让我们在下两节中了解这两个主张。

§13.6 泰勒的理论要求过多

泰勒的生物中心个人主义观点存在着既要求过多，又要求太少的双重缺陷。我将首先论述它要求太多的方面，对既要求太多又要求太少的讨论留到下一部分。

根据保罗·泰勒的观点，每个生物都有相等的固有价值。如果无数的微生物（确实）在感染我，让我得了肺炎，那么他的观点会有什么样的暗示呢？我还仍然（有几分）年轻，我确信能够仅仅靠休息和好的饮食来康复，康复时间可能是 4 个星期。相应地，我也可以服用抗生素来缩短这些微生物的生命周期，那样只需 10 天就可康复。如果我们之中每一个都有相等的固有价值，我将势必成为一个道德上的恶人，仅仅为了我自己额外的健康的 18 天而杀死无数个我的等同体，尤其是按统计我还有 40 多年的生命时。因而，生态中心个人主义，在泰勒的平等主义解释下，似乎将以最强烈的措辞，禁止用任何抗生素最后治疗我的肺炎。

生态中心个人主义似乎负担得太多了。（几乎）我们所有人都坚信，并在深刻反思后继续相信，在这种情况下服用抗生素并非不道德，更不用说道德上的穷凶极恶了。即使和善的阿尔伯特·施韦泽也致力于杀死伤害人类的微生物。对于人们完全可以在不接受药物治疗的情况下完全康复的感染性疾病，泰勒是否会反对药物治疗呢？

泰勒坚持，人类与其他生物不一样，拥有人权，但是这些权利“并不暗示着权利拥有者与其他生物之间的不平等”[13]。根据泰勒，人权仅仅影响人际关系，而不是人类与其他生命形式的关系。他写道：“关键在于记住，我们已经拒斥了人类优越于其他形式的生命的全部观念。”[14]

然而，泰勒认可正当防卫的原则。“正当防卫的原则表示，允许道德代理人通过消灭危险的或有危害的有机体来保护自己。”[15]他继续解释道：

正当防卫是对有害的与危险的有机体的防御,在此背景之下,一个有害的或危险的有机体被认定为一种其活动会危及作为道德代理人的那样一些实体的生命或基本健康,这些实体需要正常的身体机能以便存在。[16]

泰勒会怎样将他的正当防卫原则与我的肺炎的例子联系起来？我无法确切地解说。他可能下结论说,既然微生物并不威胁我的"生命或基本健康",那么我服用抗生素是不道德的。在这种情况下,泰勒的观点将会与几乎所有其他人深思熟虑的判断发生尖锐冲突。[17]或许,他会认可服用抗生素。在这种情况下,说他的主张会得出所有生物具有同等固有价值的涵义是不严肃的。这两种情况,都给泰勒的生物中心个人主义带来显著的问题。

总之,泰勒主张,他的理论容许诸多非人类生物的利益为某种次要的人类利益做出牺牲。他仅仅要求非人类生物的牺牲被降到必需的最低程度,以实现"被人们认为是对维持整个社会文化的高度发展至关重要的"计划。[18]该计划必须用以满足"被整个社会所享有的作为生活方式之核心的内在具有价值的目的……"这样一些目标,而且相关生活方式必须体现出对自然的尊重。

当理性的、见多识广的、独立的、已经采纳尊重自然态度的人,仍然不愿意放弃上面提到的这两种价值时,即使当他们意识到追求此等价值的后果可能会伤害野生动植物时,只要这种追求比任何替换的追求方式包含更少的不公正(违背义务),那也是允许的。[19]

这就是泰勒的最小不公正原理(Principle of Minimal Wrong)。

366

这一原理也存在几个问题。我们必须在人群中辨别以决定哪些人是理性的、见多识广的和自主的——这从来不是个容易的任务。除了你与我,全世界都在发疯,而我又无法相信你。而且,在我们了解这些人愿意拥护破坏自然要素的哪个计划之前,我们必须知道是谁采取了尊重自然的态度。

泰勒的最小不公正原理也要求我们在文化价值中加以甄别,以决定哪些是真正在本质上有价值的。某些适当的价值可能通过牺牲非人类生物的基本利益来推进。因此,在允许修建一座桥或水力发电大坝,或另一个迪士尼乐园,一个新博物馆或者音乐大厅时,我们要做出决定。但是在不同文化价值间做比较、做决定是极其困难的。

然而,与核心的问题比较起来,这些问题相对次要些。最小不公正原理如果被解释成允许任何被设计出的计划,那么,它与泰勒的生物中心平等主义是不一致的。为了服务于我们的非基本需要,破坏成千上万或数百万计我们的等同体,那么,当严肃考虑所谓的平等时,这种破坏就永远无法正当化。为了解这一点,考虑一下这样一项毁灭计划对汤姆·雷根称之为生活主体的哺乳动物的影响。雷根,或任何其他认为所有生活主体都具有同样固有价值的人,将会认可在自然保护区的边缘修建博物馆或音乐厅吗,如果这将破坏成百上千的鹿、松鼠、麝鼠、獾的栖息地或维存方式?当然不会。如果冲突无法避免(动物或博物馆都不能重新部署),人们将不得不放弃博物馆的利益。[20]雷根也认同这一点,当预期或可能的实验受惠者不是用以进行实验的动物时,他甚至反对对动物进行医学实验。雷根能够形成一致,部分是因为他将平等仅仅扩展到所有生活主体,而不是所有生命个体。当需要牵挂的非人类生物的价值等同体较少时,人们追求重要的文化价值才是可能的。通常来说,这样的博物馆或者动物都能被重新安置。这样,雷根的理论就与我们在这些问题上的深思熟虑的道德判断相适应。

泰勒也希望调和我们(他的)在这个问题上的深思熟虑的判断。但是他宣称,所有生物都具有平等的固有价值,而在建造(几乎)任何博物馆、歌剧院、桥梁或发电站时,都不可能不对数百万生物的栖息地与维生之道造成破坏。自以为能够消弭冲突的设计并未在泰勒所举的案例中出现并发挥作用,这对雷根来说也是同样如此。严格遵循泰勒的生物中心个人主义,就会与用以促进非基本的人类利益的任何行动,包括高档女装在内,难以达成一致。这至少可说是违反常理。泰勒并不比我更喜欢这一点,因而他给我们带来最小不公正原理。严格地讲,它许可了他的生态中心个人主义所禁止的一些东西。因此,生态中心平等主义是如此狭隘,连它的首要倡议者泰勒,都拒绝一贯地应用它。这确实无法令人满意。

§13.7 补偿

在这一点上,泰勒可能会通过求助于他的补偿正义原理(Principle of Restitutive Justice)进行回应。"无论何时只要人类伦理的其他有效规则被打破,补偿正义原理就会出现。"[21]假定补偿能纠正此前有效的道德规则中的错误,补偿正义原理的理论能够宽恕某些违背行为,只要在违背之后补充或紧跟一些适当的补偿措施。泰勒可能会宣称,孤立地看,为修建图书馆而杀死数百万计的生物确实不公平,但在补充赔偿措施的情况下,修建图书馆时导致生物死亡却并非不公正。总之,泰勒可能会推论,补偿使得生物中心主义与支持文化促进计划之间获得了调解。

在批判这一思路之前,我想要指出这一议题有多重要,不仅对于泰勒的理论如此,对于整个环境伦理也是如此。不断增长的大量人口,使得人们不可避免地将会毁灭很多生物,引起许多物种灭绝,并破坏许多生物群落的丰富性。任何不能一贯地认同补偿措施的理论,都可归结为对人性的不满而一切照旧。只有赞同补偿措施,才容许环境伦理学家去支持那些道德上必要的环境对策,以(至少部分上)抵消不可避免的环境退化。因此,如果泰勒的理论缺乏赔偿正义原理,它将谴责(几乎)所有(违背泰勒意愿)的文化促进计划,并将不适用于环境关怀领域的一些首要问题。换句话说,假如没有可应用的补偿原理,因为要谴责所有的文化促进计划,生态中心主义将会对我们要求过多。同时,因为无法提供补偿措施以应对人们对环境的不可避免的干预,它对我们就要求地过少。

坏消息在于:由于它的个人主义,泰勒的生物中心主义不能前后一贯地认同所需要的种种补偿措施。

泰勒坚持认为,"在任何情况下,既然我们仅仅能够通过伤害其中的有机个体而对群体或共同体构成伤害,那么,违背规则最终对个体不公正"[22]。按照这种理解,他设想了要求补偿的四种情况。第一种是当个别的"有机体受到了伤害,但没有被杀死"[23]。第二种,更加糟糕,有机个体被不公正地杀死。第三种,更为恶劣,整个物种群体受到了不公正对待,比方说,当"一个'目标'物种中的大部分动物在某一限定区域内被过度渔猎或诱捕而死亡"[24]。最后,在"某些环境中的整个生物群落共同体都为人类所破坏"[25]。

第一种情况(有机体被伤害却没有被杀死……)类似于民事侵权行为。当某人在工业事故或车祸中受到伤害但没有死亡时,受伤者在获得损失的充分补偿后,正义方可实现。但泰勒使用的补偿正义原理,却与民事侵权行为责任案例中补偿的使用有很大区别。他援引其他的原则以证明,对不情愿的有机体蓄意引发一场非意外的、可预防的伤害是正当的。通常我们认为,蓄意对某个不情愿的人引起一场非意外的、可预防的伤害,并不是提供了补偿就能在道德上变得可允许。比方说,我们并不认为,只要对该个体做出补偿,用车蓄意撞伤他,在道德上就是许可的。蓄意打断一只健康的、不情愿的非洲大猩猩的腿(为了研究治疗过程),只要做出补偿就可允许吗?总而言之,很难理解泰勒的补偿原理如何支持在道德上毫无疑问的可选择的文化促进计划,而这种计划中却包含有对我们的道德等同体,即不情愿的有机体的非意外伤害。

然而,这还不是核心问题,因为在我们伤害野生动物时不导致其死亡的情况较少。很少有变形虫不会因化学喷剂而送命,并(对其他变形虫)说长道短。当一片森林因为修建图书馆而被毁掉时,树木会被砍杀,而不是受到伤害。再想想为防止其居住在图书馆地下室而被消灭的老鼠。让我们来了解一下,在这些野生生物被我们的文化促进计划所扼杀时,泰勒的补偿原理该如何继续下去。

就下列情况中的非意外伤害来说——砍倒树木、烧掉灌木、消灭老鼠,等等——反对该原则的理由已经以更大的力量得到应用。如果补偿无法使伤害在道义上得到允许,它几乎也不能使杀戮正当化。

然而,更为糟糕的是,当非人类受害者被我们的恶行所杀害时,在泰勒的个人主义假定下,补偿几乎不可能。为了解这一点,让我们再思考一下人类事故中的受害者。与前面(13.5节)所指出的彼得·辛格的观点联系起来看,人类在两种意义上具有利益:既有他们感兴趣的事情(他们对艺术或本地动物保护团体感兴趣),也具有可以增进其幸福的事务(戒烟是他们的利益)。二者不必相同,因为他们可能对继续抽烟感兴趣,即使抽烟对他们的长远幸福有损害。一般来说,当人们受非致命伤时,可以通过治疗和金钱来满足这两种意义的利益进而完成补偿。这促进了人们的个人幸福并且(也许)满足了他们的偏好。然而,如果事故的人类受害者死亡,其利益不能通过促进个人幸福来满足,因为他们不再拥有可促进的个人幸福。但如果他们对超乎自身死亡的问题(对此有偏爱)感兴趣,比如他们亲戚/家属的财务福利,他们母校的利益,并/或者本地动物保护团体的成功,我们仍然可以在另一种意义上满足他们的利益。因此,我们可以通过推动他们所关心的那些事情的福利,来补偿他们的死亡。

现在回到细菌、原生动物和蒲公英,我们注意到一种差异。由于缺乏意识,它们不能对任何事物产生兴趣。它们只在自身幸福的意义上拥有利益,而且这种意义上的利益随死亡而终结。因此,当这一类存在被不公正扼杀时,就不可能提供补偿。

　　泰勒似乎并没有意识到这一点。他坚持认为,在生物个体被不公正扼杀时,

　　代理者将某种形式的补偿归于种群或生物体所属的生物群落。这将是从个体到它的亲属与生态伙伴的自然延伸。补偿将经由相关种群或生物群落利益的推动或保护而构成。[26]

我发现,就缺少意识的动植物而言,很难理解这一点。由于它已被扼杀,所以它没有自身的幸福。因为缺乏意识,它也不能关心它的"亲属与生态伙伴"。因而它无法通过"推动或保护它所属的种群或生物群落"来获得补偿。我们意识到它属于这些群体,因此,帮助这样的相关群体可能是一种象征性的表示:我们为不公正地扼杀了这些植物感到懊悔,这对我们来说是有意义的。但是,失去生命的植物却根本没有因此而得到补偿。

　　与植物不同,有知觉的非人类动物可能会在死后得到补偿,但人们仅在对它们具有利益的事情上理解它们作为个体的死亡。比方说,如果松鼠妈妈们关心幼崽的成长,那么,人们可以通过确保它的幼崽在失去它的情况下成年,以补偿对它自身过早的、不公正的扼杀。但如果松鼠爸爸没有分享到这种关怀,相应地它们就不能得到补偿。那么,即使是在有感觉的动物之中,对不公正扼杀的补偿,其可能性也非常有限。它们受限于帮助受害者所关心的那些个体。

　　或许某种动物关心其所属的"种群或生物群落",而很多动物关心幼仔的生活。这一章以及泰勒一书的中心问题在于,人类是否应当被算作关心自己的"生物群落"的一类。当人类对这种关怀产生疑问时,人们就

需要有力的证据证明,将关怀归于其他物种的个体成员是合理的。在缺乏证据的情况下,我们不能想当然认为,通过"增进相关的种群或生物群落的利益",就能够补偿遭到不公正杀害的个体。

在"整个种群受到不公正对待时",比方说,"在一个限定区域中被过度渔猎或诱捕的动物",我们也不能提供补偿。泰勒建议,"应当要求感到困惑的代理者确保给予残余种群的成员以永久性保护"[27]。仅仅在至少有一个受害者关心其同类的永久性保护这一不现实假定成立时,死亡个体才得到补偿。

最糟糕的情况是,当"整个生物群落被人类摧毁时"[28],泰勒也还是无法证明补偿的合理性。然而,他试着给出两个建议。首先,他建议,"补偿……应当给予与被破坏的生物群落属同一类型生态系统的生物群落"[29]。他接着主张,"补偿的另一个可能接受者应当是,任意一个受到人类开发和消费威胁的自然荒野区域"[30]。但是,根据泰勒的个人主义假定,不可能以补偿的名义证明这些活动,因为个体受害者已经死亡。只有假定在它们遭到不公正杀害而死亡之前,它们期望类似的生物群落或至少某个生态共同体得到保存(以补偿它们的死亡)时,它们才能因这些措施而被补偿。然而,还没有人发现仙人掌留下了遗愿,而且我们也没有其他理由相信任何事物有这种期望。

我断定泰勒无法成功地依赖补偿正义原理。当伤亡为可选择的和非意外的时候,补偿不足以纠正道德错误。当非人类生物被扼杀,无论偶然与否,补偿无论如何(几乎)总是不可能。那么,泰勒就不能求助于补偿原理来协调对每个自然有机体的平等尊重,同时赞同那些扼杀这些有机体的文化提升计划。但是,泰勒认同这些计划,而且认为它们对减轻人类贫困来说,无论如何都是必需的。

这些计划也是不可能避免的。因为泰勒的个人主义使得在这些情况中不可能进行补偿,他的生物中心主义无法认同在满足道德需求的同时保护与加强环境的任何补偿措施。但是环境伦理学需要使用补偿的概念,作为提升人们意识并改进其行为的道德杠杆。对自然的尊重需要更少的平等主义(以允许文化促进的计划)和更多的全盘考虑(使补偿变得可能)。

　　然而,在转向整体论之前,我想要指出,有些生物中心个人主义者,如古德帕斯特与阿特菲尔德,通过区分道德立场和道德重要性,来解决生物中心主义对我们要求过多的问题。他们主张,每个生物都有道德立场,但是某些生物的道德重要性比其他生物要大许多。阿特菲尔德认为:

　　　　植物与细菌能够拥有道德立场,但只拥有几乎微乎其微的道德重要性,因而即使它们的大型聚合体也不能在冲突之时胜过有感觉的生物。可能它们的道德重要性只在所有其他的主张和因素都平等(或不存在)时,才产生差别。然而,正如古德帕斯特所说的,只要植物有道德地位,将这种地位牢记在心还是值得的……[31]

这样,如何协调生物中心个体主义与我们所容许的行为这一问题上,就有了一个解决方案。我们重新界定了这个理论,从主张所有生物具有同等固有价值的理论,到容许认可生物个体在固有价值上具有无限差别的理论。如果为了满足人类的非基本需求,而剥夺了价值极小的生物的基本需要,那么我们是公正的。所以,我们终究还是能够拥有一座新的博物馆。

　　我发现,这种温和得多的生物中心个体主义的观点,与泰勒更强硬的观点不一样,迄今为止它相当合理。所有生物都应被给予一定的道德考量。前面(13.5 节)为将道德考量延伸到所有生物而提供的证明是正确的。但正如阿特菲尔德所承认的那样,当道德考量微乎其微时,这种观点少有影响。尤其是我们已经了解到,个体主义使我们对某些相应情况不可能作出补偿,而平等地尊重所有生物个体,也不足以给物种与生物群落提供充足的保护。当同样的个体主义,与人类价值大大优越于其他生物这样的观点结合起来时,所得出的政策更不太可能保护物种与生物群落免受人类的摧毁。然而,每一生物都具有固有价值的观点,应当被包括在任何一种综合的环境正义理论之中。

生态中心整体论

§13.8　生态中心整体论视角

生态中心整体论的观点是,人们应当出于对物种的持续存在与环境体系的持续健康的关怀而限制自身的活动。奥尔多·利奥波德(Aldo Leopold),*现代生态学之父,将之称为"土地伦理"。[32]

"土地"一词,不仅被利奥波德理解成土壤,而且还被理解成产生各种生物个体——浮游生物、草、树、蜥蜴、松鼠、鸟和人——的生物及非生物之间复杂的相互作用。利奥波德认为土地是依照他所谓的生物金字塔方式组织起来的。"金字塔的底层是土壤层,之上依次是植物层、昆虫层、鸟类与啮齿动物层,再往上经过不同的动物群后,便是由较大的掠食动物群所组成的顶层。"[33]之所以是一座金字塔,因为"每往上一层,动物的数目便随之逐层递减,因此,每一只掠食动物有下层数百只动物作为其捕食对象,这些动物又有数千只动物作为其捕食的对象,后者则可享有数百万只昆虫,而这些昆虫则可享有无数的植物"。[34]

能量将生物群落的组成成分相互联系起来并促使其不断流动。它来源于太阳。植物将之转换成化学能量,并支持生物金字塔中生物的成长、

---

　　*　凡利奥波德引文均引自《沙郡年记》,吴美真译,三联书店1999年版。——译者注

维存、生殖与活动,最终会丰富土壤。"所以,土地不只是土壤;土地是一个能量的泉源,这能量在土壤、植物和动物之中循环流动。食物链是引导能量往上推进的活管道,而死亡和腐败则使能量回归土壤之中。"[35]一个食物链可以被另一个所取代。美国中西部地区的食物链,"土壤—栎树—鹿—印第安人……现在大半已转变成土壤—玉米—牛—农夫"[36]。既然鹿不只吃栎树,牛也不只吃玉米,那么,通过能量在生物群落中流动的方式,鹿与牛都可以成为许多不同的、相互关联的食物链的成员。

"演化的趋势将使生物群落变得更复杂、更多样。"[37]这种多样化影响着能量的流动。

能量上流的速度与特质有赖于植物和动物群落的复杂结构,就像树液往上流有赖于树木复杂的细胞组织一样。所谓结构,是指组成分子的物种的特定数目、特定种类和作用。[38]

缓慢的进化"并不一定会妨碍或转移能量的流动"[39],相反,它倾向于"细心经营流动的机制,或者延长循环路线"[40],进而导致土地的生物成分日益多样化并更加相互依赖。在很大程度上,多样化与相互依赖、稳定性和自我维持积极地联系起来。土壤的积聚比侵蚀更快,物种以比灭绝更快的速度进化。

因为生物金字塔满载着生命,而它的各个部分间又亲密地相互依赖,所以它可以被比喻成单个的复杂生物体或超级生物体。它的细胞是生物个体,组织是种群,器官是相对本地化的环境系统。它们一起构成了单独的生物体——生物圈,覆盖在地球之上。[41]

或者,有人可能会把地球上的生命想象成一个巨大的共同体。每个生物都是共同体的一个成员。物种就如同同种同文化之民族。很多物种就像非洲西南部的桑人一样,只生活在一个很小的地理区域之内,比方说，田纳西州的食蜗镖鲈。其他物种就像日本人、中国人、英国人或犹太人，他们在全球很多区域生活繁衍。就像蒲公英、狗，还有，也是最重要的，人。多数物种能在许多地区生存，但数目都不像这些物种这么多。

从这一隐喻的角度看来，生物圈，即地球上的全球生命共同体，就像一个国际共同体。当地的环境单元，沙漠、雨林、河盆，就像该共同体的国家。某个"国家"中的生物与本国内成员的相互影响和相互依赖，一般比与其他"国家"成员的影响和依赖更甚。例外情况大部分都发生在"国家"边界附近（如，沙漠遇上平原）。但是存在"国际"关怀，因为有些事物影响着全球许多地区的生命。比方说，氧气的供应，大气中二氧化碳的数量，以及大气放射性程度，可能会影响许多"国家"的"公民"。

一个"国家"只有在"边境"包含着和谐、稳定和物种多样化（种族多元论是政治上的相似物）的联合时，才是健康的。这对于"国际"共同体和整体上的生物圈也是同样适用的。

利奥波德既将生物圈与单独的、复杂的生物体作比较，也与共同体相比较。他在后来的著作中强调了共同体隐喻。然而，生物体的隐喻赢得了政治隐喻所不具备的特征。在复杂的生物体中，单个细胞是可消耗的。它们转瞬即逝，而重要的组织与器官却继续存活。事实上，子系统的存活与整个生物体的生命，既要求个体细胞的生存同时也要求它们的死亡。在生物圈中的情况也是如此，在一个健康的生物圈中，物种可以存活相当长的时间，而物种的个别成员却转瞬即逝，它们的生命与死亡都为生物圈的健康所需要。另一方面，在政治组织中，人们通常认为保护公民个体很重要。这在生物群落中既不可能，也不可取。能量通过弱肉强食在生物金字塔中流动。"公民"同伴之间对有限资源的掠夺与竞争，使得种群数量被控于限度内。竞争使某些个体没有配偶，没有足够的庇护所，且/或没有足够的食物。消除杀戮与饥饿在人类政治共同体中是好事，但在一个巨大的生物群落中却可能是灾难。将此限定牢记心中，我在这一章中会运用共同体隐喻。

生态中心整体论指示我们,将土壤、水、植物与动物当成我们自己共同体的成员。这就使得我们"从土地共同体的征服者转变为它的普通成员与市民"[42]。这就"意味着尊重……同为成员的伙伴,也这样尊重这个共同体"[43]。简而言之,生态中心主义整体论主张,"当一件事情倾向于保存生物群落的完整、和谐和美感时,这便是一件适当的事情,反之则是不适当的"[44]。

这种观点以生命为核心,因为无生物——岩石、河流、山和土壤——只有当它们作为生物群落的组成部分时,才受到重视。除了在生命过程中的作用,利奥波德的观点不会要求认可任何无生物的固有价值。

这一观点是整体论的,而不是个体主义的,因为"它的至善是生物群落的完整、稳定与美"[45],这不包括"授予树、动物、土壤和水之外的其他事物以道德地位"[46]。它仅仅意味着,"作为整体的共同体的利益,充当了评价其组成部分的相对价值和相对秩序的一个标准"[47]。比方说,在共同体中的多样性有助于其稳定的意义上,"从土地伦理的角度来看,稀有和濒危物种……有权要求优先考虑"[48]。仅仅在个别生物对所属的和所构成的生态整体的健康作出贡献时,它才是重要的——我们将此称为生态中心整体论。

我们是否应当接受生态中心整体论? 我们是否应当通过趋向于"保持生物群落的完整、稳定和美感"的行为,来判断它呢? 接下来的三节,我将陈述那些赞成有限度采纳此观点的理由。

§13.9　致几至改信者

在这一部分中,我为生态中心主义整体论提供辩护,以回击泰勒提出的异议。然后我指出,此前在讨论生物中心个体主义时所阐明的理由,支持而不是有损于生态中心整体论。因而,"几至改信者"是指那些已经赞成或倾向于环境保护主义的人。

泰勒主张,只有活着的个体才值得道德关怀,因为只有它们才具备自身的利益。它们是唯一的目的论中心,努力维持其存活、生长与繁殖等活动。为了实现这些目的,它们独自适应着正在改变的环境。"因而,共同体利益的现实……只能以生物个体作为基础。"[49]因此,共同体的利益就还原为个体成员的利益。如果"整个种群或生物群落受到伤害时所铸成的错误",要远甚于生物个体受到伤害之错,"这不是因为群体因此比个体更有权利要求受到尊重,而是因为伤害群体就必然包括对很多个体的伤害"[50]。

与这种推理相反,我指出,我们可以认识到任何事物的固有价值,无论它是什么。正如前面已经指出的(13.4节),这包含于第12章的结论中。认识固有价值的试验,与认识任何其他事物一样,就是与我们其他深思熟虑的判断保持一致。因此,在认识整体(物种与生物群落)的固有价值时,与对所有生物个体的认识一样,没有什么逻辑障碍。问题在于,这些认识是否能与我们其他一些深思熟虑的判断保持一致。

认可生物群落的固有价值的一大理由将在14.7节的结论中揭示。其中指出,唯有认识到对直接受益物种与生物群落的责任之必要,我们方能证明泰勒所正确认识到的道德上适宜的种种补偿,而且我们还将了解到,若要自然界在现代社会中不因人类活动的日益加剧而退化,我们此种认识也是至关重要的。因此,整体论对环境保护论的证明必不可少。

生态中心整体论观点不仅必要,而且足以证明环境保护论者所赞成的种种保护与补偿。当我们主要关心生态系统的健康时,它们就受到直接保护,即,因它们自身的缘故。物种也得到保护,因为生态系统的健康依赖于多样性,而物种是生态多样性的基本单元。荒野受到保护是因为它们倾向于成为健康的生态系统。它们具备完整性、稳定性和多样性。河流、山峦、土壤与湖泊，在它们是健康的生态系统的处所与构成部分的范围内，也得到保护。人们不能在保护一个荒野生态系统的同时取走它的土壤，正如不能在无视柴郡猫的同时看到它的微笑一样。同样，人们也不能在保护水生生物群落的同时，去污染它们赖以存活的水，或者截流筑坝。因此，整体论的观点证明了环境保护论所希望保护的一切事物。

生态中心整体论也与支持生物中心个体主义论证的结论相一致。如前所述，例如（13.5 节），对某种具备固有价值的事物来说，知觉既不必要也不充分。不仅从逻辑上，从我们对某个假想案例深思熟虑的判断来说，它都是不正确的。那么，对于生物中心个体主义、生态中心整体论，以及对其他一些认识到知觉与固有价值无关的任何理论而言，功利主义所提出的种种反对都已得到了回应。

前面（13.5 节）使用的一个论证，能紧密地与整体论联系起来。这就是"最后一人论证"，它表明，我们之中大部分人认为，即使知觉不再存在，保护无知觉生命也相当重要。这一判断能够以物种与环境共同体具有固有价值，并且/或我们有保护它们的直接义务这样的认识作为基础。因此，最后一人论证不仅与不单单是生命个体才具有的固有价值的认可相一致，而且与那种对之负有的直接责任相一致。

现在我将转向（还）不是环境保护论者的人们，向他们证明我们有保护和保存物种与生态共同体的直接义务。

§13.10　致公正者

设想某个女人只关心人类。迄今为止她还不是一个环境保护论者，她还没有表示认可雷根所提倡的动物权利。意识到自己不会接受为保护濒危物种和受威胁的荒野而进行补偿的措施，她很平静。对生物圈的美、稳定、和谐与多样化被损害而产生的后果，她也很平静。那么可以给出什么样的理由来适度影响她，使她改变对这些问题的看法呢？该怎么说服她有义务保护和保存物种和生物群落呢？

任何证明将不得不求助于她已经准备得出的判断，或她根据新的体验做出的新判断。那么，有人可能会邀请她背上背包在荒野中徒步旅行，或者（更便宜的方式）阅读奥尔多·利奥波德的《沙郡年记》。这些新的体验可能会促成新的判断，或者是物种与生物群落有固有价值的判断，或者是关于直接守卫生物圈之完整的义务的判断。

在这一节和下一节中，我以各种不同的假定为基础，主张我们负有避免损害生物圈之完整性的义务。我的假定很通俗，但并非普遍地被相信。这一节讨论的是一些我认为在我们对正义的想法中暗含的假定。我只希望，那些现在不愿意分享这种假定的人，也许会因为新的体验而在将来分享这些假定。撇开此假定，人们将束手无策。合理的证明受到共有的假定的限制。这就是为什么神创论者说服不了进化论者，进化论者也说服不了神创论者，而且（似乎）也没有人因劝说而不再去相信星相学。

我通过要求你考虑一个事实来开始，此事实是，当人类还没出现在地球上时，其他生命形式已经通过在复杂的生物群落中相互影响而进化了。通过进化展现的趋势是日益复杂化的个体与共同体的共同发展。在此过程中，人类相对而言出现得较晚。但我们并非不速之客。我们的进化与其他任何物种一样自然，一样在道德上毫无疑问。在生物圈中也有人类的位置。朝向日益复杂的个体与共同体的发展是大势所趋，我们的存在不会使进化历程驻足或倒转。

然而，随着农业（仅仅在大约一万年以前）与工业（晚得多）的出现，人类已经从生态共同体的普通成员变成了统治力量。人类的统治逐渐倾向于倒转进化大势。更多的物种灭绝了而不是进化了，生物群落的构成变得更简单而不是更复杂。这些变化正在加速地发生着。如果继续允许这些变化发生，生物圈将会从根本上被改变、被耗尽，而这一切只为满足人类的需要与利益。数百万计的物种将被根除，生物群落将会包含更少的多样性，而生物金字塔会因为食物链被缩短而变得更扁平。

　　问题在于，人有什么权利这样做？为什么某个物种可以自我冒充主人的角色，将一半的附属物种处死，将另一半当作仆人与囚徒？我们如何与其他物种相区别？我们的可以弯曲的拇指、智力与文化历史赐予了我们这样做的力量了吗？力量就产生权利吗？我们通常并不这样认为。大部分人认为，对那些缺乏足够的智力以具备道德责任感的生物，对那些不能判断对错的生物，使用力量在道德上毫无疑问。就像这些生物的其他行为一样，无对错可言。但对有足够智力具有道德的生物而言，像我们一样的生物，有些事情是对的，有些是错的。通常我们并不认为，满足最有力量一方的欲望与利益的行为是正确的。因而，在缺乏有说服力的理由时，人类对生物圈的统治和毁坏就站不住脚。

　　它的不合理性，可通过以下的思想实验清楚地显现出来。设想存在着在智力上优越于我们的外星生物，正如我们优越于松鼠一样。设想因为他们的智慧与技术，他们有能力殖民并统治地球，使地球上的所有物种与生物群落服从于他们的目的。我们会认为自己被这些生物囚禁、奴役或者根除，在道德上正当吗？我们会认为，他们优越的、使他们凌驾于我们之上的智慧与技术，就授予他们以权利，让他们忽略我们的幸福、灭绝任何他们认为无用的物种，并摧毁我们赖以依靠的生物群落吗？我认为，大多数读者不会认同这一点。更不用说任何人可能会设想，如果外星人在道德领域有某种优越性，他们将有权随心所欲地掠夺。假设他们对道德有更深刻的了解，能够比我们更清楚地使自己的道德观点系统化，并/或比我们更能使自身的行为遵从道德的需要。我们就肯定会认为，如果他们自夸的道德优越性是真实的，那么，它将不能用于使暴政正当化。对外星生物做出如此判断的任何人,一致性要求他们发誓:弃绝人类对生物圈统治的类似理由。他们不能通过参照我们的智慧、技术优越性、力量、道德理解或自由意志,来证明人类统治的合理性。那么,还剩下什么可以参照。我不知道。

与我的想法相反,有人可能会反对说,这一思想实验并不支持生态整体论。反对者说,我们反抗外星生物的暴政,不是因为我们认为他们应当保持地球生态系统的和谐、多样性、稳定性与美感,而是因为我们认为,他们不应该如此任性地对待我们——人类。反对外星生物霸权的这两种可选择的理由之间差别巨大。反对者继续说:如果我们仅仅站在整体环境关怀的角度表示反对,那么,如果外星生物通过残酷地选择性宰杀人口来保持或增进生态系统的健康时,我们就不应当对之加以反对。从生态学角度看来,人类在生物圈中表现过度,因而扼杀数百万人将可能增进生物群落的健康。然而,我们有理由反对这种杀戮。反对者会坚持认为,我们的反对表明,我们仅在涉及侵犯人权的意义上反对外星生物的统治。所以,我们的反对表明了我们对人权的接受,而不是对生态中心整体论的接受。

我的答复是,反对者是正确的,但仅在一定程度上如此。我们反对外星生物冷酷的统治,某种程度上是因为,根据假设,这种统治侵犯了人权,反对者在这一点上是正确的。由此我们想到,生态中心整体论的观点将不得不被进一步解释,或者被修正,以与我们深思熟虑的关于人权的判断保持一致。这个问题将在本书13.13节与第14章讨论。

但是,只将注意力放在人权问题上,就错过了思想实验所可能产生出的一种重要视角。此实验凸显出一种刻画我们所熟知世界的特征,即,世界上存在具备很多不同程度复杂性、力量和智慧的生物。设想大大地优越于人类的外星生物,或设想我们自己在复杂性、力量和智慧的等级中,站在一个与实际情况不同的位置上。这就像要求一个富人站在穷人的立场上考虑问题。这样一来,之前似乎合理的假定突然就好像出现了疑问。

那些富有的人提出的某些主张似乎是独断的。

汤姆·雷根与彼得·辛格业已论证——我认为很有说服力——人类与很多其他动物的类似性，证明了我们需要改进对动物的待遇的合理性。我们应当意识到它们的潜能，就像我们意识到人类的潜能一样。但这还不足以消除独断性的问题。正如约翰·罗德曼（John Rodman）所言：

> 如果一个从火星来的观光者发现某个物种宣称，因为具备据说是自己独有的理性能力、自由意志、灵魂或其他神秘特征的特性，因而就拥有了对内在价值的独占，那么，此物种宣称，自己及最类似于自身的物种（如在神经系统和行为上），因为共同拥有的据称是独占的知觉特质而独占内在价值，难道这就不独断吗？[51]

同样，外星生物会不会独断地将道德关怀仅仅拓展到最类似于它们的那些生物（在此考虑一下，它们可能会与海豚或狮子、狗而不是与人更为相似，且能够更容易地与之相认同）。

显然，我们需要某种原理，指引并证明我们在道德关怀之拓展上作出的选择。只有在选择是原则性的，而且原理还算合理时，独断的问题才得到解决。这是从这一节的思想实验中得出的主要结论。思想实验表明，一位公正者不能完全宽恕以人类为中心的对生物圈的利用。我们不能因为外星生物不讲原则的道德关怀延伸（如，延伸到狮子、狗与水仙花，而不是海豚与类人猿）而谴责其独断，而我们却宽恕了人类自身独断地拓展道德关怀。因此，公正就意味着，我们有义务以原则性的方式证明我们对道德关怀的拓展。

我们已经发现，汤姆·雷根（动物权利）、彼得·辛格（知觉主义）和保罗·泰勒（生物中心个人主义）所提出的，建立可辩护的原理以导向关于拓展道德关怀的合理约定的种种尝试，都有缺陷。下一节，我将介绍过程伤害原理(Principle of Process-Harm)并为之辩护,我认为它自身及其含义都较为合理。其含义之一有理由被生态中心整体论所接受。

§13.11　自然过程与伤害

经由某些我认为暗含于伤害与责任之共有观念中的假定,过程伤害原理为人知悉。它也被其所解释与证明的观点所支持。由于看起来稳固、统一,并暗含于许多被普遍接受的判断中,这一原理为人遵信。最后,如我们在上一节中所了解的,公正要求将道德关怀拓展到人类之外的领域中,也要求在拓展上有原则性的决定。过程伤害原理满足了这些需求。

考虑以下常识性的保守原理:个人不应当干扰运作良好的事物,在必须干扰时,应当将干扰降至最小;当干扰妨碍了运作良好的事物时,应当采取修复措施。这是不干涉、最小伤害和补偿原理——或者综合起来看,即过程伤害原理。此原理可应用于我们与进化过程的相互作用中,在这些过程(被认为)运作良好的意义上确实如此。

我相信,人们一般来说总是假定,进化过程运作良好。在产生日益增多的生物多样性方面,进化过程已经产生出人类,一种为许多人所赞成的结果。事实上,一些最反对特别地关怀环境的人,以只有人类具备固有价值作为他们的反对依据。这些人却忽略了这个事实,即,如果人类是如此卓越,那么,产生他们的进化过程是运作良好的。与上面提到的保守原理结合起来,这个事实得出,除非迫不得已,我们不应当干扰进化过程,在干扰时应该降低到最低限度,而且还需要补充一些补偿措施。更确切地说,我们应当保护荒野,在那里进化过程保存得最好,而且一般来说,我们应当抵制那些引起物种灭绝以及降低生物群落多样性的人类活动。在为了服务于人类幸福,或任何其他有价值的目的,荒野被破坏,物种被灭绝,或生物群落多样性被降低时,人类有责任将损失降到最小;比方说,运用破坏性最小的实用技术。同样,其他条件等同的情况下,必须进行补偿。人们应当对其他的荒野、相关物种以及类似的生物群落提供特别保护。只有这样,我们才能长久保留那种倾向于增加生物多样性的进化过程。

有人可能会反对这种理由而坚持认为,倾向于增加生物多样性与生态系统的复杂性的进化过程,虽然对人类的出现来说是必要的,但对人类的持续存在或优越而言却并不必然。考虑一个类似的案例。火车仅仅在将人们送达某目的地的意义上有价值,一旦人们到达目的地,它就失去了价值(假定人们不再需要去那个地方)。类似地,进化过程在产生人类的意义上有价值,一旦人类已经产生出来它们便失去了这种价值(除非此过程为维存人类所必需)。因此,反对者断定,人们不需要对保存荒野与生物多样性寄予任何特别的价值。

反对者的推理忽视了动物权利论证(第7章),友善对待动物论证(第8章),以及尊重每一生物(这一章的第一部分)的论证。他们也忽视了本书第13.10节中的外星生物例子。这个例子进一步削弱了只有人类具有道德价值的假定,并且表明,我们需要非独断的、可辩护的原理,以引导我们在这些事务上的决策。另一方面,反对者仅仅假定了而不是证明了,人类独一无二地具备固有价值,而这一点令人不可接受。再回到火车的比喻,当我们不知道谁会成为潜在乘客时,我们不能说,火车已将所有有关人员送达目的地,也无法确定火车在将来是否还有必要。在这种无知的情况下,因火车的(大部分未知的)潜在服务而继续重视它是合理的。那么,在其他条件相同的情况下,避免损害火车,或如果损害不可避免,将之降到最小并迅速地修复它也是合理的。

换句话说,因为进化过程导致人类的存在,而我们认为人类存在是善的结果,所以我们认为它运作良好。但我们没有理由相信,人类的存在是唯一的善或最高的善。相反,我们有理由相信,每个生物的存在中都有某种善。此外,如果进化过程被允许继续产生日益增多的生物多样性这一历史趋势,现在我们便能够设想,我们不能消除会出现比我们进化得更完善的生物的可能性。因此,我们对进化过程在过去运作良好所持的理由,也为进化过程一如既往地运作良好(当朝向日益增多的多样性而不打乱运作过程时)提供了理由。而且,当某事物运作良好时,运用过程伤害原理是合理的——如,保守的不干涉主义、最小伤害原理以及修复原理。

对于这一点,有人可能会反对说,如果人类与任何其他事物一样都是自然的事物,都由进化过程产生出来,那么,人类所做的一切都是此过程中很自然的部分之一。反对者主张,如果人类引起如此多的物种灭绝,以至于进化趋势因此朝向更大的生物单调性,这或许表明,进化有一种自然趋势,即限制生物多样性进一步发展。就像很多感染性病菌,多样性的进化发展理所当然地自我限制。反对者断定,如果就是这种情况,那么我们运用不干涉、最小伤害与修复原理,以维持或复活朝向日益增多的生物多样性的进化趋势,将是反自然的。

这一反对的缺陷在于它过于依赖所谓的自然之理。通常我们并不认为,凡是自然的就都是善的或有价值的。癌症细胞是自然的,但这并不意味它们应当留在人体内不受干扰。粗糙的钻石远不如精细打磨的钻石那么有价值。我们一般认为,某些杀人行为可能具有自然倾向,应当通过治疗导向更和平的行为倾向。简而言之,某些事物是自然的,这并不意味着,它比任何其他稍许不那么自然的事物有优越之处。

进化过程在此受到重视,不是因为它们是自然的,而是因为它们产生了我们重视的结果。仅仅在产生日益增多的生物多样性的道路上,它们已经产生了这样的结果,并且保证会产生更深层次的好结果。因此我们所重视的是产生日益增多的生物多样性的进化过程。人们扭转朝向多样性的趋势,可能会被认为是自然的,但这并不改变以下事实,即,扭转会损害我们认为是善的东西——增加生物多样性的进化过程。在所有其他条件相等的情况下,应当避免这种损害,或当迫不得已时,将之最小化并修复。

　　另一种反对意见认为,生物进化过程并不总是产生我们所珍视的结果。比方说,引起天花与艾滋病的有机体,是生物进化的产物。反对者坚持认为,既然进化过程既产生我们重视的结果,也产生我们不重视的结果,那么进化过程就不应当算作好的或者坏的。我们应当以一种中立方式评价它。一旦被如此考虑,过程伤害原理似乎不再适用。不干涉、最小伤害与修复原理,似乎适合引导那些与良好的运作过程相关的行为,但却不适合那些与生物进化过程相关的行为,因为它的价值是模棱两可的,或是中立的。

　　我答复说,这有些像在评价罗伯特·雷福德(Robert Redford)的外貌既不好也不坏,因为脸部有痣有损于他的完美。说某物不完美,并不等于说它的价值是中立的。就像罗伯特·雷福德的外貌,价值可能非常高,但并非想象中那么高(保罗·纽曼的外表)。我认为,依据大部分人的标准,生物进化的产物是卓越的,但并非十全十美。我们的消极评价预设了进化所带来的更为重要的积极评价,从这个事实看来,进化的总体优越性显而易见。仅仅在压倒性地积极评价人类生命的背景下,我们消极地评价引起天花与艾滋病的微生物,这些生物体侵害人的生命。在这里积极与消极绝不是均等的。尽管我们并未积极地评价生物进化的每个产物,我们的评价还是表明,我们认为进化过程总体上运作良好。因此,过程伤害原理适用于它。我们应当避免影响生物进化,或者,如果必须影响时,应将影响最小化,并随后进行修复。

　　最后的反对由那些坚持认为文化进化现在应当替代生物进化的人提出。反对者提出,我们重视很多文化进化的产物——《蒙娜丽莎》,莎士比亚的戏剧,电脑以及哲学论文。这些产品从文化进化过程中产生,这就像生物进化的过程,历史地朝向日益增多的多样化产品(虽然全球交流可能会暂时扭转这一趋势)。此外,文化进化已经越来越多地将力量交由人类掌握。如果重视某产物就意味着重视产生它的过程,那么,文化进化过程应当与生物进化过程受到同等重视。

到此为止，我完全同意反对者的意见。当反对者更进一步主张，文化进化应当大大地优先于生物进化时，我们才出现不一致。个人应当更重视文化进化，而不是将之等同于生物进化。用什么可以证明这个额外的主张呢？

反对者可能会说，文化进化的结果或许会比生物进化的结果更好。反对者的"更好"一词如果意味着"对人类更好"，那么反对者的声称便是以当前的有效证据无力支持的推论为基础的。即使我们假定迪士尼乐园、电视、抗生素与飞机对人类有益，同样产生这些的工业化文化，在某种程度上，以及较轻的道德程度上，有理由对比以往有更多人口在遭受饥饿这样的事实负责。在这一点上，由技术乐观主义者倡导的服务于人类的平衡行动可能根本比不上依赖自然的生态平衡。

但是在目前的情况下，这仅仅是一个枝节问题。除非反对者为专门以人类为中心提供一个非独断的理由，否则他将"更好"与"对人类来说更好"相提并论就不合理。当反对者宣称文化进化的结果比生物进化的结果更好时，反对者将不得不使用另外一些"更好的"非独断标准，并为之辩护。我不知道还有什么样的其他标准，除非这一点被确认，否则，反对者就总会是不完善的，那么我们就没有理由普遍地偏好文化进化的结果而不是生物进化的结果。大体上，二者都惊人地让人印象深刻。那么，同样的不干涉、最小伤害与修复的普遍原理应当应用于二者。

在这种总体框架中，会出现冲突。一个文化可能会朝着种族歧视论的方向发展。那么，它的畅通无阻将会危及人权。在某些情况下，来自文化的外部调停将会是正当的，尽管事实上一般来说抑制外部的干涉是有益的。生物进化会同样形成威胁很多生物有机体的有毒化学物质。在某些情况下，人类的干预可能是正当的，且事实上这种干预通常是有益的。最后，文化进化与生物进化的过程却可能会发生冲突。一个会影响另一个。此时,除了细查具体的特殊情况,不能做出任何决定。

设想一种可用于挽救许多人类生命的新型抗生素已被开发出来,设想研究过程要求灭绝某些种类的微生物。基于积极人权(保健)可能会从容不迫地主张这种灭绝的正当性。我将认为,合理与否在很大程度上依赖于引起相关物种灭绝的总体后果,以及用其他方式开发出相同效果的其他抗生素的可能性。

在第14章中,我考虑要裁定相冲突的不同利益与不同义务的主张。这里要强调的是,导致日益增多的生物多样性的生物进化过程,也在我们必须纳入考虑的善的事物之列。相应地,我们对它们有不干涉、最小伤害和修复的义务。其他所有条件等同的情况下,我们不应当干涉这些过程,而且,如果干涉正当时,应当在当时或随后采取补救措施。简而言之,过程伤害原理对它们适用。

§13.12 手段与目的

一些热心的环境保护论者可能会失望,从根本上讲,前面的证明将自然当作工具。我已经证明,我们应当保护荒野,保存物种,并出于关心生物的进化过程维持生物多样性。我们喜欢这些过程,因为我们相信它们过去运作良好,意味着它们在产生我们重视的结果中起到工具作用。那么,从根本上讲,我已经证明,进化过程在增加生物多样性上的工具价值。我还没有证明,物种、荒野、生物多样性或进化过程是以自身为善的,或者因自身的缘故值得道义上的考虑。我没有证明其中任何一种都具有固有价值,而这可能会使很多生态中心整体论者失望。

然而,在过于失望之前,个人应当考虑将工具地位归属于生物进化过程的特殊性质。它们的善并不专门服务于人类的善,因此,我陈述的理由不以人类为中心。因为不以人类为中心,所以它即便导向了人类能够在生物多样性遭到破坏时生活得更好,它也不会失去任何效力。这个论证同样超越了其他生物个体、种群、物种与生物群落的局部需求。在生物进化的一般过程中,生物个体会死亡,种群会消亡,物种灭绝,某些(地方化的)生物群落的多样性与平衡性会丧失,但只要这是由在长远上增加生物多样性,并产生我们重视的结果的种种进化过程引起的,那么,继续运用不干涉原则似乎是合理的。当生物进化不受阻碍时,更多物种从长远上倾向于进化而不是灭绝,而更多的生物群落会获得而不是失去多样性。

但是,既然进化过程仅仅是工具性的,那么,在理论上这一点总是可能的,即它们作为工具所服务于的目的,也就是我们珍视的以自身为目的的生物的发展,可以通过其他形式的手段更好地达成。人类有目的地干涉进化,在理论上总是可能的,比方说通过优生计划,是正当的。普通的生物进化可能有较好的工具性,但另一些事物可能工具性更佳。某些环境保护论者可能发现,比如说,承认人类工程可能替代自然进化的理论可能性的论述,易于遭到反对。他们将更倾向选择这样一种论述,坚持自己喜欢的自然进程与生物群落是以自身为善的。

我还是相信,关怀没有原因。进化过程的工具价值通常与它的目的联系在一起,即我们重视(或在我们现在不能经历或具体设想更进一步的进化的情况下将要重视)的生物的发展。大部分的工具,像汽车与铁锤,是由人们设计用来实现某个目的的手段。在设计这些手段之前人们预想目的。既然人们有目的,这一目的又(至少有点)独立于任何手段,人们可能偶尔会发现服务于相同目的的其他手段。在这些情况下,既然目的是唯一的,那么旧的手段会被绕过或完全被抛掉。

进化过程根本就不是这样。它们不是被人类设计的,或者从科学的角度看来,不是被任何存在设计的。因此,它们的存在不以预先设定的目的,以及从任何人在手段与目的之间获得的手段—目的关系的立场上的理解为先决条件。缺乏对未来将达到的有价值之目标(我们当下无法设想的目标)的完全理解,我们甚至不能从理论上抛弃(倾向于增加生物多样性的自然进化过程)有利于达到同一目的的其他手段。从目的(进化将产生的令人惊奇的事物)必须与达成它的手段(进化过程)相联系的意义上,用另外的方式(比方说,优生学或基因工程)替代这些手段以达到同一目的,在理论上不可能。

简言之,在某种程度上我们以自身为目的的价值,既为人类和至少其他一些当前存在的进化产物赋予价值,也为进化过程被允许继续增加生物多样性而在将来形成的生物赋予价值。在我们考虑这些生物的意义时,正如我们考虑自身,我们同样以其自身的目的为它们的发展赋予价值(所有其他条件相同的情况下)。而且,在这种情况下,手段与目的必然地而不是偶然地联系起来。目的通过对手段的理解而被理解。因此与目的联系起来的任何价值与任何因素,也与手段联系起来。进化过程因而成为在某种程度上与理论上以自身为目的的密不可分的手段。在此意义上,它们应当被当作目的自身。

心理问题也与手段—目的的区分相关。有一种心理趋势:在很多情况下有一种心理需要,使得手段变得像目的自身一样受到重视。这种趋势是共同的。有些人将慢跑作为获得更好健康的手段,进而开始喜欢慢跑本身。有些学生为了符合大学的必需条件而阅读哲学书,进而开始喜欢阅读哲学书。有些人为了谋生而去工作,进而开始重视工作自身。这种手段变得与目的自身一样受到重视的现象,通常称为目的转移,因为一个原始的目的被此前仅仅是手段的另一目的所取代。

手段取代目的在心理上是必然的。正如约翰·杜威(John Dewey)指出的,目的是宏大的并/或抽象的,比如推动幸福、保卫人权、赢得战争或提高教育,并不提供多少引导。有如此众多的推动伟大目的的不同手段,以致专门地集中于"宏图"的人有些不知所措。因此,比方说,如果我想促进教育,我不得不选择一些达到此目的的特别手段。我可能会成为本地父母—教师协会的秘书,并且开发一门环境伦理学的课程,我将在本地大学讲授这门课。为了充分备课,我必须严阵以待。除了提升教育这个更抽象的目的,课程的优异必须成为我的目的之一。在这些情况下,至少某种目的转移在心理上是必然的。先前被认为仅仅是一种手段的东西,在某种程度上会被当作目的自身而被追求。

虽然目的转移在某种程度上不可避免而且必须,它也有危险。如果将手段作为目的自身,人们有时会遗忘原始目的,故而受挫而不是更好地达到目的。有些为了健康开始慢跑的人,可能会喜欢上慢跑而达到伤害健康的地步。这不是反对目的转移的理由,而是对其使用的告诫。目的转移不应当对原始目的被某种新的更为当下的目标全然替换,以至于"宏图"完全被忽视。更大和更少的当下目标应当继续被当成目的自身受到重视,即使在这种情况下它们与达成自身的手段合流。

这些心理概括与我们如何思考进化过程有关。正如我们已经了解的,逻辑本身就决定了这些过程应在某种程度上被视为目的自身。除此之外,它们还可被视为手段。当然在目的范畴内,这里给出的原因是对荒野的保存,对濒危物种的保护,以及运用对自然过程产生最小伤害的技术。最初,这些都是为保存进化过程(倾向于产生日益增多的生物多样性的这一种)继续运作的必需条件的手段。但是,因为总体目的如此巨大,如此抽象,除非手段被视为目的自身,否则总体目的将无法实现。因此,对任何分享维持增加生物多样性的进化过程的目的的人来说,保存荒野、保护濒危物种,以及运用"软"技术,将手段作为目的自身,这是合理的。而且维持这些过程的目的,应当被认为这些过程大体上运作良好的每个人分享。

因此,过程伤害原理是合理的(那些认为进化过程大体上运作不太良好的人除外)。首先,它在运作良好就不应被伤害的常识性保守原理上是合理的。如果必然要伤害,伤害应当被最小化,并得到修复。这些是在本书 14.11 节中所体现的重要意见。我已经提出,先前的考虑使进化过程仅仅构成工具善而不是善自身。我主张,在将事物当作手段与当作目的之间有一种可变化的关系。对某些目的自身来说,进化过程是工具,未来神奇的进化产物除了作为未来的产物外不能被明确说明。在这种情况下,目的与手段不能以常规方式分开。在其他可能清楚地区分目的与手段的情况下,以更为具体地构想出的心中目标取代抽象目标,保证达到抽象目标的手段成为目的本身。因而,保存荒野,保护物种和运用破坏性最小的技术,成为达到保护增加生物多样性的进化过程这一目的的手段,也成为目的自身。

当然,这些目的自身并不是世界上唯一的善。在某些情况下,会有更重要的善占有优先权。优先地位的问题将在本书第 14 章讨论。现在,指出这一点就够了,即,本身牢固地根植于常识的保守性原理中的过程伤害原理,支持生态中心整体论。我通过将此原理与两种不同的生态中心整体论相联系的观点来下结论。

§13.13　结论

奥尔多·利奥波德提出了一则完整的环境关怀箴言:"当一件事情倾向于保存生物群落的完整、平衡和美感时,这便是一件适当的事情,反之则是不适当的。"[52]但是,这种生态中心整体论的观点过于简单。它专门集中于共同体的利益,与功利主义集中于最大化总体效用(见上文 9.4 节)有同样的缺陷。个体没有受到足够的尊重与保护。它们的个体利益太容易被牺牲,以促进其他个体(功利主义)或共同体(整体论)的利益。

在环境整体论的情况下,结果是令人吃惊的。"作为杂食动物,"卡里科特指出,"人口数量或许应是熊的两倍……"[53]然而事实上是熊的多倍。若没有受到其他原则的限制,这似乎暗示着支持有选择地宰杀人口的策略。我认为,这种策略与人们深思熟虑的道德判断并不一致。因而,生态中心整体论似乎意味着厌世主义。汤姆·雷根无可非议地将这种极端而无限制的整体论称为"环境法西斯主义"。[54]

幸运的是,正如卡里科特(在最近一篇论文中)指出的那样,奥尔多·利奥波德的"土地伦理,是对生物群落共同体中人类与非人类的成员个体,以及做为整体的共同体本身,如何加以尊重的明确回答"[55]。沿着这些路线对利奥波德的立场作出重新解释的是乔恩·莫林(Jon Moline)。[56]

然而,何种伦理逻辑地从代表生态中心整体论陈述的理由中出现,了解这个目的更为重要。理由大致如下。在本书 13.10 节中,我论证说,公平心态要求我们在利用生物圈时,应当考虑我们行为的影响,不仅是对人类的,也包括对其他事物的影响,而且还要求我们具有某种原则性的立场,以认识到哪些其他事物有权利要求此种待遇。在 13.11 节中,我为过程伤害原理提供了辩护,它规定了在其他条件相同的情况下,我们应当避免损害有助于增加生物多样性的进化过程。在 13.12 节中,我坚持认为,进化过程与生物多样性大致能够被视为目的本身。这些依据并不意味着生态健康是唯一的或超级的善,更不是说在服务于这个善的过程中厌世主义是正当的。结论仅仅在于,多样物种的存在,更普遍地说,生物群落的健康,应当被给予直接的道德关怀。这并不意味着生物个体不应当被给予直接的道德关怀;我继续认可生物中心个体主义的非平等主义的观点。我也认可给予人类特殊的考虑,因为我仍然认可积极人权。生态中心整体论的唯一启示是,我们应当努力避免生态系统的破坏或物种的灭绝。在前进的步伐中,我们应当小心谨慎。既然我们将不可避免地在某种程度上损害生态系统,我们就应当通过特别的努力做出补偿,以保护某些生物群落,并使其他群落恢复健康。

这些结论必须与前面几章处理财产权、人权、幸福与偏好满足所得出的结论综合起来。第 14 章将致力于论述这种综合。

注释：

〔1〕Albert Schweitzer, *Civilization and Ethics*, trans. C. T. Campion(London：Adams and Charles Black，1946).

〔2〕Kenneth Goodpaster, "On Being Morally Considerable", *Journal of Philosophy*, 75(1978)，pp. 308—325.

〔3〕Robin Attfield, *The Ethics of Environmental Concern*(Oxford：Basil Blackwell, 1983)，pp. 151—156.

〔4〕Paul W. Taylor, *Respect for Nature*(Princeton, N. J.：Princeton University Press, 1986).

〔5〕这一领域的术语问题的讨论，见 Tom Regan, *The Case for Animal Rights*(Berkeley, CA：University of California Press, 1983)，pp. 235—236 and Taylor, pp. 72—77。

〔6〕出自"Pillar of Fire", aired on Channel 4 in the U. K. in Fall 1986。

〔7〕参见 John Hospers, *Human Conduct*(New York：Harcourt Brace Jovanovich, 1972)，Chapter Ⅱ；R. M. Hare, *Moral Thinking*(Oxford：Oxford University Press, 1980)，Part Ⅲ。

〔8〕Regan, p. 262.

〔9〕Taylor, pp. 121—122.

〔10〕Taylor, p. 122.

〔11〕Peter Singer, *Animal Liberation*(London：Paladin Books, 1977)，p. 27.

〔12〕Val and Richard Routley, "Human Chauvinism and Environmental Ethics", in Don Mannison, Michael McRobbie and Richard Routly, eds., *Environmental Philosophy* (Canberra：Australia National University, 1980)，pp. 121—122.

〔13〕Taylor, p. 261.

〔14〕Taylor, p. 260.

〔15〕Taylor, pp. 264—265.

〔16〕Taylor, p. 265.

〔17〕泰勒在理论上泰然自若，因为他的方法论允许他这样写道，"我并不认为，任何对于在前理论(pre-theoretical)中无论多么坚定持有的信念的诉求，在哲学上都是相关的" (p. 270，footnote 4，Continued from 269)。如果我在第 12 章中的分析是正确的，坚定持有的信念就不能如此轻松地被打发掉。无论如何，任何信念是否完全是前理论的还不太清楚。如果存在一些前理论的信念，我们如何将其与其他一些道德上相关的信念区分开来，这一点也不是很清楚。此外，如果不通过对其他信念的提炼，我们如何得到这些道德上相关的信念？

〔18〕Taylor, p. 281.

〔19〕Taylor, pp. 262—263.

〔20〕见 Regan, pp. 307—312。

〔21〕Taylor, p. 189.

〔22〕Taylor, p. 188.

〔23〕Taylor, p. 188.

〔24〕Taylor, p. 188.

〔25〕Taylor, p. 189.

〔26〕Taylor, p. 188.

〔27〕Taylor, p. 188.

〔28〕Taylor, p.189.

〔29〕Taylor, p.190.

〔30〕Taylor, p.191.

〔31〕Attfield, p.154.

〔32〕Aldo Leopold, *A Sand County Almanac* (Oxford: Oxford University Press, 1946).

〔33〕Leopold, p.215.

〔34〕Leopold, p.215.

〔35〕Leopold, p.216.

〔36〕Leopold, p.215.

〔37〕Leopold, p.216.

〔38〕Leopold, p.216.

〔39〕Leopold, p.216.

〔40〕Leopold, p.217.

〔41〕这个观点的详细辩护, 见 J.E.Lovelock, *Gaia: A New Look at Life on Earth* (Oxford: Oxford University Press, 1979)。

〔42〕Leopold, p.204.

〔43〕Leopold, p.204.

〔44〕Leopold, pp.225—226.

〔45〕J. Baird Callicott, "Animal Liberation: A Triangular Affair", *Environmental Ethics* Vol.2(1980), p.324.

〔46〕Callicott(1980), p.324.

〔47〕Callicott(1980), p.324.

〔48〕Callicott(1980), p.325.

〔49〕Taylor, p.70.

〔50〕Taylor, p.286.

〔51〕John Rodman, "The Liberation of Nature?" in Richard Wasserstrom, ed., *Today's Moral Problems*, 3rd edition(New York: Macmillan, 1985), pp.543—544.

〔52〕Leopold, pp.224—225.

〔53〕Callicott(1980), p.326.

〔54〕Tom Regan, "Ethical Vegetarianism and the Commercial Animal Farming", in Wasserstrom, ed., pp.475—476.

〔55〕J. Baird Callicott, "The Search for an Environmental Ethic", in Tom Regan, ed., *Matters of Life and Death* (New York: Random House, 1986), p.420.

〔56〕Jon N. Moline, "Aldo Leopold and The Moral Community", *Environmental Ethics* Vol.8 no.2(Summer, 1986).

第 14 章　同心圆理论

§14.1　引言

在这一章中,我提供了一种我认为是合理且可辩解的环境正义论。在发展这个理论时,我使用了在第 12 章中(12.7 节)所探讨的反思性平衡这一方法。依此方法看来,在不管是特殊性还是一般性的问题上,人们首先形成的是一种成见而已。我始终是这样去做的,尤其是在第 3—11 章以及第 13 章中,我调查了那些看似与常识一致或者经哲学家们的发展而成为常识性原理与理论的某种精致之物与改善之物的正义论与原理。顺此而来,我们调查了那些以财产权与人权的保护、愉悦体验与偏好满足的促进以及运作良好过程的保留为焦点的理论与原理。在我们的社会中,这些观念无论如何都能从常识那里获得支持。为这样一些对正义(以及伦理学)的普遍看法寻找根本依据将我们导向了更为复杂的理论,比如说,财产权的效率依据,伊曼纽尔·康德对人权的辩护,汤姆·雷根对动物权利的辩护,R.M.黑尔的功利主义观点以及约翰·罗尔斯的正义论。

根据反思性平衡方法,个人的特殊判断在与一般理论达成一致之前应当得到修正或变更。然而我们发现,就环境正义的具体事务应如何被决定而言,前述种种正义论都不足以具有如此大的弹性,以调和我们已考虑过的各种观点。在所有情况下,理论建议的行动方案都无法使我们说服自己相信其是正确的。因此,每个理论就自身而言都表现欠佳。

但是,由于每一理论以及包含于每一理论中的众多原理在应用于特定类型情况中时看似合理,所以不应该将它们全然地放弃。它们应当得到修正与调和,以形成一种包罗万象的——因而更具弹性的——多元理论。一个理论的多元性在于,它所包含的一系列原理不可以被还原或衍生于某种唯一的主导原理。解释并辩护这样一种多元理论是本章的目的。我称此理论为同心圆理论(Concentric Circle Theory)。

我首先回顾我在下文中所提出的环境正义同心圆理论意欲解决的那类问题(14.2 节)。由此回顾我得出这样一个结论,即一种多元正义论是必需的(14.3 节)。我于是对一种多元正义论进行了解释并做出辩护。在本书第 14.4 节中,我引入了同心圆的视角,它促进了在我所赞成的同心圆理论中所含有的自主原理间的协调一致。最后,为说明此原理的运作,我将其投入到应用中去,从而为个人行为与公共政策提出一些建议。这些建议不仅涉及人际关系,也涉及到人与其他环境要素——动物、物种、土壤等之间的关系。

§14.2 问题

问题在于,我们感到大多数正义论貌似有理。我们在一种情况下为一种理论所吸引,在另一不同的情况下又为另一种不同的理论所吸引。但是,人们通常又假定,道德判断之间的一致性要求运用某种唯一的非多元(nonpluralistic)理论来解决所有问题。此假定在下一节(14.3 节)中受到质疑。但是,当假定被作出,并与我们一系列理论的运用这一实践结合在一起时,我们的正义观点就变得支离破碎。我们无法对我们的行为与政策的正当性进行有条理的解释与辩护。在这一节中,我阐明了与人际关系相关的问题。

人们普遍认为,除了相对少量有争议的情况(严重智障、脑死亡等)之外,人类具有价值并值得尊重。我们尤其尊重人类的自主性、创造性、讲道德以及有知性这样一些才能。必须承认的是,对于这些信念我们缺乏令人满意的证明,但是,反思性平衡这一方法使我们能够从任何坚定的

信念出发,并检验它是否带来一些与我们的其他一些观点(见 12.7 节与
12.8 节)相一致的结果。假定人类具有价值并且值得尊重,通常我们就
应当避免对他们造成伤害。这是消极人权(见 6.7 节)的基本理由。不去
干涉人类生活及其对幸福的追求,自律与知性就表明了对此等人权加以
认可的正当性。积极人权在同样的基础上也得到了证明。如果自律与知
性使得人们具有特殊价值的话,于是,人们通常也享有获得充足营养与教
育的权利,因为这些权利如同自由与生命本身一样,对于人类特有的追求
的拓展来说也是必要的。

我们也发现,人们通常为了幸福或偏好满足的获得而应该相互帮助
这一观点是可靠的。这是隐藏在功利主义理论背后的基本观念。问题在
于,我们被所有这些讨论我们义务的理论所吸引。但没有一个理论能够
为环境正义的所有相关问题提出我们认为是合理的答案,因而我们愿意
将这些理论彼此结合在一起。

然而,将它们结合在一起相当困难。我们已经在第 6—11 章中多次
了解到,这些理论对环境正义的重要问题给予了不同的回答。我们如何
能够将互不相容的理论结合起来呢?

在某些议题上我们发现,由某一理论给出的答案似乎比其他理论给
出的更为可靠,而对于其他的议题而言,我们又发现另外的理论给出的暗
示则更为可信。比如说,在建议我们将资源尽力安排给那些能够利用此
种资源并使利益最大化的人们时,功利主义理论似乎是令人满意的(9.2
节)。大部分人在这一点上将会追随功利主义学说而不是消极人权理论,
因为人权理论通常讲是保护个人自由不受干涉,即使富人在行使其自由
(没有暴力或欺诈)从而拒绝给处于赤贫中的穷人提供食物和其他必需品
时亦是如此。积极人权理论在这一点上会站在功利主义这一边,并要求
做出一些安排以保障所有人的生活必需品。

但在某些情况下,我们却宁愿选择消极人权而不是功利主义。这就

是对乔纳森·斯威夫特"小小的建议"和对美国境内印第安人保留地的铀矿开采加以批评的目的所在。当导致总体的幸福与偏好满足最大化的行为中包含有无辜人群中某些可预见的大规模苦难与早逝时,这似乎是不公正的。每个人都享有一项生存的消极权利,而且此权利应当受到保护,无论幸福或偏好满足的最大化需要什么(功利主义的其他主要缺陷在第9.5、9.7与9.8节中讨论过了)。

积极人权与消极人权也会形成冲突。正如已经指出的,积极人权与消极人权诉诸相同的依据。人类特有的追求是如此富有价值,以至它们不仅应该受到保护以免于干扰(消极人权),而且应通过诸如充足营养、卫生保健以及教育的供应(积极人权)而得到促进。但是,给某些人提供初等教育可能会要求征税,这样就降低了其他人以自己愿意的方式花钱的自由。大部分人主张,某些税款应当用于公众教育,但是,近来在许多学校公债的普通投票中,其势均力敌的结果表明,人们对应当花费的数额并不总是保持一致。

在第 6 章(6.5 节与 6.9 节)所探讨的另一个议题,涉及贫穷的第三世界国家中人们的教育问题。如果初等教育是一项人类权利,我们就应当乐于交税以确保所有儿童受到这种教育。然而,在很大程度上,我们不愿意这样做。我们严重依赖自愿的慈善捐献去为世界上最贫穷的人们提供资金。既然是这样的话,我们似乎更看重随心所欲花自己钱的消极权利,而不是穷人接受充分教育的积极权利。

总之,即便是我们将注意力局限于人际关系之上,我们还是发现自己在一种情况下更愿遵循某一种正义论的要求,而在其他情况下遵循另一不同理论的指示。不存在某种唯一的非多元理论,能够调和我们各种各样深思熟虑的道德判断。但是我们不能想当然地在这些理论中变来变去,以免我们行为的不一致。理论之间无道德顾忌的变换可能会导致对某些人的不公正对待,从而无法做到同等情况同样对待。为了可靠地决定什么是公正的,我们需要一个有原则的正当理由,以证明在某种情况下优先选择某种理论,在另一情况下优先选择另一种理论的正当性。我们需要一种多元正义论,它使我们能够以一种一贯的方式诉诸那些在众多理论中地位突出的原理,即使所有这些原理不能被全部还原成或衍生于某个唯一的主导原理。

§14.3 捍卫多元理论

有时,反对多元理论的人们坚持认为,一种理论必须包含统一性,且此种统一性自动将一种多元理论的多元论特征驱逐出去。因而,某些批评家断言,"多元理论"是一种(至少非常接近地)术语上的矛盾。[1]

一种伦理理论,或者一种正义论,必须具备一种什么样的统一性呢,是由一种多元理论所无法提供的? 正如业已指出的那样,多元理论包含众多自主的原理,它们不能被全部还原成或衍生于某个唯一的主导原理。多元论的批评家们质问道,由于缺乏某个唯一的主导原理这一背景,当多元理论中的某一自主原理所要求的做法与另一自主原理所要求的不相同或存在冲突时,该怎么办呢? 在这种情况下,这个理论或者提不出建议的做法,或者产生互相矛盾的建议,因为没有一个主导原理指示我们去遵循相互冲突原理中的哪一个。比如说,如果多元理论包含有对人权与动物权利诸原理的认可,那么,在人权与动物权利之间发生冲突的情况下,它可能毫无帮助,或导致互相矛盾的建议。当一个人在一处偏僻的地方想用松鼠做打靶练习时,人的自由权利应当优先于动物的生存权利吗? 人们追求知识的权利,应当优先于动物不被引发巨大痛苦的权利吗(在眼妆的改良研究中,在实验心理学基础教程中,在高级心理学研究中,在前途无量的人工心脏研究中)? 在缺乏一个主导原理以供这些问题参照的情况下,一种既许诺人权又允诺动物权利的多元理论可能对这些问题无法做出回答,或者它会提供两种互相矛盾的回答,回答之一是将优先权给予人类,与之矛盾的另一个回答则给予动物权利以优先地位。

此类困难已经促使许多哲学家避免多元理论。这些哲学家相信,伦理学理论与正义理论应当在其范围之内为一切(实际)问题提供单义的、明确的解答。他们认为,在所有相关事实与所有相关原理加以结合的基础上,个人能够经由理性对任何现实问题给予一个明确回答。比如说,这个理论应当告诉我们,人类之外的动物何时可以或不可以因为人类利益而被牺牲。

根据前面对各种纷争的正义论的调查,我认为这种要求对任何伦理学理论或正义理论来说都太苛刻了。我认为,当一个理论为某些问题提供了明确的解答,而对另外一些问题加以回避或给出有限的回答,并且指出第三类问题的种种相关事务的思考时,就已经完成了能够被合理预期的事情。换句话说,在某些情况下,一种正义理论仅仅是展示相关因素并诉诸于人们的明智判断,在我看来这是合理的。

考虑一下在第 12 章(12.5 节)中提到的科学与科学方法问题。科学方法至少利用了四种标准——保守性、温和性、简单性和普遍性。在面对纷争的科学理论做出抉择时,这些标准就会被利用。两个冲突的理论中,一个可能更加保守与温和,另一个可能更为简单且具有更大的普遍性。此时,没有自动的方法来决定哪一个理论更可取。所有相关事实与所有相关的科学及科学方法论原理加以结合,也不会在涉及竞争的科学理论之相对价值方面自动给出明确的解答。在某些时候,明智判断的运用必须借助所有的相关要素。从科学方法中收集不出更特别的东西。

我们在第 12 章(12.6 节)中了解到,由于缺乏正规标准来判定哪些属性可以而哪些属性不可以推及未经审查的情况,因而在进行科学归纳的过程中,明智的判断也是必要的。如果在信息完备的情况下,也没有自动的方法在纷争的科学理论之间做出选择或者挑选出科学归纳所需的可推及属性,为什么人们要期望一种伦理学理论或正义论提供一种自动的方法,以选择最好的行为或政策呢? 如果科学需要明智的判断,为什么在伦理学中就不需要呢? 如果科学在依赖明智的判断时被认为是合理、有益并且富有成效的,为何一种同样依赖明智判断的正义理论却遭到拒绝呢? 显然,它不应当遭到拒绝。因此,不能仅仅因为多元理论是多元的从而无法对所有的现实问题提供明确的解答,就拒绝它们。

我相信,该章所提出的同心圆理论是有益的,因为它为一个人构建关于环境正义问题的思考提供了框架。它指出了种种相关的事项,以及那样一些在赋予其相应地位时也应当考虑到的因素。此理论使明智的判断更为方便,而不是试图替代它。

这样一来,对环境正义的研究就如同对建筑学或工程学的研究一样了。人们在这些学科中所要学习的,不是确切地得知在某一给定地点的某一给定任务中所要设计的何种房屋或桥梁。人们所学习的是这样一些原理,它们指出了在建造任何房屋或桥梁时必须要考虑的因素,而且人们也学会如何调整一项设计以消除相冲突的因素。比如说,房子窗户多可能是悦人心意的,因为这样居住者可以很轻易地观赏到房子所在山谷的美丽风景。从另一方面来说,窗台区域通常会导致房间中大量的热损失与能量低效。这种能量低效,以及随之而来的冬天中即使气候温和时也需要的高额取暖费用,但设计师可以通过使用三层隔热玻璃窗而得到显著的改善。但是这种窗户很贵,如果用得太多,房子的成本可能会超出购买者的财力。成本可能会通过将房子变小来降低,比如说,通过减少一间卧室的设计而达到目的。更小房屋的可接受性,将部分地依赖于该设计所服务的房主其家庭大小而定。如果美丽的山谷在房屋南面,向南开的窗户可以满足提供一方视野与不请自来的太阳热能的双重目的。玻璃幕墙可以用来防止过量的热损耗(在冬天太阳不出来时)与热增加(在夏天太阳出现时)。如果美丽山谷并不位于意欲建造房屋的地点的南面,就有可能会购买另一块可代用的土地（如果这有的话，如果它不太昂贵的话，如果原来的地可以及时卖掉的话，等等）。

像这一类的因素必须加以权衡，但并非确切地、形式化地或算术般地做出。衡量这些因素仅仅意味着以一种知情的、无偏见的方式来看待它们。虽然许多不明智的或错误的解决方案能够被很快识别出来，却不存在形式化的微积分计算，用来对相冲突的因素提出的诸种问题形成一个无与伦比的正确解答。个人必须将有关事项的细节知识以及建筑原理的相关知识与明智的判断力结合在一起。环境正义的原理与理论必须同样在一种无偏见的、知情的方式下被明智地加以利用。

§14.4　同心圆观点

我为一种多元理论提供了辩护，道德关系在该理论中以同心圆的形式被描绘出来。同心圆仅仅是一幅图画或一种隐喻，但对于讲解与理解来说却很有帮助。[2]

我们与某人或某物的关系越亲近，我们在此关系中所承担的义务数量就越多，并且/或者我们在其中所承担的义务就越重。亲密性与义务的数量以及程度明确相关。我首先陈述这一节及接下来的三节所要解释或证成的一些主题：

1. 亲密性的界定依据个人对他者所负有义务的数量与程度而定。

2. 义务在现实的或潜在的互动背景下出现。出于普受尊重的理由，这些互动关系与上述义务结合在一起。因此，我所论述的亲密性并非只是形式上与亲情或者主观感受有联系。

3. 义务普受尊重的理由包括如下所列，但并不限于此：我已从他人的仁慈或帮助中受益；我具有尤其有利的条件去帮助他者；另一人与我已经着手承担了一项计划；他者与我正在为实现同样的目标、保有同样的理想或是保存同样的传统而工作；我已经单方面担负了对他者的承诺；我的行为对他者具有特别强烈的影响；我已经对他者作恶或者从对他者造成的不利影响中获益。这些关系及其他关系引发出一系列复杂的道德思考，同心圆观点在不强加一种僵硬的等级制度的同时，给予其某种秩序。

4. 仅仅生物相关性证明不了义务的存在，因此，同心圆方法并不认同种族中心主义或人类至上主义。

5. 在其他各点都相同的情况下，对于更靠近同心圆里层的他者而言，我有更强烈以及/或更多的义务满足他们的偏好。

6. 在其他各点都相同的情况下，对于更靠近同心圆里层的他者的积极人权而言，我负有更强烈以及/或更多的义务。

7. 在其他各点都相同的情况下，即使那些其积极权利已成问题者与那些其偏好有待解决者相比离我更疏远，我也有更多的义务对积极权利而不是对偏好满足做出响应。

8. 人类以外的动物不具有积极权利，除非是家养动物或者农场动物（它们的依附是由人类造成的）。

9. 消极权利适用于所有生活主体，不管其处于同心圆的什么位置，但这些权利并非绝对的，它们有时会让位于其他一些考虑因素。

10. 环境中的无感知部分不具有权利，但我们有义务减轻我们的工业文明对环境的破坏性影响。对有助于提高生物多样性的进化过程保存而言，我们负有某些义务，这包括致力于保存濒危物种以及对荒野的保留。

就同心圆观点的阐述而言，我是通过人际关系的视角对之加以说明与辩解的。一般来说，人们认为诸如此类的观点很有吸引力，即人们对其近亲比对同事负有更多的义务，对一起工作的同事比不在一起工作的同事负有更多的义务，对自己社会中的成员比对其他社会的成员负有更多的义务。比如说，如果我父母需要做髋关节置换手术，但却没有能力支付这次开销的未保险部分,我会感到有义务承担起财务责任(如果我能够),然而对一个有同样需求的陌生人而言,我不会感到同样的义务。如果我发现我的同乡营养不良,同时我又发现某些异域的人们也有同等程度的营养不良,通常我认为自己对前者有更强烈的义务去采取措施改善这种局面。如果这些人被置于我周围的同心圆中,这些反应就说得通了。一般来说,在最靠近的圆中的人相对较少,居于其后的圆中将会有更多的人,诸如此类。我对某人的义务随着此人所在的圆与我的接近程度而增加。在某个特定的圆中的存在,大抵与家庭关系、个人友谊、就业、种族地位和物理环境等特征相关联(但并非被限定于此)。

这种观点如何能得到证明呢?且它能承载多少呢?比如说,它会引发种族主义吗?现在我将转向这些问题。

我在论述的这种亲密性的定义是针对某人对他人义务的强度以及义务的应用频率而做出的。这些义务的出现基于以现实或潜在的互动为特征的背景。出于普受尊重的理由,这些互动关系与上述义务结合在一起。比如说,基于对过去关爱的感激、单方面接受的承诺、共同承担的计划、我对他们生活的影响以及我独一无二的帮助他们的能力,我通常对我的直系家庭成员负有义务。我对父亲的髋关节置换手术给予帮助的义务,可能主要在于对过去关爱与帮助的感激。我给自己的孩子而不是给其他穷孩子买一辆脚踏车的义务,基于我单方面接受的照顾孩子的承诺。我没有对别人的小孩给出同样的承诺。我帮助家庭其他成员粉刷起居室的义务,可能在于我们共同承担了重新装修房子的计划。我避免成为家庭里的酒鬼的义务,在于我对他们生活所具有的影响。我帮助妻子克服工作压力的义务,部分在于我独一无二的帮助能力。很少有其他人如此了解她并拥有有益的亲近。因为这些以及其他的原因,我对家庭成员比对大部分其他人员负有更多更强烈的义务。那么,他们处于离我非常近的同心圆之中。

出于类似的理由,我对工作中非常亲近的同事的义务,比对其他大部分同事的义务要多。我更有可能在共同承担的计划中与他们一道工作。我的所作所为对他们的影响比对其他人的影响更大。我也可能已经受益于他们早先的关爱,而且我具有尤其有利的条件去帮助他们。同样多的一些考虑因素适用于与我一起工作的其他人,也适用于其他一些我从未与其有直接工作接触的同行。比如说,我曾经受益于那些我从未遇见过的哲学家们所写的文章与著作。但在很大程度上,就某些与我一起工作并直接且频繁地互动的人来说,这些因素将以更大的强度且更经常地出现。

通常我能够更好地帮助与我身处同一共同体中的成员,而不是住在美国其他地区的人们,或者地球上其他地区的人们。总的来说,我会更经常地(通过间接的政府行为)与本国成员而不是其他国家的成员参与联合的计划。然而,也有例外的时候。同一种族或宗教团体的成员,可能会共同参与继续保持特定传统或促成某种理想实现的计划。因而,出于某些目的,一些国家的居民与其他国家居民的关系,可能会比自己国家的居民在关系上更亲近,而这种关系就表明了某种特殊义务的道理所在。从这种观点来看合理的是,全世界的犹太人对埃塞俄比亚犹太人比对其他的埃塞俄比亚饥民感到负有更强烈的义务。类似的考虑因素以及大家庭关系的纽带,证成了波兰裔美国人在波兰、意大利裔美国人在意大利所拥有的特殊利益。

作恶者或因此受益者,这是义务的另一源头。一般来说,个人至少对通过不公正手段所获取的负有部分归还的义务。因此缘故,也因为分享共同政府的原因,当代美国人比其他一些国家中的人们对改善黑人与印第安人的种种问题负有更多的义务。[3]

义务的强度会随着互动的背景与主题发生变化。比如说,父母对自己儿女的义务的数量与强度,一般来说(在其他各点都相同的情况下)要比哲学教师对其学生义务的数量与强度更多更有力。但哲学老师在促进学生哲学兴趣与成就上的义务比做父母的要多。那么,在哲学教学关系的背景下,一位哲学教师要比学生的父母更亲近于这个学生。因而,某人在同心圆的定位不仅会随时间而变化,也会随着背景与主题而发生变化。

除了其他形式的互动之外,除了在组型配对有时会十分重要的医学背景下,人类之间的生物学关系似乎并不证明特别义务的存在。确实,我们与同心圆中最紧密的人(对他们的义务最强烈,数量也最多)经常有生物学上的关系,他们包括父母、孩子、兄弟姐妹,等等。这种频繁的生物学关联与道德亲密性可能提供了这样的印象,即生物学关系至少部分地证明了我们对亲属的义务。然而,更为严谨的调查显示,事情远不是这样。正如下面这类情况所表明的那样,我们的义务依赖于其他类型的关联性。一个人作为父母、兄弟姐妹或孩子身份所具有的义务通常不会为如下的事实所影响,即这种关系的存在是经由收养而非亲生。我们最重大的义务通常存在于与我没有生物学关系的配偶身上。显而易见的是,相对其他种族的成员而言,某一种族的人们通常与自己同族的人有更大的基因相似性。那么,平均而言,我与欧洲血统的人比与非洲血统的人有更多的基因近似性。但是,我对于一个作为我的同事、学生或我的养女(是的,我收养了一个)的美国黑人所负有的义务,要比我对一个从未来过美国、与我素未谋面的土生土长欧洲人所负有的义务多得多。这是因为,仅仅种族相似性这一事实,在我们的社会中并未成为义务普受尊重的一个理由。因而,普遍的生物学关系与特殊的种族渊源,并不足以成为一种实质性差异。他们不太可能被包含于对同心圆加以限定的因素之中。同心圆方法并不赞成种族主义。

§14.5　同心圆、偏好与积极人权

现在,我将利用同心圆观点来处理那些对人类正义的种种深思所未

触及的各种问题。从这种观点出发,我们可以证明那种普遍看法的合理性,即我们对本国儿童的初等教育所负的责任比对他国儿童的责任要大。我们为援助教育付出的努力在国内比在国外可能更有成效,因为在国内我们具备更大的能力来影响初等教育(或任何其他社会项目)资金的使用。而且在未来一些年中,我们也更有可能因为我们提供给国内孩子而非其他国家孩子的教育而受益。我们国家的孩子会成为将来的劳动者,他们将给年老的我们提供赡养。此外,通过初等教育,我们将传统与理想更多地传给本国的孩子,而不是他国的孩子。因为这些以及其他一些的原因,跟他国的孩子相比,我国的孩子在同心圆中通常跟我们更亲密。因此,我们情愿忍受强制性征税以支付我国孩子的初等教育,但却又倾向于相信,即使初等教育是一项(积极的)人类权利,我们对他国儿童初等教育的支持很大程度上也应通过自愿捐献来提供。

　　然而,同心圆观点帮助我们了解到,这种观点应当根据那些在美国并未引起广泛重视的信息而得到修正。[4]美国与其他西方工业化国家在某种程度上对许多第三世界国家人民的贫困负有责任。比如说,美国已经在几个国家建立并支持了军事政权,这些政权允许美国公司在不支付任何税款的情况下榨取有价值的资源,而那些税款本可用于该国人民包括初等教育在内的生活必需品的提供。某些公司要求某一国家最有价值的农田改种经济作物,如香蕉与牛肉之类,并出口到美国,而不是为本国营养不良的穷人种植必需的主要粮食作物。这些作物的主要受益者是美国公司及其顾客,即美国消费者。这些事实表明,世界上许多贫穷的孩子在同心圆中所处的位置要比我们所意识到的更为亲近。我们因此就负有某些补偿的责任,而且我们应当比过去更情愿用税收(外援)支持他们的初等教育以及其他积极人权。

　　就此而言,同心圆的亲近并不意味着亲情或是亲密的主观感受。不管我们的主观感受如何,我们对许多第三世界国家中的人们负有义务,这是因为，根据普受尊重的原理，义务是从我们与这些人的互动中得出的。

与此同时，同心圆观点也证明了人们普遍持有的观点，即当问题仅在于家庭成员身份的差别时，我们应当优先满足家庭成员的幸福与偏好。这一结果是同心圆理论区别于功利主义核算的许多不同点之一。[5]功利主义的特别主张是，资金应当被用来促使利益最大化。如果小镇另一端的某个孩子没有自行车，就将会比我的孩子（他已经拥有了一辆三速自行车）从一辆崭新的十级变速自行车中获得更大的收益，那么，在所有其他各点都相同的情况下，功利主义者断言我应当为那个贫困的孩子而不是自己的孩子购买自行车。相反，同心圆理论将会原谅我为自己的孩子而不是别人的孩子购买一辆崭新的十级变速自行车这一行为。因为，我已经单方面地对我的孩子而不是别人的孩子做出了承诺。

现在让我们来考虑一下积极人权。一般来说，处于一个更小的同心圆环，一个更亲近于我的圆环中的人们的积极权利，要比距我更远的人们的积极人权对我提出更强烈的要求。同样地，距我亲近的人们的幸福与偏好满足，要比其他一些人的幸福与偏好满足对我有更多的要求权。与我亲密的人是那些我要与之共同参加某些活动的人，或者是我已经对之做出承诺的人，或者是那些我已经单方面做出其他类型承诺的人，或者是那些特别依赖我的人，或者是那些我曾（直接地或间接地）伤害过的人，或者是那些我具有特别有利的条件能够施以帮助的人，等等。因如上的一个或多个原因，我对某些人而不是其他一些人负有更多的责任。那么，在其他各点都相同的情况下，我应该在营养、健康、教育以及幸福与偏好满足上帮助这些人而不是其他一些人。

然而，当我不是将距我更亲近者与离我更疏远者的积极权利加以比较，或者将他们的幸福加以比较，而是将距我更亲近者的幸福与离我更疏远者的积极权利加以比较时，情况通常会大不一样。对某物享有权利通常意味着对之所具有的特别强烈的要求，而非仅仅是想要它而已。如果离我更疏远的某人拥有一项我能够做出响应的权利,而距我更亲近的某人仅有一项我能满足的偏好,那么,离我更疏远的某人可能比距我更亲近的某人对我有更强烈的要求权。以卫星对地球的引力加以类比可能会有所帮助。地球有许多卫星,很多都是人造的,离地球有 200 到 500 英里远。月亮却远得多。但由于月亮比这些卫星大得多,月亮对地球的引力(比如说,潮汐)比其他更近一些的卫星要大得多。权利可能类似地比纯粹偏好具有更大的道德影响。下面的例子表明,这种观点与我们对个别情况的某些深思熟虑相符合。

如果我发现小镇那端的孩子确实在挨饿,大部分人会一致赞成,我应该在为他们提供足够营养上给予帮助。我可以通过个人礼物、有组织的慈善捐赠或是通过政府行动来做到这一点。那么,我用来满足自己孩子偏好的钱就更少了。她不得不在仅有一辆三级变速自行车的情况下再度过一年。但是,如果这对解救一个更疏远的小孩免于营养不良而言是必需的话,那么,对我孩子的这种剥夺就是有必要的,因为所有人都拥有得到充足营养的积极权利。

正如积极权利通常比纯粹偏好有更大的道德影响力一样,某些积极权利比其他积极权利也具备更大的影响,偏好亦是如此。当人类有权拥有的某些事物对人类特有的追求来说更加亟需时,积极权利所具有的影响就会日益增加。比如说,对某个饥饿的人(但他还可以完全康复)来说,食物比初等教育更为亟需,后者可被推迟一段时间。就偏好而言,那些感受强烈的与那些既非人为也非不理智的偏好(见 9.5 节)比那些无说服力的、人为的或不理智的偏好有更大的影响。

在个别情况中,对于不同偏好以及不同积极人权对任何特定者的相对影响来说,还留有很大的争论余地。正义论与物理学中牛顿的平方反比定律没有什么可比性,后者使人们能够精确地计算出引力大小。在正义论中,正如在许多人类追求中,包括科学研究活动,个人必须运用健全的判断。

　　然而,立足于现实的、无偏见的沉思之上,某些情况就一目了然。运用我们在说明同心圆观点时所形成的推理结构,人们会情不自禁地谴责我们在这个富裕社会中的大多数作为。相对于世界上穷人所处的困境以及他们的积极权利来说,我们所给予的关注少得可怜。相反,我们沉溺于自己的需求之中,并时而在自身中创造出某种需求,以便我们接着能够享受到沉湎于其中的快乐。我们会额外花费成千上万的美元购买一辆高性能汽车。这只是以防万一于此类事情,即我们碰巧需要自己驾驶的这辆汽车行驶在蜿蜒盘旋的巴伐利亚公路上(车内有一名正在分娩的妇女,而附近没有医院)。不必担心的是,我们住在美国,这里有相对笔直的州际公路且有严格的速度限制。想一想,用购买一辆性能较低的车节省下来的 5000 美元,我们可以为世界上的穷人做些什么呢。生命可能因此被拯救。

　　与环境关怀更加直接相关的是,我们利用穷国的农田为我们自己种植香蕉、养殖肉牛,而这些国家的许多人却处于严重营养不良之中。如果这些国家的人们对土地有支配权,他们将会为自己种植足够的粮食。[6]我们为何这样做呢? 这样使我们的香蕉与汉堡包更加便宜,这样我们便能购买名牌牛仔裤而不是普通牛仔裤。在这些情况下,我们会使更亲近的同心圆中的人们的(有时是人为的与非理性的)欲望,包括我们自己的在内,优先于一个更疏远的同心圆中人们的积极人权的实现。可是,如果所有人的确都享有获得充足营养、保健以及受教育的权利,那么,我们的所作所为就是错误的。我们的行为因而就与我们如下的观点不相一致,即,存在着积极人权并且该项权利比纯粹的偏好具有更大的道德影响。

　　在第 12 章中我们了解到,在追求知识时又面对思维中的不一致时,我们应当通过检验自己的观点,以便决定哪些观点最有可能被更改或替换掉,从而努力达到一致。这符合科学与伦理学的一般探索结构。在伦理学中,它被称为反思性平衡方法。先前不为人知的结论有时会从这一过程中呈现出来,像万有引力理论、疾病的细菌理论以及政府从民意中获得其合法性的观点。

在涉及第三世界国家的穷人时,人们可能试图通过放弃人们优先享有积极权利的观点而推动反思性平衡方法的前进。但是这种提议并无前途。积极人权的观点源于我们对(大多数的)人们拥有的自我决定、创造性和具有知性这样一些能力所赋予的价值,这些能力也是我们所认为的人们享有生存、自由与追求幸福的消极权利这一观点的依据。假若我们继续希望人们享有消极人权的话,我们也必须因为人们是自我决定的、具有创造性的和有知性的而继续尊重他们,而这也会带来人们同样享有积极权利的观点。因而,通过否定人们对积极人权的享有来消除矛盾,对忠诚于任何人权的任何人来说,都将会带来一场思想上的巨大变革。

值得指出的是,对那些并不热衷于人权存在与否的人的利益而言,我们的行为也与功利主义理论有矛盾。我们在第 9 章(9.2 节)中了解到,功利主义通常规定为了相对贫穷的人们的利益而去分配资源,因为他们会比富人从获取的产品与服务中受益更多。因此,就如同人权的观点一样,根据功利主义观点也会得出这样的结论,即,在诸如美国这样的富裕国家中,大部分人的生活方式乃是借助于对世界其他地方的穷人的不公正对待而成立的。理论与实践之间再次陷入争执之中。据我所知,由于不存在一个可能会宽恕我们行为的可捍卫的正义论,我倾向于认定我们行为的不公正性。如果正如我在此情况中以及其他大部分情况下所猜想的那样,人们往往会假定自己惯常的行为方式的道德正当性,那么,我们在此又发现一个广泛存在的道德错觉的例证。

对于这种常见的错误,也就是说,对于我们社会中的大多数人都没有意识到世界经济秩序的许多方面都是极不公正的这一事实来说,存在着一些说明其缘由的途径。首先,世界经济秩序代表着现状。人们倾向于将他们熟知的事物接受为自然的和合理的。当个人从现状中受益时,尤其容易接受熟知的事物。同样,大多数人也未意识到其富足与他人贫困之间所具有的关系。教育制度,可能加上利己之心,都培育了无知。因而,通过将我们的许多道德知觉或道德判断认定是错误的,我们的许多行为是不正义的,我们就能够合理地获得前后的一贯与反思的平衡。这就得出以下结论,世界经济秩序应当被彻底改变,以便在对像我们这样一些富人来说相对无关紧要的欲望获得满足之前,先使穷人极为迫切的需求得到解决。

§14.6　消极人权与动物权利

通常我们认为,消极人权与积极人权有些许的不同。就消极人权而言,我们不太关注某人在同心圆中所处的位置。我们在很多情况下认为,尊重他人基本自由的义务不受我们与其关系的影响。比如说,人们享有一项宗教信仰自由的消极权利。通常我们并不认为,我们有更多的权利去干预一个陌生人或外国人而不是一个同事或朋友的宗教实践。对于人们按自己的理解去生活或追求幸福人生的自由来说,这一点通常也同样正确。如果我杀了人,然后说,"唔,她是一个陌生人",或者"他是一个外国人",这根本不是理由。我也不能通过指出她是我的母亲或他是我的兄弟而获得饶恕。

然而,也存在这样一些场合,我们认为自己对他者的宗教实践、幸福追求或生命延续的干预是正当的,比如说,当拯救某个无辜者的生命免于无端攻击成为必要时。我有正当的理由去阻止人们在一场宗教献祭中杀死某人,而不管这是否关系到对凶手宗教信仰自由的干预。同样地,我也有理由阻止人们使某人伤残或虐待某人,即使我因此而妨碍了那些暴民对幸福的追求。但是,在这样一些情况之下,也正是由于消极人权遇到了问题,理由也因此而不会受到人们在同心圆中所处位置的影响。在其他各点都相同的情况下,无论虐待者是陌生人或是朋友,同胞或是外国人,邻居或是亲戚,都是无关紧要的。如果我能够的话,只要我的阻止行为不构成或产生对消极人权更为严重的侵犯,我就有理由去制止对一个无辜者的虐待。正如我与虐待者的关系那样,我与受虐者的关系是何样子,是与我的义务不相关的。

因此,依据我们思考这些事情的惯常方式,消极权利与积极权利在这一点上是根本不同的。涉及消极权利时,我对人们的义务并不受他们在同心圆中与我关系的影响,然而,涉及积极人权时,我对他们的义务却要受到他们在同心圆中与我远近的影响。

这有助于把对动物负有的义务整合到我的同心圆理论之中。在第 7 章中我们认为,汤姆·雷根正确地运用了反思性平衡方法,对许多动物享有权利做了富有说服力的论证。至少包括所有的哺乳动物在内,它们被称为高级动物,雷根将它们称为生活主体。

生活主体具有信念与欲望;拥有知觉、记忆和一种包括自身未来的未来感,伴随着苦与乐的情感生活以及偏好与福利;具备发起行动以追求自己的欲望与目标的能力;具有穿越时间的身心同一;也拥有某种个体福利……[7]

雷根正确地断定,这些生物享有所有与其本性相关的消极权利。比如说,生存权、自由权以及追求幸福的权利(其他一些消极权利,比如说宗教信仰自由与出版自由,与非人类生活主体是不相干的)。这个结论要求人类在对待非人类动物上做出全面的转变。假如在任何情况下对人类做出如此的事情都是错误时,一般来说,我们不应当再拘禁它们、诱捕它们、杀害它们,或者是对其进行实验。因而,正如一名试图毁灭飞机以及机上无辜乘客的人类恐怖分子可以被杀死一样,一只狂犬可以在它伤害任何人之前被杀死。但是个人不能因为已经厌倦了狗的陪伴而杀死这条狗,正如个人不能因同样原因杀掉自己的配偶一样。个人不能像饲养肉牛一样去喂养一个孩童。正如不可以强迫兔子用来做实验以测试新型化妆品一样,任何人不能强行在某人身上完成同样的测试。简而言之,雷根的证明使我们将道德关怀的圆形区从人类扩展到所有生活主体。

从同心圆观点看来,非人类生活主体在很大程度上"生存于"人类"居住的"同心圆外围的一个或更多同心圆中。扩展我们道德关怀之圆从而将这些动物包含在内,等于是承认它们在这些同心圆中的"存在"。由于消极人权(大体上来说,至少)不受某人在同心圆中的位置影响,动物所具有的相关消极权利与人类所拥有的那些权利相比,其有效性总的来说亦是如此。非人类动物所处之圆形区相对疏远的事实,通常并不足以使我们对其生存、自由和追求幸福的权利加以尊重这一义务有所减轻。

但正如我们在第 7 章(7.9 节)中所了解的那样,我们坚持人类消极权利中存在的优先选择与非人类动物的有所区别。就人类行为而言,生存权就优先于自由权。我们会乐意剥夺利用其自由结束他人生命的某个人的自由。然而就非人类动物间的互动而言,自由权便优先于生存权。我们并不情愿为了拯救肉食掠食者的猎物一命,而剥夺肉食掠食者的自由。

我认为,同心圆观点为理解情况因何如是提供了一种有益的方向。首先考虑一下人际关系。通常我们认为,在考虑到那些离我们渐次疏远的人们时,我们会更为宽容。我将会宽容邻居小孩的某些行为,却不会容忍自家小孩。我们宽容其他某些国家对其公民自由权的否认(我们并不入侵这些国家,以便在那里更好地确立公民自由权),却不能容忍在我们国家内对公民自由权的同样否决。情况为什么会是这样的呢?根据同心圆理论,当人们与我们更为疏远时(我们与他们之间的互动就会越不那么深入),我们对其福利负有的责任会有所减轻。这种减轻的责任与我们对其情境复杂性的理解不足相符合,即便是我们理解充分时,也与我们能够加以帮助的能力上的减弱相呼应。相对于其他的价值观念而言,一种后果就是,对那些相对来说与我们疏远的人们的自由给予更多的尊重。我尊重邻居家小孩吃糖果的自由,却不会给予我自己的小孩同样的自由。我不会像我试图干预我自己国家政府官员的自由一样,试图去干预外国政府官员的自由。我从不宽恕外国政府对其公民的消极人权的侵犯,但当这种侵犯发生在外国政府而不是我自己的国家中时,我不会动辄以为纠正这些事情是我的责任。

从同心圆观点看来,非人类动物"居住"在更疏远的"国度"。那么,与其说我可能容忍人际互动中以及人类与动物之间所存在的对消极权利的侵犯,还不如说我应该更情愿容忍动物的互动中所存在的对消极权利的侵犯。动物在其彼此的互动中所具有的自由——免于人类干涉的自由,具有非凡的意义。由于在动物间纠错正谬并非人类的本分,所以这一点比动物生存的消极权利更为重要。因此,在人类之间或人类与动物之间的互动中,生存的消极权利优先于自由的消极权利。人们通常不会随意地相互残杀或去杀死动物(这种立场的细节,参见本书第 7.9 节前面部分),但在动物之间,自由的消极权利(不受人类干预的自由)具有优先的地位。

然而,在人类与动物之间的互动中,生存权优先于自由权的原则明显也有例外。某些情况中,人们似乎有杀掉动物获取食物的自由。存在着这样一些情况,其中人们应被允许杀死动物以作为食物。在这样一些情况下,人类自由相对于动物的生存权而言被赋予了优先地位。看看下面的例子。传统的因纽特人如果不猎杀某些动物的话,就无法维系其生活方式。但是,如果动物的生存权等同于人类的生存权,那么因纽特人对这些动物的猎杀就会遭到禁止,即使这种禁止摧毁了他们的文化。但我们将不会让食人族保存其生活方式。在人类中,我们通常断定生存权比一个凶手追求幸福的权利更重要。如果同心诸圆确实与所有生活主体的消极权利无关,那么海豹就不应被杀害,就像人们不应保存一种传统的生活方式一样。传统应该被放弃,生活方式应得到改变,以阻止人类对生活主体的杀害(除非是为了保护无辜者)。然而我无法说服自己,为了尊重动物权利而应当故意破坏因纽特人的传统文化。我这种意见将在下面得到讨论(14.7 节),其理论基础诉诸与因纽特人传统文化相对而言的生态友好特征。

　　另一明显的例外所涉及在人类生命与非人类生活主体的生命之间必须做出选择的情况。人们大多坚决认为,应当保存人类的生命。设想我驾车行驶在一个双车道道路的转弯处(一边是悬崖,另一边是绝壁)时,发现在我车道上有个小女孩,在另一个车道上有一些黑猩猩,并且没有来往车辆(请不要问黑猩猩是从哪儿来的)。如果还有时间考虑的话,我当然会选择撞上黑猩猩而不是小女孩。但是,为什么呢? 看上去我似乎更尊重女孩而不是黑猩猩的生存权。这和消极权利之适用与同心圆中所处之位置不相关的观点背道而驰。

　　既然如此,那么依我看来,表面现象可能是具有欺骗性的。在必须做出一项抉择之时,确定无疑的是有人必须死去。问题不是杀死谁,而在于挽救谁、帮助谁。该议题可能涉及积极人权而不是消极人权,而考虑到积极人权时,在同心圆中所处的位置就是相关的。正如(当两人不能同时得救时)从燃烧的建筑物中救出自己的父亲而不是一个陌生人通常是正确的选择一样,挽救一个人而不是黑猩猩通常也是正当的。

　　解决此类情况的另一条途径在于指出,消极权利并不是绝对的;它们可能会因与之不相上下的道德考量而失效。由于道德考量通常与实际的或潜在的互动结合在一起,而且人际互动的可能性通常比人与动物间的互动可能性更大,因而更多的道德考量就会与动物的消极权利而非人类的消极权利处于对抗之中。那么,在未能证明对某人消极权利的践踏为正当的情况下,非人类生活主体的消极权利有时可能会因之而失效。因此,当必须在它们之间直接做出选择时,在其他各点都相同的情况下,人类的消极权利会压倒人类以外的动物的消极权利。这就是为什么面临或者撞死一个小女孩或者撞死一些黑猩猩的选择时,我们会将汽车驶向黑猩猩而不是小女孩的原因。他们都具有同等的消极生存权,但是另一方面,在黑猩猩的情况中,起抵消作用的道德考量比在小女孩的情况中更强有力。

因而,规则就是,一切生活主体平等地享有相关的消极权利,诸如生存权、自由权以及追求幸福的权利。(对此问题的证明见本书第 7.5—7.7 节)它与积极权利正相反对。后者的规则在于,当人们与我们更为疏远时,我们对其积极人权所负的义务就顺次递减。因此,主张人类通常不具有尊重人类以外的动物的积极权利的义务,就与同心圆态度完全一致。就积极权利而言,我们所负的义务便以这种方式递减,直至人类义务延及的最外围。这些义务通常并不延及动物,它们“居住”在更为疏远的同心圆中。

这是同心圆理论的一个便利结果,因为它解决了在第 7 章中(见 7.10 节)所提出的问题。从我们有义务保护动物的积极权利的观点中,产生出了荒诞的政策建议。我们将被迫去促成很多食肉动物物种的灭绝,被迫让兽医队遍及荒野,以及通过其他方式严重伤害自然生态系统。通过坚持动物在享有消极权利时就不享有积极权利这一主张,上述所有结果就可得以避免。但是,这种对动物消极权利的限制需要得到理论上的证明。正如我们已经了解到的那样,同心圆理论提供了所需的理论证明。

这里,规则也有例外。规则是人类以外的动物不享有积极权利。例外则涉及家畜,比如家养宠物与农场动物,它们依赖于我们得到生活必需品。我们制造了这种依赖(我们的单方面行为),因此,我们在道德上有义务履行我们自己承担的照顾这些动物的责任。然而,这并不意味着,这些关系必须无限期地延续下去。如果这种关系侵犯了动物的消极自由权，或引起这些动物物种在生物圈中的过度出现（见 14.7 节），那么，绝育与选择性放归荒野的结合，能够被用来逐渐摒弃此类依赖。

§14.7 我们对无知觉环境的义务

我们在第 13 章中了解到，无论其知觉能力如何，对每种生物的固有价值加以认可是合乎情理的。但是，由于某些生物比其他生物更应得到尊重，而且由于个人主义常常无法顾及补偿，这种生物中心主义的观点因此并无多少实用的价值。

反之，生态中心主义的观点则具有许多实际意义。我们看到，在其他各点都相同的情况下，我们不应当损害那种有益于提高生物多样性的进化过程。当施加这样的伤害尚属正当之时，也应该使之最小化，并应做出补偿。既然相关的进化过程发生在富于生物多样性的生态系统之中，那么，其他各点都相同的情况下，我们就有义务避免此种生物多样性的降低。我们应当对自然保护区以及物种加以保护，防止它们被那些其上升的种群水平与繁复的生活方式易于对生物群落造成重压的农业与工业人口所吞没。为了做到此点，除了别的手段之外，我们还应使用破坏程度最低的技术。

通过将进化过程设想成"居住在"一个道德关怀相对疏远的圆中，生态中心主义的整体论所具有的这些意涵就能够在同心圆理论之内得以整合。然而，进化过程所在的圆的疏远位置，并不意味着对生态系统的关心应当永远服从于其他的关切。既然提高生物多样性的进化过程对于产生我们所认为的世界上最大的善——如，我们自己——来说是必不可少的，那么，这些过程就不应当轻易受到伤害。它们尤其不应当为了满足相对富裕的人们对于不必要消费品的人为或不理智欲求而受到伤害。当运用破坏性极低的技术所造成的损失不过是某些短期的货币收益时，这些过程就不应当受到高度破坏性技术的伤害。最后，补偿必须获得重要的优先权。就像还债一样，而我们通常认为，还债要比我们对自己财力的大多数其他用途更重要。

我们克制自身不去贬损生态系统的义务，并不要求我们完全禁止自己消灭生态系统的个别成分。一生态系统之存在与其所含有的诸种活体成分的生命中，伴随无数有机个体与其他事物的毁灭。水结冰使岩石龟裂，并最终使它们破成碎片。潮汐形成了海滩，也破坏了它。昆虫吃掉绿叶，鸟吃昆虫，猫吃鸟。物种进化然后灭绝。这一切都可能在健康的生态系统（其中的进化过程提高了生物多样性）之内发生。我们作为生态系统的一部分，也有权利通过变更与消灭生态系统的很多个体成员来生存。我们有生存的权利。我们的义务仅仅在于避免损害生态系统的整体健康，因为健康的生态系统对于相关的进化过程来说是必要的。义务唯独落在人类身上，部分是因为我们毕竟是地球上负有道义上的责任的存在。正如在第 2 章中（2.4 节）业已指出的那样，义务单单落在人类的身上，也是因为我们比以往为数更多、更为强大。比如说，由于数量上更加众多，我们使用着更多的能量。我们现在拥有开采煤矿、并且在焚烧煤炭时引致酸雨的技术手段。我们拥有清除亚马逊河流域的丛林以推进农业，因而导致物种灭绝、土壤侵蚀的诸种手段。总而言之，因为我们为数众多且拥有更强大的技术，我们比原始人更容易打乱自然平衡，正如瓷器店里一头公牛比一只老鼠更能打翻东西一样。就像瓷器店里的公牛，我们必须小心谨慎地行走，否则我们将毁坏东西。因此，考虑到我们的数量与我们强大的技术，我们尽力避免去贬损生态系统的义务要求我们尽可能小心翼翼地在世界上行事。我们可能仍然利用并破坏许多东西，但是我们的消费以及破坏性活动必须是有选择的，而且要加以最小化。

相反，原始人类与自然共处于合理的和谐之中。他们和其他植物与动物物种一样都不会打乱自然平衡。他们是生物圈不可分割的组成部分，因而，只是其传统生活方式的保留，就能够使他们履行努力保持自然平衡的义务。事实上，他们的生活方式是某种我们都可加以学习的典范。

这就引发了先前一节所提及的与传统因纽特人捕获海豹与鲸的习俗有关的议题。一方面，海豹与鲸是生活主体，享有消极的生存权，而（成功的）因纽特人在捕猎过程中会对之造成侵犯。另一方面，因纽特人的生活方式与很多人类之外的食肉动物的生活方式一样，与自然相和谐。如果我们允许人类之外的食肉者杀害并食用生活主体，我们为什么要阻止因纽特人呢？当然，因纽特人与这些食肉动物不一样，他们有足够的理性与自由过一种素食主义的生活方式。但要是这样做的话，他们将不得不采纳农业与工业人群（如我们）的许多做法。他们因而就将一种总的来说敬畏自然的生活方式改变成一种不尊重自然的生活方式（虽然此种生活方式确实容许所有的生活主体受到尊重）。

我认为，支持与反对因纽特人捕猎的理由甚至是相当对等的。一项伦理决策要求根据额外的信息加以正确的判断。比如说，处于考虑之中的某物种濒临灭绝吗？是否因纽特人对该物种成员的杀戮足以使这样一种可能性显著增加，即这些物种将很快就灭绝吗？处于议论之中的因纽特人是否从根本上仍然是生活方式依赖于捕猎的传统民族，或者捕猎很大程度上是一种属于其生活方式的文化遗迹，如今因为工业化的生活方式已在极大程度上遭到了遗弃？如果它是一种文化遗迹的话，它是否仍具有文化上的价值，且对人们的身份而言是否仍旧重要？在此得到阐明的同心圆理论，要求将这一类信息务必与正确的判断结合在一起。尽管如此，在完全知情、不持偏见的人们中间，仍可能存在异议的空间。

现在，我将转向一些我认为不会有太多争执的问题。

§14.8 私有财产权、效率、未来人口与政府补贴

我认为,在很多情况下正义要求确立私有财产权制度及其保护。在设立私有财产权的主要理由中,就包含有自由派理论与效率理论的支持者们所给出的那些理由中的某些。自由派正确地指出了私有财产在帮助人们维系个人自由(见前文 14.3 节)中所起的作用。人们在处置自己的私有财产时,要比处置他人的私有财产享有更大的自由度。当公民的私有财产使之能够满足其自身生活必需品的需求时,独立的思想与行为能够繁盛至一种依靠他人以获得物质必需品的情况下不可能达到的境界。因而,如果个人自由是一种善——而且,我同意自由派的看法,即在所有其他各点都相同的情况下,它是善的——那么,私有财产权就应当被设立并维持下去。

效率理论的支持者也正确地指出,(至少在西方社会中)人们在很大程度上为个人物质利益的前景所激励。他们的努力工作能够更可靠地为个人财产所有权的前景而不是其他报酬所吸引。因此,如果人们所富有的生产性是有益的,那么,私有财产权的设立及保护可能是达到此目的的极佳手段。其他各点都相同的情况下,就人类生产力有助于人类生活质量的提高而言,它是一种善。那么,设立与保护私有财产权的第二个极佳的理由就与人类生产力相关。

然而,财产权必须经常受到严格的限制或有所保留。比如说,健康是一种善。当私有财产被用于支持那些污染空气或水源从而危及人类健康的活动中去时,它就必须被剥夺。人类生命是一种善(或许,除非是在无止境痛苦的情况下)。如果人们的谋生之道在遭受剥夺,那么财产权就应当得到修正。为了人类的开心与利益而虐待动物是恶的,所以财产权应当得到调整以禁止这种虐待行为。生物圈中需要热带雨林,因此,在这些

森林必须要加以保护时,财产权应当得到修正。总的来说,彰显财产权因素的正义诸原理通常与环境正义的决定相关。但它们并不永远解决问题,因为通常还存在更具重要性的冲突因素。

其中之一是效率因素。正如我们在第 5 章(5.5 节—5.7 节)了解到的,公共物品的有效利用不会因为对私有财产权的全然依赖而有所促进。那么,修正或补充财产权的一个一般理由,是促成经济学家们所谓的外部性的内部化(5.5 节)。某些外部性是坏事,它们影响着当代人,比如空气污染与水污染。对未来人口成员造成不利影响的一些外部性更是不容易被认识到,但依旧重要。比如说,美国当前的耕作方法导致了大规模的土壤侵蚀,减少了土地的肥力。除非采取什么措施,否则美国中西部地区的未来就跟现今的北非一样,不再是沃野一片,而北非一度是罗马帝国的粮仓。

对一个自由市场中农场主间所存在的竞争加以依赖,很大程度上要为那些有害于土壤肥力与未来人口幸福的农业生产负责。自由市场要求农民以最划算的方式生产今年或下一年的庄稼。这意味着年复一年地在同一块土地上种植经济作物,拔除灌木树篱,使用大剂量除草剂、杀虫剂以及化学肥料。相反,长期的肥力需要灌木树篱阻止土地侵蚀。在短期看来,这是不划算的,因为灌木占据了用于种植庄稼的土地。长期的肥力需要轮作。一块土地应当大约每隔三年便种植一种固氮的豆类,如紫花苜蓿之类。在季末时节,紫花苜蓿应当被犁入土中以提高土壤的肥力。这种做法的另一优点与害虫有机防治相关。轮作中断了害虫的生活周期,这样的话,通过少量的或根本不使用有毒的除草剂与杀虫剂就能将它们控制住。然而,轮作也不是即刻就带来成本效益的,因为季末时将紫花苜蓿犁入土地中并不带来收入。

当前农业生产为当今美国人带来低廉的食物价格,但对未来人口而言,其结果却是肥力递减的土地、更高价格的食物以及食品稀缺。实际上,未来人口将不得不为我们支付部分的食物账单。我们正在使我们食物的大部分成本转移于未来人口的身上。

从我正在逐步展开的同心圆观点来看,就我们当代人对这些人口在一种或更多种方式上需要承担起某些义务这一相关方面而言,我们能够证明我们对未来人口甚至是遥远的未来人口所负有的义务。根据我们通常的思维方式,我们业已明白,在某人处于困境中而另一人是唯一能给予帮助的人时,义务就会产生。如果我碰巧在一条偏僻的道路上发现一个伤势严重的事故受害者,我至少就有一种一有机会就打电话寻求援助的道德义务。我对直系亲属所负有的义务,同样地部分依赖于我特别具有的帮助能力。

我们都能够对未来人口有益(或有害),因为我们现在正影响着他们的生存所要依赖的地球。无论是否出于我们的过错,而且无论我们喜欢与否,我们对他们的关系都类似于律师们所称谓的信托关系。我们能够保全地球资源,能够开发并利用维持自然平衡的技术,或者我们不这么做,而是留给他们一片废墟。(假如我们全然不阻止他们的存在的话)我们就如同他们将要继承的一片地产的受托管理人一般。他们对我们的必然依赖是我们对他们负有义务的基础。因而,他们存在于一个与我们相对疏远的同心圆中,享有全然的消极人权,并且享有依据疏远程度而定的积极人权。

从这种角度看来,美国当前的许多农业生产对未来人口来说是可耻地不公正。我们正在毁灭委托给我们的地产,因而危及未来人口从事很多特有的人类追求的能力。我们这样做是为了享用奢华。由于他们依赖于我们,因而我们至少是在侵犯着未来人口的积极人权,而且我们因为微不足道的原因,而无法提供给他们生产其生活必需品所需要的资源。如果有人认为我们的行为对未来人口造成了伤害,那么,我们也正在侵犯着他们的消极权利。[8]

这种情况如何能得到矫正呢？农民们必须返回到二战以后就被广为放弃的更为传统的农作方法中去。政府必须进行干预，以使这种回归对农民来说在财政上是可能的。对于传统农业的政府补贴可能是必需的。无论采用什么样的金融手段，它们将形成政府对自由市场的介入，以增加当前一代在粮食生产上的支出总额，以便未来人口将不再因喂养我们而付出代价。这就是环境正义所要求的。如果税金被作为政府补贴，而且如果税收是累进的，那么，负担将最为沉重地落在那些最富有的人们身上，而不是那些财政紧迫至量入为出的人们身上。

并不是所有的外部性都是恶。社会福利有时是一种来自私人利益追求活动中的并非有意的副产品。比如说，当人们为自己的房子加装隔层，安装玻璃幕墙，或建造自己使用的风车时，他们就通过降低公共设施的费用而从中获益。但社会也从中受益。当许多人采取这些举措时，日益昂贵的新发电厂的建设就变得不必要了。这个地区的公共设施消费者就避免了这样一座电厂的成本附加在他们公共设施费用中。同样，当国家的能源消耗下降时，对国外能源供应的依赖也会降低，因而在额外的新式战舰以及致力于国家安全的其他一些项目不再需要的情况下，使得国家安全得到加强。当需要的电力更少时，由发电厂产生的污染与污染损害也降低了。由于污染会对许多人的健康造成不利的影响，所以在没有额外的（通常是昂贵的）新型医疗设施的情况下，污染的降低就改善了公共卫生。因此，通过私人的能源节约与生产措施就可带来公益的改善以及公害的降低。

在我看来，当公众为其获得的利益做出补偿时，正义似乎才通常得以实现。此外，当社会为它所接受的利益付足价钱时，它才会鼓励这些利益在一种效率最大化的水平上被生产出来。让公众为新式战舰、新电厂以及新型医疗设施支付 500 亿美元是无效率的，这是因为，对房主资助 100 亿美元用于相关的能源改进措施就能达到同样效果。

在卡特总统任职期间，美国接受了这种推理，并且在许多能源相关的住房改进费用上批准了一项 15％的税收抵免。但是这种补贴已被终止，而且哈佛大学的一项研究断定，为人们对其住宅的此种改进而给社会带来的全部利益做出支付，将需要一项大约 60％的税收抵免。[9]我建议此种能源的税收抵免应当继续并做出相当大的扩展。

为确保效率，授权政府介入自由市场并对公民的私有财产权做出修正，这样一些政策建议的例子还可以给出很多。这一节以及总的来说这一章中给出的例子，大体上是例证性的而非包罗无遗。

§14.9　结论

对于当前这种同心圆理论应用于当代环境正义诸事项而言，人们所做的额外说明可能会填满一整本书。谁应该为核电厂的废止买单？对核能提供的特殊政府补贴，是否应该与提供给太阳能的补贴相匹配呢？作为生活主体的老鼠，应在什么情况下被视为有害物而被杀死呢？什么情况下，沙漠应该被灌溉成农田呢？这就是同心圆理论被认为能够帮助人们回答的种种问题。同心圆理论并不提供答案，但是它提供了一个框架，这些问题在其中能够被理性地、富有成效地加以思考。

注释：
[1] 有帮助而有趣的评注，参见 Richard B. Brandt, *A Theory of the Good and the Right*(Oxford：Clarendon Press，1979)，Chapter Ⅶ；又见 Henry Sidgwick, *The Methods of Ethics*(New York：Dover，1966)，p.247。
[2] 见 Sidgwick，pp.241—246。
[3] 见 Bernard Boxhill, "The Morality of Reparation", in Barry R. Gross, ed., *Reverse Discrimination*(Buffalo，N.Y.：Prometheus Books，1977)，pp.270—278。
[4] Arthur Simon, *Bread for the World*(New York：Paulist Press，1984)，修订版。
[5] 可能的异议参见 R.M.Hare, *Moral Thinking*：*Its Levels*，*Method and Point*(Oxford：Oxford University Press，1981)。
[6] 见"Seeds of Revolution"，a 16 mm Film(Enders／ABC／Icarus，1979)，了解洪都拉

斯的情况。

［7］Tom Regan，*The Case for Animal Rights*（Berkeley，CA：University of California Press，1983），p.243.

［8］见我的论文"Ethics，Energy Policy and Future Generation"，*Environmental Ethics* Vol.5 no.4(Fall，1983)，我们对于未来人口的更多义务。又见 R.I.Sikora and Brian Barry，eds.，*Obligations to Future Generations*（Philadelphia，PA：Temple University Press，1978）；Ernest Partridge，ed.，*Responsibilities to Future Generations*（Buffalo，N.Y.：Prometheus Books，1981），以及 Douglas Maclean and Peter G.Brown，eds.，*Energy and the Future*（Rowman，1983）。

［9］Ian Barbour，et al.，*Energy and American Values*（Buffalo，N.Y.：Praeger，1982），pp.110—111.

§15.1　引言

在已经了解了环境正义的同心圆理论之后,你可能会问自己:"所有的这些与我有何干系呢? 既然我对于我当前的生活与不公正行为纠缠在一起的程度有了一个提高的认识,我就有义务过一种不同的生活吗? 我为何应该这样呢? 难道我不能合上本书并像从前那样忙着做我的事情吗? 如果我应该改变我的行为,我应改变多少呢,而且哪种改变是重要的呢?"这些就是在这收尾的一章中要处理的问题。

我首先讨论并驳斥了个体没有义务对不公正行为负责的观点(15.2 节)。然后,在引介我所青睐的可概括于预知合作原理(Principle of Anticipatory Cooperation,PAC)(15.4)之下的观点之前,我还驳斥了一些关于个体责任的极端化观点。我以向居住在美国与其他西方工业国家中的人们提出一些现实的建议而结束本书(15.5 节)。

§15.2　我为何应该是道德的?

至少有过一段时间,工业社会中的人们可以(实际上的确)无视这本书中的信息。他们可以忽略他们与环境正义相关的义务,并如从前一样继续他们的生活。然而,在第 1 章中作出的论证表明,从长远看来,未能负责任地处理环境正义中不可避免的事务将反过来会烦忧我们。我们生活在一个广泛合作的要求日益增加的世界之中,如果人们察觉到他们受到显然不公平的对待时,这种合作就可能崩溃。从我们自身的长远利益出发,就要在那些受到非常不公正对待的人们或者他们的同情者获得并诉诸现代的破坏与毁灭手段之前,改善世界的不公正。这对于改变我们的行为而言是一个明智的论断。适当改变我们的行为以避免长期的、重大的不公正,正是出于我们自身的利益。

从第 1 章开始,本书就为一个改变我们行为的独特的道德论证铺平了道路。论证是从提及迄今为止对于环境正义的某些结论开始的。我接着指出,在达到这些结论的方法的背景下,"我为何应该是道德的"这一问题与其说是一个真正的问题,不如说是一种意识错乱。

反思性平衡这一方法,是几乎所有领域中都使用的一般探索方法在道德问题中的应用,利用它,关于何为正义与何为非正义的问题上的一些结论就可得出。这些结论中的一些涉及公共政策(对有机农作的政府补助)或私人行为(大多数人应减少或取消他们的肉类消费)的特殊问题,而另一些则涉及正义的一般原理。在所有的情况下,由于反思性平衡方法被使用,那个(任何人都希望的)结论就代表了我们自身在这一主题(假定读者对于与此不相容的结论没有更好的论证的话)上的最佳思考。当然,在涉及环境正义的许多事情上,我们仍然可能是错误的,正如我们在任何其他研究领域也可能是错误的那样。但是,我们的结论代表了我们现在所认为是正确的事物。它们(为任何人都希望)立足于可以获取的最可靠证据之上,并与正确的推理相结合。因此,我们的结论告诉我们,在某些情况下正义要求什么,而在另外一些情况下,它们指导我们的思想以使我们能够通过更深入的研究和明智判断力的运用,发现正义的要求。

但是,就我所知而言,我为何应该去做正义所要求的事情呢? 换句话说,我为何应该做那些道德上正当的事情呢?

这是一些怪异的问题。要看清它们是如何的怪异,让我们把它与"为何我应接受逻辑思维?"这一问题相比较。这个问题之所以怪异,是因为很难想象何种解释能够满足提问者。一个不合逻辑的回答不可能令其满意,因为是不合逻辑的,它可以总是被驳斥为无意义。一个合乎逻辑的回答也不会令其满足,因为这个问题本身就是向合乎逻辑这一价值的挑战。这个挑战同样适用于任何合乎逻辑的解答。此故事的寓意在于,有一些问题展示出了提问者的思维混乱或不诚实。这是一些不可能被富有成效地或有益地作出回答的问题,因为就像"我为何接受逻辑思维"这一问题一样,它们对任何可能回答的基础提出了质疑。试图回答这样一些问题而不只是拒绝它们,也是一种迷惑的标识。

　　"我为何应按道德所要求的那样去做呢?"就是这样的一个问题。在任何给定的时间,在所有相关因素都已在一种无偏袒的方式下被思虑与"权衡"后,道德是要求一个具有明智判断力的人去做他相信需要去做的事情。"我为何应按道德所要求的去做呢?"这一问题常常为那些自认为具有明智判断力,已经在一种无偏袒方式下权衡了所有的相关因素,而且已经得出了一个让他们感到厌恶的结论的那些人所挑起。比如说,他们可能已经得出结论,道德要求他们成为素食主义者,而他们宁愿继续食肉。因此他们会问:"我为何应按道德所要求的去做呢?"

　　但是这个问题毫无意义。我们所谈到的这些个体已经得出结论说,考虑所有的方面后,他们应成为素食主义者。他们继续食肉的欲望,明显地是已被考虑到的一个相关因素,却被与之匹敌的因素所压倒。假定他们对其道德推理的可靠性拥有合理的信心,他们的问题"我为何应按道德所要求的去做呢?"实际上意味着"我为何应做我应做的呢?"这明显是那些无意义问题中的一个。提出它,表明了明智判断力的缺乏。比如说,试图通过给予人们一些去做正当之事的私利理由来回答这个问题,所展现出来的不过是良知的贫乏而已。审慎的理由可能会使人们对道德主题产生兴趣,但它们不是人们应该讲道德的缘由。[1]

　　像"我为何应按道德所要求的去做呢?"这样的问题使我想起林·拉

德纳（Ring Lardner）故事中一对父子之间的对话。[2]儿子在对他的父亲提出疑问。每当那个父亲给出一个解答时，儿子会对那个解答提出"为什么？"的问题。如此进行了数次。最终，那个父亲在听到另一次的疑问后结束了那次对话。拉德纳这样来写它："'闭嘴'，那个父亲解释道。"也许一个人能够比这个父亲更为礼貌些，但的确存在一些不能回答的问题，因为那是一些思维混乱或故意偏离话题的问题，而不是真正的问题。其中就包括这样一些问题："为何我应接受逻辑思维？"和"我为何应按道德所要求的去做呢？"具有健全理解力的人们认识到，他们应该合乎逻辑，并且他们应做道德所要求的。除此外，毋须多言了。

当然，认识到一个人应该做什么不等于实际上做了什么。实际上做某些事情所需要的，可能不仅仅是应该去做某事的知识而已，除此之外还需要动机。但是处理动机的议题就超出了本书的范围。本书提供给读者的只有这样一些动机，它们通常伴随着她具有的应该在某一确定方式上行动的知识。

§15.3　关于正义之要求的极端观点

我已经表明，我们生活在一个极不公正的世界之中。有害废弃物被非法地倾倒，污染了水源并危及许多无辜平民的健康。合法使用的汽车向空气中排放着一氧化碳，致使许多人得了心脏病。美国中西部公共事业的客户因节省经费的措施而获益，而这些措施会给东北地区带来危险的酸雨。养活当代美国人的部分成本正被外部化到后代成员的身上，他们可能要在我们遗留给他们的被侵蚀与消耗殆尽的土地上艰难地生产粮食。那些想要变富的人在为富人提供一道美味佳肴的过程中，就使鲸类物种处于濒危之中。上百万的动物在其短短的一生中被可怕地拘禁，以便为那些并非非要吃肉不可的人生产出廉价的肉食。富有营养的谷物被用来喂养这些动物,却任由成百万本可以食用这些谷物的人忍饥挨饿。动物在人类设计的实验中受到不折不扣的折磨,这些实验是为了检验诸如新型化妆品这样的产品,而它们只是用来满足相对来说无足轻重的人类需求。总而言之,从环境正义的视角看,世界一团糟。

因此,我扪心自问,在这个可怕的处境下,我的义务是什么? 无疑,我不可能有一个使任何事物都各得其所的义务。我的义务仅仅拓展到可能事物。我不可能有义务去做那些不可能之事,而且对我来说,使世界万物各得其所也是不可能的。

那么,在我的能力之内,我有没有义务去做些什么以使事物各得其所呢? 由于此计划如此庞大与纷繁,在我的能力范围之内做任何改善世界正义的事情,就意味着将我整个的生命奉献给这个事业,弃绝所有不相关的活动、快乐、亲情和才艺。这可能会导向一种悲惨的或一种严重贫乏的生活。(除了某些人,他们的荣耀是做一个极度的信仰虔诚者)。

幸运的是,正义并不要求如此之多。当人们之间不存在实质性差异,某一些人为消除所有人都应负责的罪恶而作出的牺牲要远大于另一些人时,正义并未真正得到满足。一些人与另一些人之间的主要差异在于,有些人已读过此书,或者已经通过其他的途径开始认识到世界可怕的不公正一面。他们也承认,必须采取一些公共与私人的措施以改善这种状况。但是,即便知晓了这些,也不意味着被强行施加不平衡的责任,免得人们有合法的出于自卫的理由来故意保持无知。

有些人可能认为,确定我改善世界正义的普遍义务之限度,关键在于我的行为与那些处于相同情形下的人们的行为之间进行的比较。我为什么要比他们付出更多呢? 对于纠正世界中的不正义之事而言,如果缺少一个比普通人多付出一些的正当理由,我可能会推论说,我要做的只是不比一般的更差就好了。如果普通的人将她所有额外的钱用在相对不重要的消费项目上,只是分配她 1％的收入去帮助穷人,那么我的义务就是至少分配我收入中的 1％来帮助穷人。如果在我所生活的社会中,普通人每周因吃了 8 磅肉而怂恿了对动物的虐待以及使用谷物去喂养动物而不是去养活饥饿的人群,那么,我就有义务只吃掉不超过 8 磅的肉。如果普通人对政治相当冷漠,从而支持了那些允许公司劫掠地球的政治家们的话,那么,就我而言,同样的政治冷漠也无可非议。

显然,这个方法将是不可行的。生活于一个富裕的工业国家中,并有一个接近中等家庭(这是远远低于平均收入的)的收入,我是,并且就我整个的一生来说,早已是过去与现在的世界上不公正行为的既得利益者。我居住于从美洲土著那儿偷来的土地上。我所吃的香蕉在这样一些国家中种植,它们的政府在美国支持下允许跨国公司支付极少的赋税。这些公司被获准使用土地生产香蕉这样的经济作物,导致当地人口由于缺少食物而营养不良,而这些食物本可以在那块土地上生产出来。我能够购买更廉价香蕉的原因即在于此。许多我购买的产品之所以更为廉价,其原因在于制造商避免了在产品制造中消除或中和有毒化学品的费用支出。总而言之,我的食物之所以廉价,是由于那些劫掠地球并将隐藏成本传递到后代无辜成员身上的耕作方法的运用。因此,作为社会中的普通一员,我从世界的环境不公正行为中受益甚多。我的生活方式大半是由这些不公正所支撑。我就像是赃物的接受者一般。我之所以有一种改善这种状况的义务,也是因为这种情形包含有对人们积极人权的严重侵犯。仅仅是如普通人一样去行动,或不比一般的更差,我就支持了现状,然而需要做得更多。

但是有多少呢?我们已经看到,我不认为自己有义务将我的一生献给这项事业。我需要这样的原理来帮我确定,怎样才不至于陷入有与无的两个极端。我有责任去促进环境正义事业的发展。

§15.4 预知合作原理

我所建议的这样一个预知合作的原理,要求在极不公正的情形下,我的行为应好于在相关方面与我类似的那些人的行为。对此原理的一个形式陈述将使它看上去比它本来更复杂,因此,我将首先解释相关相似性的本性与重要性,以此来开始我的讲解。这将引向这样一个讨论,那就是在何种程度上我的行为应比那些具有相关相似性的人们的行为更好一些。

居住国以及在这个国家中所处的社会经济地位,是人们确定相关相似性的两个最为重要的特征,因为它们是与一个人对环境所造成负担的程度密切相关的,也与个体之行为应优于其团体中其他一些成员的限度密切相关。首先考虑一下一个人所居住的国家。在其他情况都相同的情况下,一个人对源自特定能源——比如说,化石燃料——的消费随居住国的不同而变化。在英国或瑞典生活的人,其人均所使用的化石燃料是美国的 1/2。人们更少驾车,更多步行(商店更为密集),使用更多公共交通(那是更加快速便捷的),使用制造工序所产生的热能为房中供暖(在瑞典很多情况下)等。因此,英国或瑞典的典型生活就包括了自愿使用比美国更少的化石燃料。当同等社会经济地位的人们在相互比较时,这点是无疑的了。

我们已经知道,化石燃料的提炼与使用给环境带来了无比大的负担。矿物开采破坏了土壤,原油泄漏污染了海洋,化石燃料燃烧污染了空气,等等。由于生活在英国或瑞典的人比生活在美国的人通常更少使用化石燃料,因此,在其他方面都等同的情况下,一个居住在美国的人在这一方面就比一个居住在英国或瑞典的人来说对环境造成了更大的负担。这里,我们就有了一个例子,即一个人居住的国家与一个人给予环境的负担是密切相关的。其他的例子更是增强了这个观点。

　　我们已经看到,食肉就牵涉到环境不公正行为。与其他行为一道,它常常包括了用本可养活不发达国家中饥饿人民的谷物去喂养动物,以及对家畜的残忍囚养。如能源使用一样,肉类消费倾向于随居住国而改变。比如说在日本,一个既定的社会经济阶层比他们在美国的对等阶层食用远为少的肉类。

　　经由那种被用来种植我们所有食物的农作方式,我们给环境造成了负担。农作方式在国与国之间通常差异很大,就如个人所消费的食品是采用不同方法生产出来的一样。比如说,在美国,农业上极具毁坏性的方式被广泛使用,美国消费者所吃的绝大部分食物都是通过这些方式生产出来的。而在法国购买的同一种食物将意味着更小的环境负担。

　　另一个因素,也是我提及的最后一个因素,牵涉到一个国家与其他国家以及跨国公司之间的关系。由于贸易条款与贸易伙伴的差异,一些国家的居民就比另一些国家的居民从其国家与其他一些国家的贸易往来中获益更多。当面对的那些贸易伙伴非常贫穷并且处于贸易劣势地位时,一个人的消费常常就包含了对于更穷国家中穷人的不公正。在这里同样地,美国的居民通常比大多数其他国家的居民是不公正的更大受益者。

　　我们已经做出的那种国际比较,能够帮助一个人确定自己加诸环境之上的负担的相对程度,以及某个人从制度化的环境不公正中受益的相对金额。在一个国家中的社会经济地位也是对类似事情的另一个衡量尺度。一般来说,人们越富裕他们消费的就越多。因此,其他方面同等的情况下,个人在一个国家中的社会经济地位越高,个人给予环境的负担更重,并且从环境不公正中获益更多。

　　社会经济地位也是一个可靠的尺度,用以衡量某一个体为减少其在环境不公正中的参与所应作出的牺牲程度。一般来说,一个人的社会经济地位越高,越可以在没有重大私人损失的情况下,更大程度地减少其对环境造成的负担。以个人所在社会的准则判定,一个人有更多的"特级品"要放弃掉。

　　总的来说,在某一个国家某一个阶层中的某一个人给予环境越多的负担,该人就有更多的责任比其同辈表现得与众不同,并且该人的行为就应该比他们应该做的更加有所差异。因此,总的说来,在诸如印度这样一个不发达国家中的穷人,更多的是受害者而不是环境不公正的作恶者,而相反的情况就是居住在西方工业国家中的大多数人们。但是,在这些国家中以及在每一个国家的社会阶层中也存在重大的差异。一般来说,人们被要求行动起来以改善环境不公正,是与他们国家的资源开发特征以及他们所处社会阶层的财富成比例的。这个比例就像销售税一样,不是一个固定的百分比,而是如同累进所得税一样,存在级差的比率。然而,与所得税不一样的是,一个人被同时要求在行为上做出转变与金钱上做出偿还。那些一般看来日益成为环境不公正的更大受益者,并能够更加好地承担相关行为的转变所造成的损失的人,被要求作出日益增加的偿还。

　　如果遵循此条道路,从长远来说就会导向更大程度的全球平等主义。此机制与标题中的预知合作原理相关联。由于在社会群体中的任何一个人都有改善环境不公正的基本义务,所以此原理要求,在我行动时,我仿佛预期到在我的社会群体中其他人在这一方面会有同样的行为一样,而不管我是否真正预见到了这样的事情,因为这个社会群体中的每个人都有从根本上说相似的义务来削减环境不公。如果他者的合作真的如期而至,那么,这些人置于环境之上的平均负担将会降低。他们将在某种更小程度上成为不公正获取物品的接受者。群体的习俗、期待以及生活方式将会发生改变,从而能够比它曾经的样子更容易地使群体中的人们进一步减少他们在环境不公正活动中的参与。他们于是将会有一种进一步降低他们给环境造成负担的义务。如果有充分的合作,这种理想的长期后果就是一个相对来说更加平等的世界。

因此,如果预知合作原理被普遍地接受,那么该原理就要求那些将会促成全球平等主义的行动。同时,它避免了将获致那个目标的重担不公平地置于任何一个人的肩膀之上。当所有方面被考虑到时,我认为预知合作原理这种保护性的、从容不迫的方法与我们对这些事情深思熟虑的判断最为连贯一致。我们中的许多人钦佩如圣雄甘地这样一些人对物质财富极端的私人弃绝,但我们并不想说,任何人都有必要作出这样一种弃绝。

§15.5　我应做什么?

我应该怎样履行比我的社会经济群体中的他者更加少地榨取这样一种义务呢? 这主要依赖于公共角色和私人偏好。我们的公共角色,不管是在公共场合或私人领域,还是在自愿或非自愿的组织中,都提供了正好与社会典范方向相分歧的机会。我建议我们采用与这些机会相联结的稳健原则。我们应利用明智的判断力,在默许现状与那些可能会惊恐他者、因而导致我们的社会地位、可信度和影响他者行为的能力丧失的行动这两个极端之间,取一条中庸之道。我们所有居住在有着民主(实际上是共和政体的)政府形式的强国中的人们,都有机会影响我们政府的行为。鉴于这样一些国家所具有的对世界环境正义的巨大影响,这些国家的公民就有义务参与到政治过程中去,即使这样做有几分令人厌烦(对那些不喜欢政治活动者而言)。

个人偏好是重要的。通常来说,转变习惯最为有效的开始,是通过最令人愉快(或至少不让人讨厌)的方式以及提供一些补偿的方式。比如说,提高一个家庭的能源使用效率,就通过更低的账单获取一些货币补偿。素食主义令人惊讶地容易并且也节省了钱币。对更多的人来说,利用公共交通似乎要比实际上所了解的更加便宜且非常方便。如果你真的想要第三个孩子,考虑收养一个。世界范围内健康儿童的供应过量。无论做什么,在这些事情上不要逼迫自己。你没有义务去做那些事情。但你(和我)的确有一个义务变得更加开明,对转变更为开放,并且在我们的公共和私人角色中朝向一个日益合乎环境正义的世界奋力前进。

注释:

[1] 近似的观点见 Anthony Flew, "Must Moral Pay?", in Curtis L.Carter, ed., *Skepticism and Moral Principle*(Evanston, IL: New University Press, 1973)。

[2] Maxwell Geismar, ed., *The Ring Lardner Reader*(New York: Scribner, 1963), p.426.

译名对照表

Ad coelum rule 空间权规则

Air Commerce Act of 1926 1926 年的
《空气商业法案》

Aldred v. Benton 奥尔德雷德诉本顿案

Amish 阿米什人

Animal Charity League，Inc，V. City
of Akron，Ohio 动物慈善协会诉俄
亥俄州阿克伦城案

Anthropocentrism 人类中心主义

Atomic Energy Act of 1954 1954 年的
《原子能法案》

Average utility 平均效用

Azande 阿赞德人

Biocentric individualism 生物中心个
人主义

Biotic pyramid 生物金字塔

Categorical imperative 绝对命令

Clean Air Act《空气洁净法》

Civil Aeronautics Act of 1938 1938 年
的《民用航空条例》

Concentric Circle Theory 同心圆理论

Consequentialism 后果至上论

Conservation movement 保护运动

Consumption of material goods 有形
物品消费

Cost-benefit analysis(CBA) 成本效益
分析

Cost-effectiveness analysis 成本效率
分析

Declaration of the rights of man and of
citizens 人权宣言

Delaware River Basin Project 特拉华

河盆计划

Difference principle 差别原则

Diminishing marginal utility，law of
边际效用递减律

Dioxin pollution 二噁英污染

Discount rates 贴现率

Distributive justice 分配正义

Draize test 德莱赛测试

Due Process 正当程序

Duke Power v. Carolina Environmental
Study Group，Inc.杜克电力公司诉
卡罗来纳环境研究集团股份有限
公司

Endangered Species Act，the（1973）
《濒危物种法案》(1973 年)

End-in-herself 目的自身

End-in-View 考虑中的目的

Energy tax credit 能源税抵免

Entitlement Theory of Justice 正义的
权利理论

Environmental Protection Agency（EPA）
美国环保署(EPA)

Fidelity，principle of 忠诚原则

Future generations 未来人口

Future people 未来人口

Goal displacement 目标转移

Green revolution 绿色革命

Helsinki Accords 赫尔辛基协定

Humane Care for Animals Act（1973）
《人道地照料动物法案》(1973 年)

Kaldor-Hicks principle 卡尔多—希克斯原理

!Kung bushmen 布希曼人

Labor Theory 劳动理论

Laissez faire economics 放任主义经济学

Land ethic, the 土地伦理

Last person argument 最后一人论证

Liar's paradox 说谎者悖论

Libertarian Theory 自由派理论

Minimal harm, principle of 最小伤害原理

Minimal wrong, principle of 最小不公正原理

Moral considerability 道德可考量性

Moral responsibility 道德责任

National Environmental Policy Act (NEPA)《国家环境政策法案》

Nonrenewable resources 不可再生资源

Nuclear Regulatory Commission (NCR) 核管理委员会

Pareto criterion 帕雷托标准

Pluralistic theories defended 被辩护的多元论

Positive law 实在法

Possible people 可能人口

Preference-satisfaction 偏好满足

Price v. Massackusetts 普赖斯诉马萨诸塞州案

Price-Anderson Act《普里斯—安德森法案》

Principle of Anticipatory Cooperation 预知合作原理

Process-harm, Principle of 过程伤害原理

Prudential argument 审慎的证明

Public education 平民教育

Pure procedural justice 纯粹程序正义

Puritan theology 新教神学

Reflective equilibrium 反思性平衡

Reserve Mining V. United States 储备矿产诉美国案

Retributive justice 惩罚正义

Sensitivity analysis 敏感性分析

Spur Industries v. Del E. Webb Development Company 斯珀工业诉德尔·E.韦布发展公司案

State v. Buford 国家诉布福德案

"Taking" of property by government 政府对私有财产的"征用"

Tragedy of the commons 公地悲剧

Unconscious assumptions about justice 对正义的无意识假定

United States v. Causby 美国诉考斯比案

Veil of ignorance 无知之幕

Versailles Borough v. McKeesport Coal and Coke Co. 凡尔赛自治区诉麦基斯堡煤炭公司案

Waschak v. Moffatt 沃沙克诉莫法特案

Wisconsin v. Youder 威斯康星诉约德案

译 后 记

本书的翻译工作始于 2002 年 10 月,其时西北大学谢阳举教授开始策划出版一套环境哲学方面的译著,当时激励之情景犹在眼前。我们为此深深打动,愿以一己之微力贡献于学术,他对我们亦期望很深。然课题艰深,加之以经验缺乏,使得我们在翻译过程中遇到诸多意料不及的困难。是困难亦是挑战,此过程中我们经常与谢阳举老师交流,得到他特别多的指导与帮助,我们自己也多方寻求资料,力求翻译工作的准确达意,所以,过程虽艰辛,亦时常有解决问题的小小快乐。

本书的前言、导言、第 1、2、3、4、5、9、10、11、12、13、14 章由朱丹琼翻译,第 6、7、8、15 章由宋玉波翻译。本书的初稿在 2004 年初译出,朱丹琼与宋玉波分别校对两遍,至 2007 年 2 月此工作才暂告一段落。在校对工作中,西北大学中国思想文化研究所王建宏与夏绍熙两位博士研究生对第 13 和 14 章提出了很多修改意见。对于他们的帮助,我们十分感谢。

对于出版社的编辑与其他工作人员,这里一并致谢。

由于水平有限,本书的翻译一定有许多不足之处,恳请广大读者指正。

朱丹琼、宋玉波

442

图书在版编目(CIP)数据

环境正义论/(美)彼得·S.温茨著；朱丹琼，宋
玉波译.—上海:格致出版社:上海人民出版社，
2021.3
(环境哲学译丛)
ISBN 978 - 7 - 5432 - 3213 - 6

Ⅰ.①环…　Ⅱ.①彼…②朱…③宋…　Ⅲ.①环境科
学-伦理学-研究　Ⅳ.①B82 - 058

中国版本图书馆 CIP 数据核字(2021)第 034905 号

责任编辑　裴乾坤
装帧设计　陈　楠

环境哲学译丛
环境正义论
[美]彼得·S.温茨　著

朱丹琼　宋玉波　译

出　　版　格致出版社
　　　　　上海人民出版社
　　　　　(200001　上海福建中路 193 号)
发　　行　上海人民出版社发行中心
印　　刷　上海商务联西印刷有限公司
开　　本　635×965　1/16
印　　张　29.75
插　　页　2
字　　数　379,000
版　　次　2021 年 3 月第 1 版
印　　次　2021 年 3 月第 1 次印刷
ISBN 978 - 7 - 5432 - 3213 - 6/B·46
定　　价　98.00 元